普通高等教育机电类系列教材

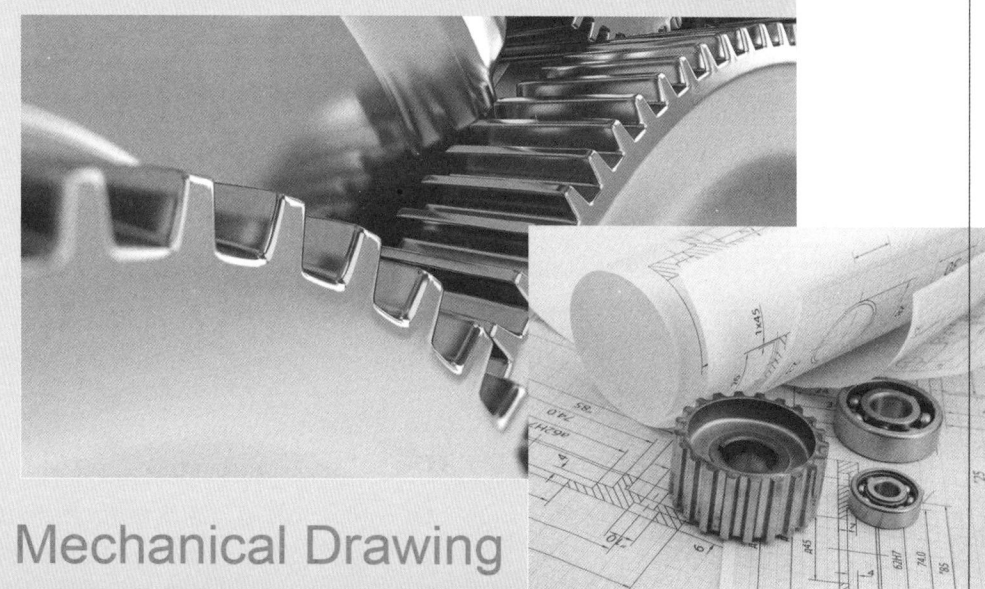

Modern Mechanical Drawing

现代机械制图

主　编　雷淑存
副主编　王荪馨　宋春明
参　编　张睿媛　李　龙　李龙龙　徐　琳
　　　　杨竣博　王　姣　王　劲　李　涛　徐书洁
主　审　高满屯

机械工业出版社
CHINA MACHINE PRESS

本书按照教育部工程图学课程教学指导委员会 2015 年制订的《普通高等学校工程图学课程教学基本要求》，参考国内同类教材，采用现行的《技术制图》与《机械制图》相关国家标准，结合目前高校实际教学要求精心组织编写而成。本书主要内容有：制图的基本知识与技能，点、直线和平面的投影，基本立体的投影，组合体，机件的表达方法，标准件与常用件，零件图，装配图，SOLIDWORKS 三维机械制图。

本书可作为普通高等院校机械类和近机械类专业 64 学时以上机械制图课程教材，也可作为职业大学、继续教育学院等制图课程的教材。

图书在版编目（CIP）数据

现代机械制图/雷淑存主编. —北京：机械工业出版社，2021.10
（2022.8 重印）
普通高等教育机电类系列教材
ISBN 978-7-111-69358-1

Ⅰ.①现… Ⅱ.①雷… Ⅲ.①机械制图-高等学校-教材 Ⅳ.①TH126

中国版本图书馆 CIP 数据核字（2021）第 207208 号

机械工业出版社（北京市百万庄大街 22 号　邮政编码 100037）
策划编辑：舒　恬　责任编辑：舒　恬　王勇哲
责任校对：樊钟英　封面设计：张　静
责任印制：邰　敏
三河市宏达印刷有限公司印刷
2022 年 8 月第 1 版第 4 次印刷
184mm×260mm・18.25 印张・449 千字
标准书号：ISBN 978-7-111-69358-1
定价：59.80 元

电话服务　　　　　　　　　　　网络服务
客服电话：010-88361066　　　　机　工　官　网：www.cmpbook.com
　　　　　010-88379833　　　　机　工　官　博：weibo.com/cmp1952
　　　　　010-68326294　　　　金　书　网：www.golden-book.com
封底无防伪标均为盗版　　　　　机工教育服务网：www.cmpedu.com

前言

本书按照教育部工程图学课程教学指导委员会 2015 年制订的《普通高等学校工程图学课程教学基本要求》及现行的《技术制图》与《机械制图》相关国家标准，结合目前高校实际教学要求及编者多年从事教学与实际工作的经验而编写。本书为普通高等院校机械类和近机械类专业 64 学时以上机械制图课程使用教材，也可作为工程技术人员的参考用书。本书的编写特点如下：

（1）编写内容。本书包括传统机械制图及计算机绘图两部分内容。其中传统机械制图部分较为详尽地介绍了组合体画图、读图、表达方法、尺寸标注以及零部件工程图等内容，以培养学生的空间思维能力、表达和阅读工程图的能力。同时通过介绍标准件、常用件的应用及画法，常用零件的工艺结构、规定画法及尺寸注法等内容，培养学生的工程意识及标准意识。对于传统的画法几何部分内容则是以"实用为主，必需、够用为度"为原则，在满足实际应用及符合大纲的前提下，进行了较多精简；对截交线、相贯线内容主要介绍基本原理和方法，以在有限的学时内，尽可能地培养学生的空间思维能力和解决空间问题的能力。计算机绘图部分结合目前实际应用，本书较为系统地介绍了 SOLIDWORKS 三维实体建模及由实体模型创建工程图的基本方法。

（2）编写形式。本书在编写中采用了大量实体插图，力图尽量用图形将问题讲述清楚。其中二维图形中的图线、字体、箭头等严格按国家标准要求绘制，图形清晰，以展示工程图样的严谨、细致。实体插图通过实体模型与线框模型结合、位图与矢量图结合以及高光显示等方式突出重点，形象、直观、逼真地展示要说明的问题。所有图形均为高清图形，且有些图形的表达方式在同类教材中为首创，如图 4-26、图 5-6 等。所有与安装、拆卸有关的图样均通过二维码提供装配动画。本书在计算机绘图部分充分利用现代教材模式，在书中仅展示要讲述的基本内容或命令的作用，具体操作方法及技巧通过二维码以慕课形式介绍，从而用较少的篇幅系统地介绍了 SOLIDWORKS 软件的使用方法，弥补了以往机械制图教材中无法系统讲述计算机绘图内容的不足。本书采用双色印刷，使需要说明的重点内容及强化内容一目了然。

（3）绘图方式。在手工绘图中强化"徒手"绘图技能，以满足后续计算机绘图的需要。在计算机绘图中，本书根据大纲要求（掌握计算机二维绘图和三维建模的方法），结合实际应用，重点介绍适用于机械设计的 SOLIDWORKS 软件的使用方法，包括三维实体模型的创建及由实体模型创建二维工程图的基本方法。

（4）本书的使用。根据编者经验，本书最好按以下课程进度讲授：在讲授第 6 章标准件与常用件之后，讲授（或读者通过扫码自学）计算机三维建模及由三维模型创建各种视图、剖视图的基本方法；在讲授第 7 章零件图之后，讲授零件工程图的尺寸及技术要求标注等，完成完整零件图；在讲授第 8 章装配图部分，掌握手工绘制装配图方法后，讲授 SOLIDWORKS 自下而上由零件模型创建装配体的基本方法、由装配体创建装配图的基本方法以及创建零件序号与明细表的基本方法。

  本书由西安理工大学雷淑存担任主编，西安理工大学王荪馨和陕西理工大学宋春明担任副主编。编写工作的具体分工如下：徐书洁（第1章第1.1节）、王荪馨（第1章第1.2节、第6章）、宋春明（第1章第1.3节）、张睿媛（第2章、附录）、杨竣博（第3章第3.1、3.2节）、雷淑存（第3章第3.3、3.4节，第4、5、7、9章）、王劲（第8章第8.1~8.5节）、李涛（第8章第8.6、8.7节）、王姣（第8章第8.8节）。教材中慕课由王荪馨、李龙、李龙龙、徐琳主讲；插图主要由雷淑存绘制，三维动画由李龙制作。

  本书由西北工业大学高满屯教授担任主审。西安理工大学机械与精密仪器工程学院对本书的编写给予了大力支持；陈华、蒋健康、卢俊明等老师对本书的编写给予了诸多建议和帮助；李淑娟、杨水成老师也给予了全力配合与支持；陕西理工大学图学课程组也根据本校的实际教学情况提出了建设性建议；机械工业出版社的舒恬编辑对本书的出版付出了辛勤的劳动，在此一并对他们表示衷心的感谢。

  由于编者水平有限，书中内容难免有不妥之处，敬请读者批评指正。

编　者

目 录

前言
第1章 制图的基本知识与技能 ………… 1
1.1 国家标准《技术制图》和《机械制图》的有关规定 ………… 1
1.1.1 图纸幅面及格式（GB/T 14689—2008） ………… 1
1.1.2 比例（GB/T 14690—1993） ………… 3
1.1.3 字体（GB/T 14691—1993） ………… 4
1.1.4 图线（GB/T 17450—1998、GB/T 4457.4—2002） ………… 5
1.1.5 尺寸标注（GB/T 4458.4—2003、GB/T 16675.2—2012） ………… 7
1.2 尺规绘图的基本方法与技能 ………… 11
1.2.1 尺规绘图工具及其应用 ………… 11
1.2.2 几何图形画法 ………… 13
1.2.3 圆弧连接 ………… 14
1.2.4 平面图形的分析与画法 ………… 14
1.2.5 尺规绘图步骤 ………… 16
1.3 徒手绘图的基本方法与技能 ………… 17
1.3.1 徒手绘图的工具及动作要领 ………… 17
1.3.2 徒手绘图的基本方法 ………… 17

第2章 点、直线和平面的投影 ………… 20
2.1 投影的基本知识 ………… 20
2.2 点的投影 ………… 21
2.2.1 点在三投影面体系中的投影 ………… 22
2.2.2 两点的相对位置及重影点 ………… 24
2.3 直线的投影 ………… 25
2.3.1 直线投影的确定 ………… 25
2.3.2 直线对投影面的相对位置 ………… 25
2.3.3 属于直线的点及其投影特性 ………… 29
2.3.4 两条直线的相对位置及其投影特性 ………… 30
2.4 平面的投影 ………… 32
2.4.1 平面投影的确定 ………… 32
2.4.2 平面对投影面的相对位置 ………… 32
2.4.3 平面上的点和直线 ………… 36
2.5 直线与平面、平面与平面的相对位置 ………… 38
2.5.1 平行 ………… 38
2.5.2 相交 ………… 39
*2.6 换面法及其应用 ………… 42
2.6.1 换面法的原理及基本概念 ………… 42
2.6.2 求直线的实长及倾角 ………… 43
2.6.3 求投影面垂直面的实形 ………… 43

第3章 基本立体的投影 ………… 45
3.1 立体投影图的基本概念 ………… 45
3.2 基本立体的投影 ………… 46
3.2.1 平面基本体的投影 ………… 46
3.2.2 曲面基本体的投影 ………… 49
3.3 平面与基本立体相交 ………… 54
3.3.1 平面与平面基本体相交 ………… 55
3.3.2 平面与曲面基本体相交 ………… 56
3.4 基本立体与基本立体相交 ………… 64
3.4.1 相贯体的投影作图 ………… 64
3.4.2 常见相贯体的投影 ………… 67
3.4.3 特殊相贯线 ………… 71
3.4.4 多体相贯 ………… 71

第4章 组合体 ………… 74
4.1 组合体的基本知识 ………… 74
4.1.1 组合体的组合方式 ………… 74
4.1.2 组合体上相邻表面之间的连接关系 ………… 74
4.1.3 组合体的形体分析法 ………… 75
4.2 组合体视图的画法 ………… 76
4.2.1 叠加式组合体的画法 ………… 76
4.2.2 切割式组合体的画法 ………… 80
4.3 组合体轴测图的画法 ………… 81
4.3.1 轴测图的基本知识 ………… 82
4.3.2 正等轴测图的画法 ………… 83
4.3.3 斜二测轴测图的画法 ………… 86
4.4 读组合体视图 ………… 87
4.4.1 形体分析法读图 ………… 88

4.4.2 线面分析法读图 …………… 90
4.4.3 读图方法综合应用 …………… 91
4.4.4 补画第三面视图或视图中的
漏线 …………………………… 93
*4.4.5 构形训练 …………………… 94
4.5 组合体的尺寸标注 ……………………… 98
4.5.1 常见形体的尺寸注法 ………… 98
4.5.2 组合体的尺寸注法 …………… 99

第 5 章 机件的表达方法 …………… 106
5.1 视图 …………………………………… 106
5.1.1 基本视图 …………………… 106
5.1.2 向视图 ……………………… 108
5.1.3 局部视图 …………………… 108
5.1.4 斜视图 ……………………… 109
5.1.5 应用举例 …………………… 110
5.2 剖视图 ………………………………… 111
5.2.1 剖视图的形成、画法及标注 … 111
5.2.2 剖视图的种类 ……………… 114
5.2.3 剖切面的种类及应用 ……… 117
5.3 断面图 ………………………………… 123
5.3.1 断面图的基本概念 ………… 123
5.3.2 断面图的分类、画法和标注 … 123
5.4 机件的其他表达方法 ………………… 126
5.4.1 局部放大图 ………………… 126
5.4.2 简化画法 …………………… 127
5.5 表达方法综合应用 …………………… 131
5.6 第三角画法简介 ……………………… 133

第 6 章 标准件与常用件 …………… 135
6.1 螺纹和螺纹紧固件 …………………… 135
6.1.1 螺纹的基本知识 …………… 135
6.1.2 螺纹的规定画法 …………… 137
6.1.3 螺纹的标注 ………………… 139
6.1.4 螺纹紧固件 ………………… 141
6.2 键、销和滚动轴承 …………………… 146
6.2.1 键及键联结 ………………… 146
6.2.2 销及销连接 ………………… 148
6.2.3 滚动轴承 …………………… 149
6.3 齿轮 …………………………………… 152
6.3.1 标准直齿圆柱齿轮各部分名称及
尺寸 ………………………… 152
6.3.2 圆柱齿轮的规定画法 ……… 154
6.4 弹簧 …………………………………… 156
6.4.1 圆柱螺旋压缩弹簧的参数 … 156

6.4.2 圆柱螺旋弹簧的规定画法
（GB/T 4459.4—2003） ………… 157

第 7 章 零件图 ……………………… 159
7.1 零件图的内容 ………………………… 160
7.2 零件图的视图选择 …………………… 160
7.2.1 主视图的选择 ……………… 160
7.2.2 其他视图的选择 …………… 160
7.3 零件图的尺寸标注 …………………… 162
7.3.1 尺寸基准的种类和选择 …… 162
7.3.2 合理标注尺寸应注意的问题 … 163
7.4 零件图中的技术要求 ………………… 164
7.4.1 零件的表面结构及其注法 … 164
7.4.2 极限与配合 ………………… 170
7.4.3 几何公差的概念及其标注 … 176
7.4.4 零件图中的其他技术要求 … 178
7.5 零件上常见工艺结构的画法及
尺寸注法 ……………………………… 179
7.5.1 铸造零件的工艺结构及尺寸
标注 ………………………… 179
7.5.2 零件切削加工的工艺结构及
尺寸标注 …………………… 181
7.6 典型零件的零件图分析 ……………… 184
7.6.1 轴套类零件 ………………… 184
7.6.2 轮盘类零件 ………………… 185
7.6.3 叉架类零件 ………………… 188
7.6.4 箱体类零件 ………………… 190
7.7 读零件图 ……………………………… 192

第 8 章 装配图 ……………………… 195
8.1 装配图的内容 ………………………… 195
8.2 装配图的表达方法 …………………… 196
8.2.1 装配图的规定画法 ………… 197
8.2.2 装配图的特殊画法 ………… 197
8.3 装配图中的尺寸标注和技术要求 …… 199
8.3.1 装配图中的尺寸标注 ……… 199
8.3.2 装配图中的技术要求 ……… 200
8.4 装配图的零件序号及标题栏、
明细栏 ………………………………… 200
8.4.1 序号的编排 ………………… 200
8.4.2 标题栏和明细栏 …………… 201
8.5 常见装配结构 ………………………… 202
8.5.1 接触面与配合面的合理结构 … 202
8.5.2 便于零件装拆的结构 ……… 203
8.5.3 常见轴系零件的定位及固定

　　　　结构 …………………………… 203
　8.5.4　密封与防漏结构 …………… 204
8.6　画装配图的步骤及方法 …………… 205
　8.6.1　了解机器的工作原理及装配
　　　　关系 …………………………… 205
　8.6.2　确定表达方案 ………………… 205
　8.6.3　画装配图 ……………………… 206
8.7　读装配图及拆画零件图 …………… 209
　8.7.1　读装配图的方法和步骤 ……… 209
　8.7.2　由装配图拆画零件图 ………… 211
8.8　零部件测绘方法简介 ……………… 215
　8.8.1　测绘的分类 …………………… 215
　8.8.2　测绘的一般步骤 ……………… 215
　8.8.3　常用的测量工具及测量方法 … 219

第 9 章　SOLIDWORKS 三维机械制图 …………………………… 221

9.1　SOLIDWORKS 操作基础 ………… 221
　9.1.1　程序启动及文件管理 ………… 221
　9.1.2　SOLIDWORKS 的工作界面 … 221
　9.1.3　SOLIDWORKS 中鼠标的应用 … 223
　9.1.4　SOLIDWORKS 中的显示命令
　　　　及其应用 ……………………… 223
9.2　SOLIDWORKS 二维草图的绘制 … 223
　9.2.1　草图模式的进入 ……………… 223
　9.2.2　绘制草图的基本方法 ………… 224
9.3　机件实体模型的创建 ……………… 231

　9.3.1　三维模型的成形原理 ………… 231
　9.3.2　三维基本特征的创建 ………… 232
　9.3.3　基准面的创建及应用 ………… 235
　9.3.4　其他常用特征命令的应用 …… 236
　9.3.5　实体建模应用实例 …………… 238
　9.3.6　SOLIDWORKS 设计库的应用 … 240
9.4　装配体的创建及其应用 …………… 240
　9.4.1　装配体的创建 ………………… 240
　9.4.2　其他常用装配工具的应用 …… 241
　9.4.3　装配体建模实例 ……………… 241
　9.4.4　装配体模型的应用 …………… 241
9.5　零部件工程图的创建与绘制 ……… 242
　9.5.1　工程图模式的进入 …………… 243
　9.5.2　视图、剖视图及断面图的创建 … 243
　9.5.3　工程图中的尺寸及技术要求等的
　　　　标注 …………………………… 252
　9.5.4　系统选项与文档属性的设置及
　　　　应用 …………………………… 253

附录 ……………………………………… 256

附录 A　螺纹 ……………………………… 256
附录 B　螺纹紧固件 ……………………… 259
附录 C　极限与配合 ……………………… 271
附录 D　机械零件的结构要素 …………… 279
附录 E　材料与热处理 …………………… 281

参考文献 ………………………………… 283

第 1 章

制图的基本知识与技能

工程图样是工程界交流信息的技术语言,是工业生产中的重要技术资料,其具有严格的规范性。掌握制图的基本知识与技能,是培养画图和读图能力的基础。本章主要介绍国家标准《技术制图》和《机械制图》的有关规定,并简要介绍尺规绘图和徒手绘图的基本方法。

1.1 国家标准《技术制图》和《机械制图》的有关规定

国家标准《技术制图》和《机械制图》是工程界重要的基础技术标准。其中《技术制图》标准是面向各种行业的通则性标准,适用于工程界各种专业的技术图样;《机械制图》标准是在不违反《技术制图》国家标准的前提下,按机械行业的要求制定的制图规则,适用于机械图样。它们是绘制和阅读机械图样的准则和依据,工程技术人员必须熟悉并严格遵守标准中的有关规定。

我国国家标准简称"国标",代号是"GB",如"GB/T 14689—2008"。其中"14689"表示发布的顺序号,"2008"表示发布的年号。国家标准分为强制标准和推荐标准,其中"GB/T"表示推荐性国家标准。

本节摘要介绍国家标准中图纸幅面、比例、字体、图线、尺寸标注等制图的基本规定。

1.1.1 图纸幅面及格式(GB/T 14689—2008)

1. 图纸幅面

图纸幅面是指图纸宽度与长度组成的图面。为了便于图样的装订保存、缩微复制,图样应绘制在具有一定格式和大小的图纸上。"GB/T 14689—2008《技术制图 图纸幅面和格式》"规定了图纸的五种基本幅面和加长幅面,绘制机械图样时,应优先选用表 1-1 中规定的 5 个基本幅面(表中参数见图 1-2),必要时,可选用国家标准中规定的加长幅面。

基本幅面的最大图幅为 A0,最小图幅为 A4。各基本幅面尺寸对应的图纸关系如图 1-1 所示,从图中可以看出,A0、A1、A2、A3 图幅的图纸可

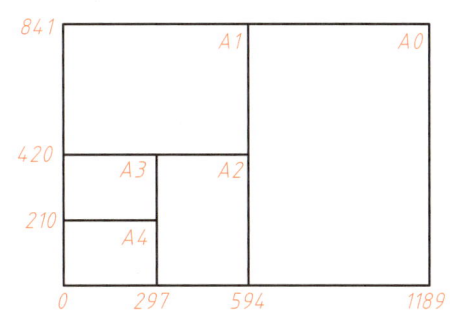

图 1-1 基本幅面尺寸对应的图纸关系

沿其长边对裁，得到两张小一号幅面的图纸。

表 1-1　图纸基本幅面及图框尺寸　　　　　　　　　　　　　（单位：mm）

幅面代号	尺寸 B×L	e	c	a
A0	841×1189	20	10	25
A1	594×841	20	10	25
A2	420×594	10	10	25
A3	297×420	10	5	25
A4	210×297	10	5	25

2. 图框格式

图纸上限定绘图区域的线框称为图框。图框用粗实线绘制，其格式分为留装订边和不留装订边两种。留装订边的图纸，其图框格式如图 1-2a 所示；不留装订边的图纸，其图框格式如图 1-2b 所示。同一产品的图样只能采用一种图框形式，其尺寸及留边宽度等，可依幅面代号从表 1-1 中查出。一般图样多采用 A4 幅面竖装或 A3 幅面横装。

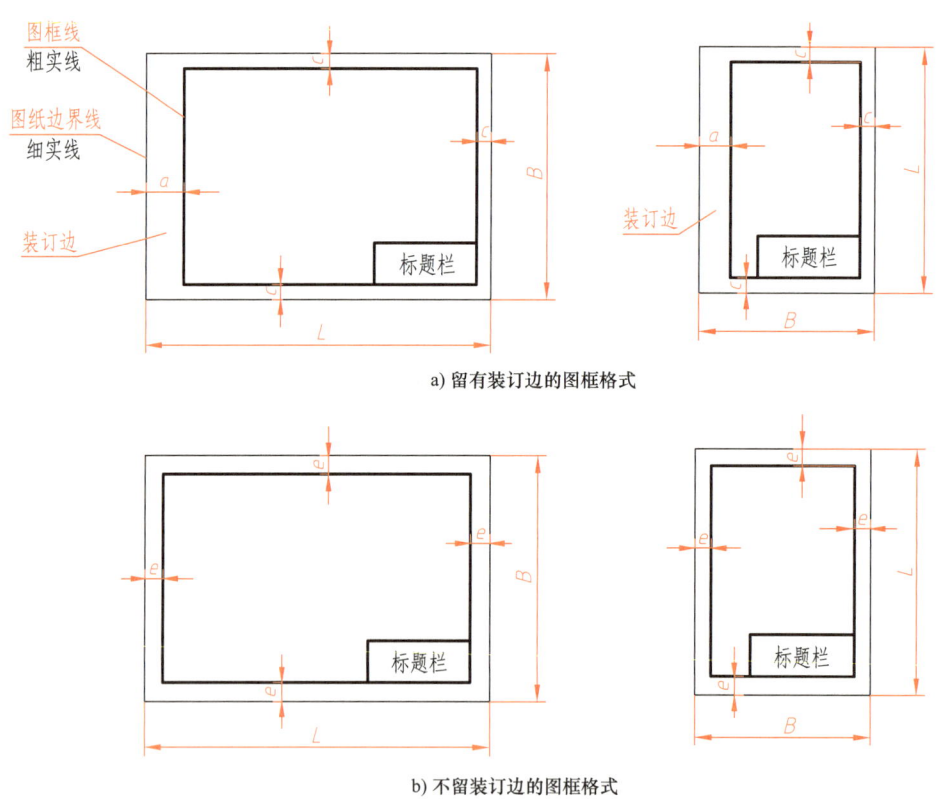

a) 留有装订边的图框格式

b) 不留装订边的图框格式

图 1-2　图框格式与标题栏方位

为了使图样复制和缩微摄影时定位方便，应在图纸各边长的中点处分别画出对中符号。对中符号用粗实线绘制，线宽应不小于 0.5mm，长度从图纸边界线开始画入图框内约 5mm，如图 1-3 所示。

3. 标题栏

为了便于管理及查阅已绘制的图样，每张图纸都必须有标题栏。标题栏一般位于图纸右下角，如图 1-2 所示。

标题栏中的文字方向应与读图方向一致。若使用事先印制的图纸，需要改变标题栏位置时，必须将标题栏旋转到图纸右上角。此时，为了明确读图方向，应在图纸的下边对中符号处画出读图方向符号，如图 1-3 所示。

GB/T 10609.1—2008 规定的标题栏格式和尺寸如图 1-4 所示，其中包括名称及代号区、签字区等栏目。教学及制图作业中建议采用简化的标题栏，如图 1-5 所示。

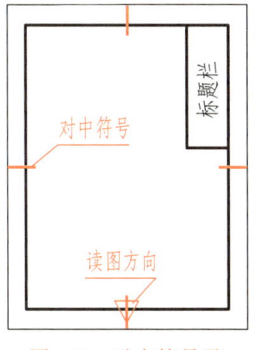

图 1-3 对中符号及读图方向

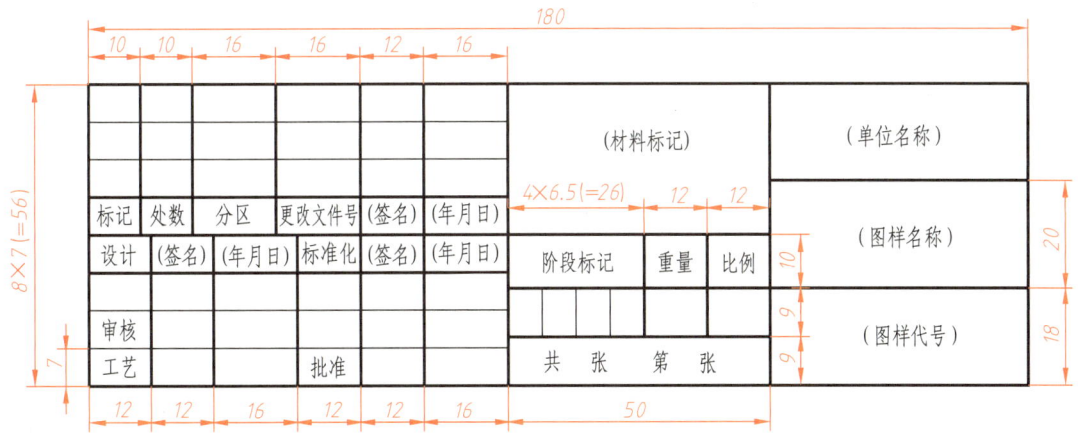

图 1-4 国家标准中的标题栏格式及尺寸

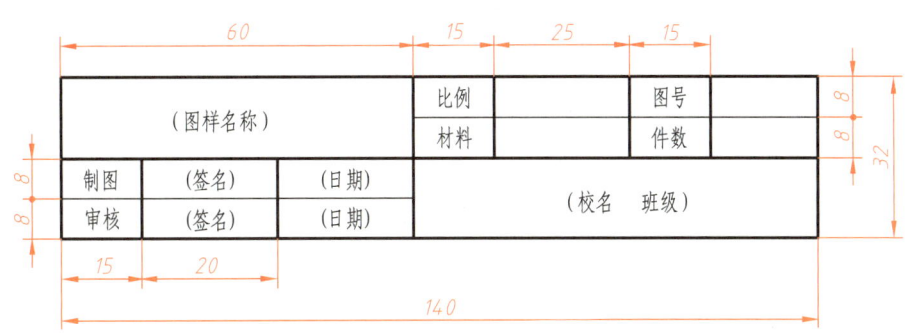

图 1-5 学生用简化格式及尺寸

1.1.2 比例（GB/T 14690—1993）

比例是指图样中图形与相应实物要素的线性尺寸之比。选择比例应遵循以下原则：

1) 尽量选择表 1-2 优先选择系列中的比例，无法满足要求时再选择允许系列中规定的比例。

2) 选用的比例要有利于清晰表达物体结构和有效利用图纸幅面。绘图时，尽量采用原值比例，这样从图样中就可看出机件的实际大小。放大比例宜于小而复杂的机件；缩小比例宜于大而简单的机件。

图样中的比例一般应标注在标题栏中的"比例"一栏，必要时可标注在视图名称的下方或右侧。

表 1-2　规定比例系列

种类	优先选择系列	允许选择系列
原值比例	$1:1$	$1:1$
放大比例	$5:1$　　$2:1$ $5\times10^n:1$　$2\times10^n:1$　$1\times10^n:1$	$4:1$　　　　$2.5:1$ $4\times10^n:1$　　$2.5\times10^n:1$
缩小比例	$1:2$　　$1:5$　　$1:10$ $1:2\times10^n$　$1:5\times10^n$　$1:1\times10^n$	$1:1.5$　　$1:2.5$　　$1:3$　　$1:4$　　$1:6$ $1:1.5\times10^n$　$1:2.5\times10^n$　$1:3\times10^n$　$1:4\times10^n$　$1:6\times10^n$

注：n 为正整数。

1.1.3　字体（GB/T 14691—1993）

图样中书写的字体必须做到"字体工整、笔画清楚、间隔均匀、排列整齐"。

字体高度（用 h 表示单位为 mm）的公称尺寸系列为：1.8、2.5、3.5、5、7、10、14、20。字体的号数即字体的高度，如 7 号字的字高为 7mm。如需要书写更大的字，其字高应按 $\sqrt{2}$ 的比率递增。常用字号对应的汉字、数字及字母大小如图 1-6~图 1-8 所示。

1. 汉字

图样上的汉字应写成长仿宋体，并应采用国家正式公布推行的《汉字简化方案》中规定的简化字。汉字的高度应不小于 3.5mm，字宽约等于字高的 2/3。

书写长仿宋体字的要领是：横平竖直、注意起落、结构均匀、填满方格。字体示例如图 1-6 所示。

10号字

字体工整笔画清楚间隔均匀排列整齐

7号字

横平竖直 注意起落 结构均匀 填满方格

5号字

技术要求对称不同轴垂线相交允许偏差热处理调质

3.5号字

螺栓垫圈键底盘支架轮毂活塞套筒法兰箱体球阀偏心轮顶尖手柄单向阀

图 1-6　长仿宋字体示例

2. 数字和字母

数字和字母分为 A 型和 B 型，A 型字体的笔画宽度 d 为字高 h 的 1/14；B 型字体的笔画宽度 d 为字高 h 的 1/10。数字和字母可写成直体或斜体。手工绘图常用斜体，斜体字的字头向右倾斜，与水平基准成 75°。GB/T 14665—2012《机械工程 CAD 制图规则》规定：

机械工程的 CAD 制图中，数字一般应以直体输出；字母除表示变量外，一般应以直体输出（CAD 制图中的斜体字采用的字体文件为 gbeitc.shx，直体字采用的字体文件为 gbenor.shx）。用作指数、分数、极限偏差、注脚的数字及字母，一般应采用小一号字体。图 1-7、图 1-8 所示分别为 A 型数字及字母的书写示例。

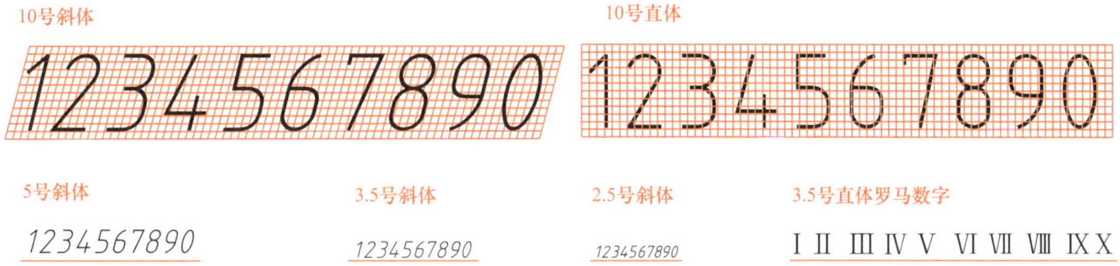

图 1-7　A 型数字书写示例及常用字号示例

图 1-8　A 型字母书写示例及常用字号示例

1.1.4　图线（GB/T 17450—1998、GB/T 4457.4—2002）

绘制工程图样所采用的各种图线的名称、线型、宽度以及一般应用见表 1-3 和图 1-9。

1. 线宽

机械图样中采用粗、细两种线宽，其比例为 2∶1。线宽 d 的系列为：0.13、0.18、0.25、0.35、0.5、0.7、1、1.4、2（单位为 mm），使用时应按图样的大小和复杂程度，从该系列中选择合适的线宽。GB/T 4457.4—2002 中规定优先选用的粗线宽度为 0.7mm 或 0.5mm，细线宽度为 0.35mm 或 0.25mm。

表 1-3 图线的型式、宽度和应用

图线名称	图线型式	宽度	一般应用
粗实线	———————	d	可见轮廓线
细实线	———————	d/2	尺寸线、尺寸界线、剖面线、引线、辅助线等
波浪线	～～～～	d/2	断裂处的边界线、视图与剖视图的分界线等
双折线	—⋀—⋀—	d/2	断裂处的分界线
虚线	— — — (12d, 3d)	d/2	不可见轮廓线
细点画线	—·—·— (0.5d, 3d, 24d)	d/2	轴线、对称中心线、齿轮分度圆(线)等
粗点画线	━·━·━	d	有特殊要求的线或表面的表示线
双点画线	—··—··— (0.5d, 3d, 24d)	d/2	假想轮廓线、极限位置的轮廓线、相邻辅助零件的轮廓线、中断线

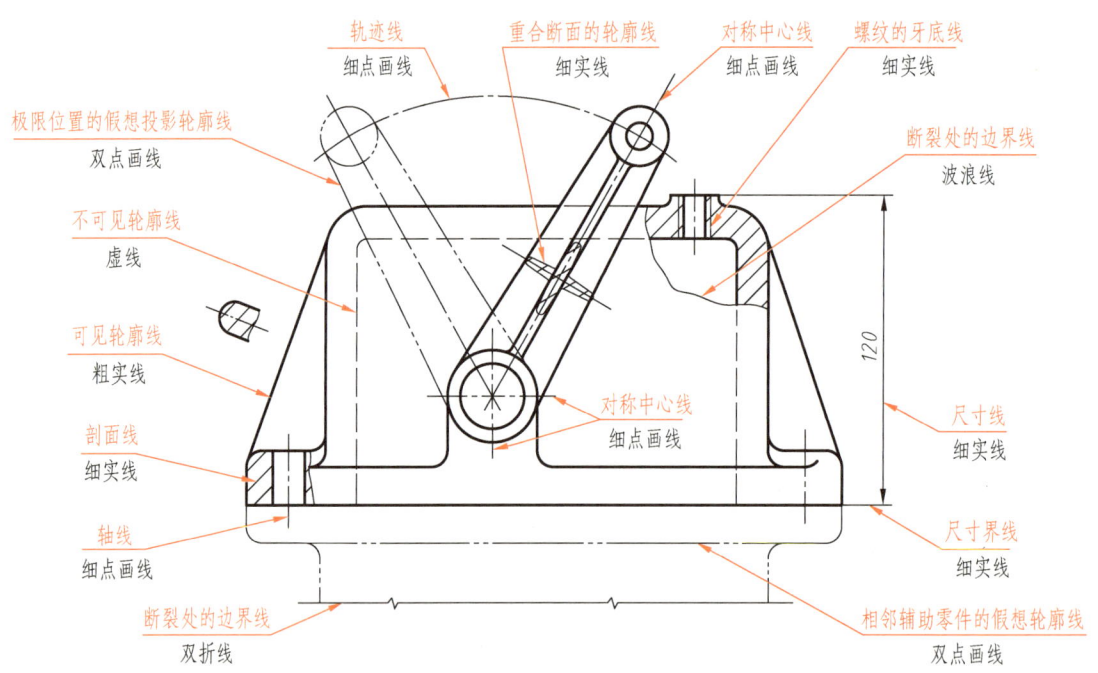

图 1-9 图线应用示例（图中粗线宽度为 0.5mm）

2. 图线画法

同一图样中，同类图线宽度应一致。虚线、细点画线及双点画线的线段长度和间隔应各自大致相等，如图 1-9 所示。另外，画线时还应注意以下问题（见图 1-10）：

1）点画线的首尾应是线段，且应超出轮廓线 2~5mm。

2)当虚线是粗实线的延长线时,粗实线应画到分界点,虚线一侧应留空隙。

3)虚线、点画线自身相交或与其他图线相交时,应尽量以线段相交。在画圆的中心线时,圆心处应以线段相交,用计算机画图时,应画圆心符号"+"(GB/T 14665—2012)。

4)在较小的图形上绘制点画线或双点画线有困难时,可用细实线代替。

5)当各种图线重合时,应按粗实线、虚线、点画线的优先顺序画出。

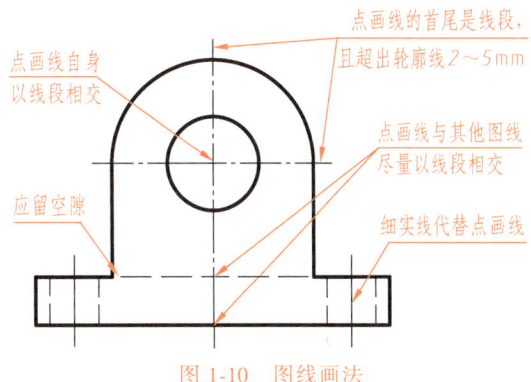

图 1-10　图线画法

1.1.5　尺寸标注（GB/T 4458.4—2003、GB/T 16675.2—2012）

图形只能表示图样的形状,而其大小则是由图样上所标注的尺寸确定的。尺寸是图样中的重要内容之一,是制造机件的直接依据。GB/T 4458.4—2003《机械制图　尺寸注法》和 GB/T 16675.2—2012《技术制图　简化表示法第 2 部分：尺寸注法》中对尺寸注法作了专门规定。

1. 基本规则

1)机件的真实大小应以图样上所注的尺寸数值为依据,与图形的大小及绘图的准确度无关。

2)机械图样中(包括技术要求和其他说明)的尺寸,以 mm 为单位时,不注计量单位的代号或名称;如采用其他单位(如 inch、m 等),则应注明相应的计量单位代号或名称。

3)图样中所标注的尺寸,为该图样所表示机件的最后完工尺寸,否则应另加说明。

4)结构的每一个尺寸,一般只标注一次,并应标注在反映该结构最清晰的图形上。

2. 尺寸的组成及其标注

完整的尺寸标注包含下列四个要素：尺寸界线、尺寸线、尺寸数字和终端箭头(机械图样)或斜线(一般用于建筑等其他图样),标注示例如图 1-11 所示。

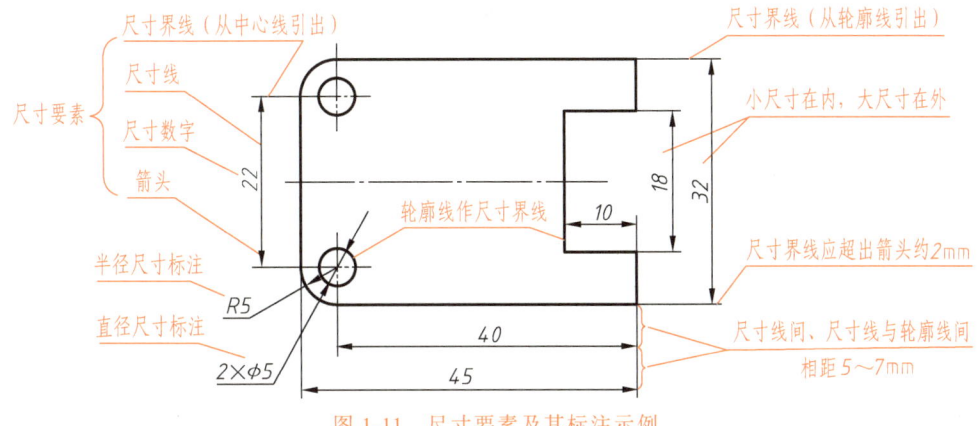

图 1-11　尺寸要素及其标注示例

(1) 尺寸界线　尺寸界线表示所注尺寸的范围。如图 1-11 所示，尺寸界线一般由图形的轮廓线、轴线或中心线处引出，其长度应超出尺寸线终端的箭头 2mm 左右，用细实线绘制。另外，轮廓线、轴线或中心线本身也可作为尺寸界线。

尺寸界线一般应与尺寸线垂直，如图 1-11 所示，当尺寸界线贴近轮廓线时，允许尺寸界线倾斜，如图 1-12 所示。在光滑过渡处标注尺寸时，必须用细实线将轮廓线延长，从它们的交点处引出尺寸界线，如图 1-12 所示。

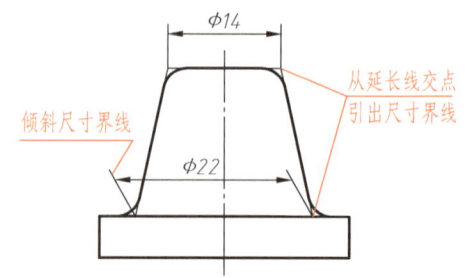

图 1-12　倾斜及光滑过渡处的尺寸界线

(2) 尺寸线　尺寸线表示尺寸的度量方向，必须用细实线绘制。如图 1-11 所示，标注线性尺寸（某两点间的距离）时，尺寸线必须与所标注的线段平行。相互平行的尺寸线，小尺寸在内，大尺寸在外，依次排列整齐。为便于注写尺寸数字，尺寸线与轮廓线及各尺寸线的间隔一般为 5~7mm，且间距均匀。

标注圆的直径时，尺寸线应通过圆心，如图 1-13a、b 所示。标注圆弧的半径时，尺寸线应从圆心画起，如图 1-13c 所示。

图 1-13　圆和圆弧的尺寸线画法

尺寸线不能用其他图线代替，也不能与其他图线重合或画在其延长线上，并应尽量避免尺寸线之间及尺寸线与其他尺寸界线相交，如图 1-14 所示。

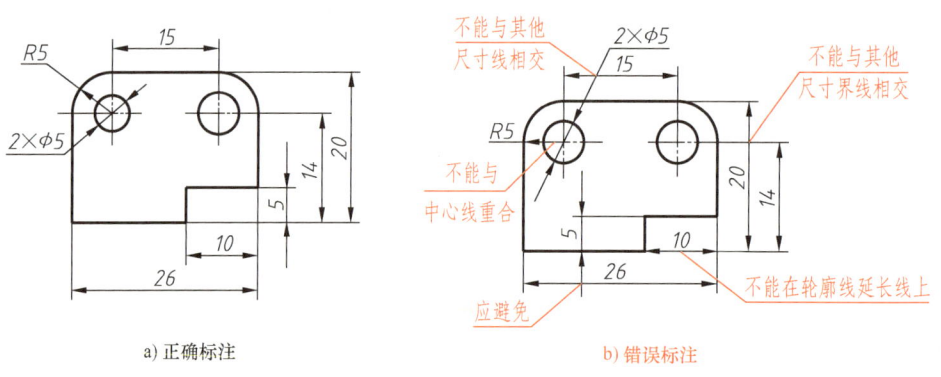

a) 正确标注　　　　b) 错误标注

图 1-14　画尺寸线应注意的问题

(3) 终端箭头　尺寸线终端有箭头和斜线两种形式，机械图样一般采用箭头形式。箭头位于尺寸线两端，指向尺寸界线，如图 1-11、图 1-13 所示。箭头的大小及规定画法如图 1-15 所示。同一图样中的箭头大小应一致，当尺寸线太短，没有足够的位置画箭头时，可将箭头画在尺寸界线外侧，如图 1-15b 所示。当需要标注连续的小尺寸时，中间可用圆点代替箭头，圆点的大小与粗实线宽度一致，如图 1-15c 所示。

(4) 尺寸数字　尺寸数字表示所标注尺寸的大小。标注尺寸数字时，经常还要附带一些符号，如图 1-14 中的尺寸 R5。国家标准中规定的尺寸标注符号及名称见表 1-4。尺寸数

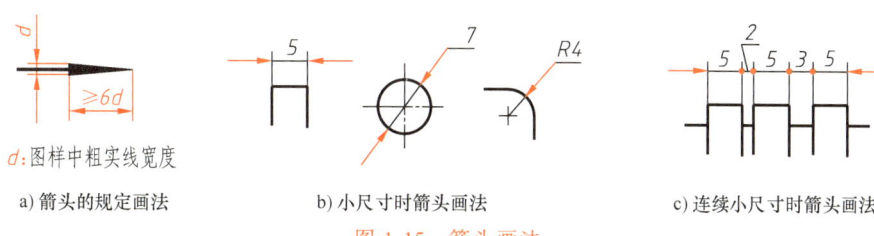

d: 图样中粗实线宽度

a) 箭头的规定画法　　b) 小尺寸时箭头画法　　c) 连续小尺寸时箭头画法

图 1-15　箭头画法

字的标注方法见表 1-5。标注尺寸数字（及符号）的字体为图 1-7 和图 1-8 所示的规定字体。尺规绘图时一般采用 3.5 号字体，CAD 出图时，通常选择 3.5 号或 2.5 号字体。

表 1-4　常用尺寸符号及缩写词

名称	符号	名称	符号	名称	符号	名称	符号
直径	φ	正方形	□	均布	EQS	斜度	∠
半径	R	45°倒角	C	厚度	t	锥度	▷
球直径	Sφ	埋头孔	∨	弧度	⌒	展开长	⌒○
球半径	SR	沉孔或锪平	⊔	深度	↧	型材截面形状	（按 GB/T 4656.1—2000）

表 1-5　常用尺寸注法示例

内容	图例及说明
线性尺寸标注	a)　b)　c) 尺寸数字的位置及方向标注示例。应避免在图 a 所示 30°范围内标注尺寸，无法避免时，按图 b 所示方式标注。 水平方向的尺寸数字在尺寸线上方，字头朝上；垂直方向的尺寸数字在尺寸线左侧，字头朝左；倾斜方向的尺寸数字保持在尺寸线上方，字头向上趋势
圆和圆弧的尺寸标注	圆及大于半圆的圆弧应标注直径尺寸，尺寸数字前应加注直径符号"φ"　　小于或等于半圆的圆弧一般应标注半径尺寸，其尺寸数字前应加注半径符号"R"

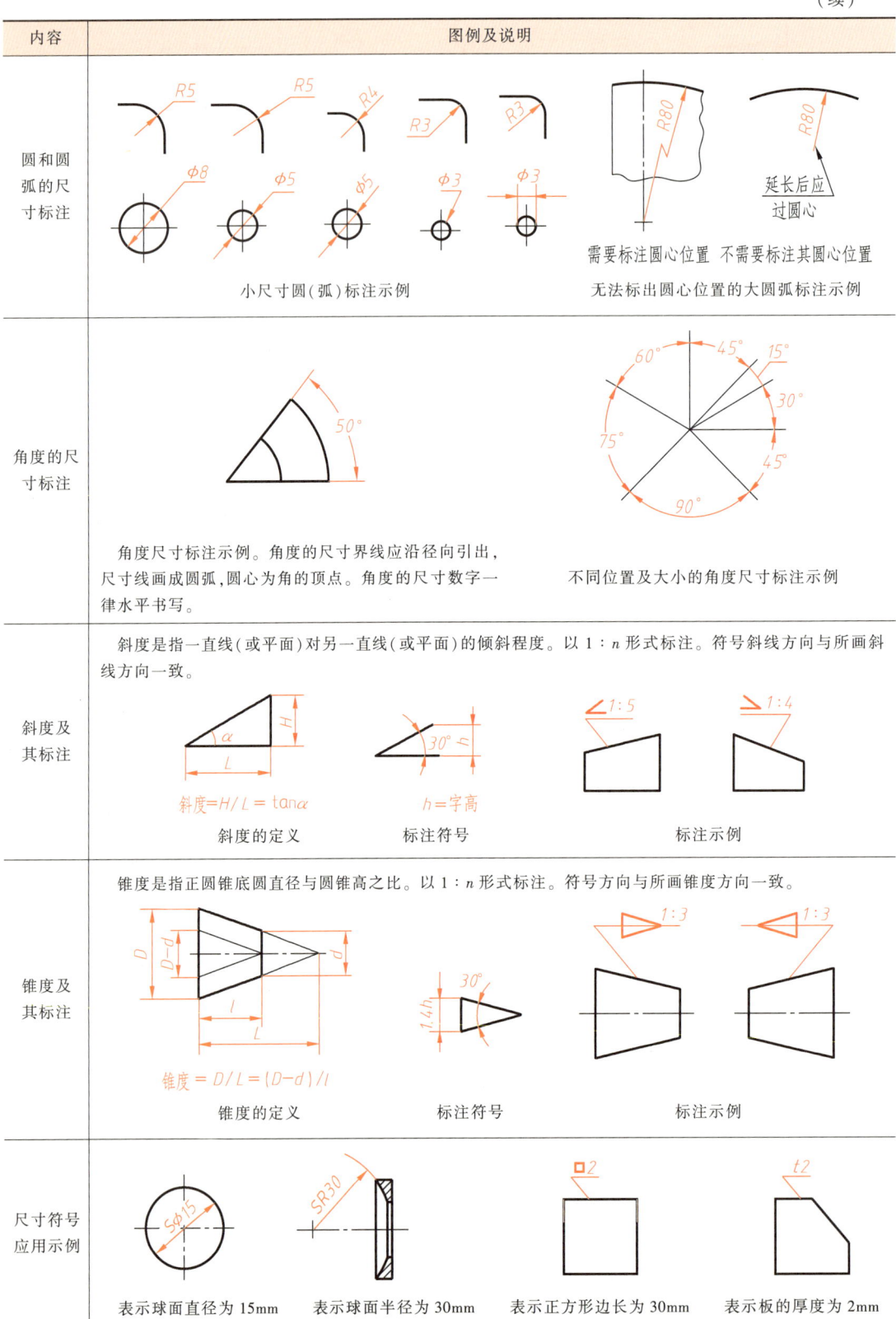

(续)

内容	图例及说明
尺寸数字优先标注	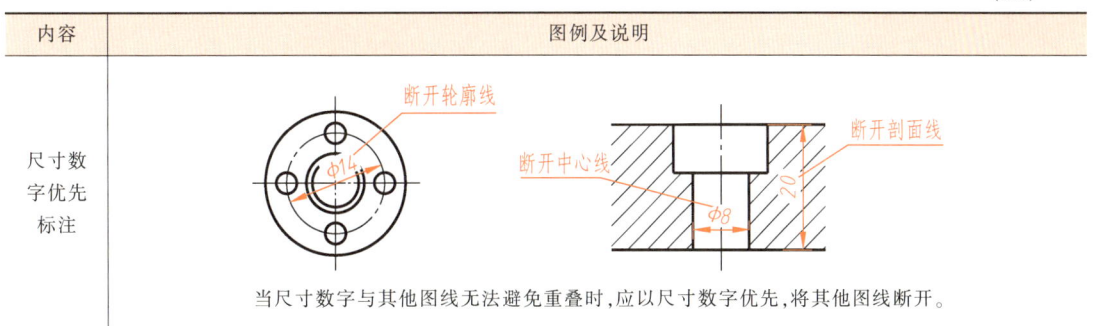 当尺寸数字与其他图线无法避免重叠时,应以尺寸数字优先,将其他图线断开。

1.2 尺规绘图的基本方法与技能

机械制图中的绘图方法包括尺规绘图、徒手绘图和应用计算机绘图。尺规绘图是指用铅笔、丁字尺、三角板和圆规等绘图仪器或工具来绘制图样。虽然目前技术图样已逐步过渡到应用计算机绘制,但尺规绘图作为学习和巩固理论知识的基本训练方法,仍然是工程技术人员应具备的基本技能,因此必须熟练掌握。本节主要介绍尺规绘图的基本知识。

1.2.1 尺规绘图工具及其应用

尺规绘图工具主要有图版、丁字尺、三角板、分规、圆规、铅笔、曲线板等。

1. 图板和丁字尺

图板用来铺放及固定图纸,图纸用胶带纸粘贴在图板上。丁字尺用于画水平线。如图1-16a所示,画线时将丁字尺的尺头内侧边紧贴图板的左边,铅笔垂直纸面向右倾斜约30°,然后上下移动丁字尺,自左向右即可画出一系列不同位置的水平线,如图1-16b所示。

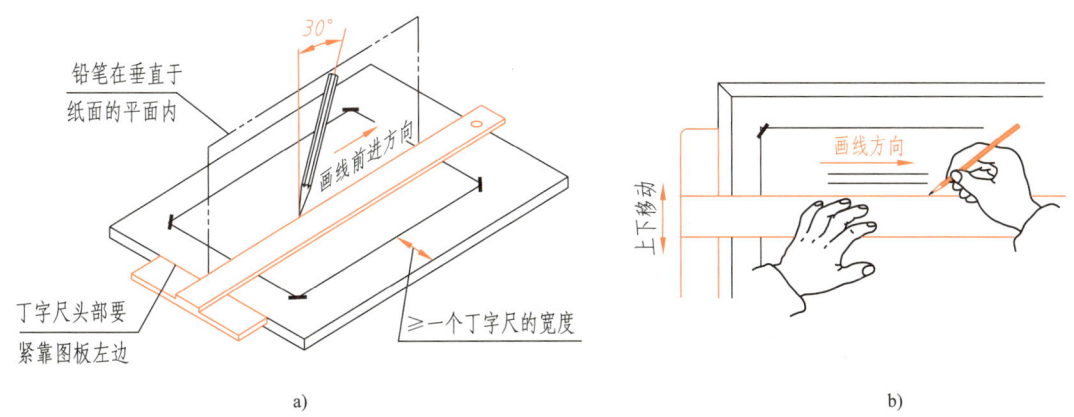

图1-16 图板和丁字尺的应用

2. 三角板

一副三角板由45°和30°(60°)两块直角三角板组成。三角板与丁字尺配合使用,可画出铅垂线及与水平成15°整数倍角度的斜线,如图1-17a、b所示。除此之外,两个三角板配合使用,还可以画任意位置直线的平行线(图1-17c)或垂直线。

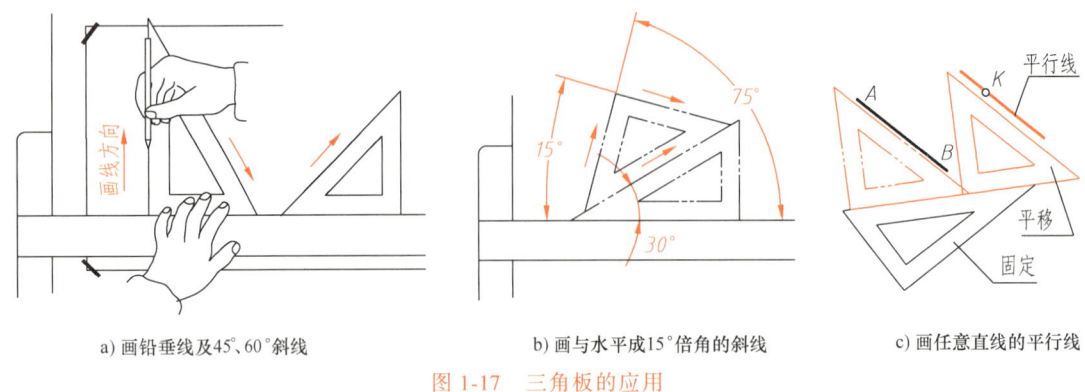

a) 画铅垂线及45°、60°斜线　　　　　b) 画与水平成15°倍角的斜线　　　　　c) 画任意直线的平行线

图 1-17　三角板的应用

3. 分规

分规用来量取线段和等分线段。分规的两个针尖在并拢时应对齐（图 1-18a）。量取尺寸时以两针尖在直尺或比例尺上量取所需长度（图 1-18b），也可在直线上量取所需长度；等分线段时，采用试分法。以五等分为例（图 1-18c），先目测估计所分线段长度的 1/5 进行试分，根据剩余或超出线段的长度调整两针间距，再进行试分，直到等分为止。

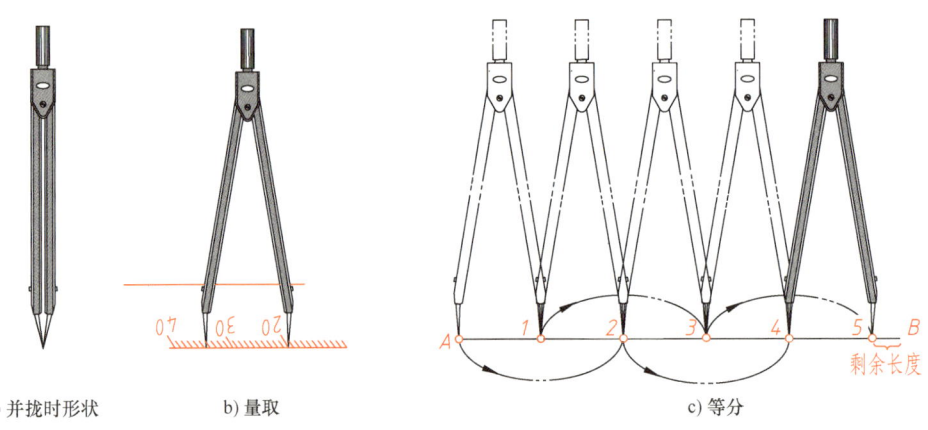

a) 并拢时形状　　　　b) 量取　　　　　　　　　　　c) 等分

图 1-18　分规的应用

4. 圆规

圆规用来画圆和圆弧。圆规的一条腿上装有定心钢针（图 1-19a），画圆时应使用有台阶的一端，以控制圆规插入图板的深度，避免图纸上的针孔扩大。圆规两腿并拢时，针尖应略长于铅芯，以使针尖插入图板后与铅芯对齐。通常应将圆规的针尖和铅芯调整到与纸面垂直，顺时针方向旋转，如图 1-19b 所示。画大圆可用延长杆。若将带铅芯的插腿换成带针的插腿，可作分规用。

5. 铅笔

绘图铅笔的铅芯分别用字母 B 和 H 表示其硬度。B 前数值越大，表示铅芯越软，H 前数值越大，表示铅芯越硬。HB 表示铅芯软硬适中。绘图时应根据不同的使用要求选用不同硬度的铅笔。一般 B 或 2B 用于画粗线，H 或 HB 用于写字，H 或 2H 用于画细线。

画细线和写字的铅芯应削成锥形尖头（图 1-20a），画粗线的铅芯应削成扁平楔状（图 1-20b），也可用矩形铅芯的活动铅笔。

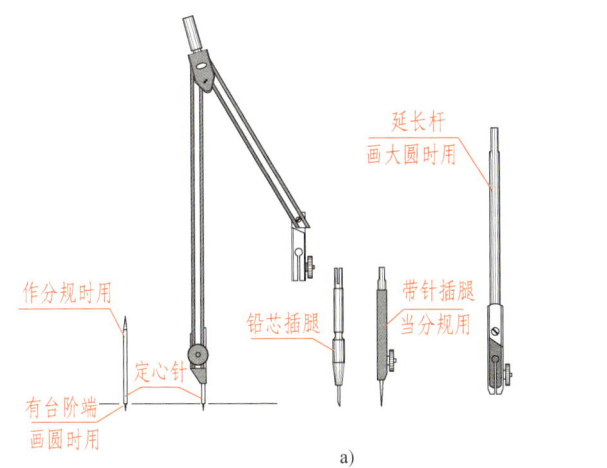
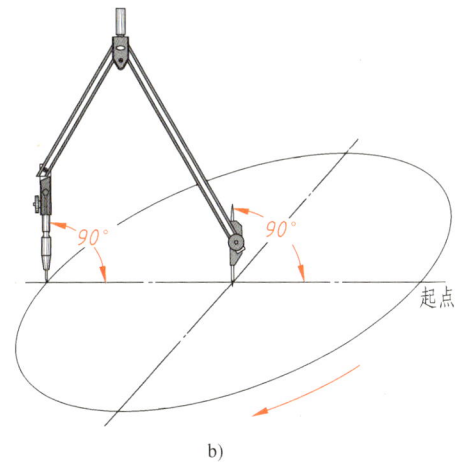

图 1-19 圆规的应用

6. 其他绘图工具及用品

除以上绘图工具外，常用绘图工具还有各种图形模板如曲线板、椭圆模板、小圆模板及常用符号模板等。常用绘图用品有胶带、橡皮、擦图片和修磨铅芯的砂纸等。

1.2.2 几何图形画法

机件的轮廓形状各不相同，但都是由直线、圆、圆弧和其他几何图形组合而成，因此，绘制机械图样时，需要掌握一些基本几何图形的作图方法。常用几何图形作图方法见表1-6。

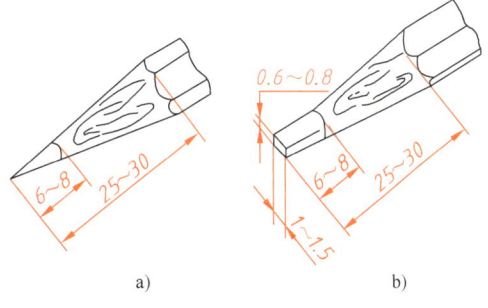

图 1-20 铅笔的应用

表 1-6 常用几何图形作图方法

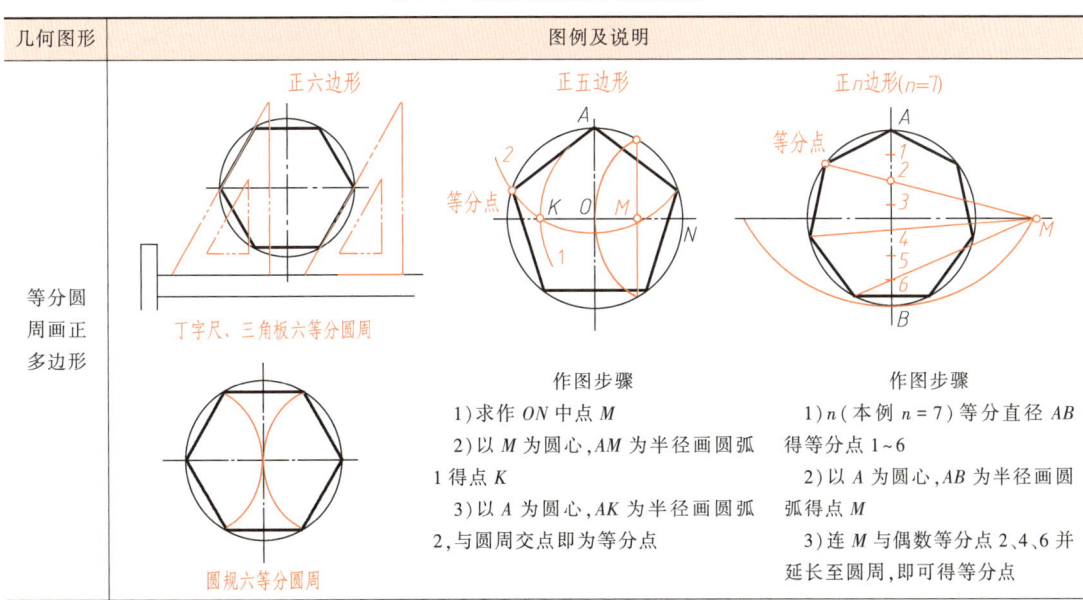

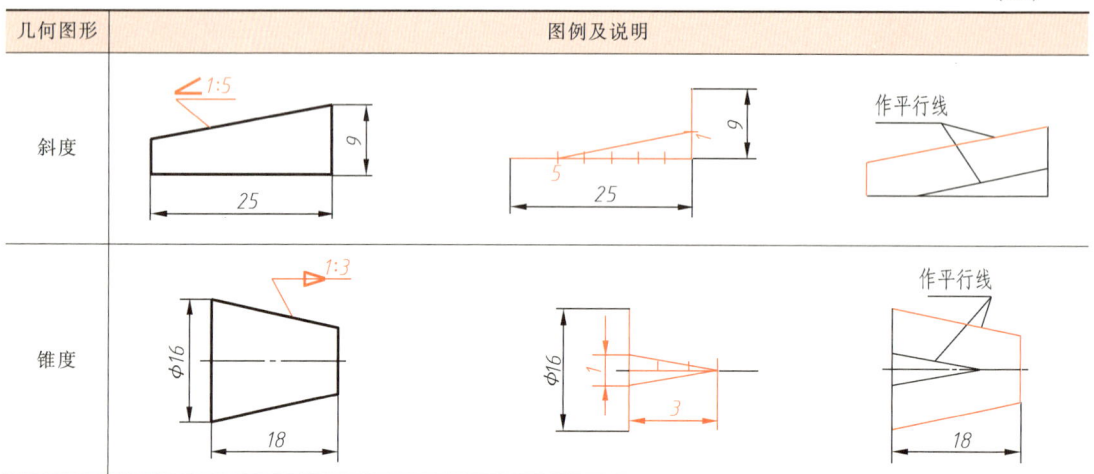

1.2.3 圆弧连接

圆弧连接是指用已知半径的圆弧将直线或圆弧光滑连接（即相切）。这种圆弧，称为连接圆弧，如图 1-21 中所示的四段圆弧。圆弧连接作图的关键是找出连接圆弧的圆心和切点。

1. 连接圆弧圆心轨迹和切点

半径为 R 的圆弧若与已知直线相切，其圆心轨迹是距离直线为 R 的两条平行线（图 1-22a），切点为圆心到直线垂线的垂足；若与已知圆弧（圆心为 O_1，半径为 R_1）相切，圆心轨迹是已知圆弧的同心圆，半径为 $R_2 = R_1 + R$（外切）或 $R_2 = |R_1 - R|$（内切），切点为两圆心连线与两圆弧的交点，如图 1-22b、c 所示。

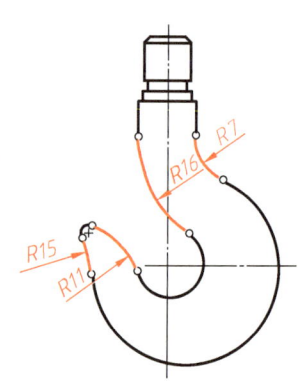

图 1-21 圆弧连接概念

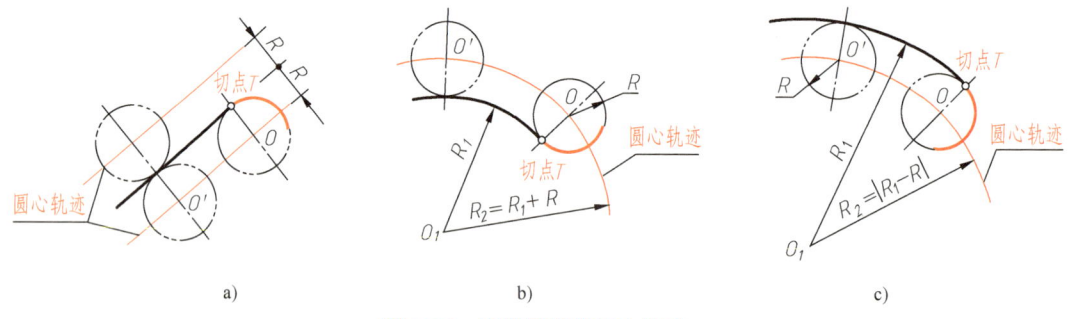

图 1-22 连接圆弧的圆心轨迹

2. 圆弧连接作图举例

圆弧连接作图方法见表 1-7。

1.2.4 平面图形的分析与画法

平面图形由若干线段连接而成，这些线段的形状、位置及相互之间的连接关系由给定的尺寸来确定，画图前应对所绘图形及其尺寸进行分析，以确定作图方法和步骤。

表 1-7 圆弧连接作图举例

连接要求	求连接弧的圆心 O 和切点 T_1、T_2	画连接弧
半径为 R 的圆弧连接两条直径		
半径为 R 的圆弧与两圆外切		
半径为 R 的圆弧与一圆 I 内切,圆 II 外切		

1. 平面图形的尺寸分析

平面图形上的尺寸按其作用可分为定形尺寸和定位尺寸两类。为了确定平面图形中线段之间的相对位置,要引入基准的概念。

(1) 尺寸基准 基准是标注尺寸的参照要素。平面图形上一般有水平和铅垂两个方向的基准,通常选取图形的对称中心线、较大圆的中心线、较长的水平和铅垂线为基准。如图 1-23 中圆的中心线及直线 AB 应为该图形的定位基准。

(2) 定形尺寸 确定平面图形上各线段形状和大小的尺寸称为定形尺寸。如图 1-23 中尺寸 $\phi 20$、$\phi 12$、R12、R15、R20、R35 及 55、8 均为定形尺寸。

(3) 定位尺寸 确定线段在平面图形中位置的尺寸称为定位尺寸。如图 1-23 中确定 $\phi 20$ 圆心位置的尺寸 35、45;确定 R35 圆弧圆心位置的尺寸 5 均为定位尺寸。

2. 平面图形的线段分析

组成平面图形的线段,最常见的是圆弧和直线,按其定位尺寸的数量可分为三种

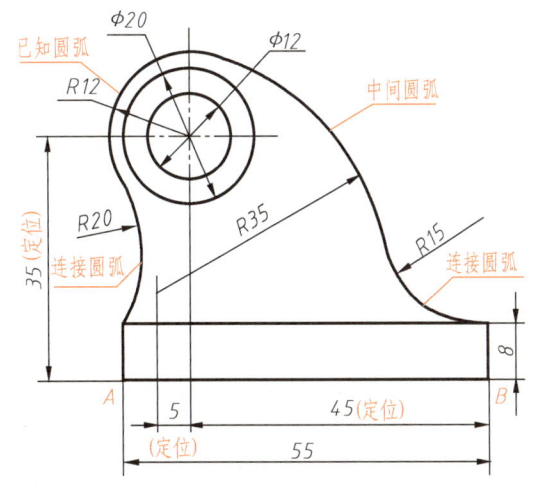

图 1-23 圆弧连接概念

类型。

（1）已知线段 定形、定位尺寸完整、可直接画出的线段，如图 1-23 中的圆弧 R12 等。

（2）中间线段 只有定形尺寸和一个方向定位尺寸的线段。这类线段需要根据所给尺寸，依据其与相邻线段之间的连接关系才能画出，如图 1-23 中的圆弧 R35。

（3）连接线段 只有定形尺寸，没有定位尺寸的线段。这类线段需要根据所给尺寸，依据其与相邻线段之间的连接关系，通过几何作图的方法才能画出，如图 1-23 中的圆弧 R15、R20。

3. 平面图形作图步骤

绘制平面图形时，应首先根据图形和尺寸，分析图中的尺寸基准、已知线段、中间线段和连接线段。然后按照基准线—已知线段—中间线段—连接线段的顺序逐步画出。如绘制图 1-23 所示平面图形的作图步骤如图 1-24 所示。

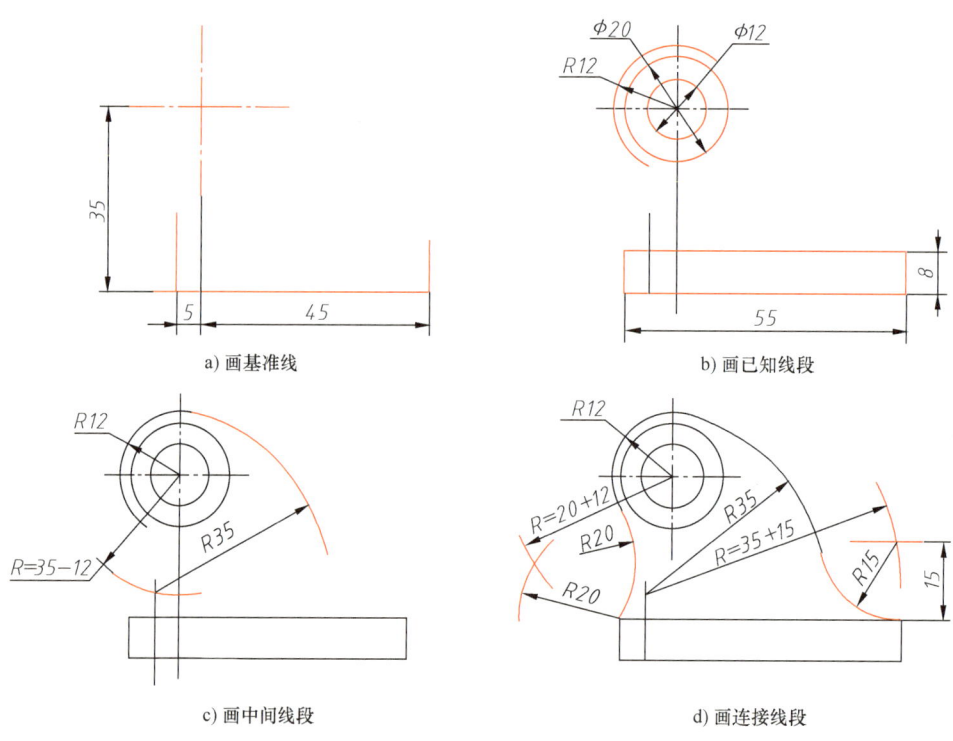

图 1-24 平面图形的作图步骤

1.2.5 尺规绘图步骤

1. 画图前的准备工作

画图前要准备好绘图工具，按各种线型的要求削好铅笔和圆规中的铅芯，并备好图纸。

2. 画底稿

（1）选比例，定图幅 根据所画图形的大小，选取合适的画图比例和图纸幅面。

（2）布图 图形在图纸上的位置要力求匀称，不宜偏置或过于集中在某一角。根据每个图形的长、宽尺寸，画出各图形的基准线，并预留足够的图面以注写尺寸和文字说明等。

（3）画底稿图 先由定位尺寸画出图形的所有基准线，再按定形尺寸画出主要轮廓线，然后再画细节部分。画底稿图时，宜用较硬的铅笔（2H 或 H）。底稿线应画得轻、细、准，以便于擦拭和修改。

3. 铅笔加深图线

加深图线前要仔细校对底稿，修正错误，擦去多余的图线或污迹，保证线型符合国家标准的规定。加深不同类型的图线，应选用不同型号的铅笔。一般可按下列原则进行：

不同线型，先粗、实，后细、虚；有圆有直线，先圆后直线；多条水平线，先上后下；多条铅垂线，先左后右；多个同心圆，先小后大；最后加深斜线、图框和标题栏。

4. 标注尺寸

图形加深后，应将尺寸界线、尺寸线和箭头都一次性地画出，最后注写尺寸数字及符号等。标注尺寸应正确、清晰，符合国家标准的要求。

5. 填写标题栏

按照国家标准要求填写标题栏中的有关内容。在检查无误后，签上姓名和绘图日期。

1.3 徒手绘图的基本方法与技能

徒手图也称草图，是指不使用绘图工具，在目测物体形状和大小的基础上，徒手绘制的图样。由于徒手绘图快速简便，所以在形体构思、现场测绘及技术交流中占有重要的地位。如在机器的现场测绘过程中，应先通过手绘画出机器结构示意图及零件图的草图，然后再用尺规或计算机将草图画成规范图形。在此过程中，徒手绘图是尺规或计算机绘图无法代替的，因此，对于工程技术人员来说，必须具备徒手绘制草图的能力。

徒手图要求做到图形正确、比例匀称、线型分明、字体工整。

1.3.1 徒手绘图的工具及动作要领

徒手绘图时，应准备好铅笔、橡皮、方格纸或白纸。一般使用 HB 或 B 铅笔，铅芯磨成锥形。初学徒手画图，最好使用方格纸，以控制图线的平直和图形的大小，经过一定的训练后，可使用白图纸画图。

徒手绘图的动作要领是手执铅笔时不要离笔端太远，手指及手腕不宜紧贴纸面，运笔自然。画短线时用手腕动作，画长线时用前臂动作。为了运笔顺畅，可将图纸斜放在运笔最顺手的位置，如将图纸旋转到 45° 的位置画水平线。两点之间画长线，目光要注视线段的终点，然后沿着所画线段的方向轻移手臂画至终点。

1.3.2 徒手绘图的基本方法

工程图样中的各种图形一般都是由直线、圆、圆弧、椭圆等基本几何图形组成（见图 1-23），因此，练习徒手绘图时应先练习这些基本几何图形的画法。

1. 直线的画法

画直线时，水平线自左向右运笔（见图 1-25a）、铅垂线自上向下运笔（见图 1-25b）。画斜线时可将图纸旋转到画水平线的位置，如图 1-25c 所示。

画长线时，可先标出直线的两端点，在两点之间先画一些短线，再连成一条直线。

对 30°、45°、60° 等特殊角度的斜线，可根据其近似正切值 3/5、1、5/3 作直角三角形

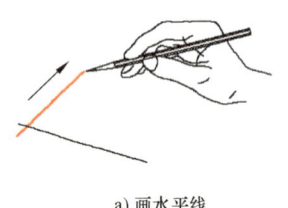
a) 画水平线

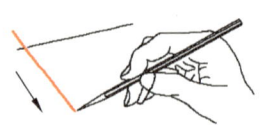
b) 画铅垂线

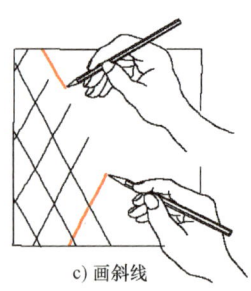
c) 画斜线

图 1-25　徒手画直线的方法

的斜边作出，如图 1-26 所示。

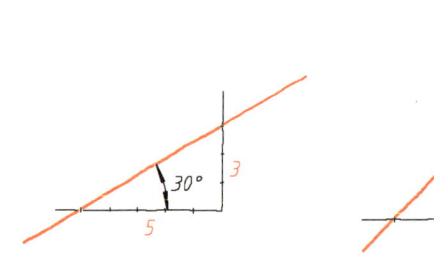

图 1-26　徒手画特殊角度斜线的方法

2. 圆和圆弧的画法

（1）圆的画法　徒手画小圆时，先画圆的中心线，根据半径大小用目测的方法在中心线上定出四点，将这四点连成圆（见图 1-27a）。当圆的直径较大时，可过圆心增画两条 45°斜线，在斜线上再定四个点，然后过八点画圆，如图 1-27b 所示。

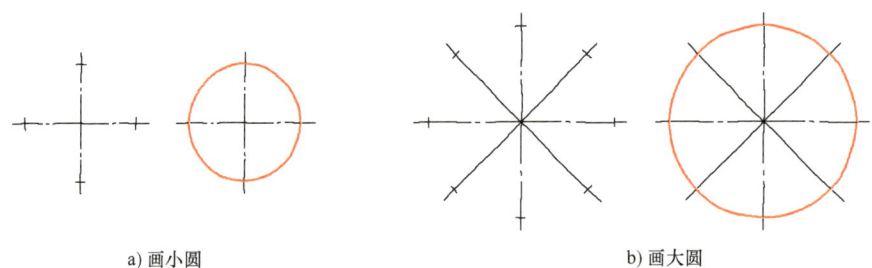

a) 画小圆　　　　　　　　　b) 画大圆

图 1-27　徒手画圆的方法

（2）圆弧的画法　画圆弧时，先根据圆弧的半径大小找出圆心的位置，然后过顶点和圆心作角的平分线，再过圆心向已知边作垂线定出圆弧的起点和终点，并在角的平分线上也定出一圆弧上的点，然后将这三个点连成圆弧，如图 1-28 所示。

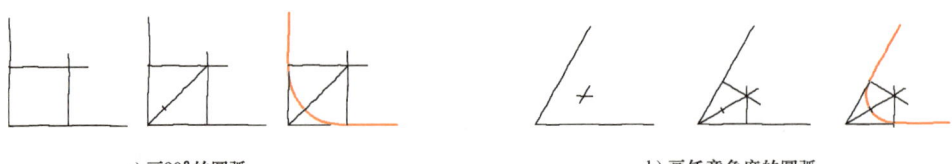

a) 画 90°的圆弧　　　　　　　　　b) 画任意角度的圆弧

图 1-28　徒手画圆弧的方法

3. 椭圆的画法

画椭圆时，首先画出椭圆的长、短轴，目测定出长、短轴的四个端点（见图1-29a），再过四个端点作矩形，然后在四个顶点处画短圆弧（见图1-29b），最后连接各段圆弧，即可得到椭圆（见图1-29c）。所画椭圆为矩形的内切椭圆。同样方法，也可以画出平行四边形或菱形，得到它们的内切椭圆，如图1-29d、e所示。应当注意的是，椭圆应通过矩形、平行四边形或菱形的中点。

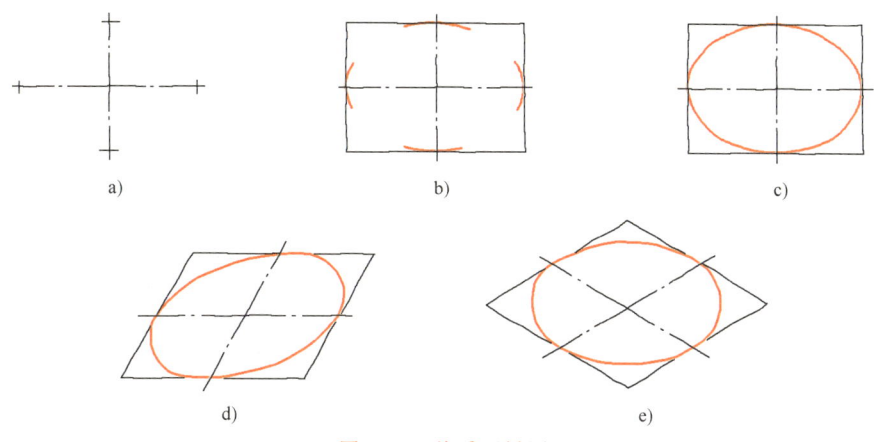

图 1-29 徒手画椭圆

掌握以上几何图形的画法后，即可徒手绘制由这些几何体组成的图形。在手绘较复杂图样时，要注意将实物各部分的相对位置目测准确，以使草图尽量准确地表达物体的形状。

第 2 章

点、直线和平面的投影

2.1 投影的基本知识

日常生活中,当阳光或灯光照射物体时,会在墙上或地面上出现物体的影子。人们将这一自然现象进行科学地抽象和总结,提出了投影的方法。

如图 2-1 所示,从光源 S 发射出的一束光线照射 $\triangle ABC$,即可在平面 P 上得到它的影子 $\triangle abc$,其中光源 S 称为投射中心,光线 SA、SB、SC 称为投射线,平面 P 称为投影面,得到的影子 $\triangle abc$ 就称为投影。这种通过将物体投射到平面得到投影的方法称为投影法。

1. 投影法的种类

按投射线与投影面的相对位置,投影法分为中心投影法和平行投影法。

(1) 中心投影法 所有投射线相交于一点的投影方法称为中心投影法,如图 2-1 所示。由中心投影法得到的投影图称为透视图。其特点是直观性好、立体感强,但度量性差且作图复杂。该方法常用于绘制建筑物或工业产品外观效果图,在机械工程图中很少采用。

(2) 平行投影法 在图 2-1 中,若将投射中心移到离投影面无穷远处,则投射线互相平行,如图 2-2 所示,这种投射线互相平行的投影方法称为平行投影法。

根据投射线与投影面是否垂直,平行投影法又分为斜投影法与正投影法。

1) 斜投影法:投射线与投影面倾斜的投影方法称为斜投影法,如图 2-2a 所示。

2) 正投影法:投射线与投影面垂直的投影方法称为正投影法,如图 2-2b 所示。

由于正投影法得到的投影能准确反映物体的形状和大小,度量性好,作图简便,所以在工程中得到广泛应用。国家标准《技术制图 投影法》(GB/T 14692—2008) 规定,绘制工程技术图样应采用正投影法。所以本书除特别说明外,所称投影均为正投影。

图 2-1 中心投影法的概念

第2章 点、直线和平面的投影

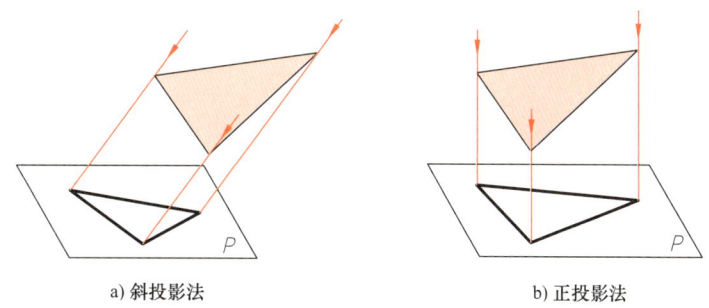

a) 斜投影法　　　　　　　　b) 正投影法

图 2-2　平行投影法

2. 平行投影的特性

（1）类似性　当直线或平面倾斜于投影面时，直线的投影仍为直线，但小于实长，平面的投影是其类似形（边数相等，平行关系及凹凸关系一致），这种投影特性称为类似性，如图 2-3a 所示。

（2）积聚性　当直线或平面垂直于投影面时，直线的投影积聚为点，平面的投影积聚为直线，这种投影特性称为积聚性，如图 2-3b 所示。

（3）实形性　当直线或平面平行于投影面时，直线的投影反映空间直线的真实长度，平面的投影反映空间平面的真实形状，这种投影特性称为实形性，如图 2-3c 所示。

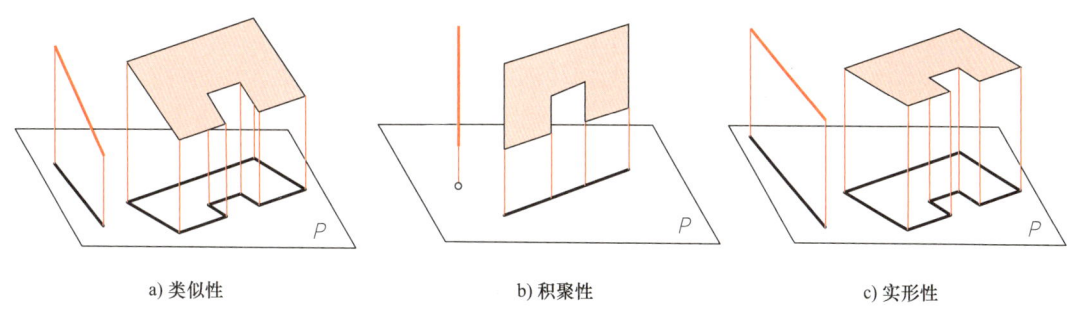

a) 类似性　　　　　　　　b) 积聚性　　　　　　　　c) 实形性

图 2-3　平行投影法的基本特性

2.2　点的投影

点是构成立体最基本的几何元素，如图 2-4 所示，三棱锥的四个顶点 S、A、B、C 的空间位置决定了它的形状大小，因此，绘制该三棱锥的三面投影图，实际上就是要画出这些点以及点之间连线的投影图。所以要表达立体的形状，必须先了解点的投影及投影规律。

点的投影仍然是点。如图 2-5 所示，由空间点 A 向投影面 P 作垂线，垂足 a 即为点 A 在平面 P 上的投影。当点的空间位置确定后，其投影是唯一确定的。但一个投影并不能确定空间点的位置，如图 2-5 所示，空间点 A 的高度可以是任意的。所以一般需要通过点的两面或三面投影来确定空间点的位置。

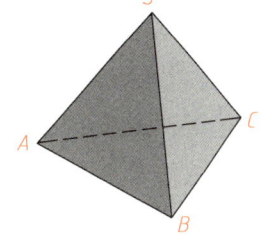

图 2-4　三棱锥

2.2.1 点在三投影面体系中的投影

1. 三投影面体系的建立

如图 2-6 所示,三面投影系由三个互相垂直的投影面组成,它们分别是正立投影面(简称正面),用 V 表示;水平投影面(简称水平面),用 H 表示;侧立投影面(简称侧面),用 W 表示。三投影面之间的交线称为投影轴,分别用 OX、OY、OZ 表示。三投影轴的交点 O 称为原点。

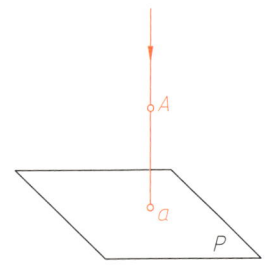

图 2-5 点的投影确定

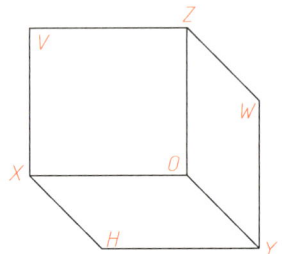

图 2-6 三面投影系

2. 点在三投影面体系中的投影

如图 2-7a 所示,设空间有一点 A,由点 A 分别向 H、V、W 面作垂线(投射线),垂足即为点 A 在三面投影系中的投影。空间点一般用大写字母表示,投影用相应的小写字母表示。空间点 A 在 H、V、W 面的投影分别用 a、a′、a″表示。

为了便于画图,需要将点的三面投影图在同一个平面上表示出来,为此可将三个投影面展开。规定正面 V 不动,将水平面 H 绕 OX 轴向下旋转 90°,将侧面 W 绕 OZ 轴向右旋转 90°,这样三个投影面就处在同一平面上,如图 2-7a、b 所示。

在投影面展开的过程中,OY 轴一分为二,随 H 面旋转的 Y 轴用 Y_H 表示,随 W 面旋转的 Y 轴用 Y_W 表示,各投影之间具有图 2-7b 所示对应关系。画图时,通常去掉投影面的边框及 H、V、W 等标注,便得到图 2-7c 所示的点 A 的三面投影图。

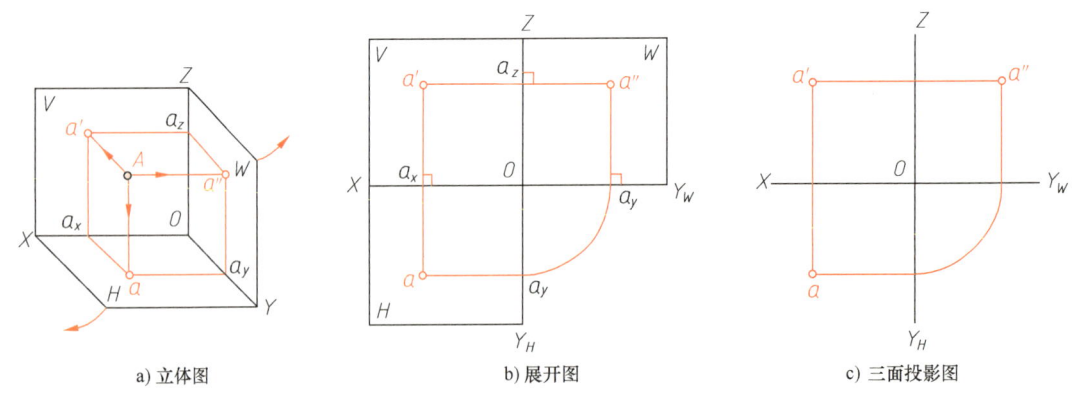

a) 立体图   b) 展开图   c) 三面投影图

图 2-7 点的三面投影

通过点 A 三面投影图的展开过程及所得投影图可以看出,点的三面投影具有以下规律:

1) aa′⊥OX,即点的正面投影与水平投影的连线垂直于 OX 轴;a′a″⊥OZ,即点的正面投影与侧面投影的连线垂直于 OZ 轴。

2) $aa_x = a''a_z = Aa'$，即点的水平投影到 OX 轴的距离等于点的侧面投影到 OZ 轴的距离，等于空间点到正面 V 的距离 Aa'。

根据上述投影规律，可以看出：在点的三面投影中，只要知道其中任意两面投影，便可求出第三面投影。

[例 2-1]　在图 2-8a 中，已知点 A 的正面投影 a' 与侧面投影 a''，求其水平投影 a。

分析：根据点的投影规律可知：$aa' \perp OX$，$aa_x = a''a_z$。由此可求出点 A 的第三面投影。

作图：

1) 过 a' 作直线 $a'a_x \perp OX$，并适当延长。
2) 量取 $aa_x = a''a_z$（或利用 45°线作图），如图 2-8b 所示，结果如图 2-8c 所示。

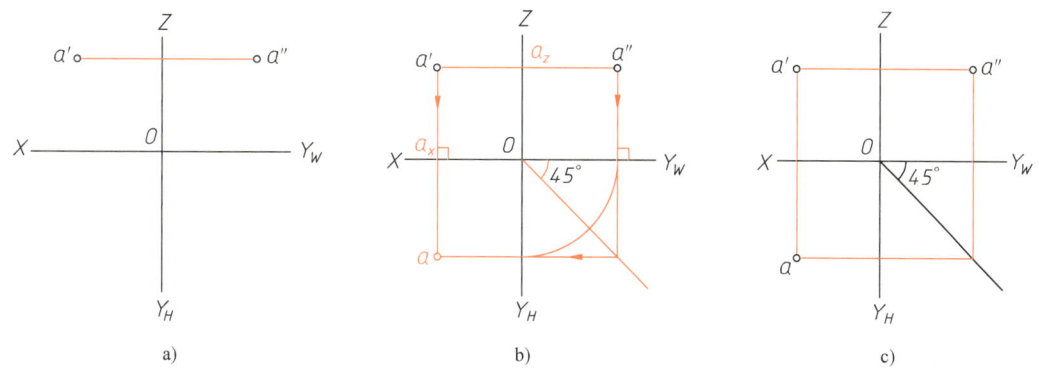

图 2-8　已知点的两面投影求第三面投影

3. 点的三面投影与直角坐标的关系

如图 2-9a 所示，点在空间的位置可由点到三个投影面的距离来确定。若把三个投影面看作坐标面，投影轴作为坐标轴，则点 A 的三面投影与其空间坐标 x、y、z 存在如下关系：

点 A 到 W 面的距离 $Aa'' = a'a_z = aa_y = a_xO = x$

点 A 到 V 面的距离 $Aa' = aa_x = a''a_z = a_yO = y$

点 A 到 H 面的距离 $Aa = a'a_x = a''a_y = a_zO = z$

若点 A 的坐标为 (x, y, z)，则其三面投影分别为 $a(x, y)$、$a'(x, z)$、$a''(y, z)$，如图 2-9b 所示；若点 B 的坐标为 (15, 8, 10)，则其三面投影如图 2-9c 所示。

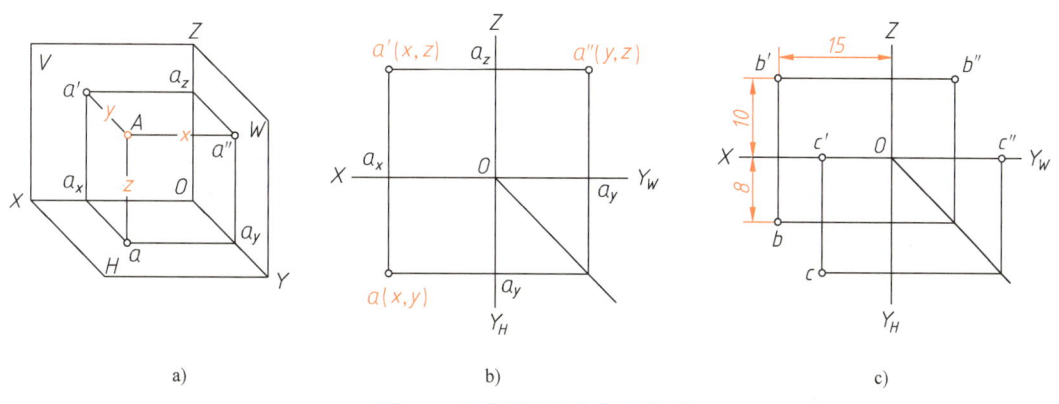

图 2-9　点的投影与直角坐标系

若点的某一坐标为"0",则点处在相应投影面上。图 2-9c 所示的 c、c'、c'' 为 H 面上点 C 的三面投影,其 z 坐标为 0。

2.2.2 两点的相对位置及重影点

1. 两点的相对位置

空间两点的相对位置,是指它们在空间的前后、上下及左右位置关系。如图 2-10 所示,正面投影反映点的上下及左右位置,水平投影反映点的左右及前后位置,侧面投影反映点的上下及前后位置。在图 2-10b 中,由正面投影可知点 A 在点 B 的左上方,由水平投影可知点 A 在点 B 的左后方,由侧面投影可知点 A 在点 B 的后上方。

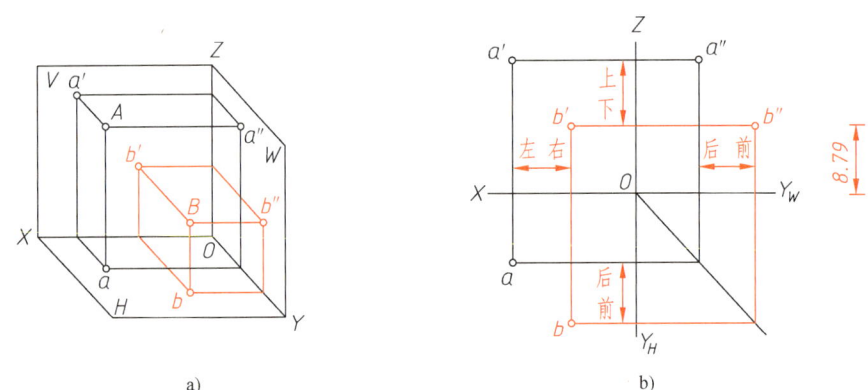

图 2-10 两点的相对位置及其投影

2. 重影点

如图 2-11 所示,当空间两点位于对某一投影面的同一条投射线上时,它们在该投影面上的投影重合为一点,这两点称为对该投影面的重影点。当重影点投影时,会存在一点遮挡另一点的情况,需判断其可见性。可见性判断的基本原则是:对 H 面的重影点是上遮挡下;对 V 面的重影点是前遮挡后;对 W 面的重影点是左遮挡右,即距离重影的投影面远(坐标值大)的点遮挡近(坐标值小)的点。重影点在标注时,对被遮挡的点的投影需要加括号,如图 2-11 所示。

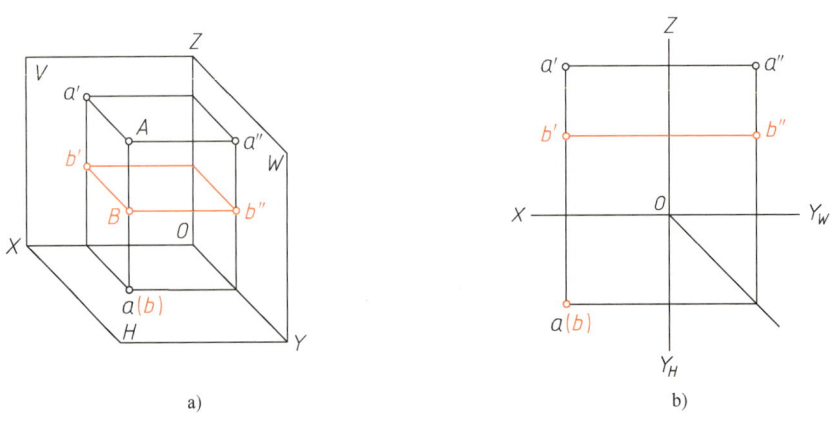

图 2-11 重影点及其投影

2.3 直线的投影

2.3.1 直线投影的确定

直线的投影一般仍为直线（当直线垂直于投影面时，其投影积聚为点）。由于两点确定一条直线，所以直线的投影通常由直线上两端点在同一投影面上的投影（即同面投影）连接而得。如图 2-12 所示，作 A、B 两点的三面投影，并连接其同面投影即得直线 AB 的三面投影。

如图 2-12a 所示，直线对投影面 H、V、W 的倾角分别用 α、β、γ 表示。但一般情况下，直线的投影并不能直接反映直线与投影面的夹角。

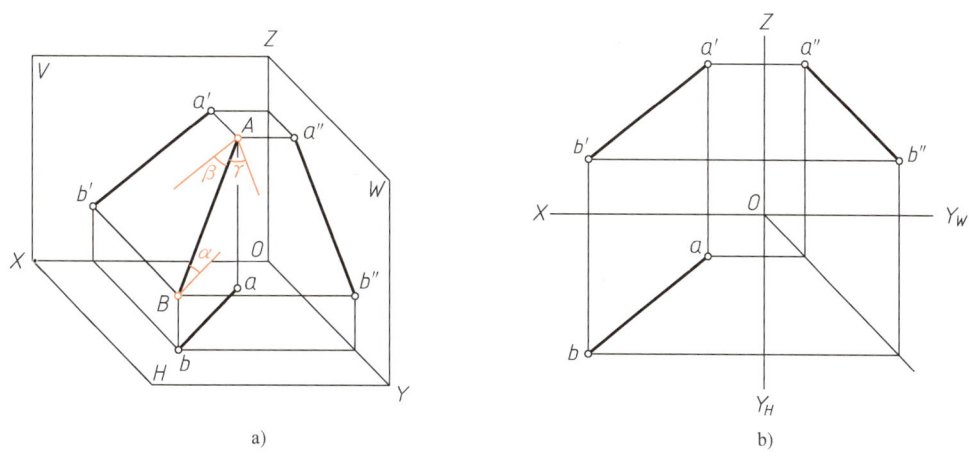

图 2-12 直线的投影

2.3.2 直线对投影面的相对位置

在三面投影系中，直线对投影面的相对位置有三种：

投影面平行线：平行于一个投影面，倾斜于另外两个投影面的直线。
投影面垂直线：垂直于一个投影面，平行于另外两个投影面的直线。
一般位置直线：与三个投影面都倾斜的直线。

1. 投影面平行线的投影

投影面平行线分为三种，如图 2-13 所示，分别为：
水平线：平行于水平面 H 的直线，如直线 AB。
正平线：平行于正面 V 的直线，如直线 BC。
侧平线：平行于侧面 W 的直线，如直线 AC。

表 2-1 列出了图 2-13 所示三种位置的投影面平行线的空间位置、投影图及投影特征。

由表 2-1 中各种位置投影面平行线的投影可以看出，投影面平行线在其所平行的投影面上的投影反映空间直线的真实长

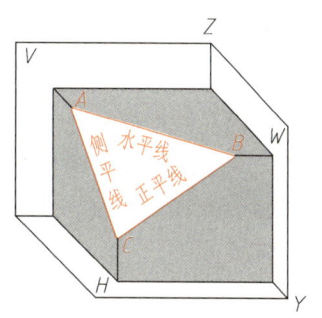

图 2-13 投影面平行线

度，以及空间直线与其余两个投影面的倾角，而在其余两个投影面上的投影为平行于投影轴的直线。

画图时，应先画反映直线实长及倾角的投影，即倾斜于投影轴的直线；再画其余两面投影，即平行于投影轴的直线。

读图时，若直线的三面投影中既有平行于投影轴的直线，又有斜线，则该直线一定是投影面平行线，且平行于投影为斜线所在的投影面。斜线反映直线实长及与另外两个投影面的夹角，平行于投影轴的直线反映空间直线到所平行投影面的距离。

表 2-1 投影面平行线的投影及投影特征

名称	水平线（平行于 H 面）	正平线（平行于 V 面）	侧平线（平行于 W 面）
立体图	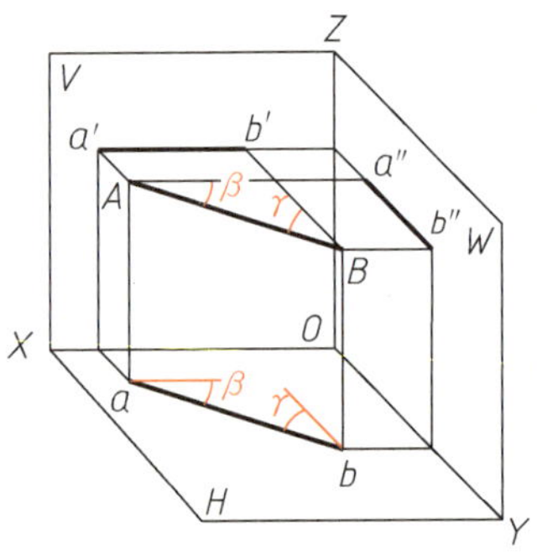	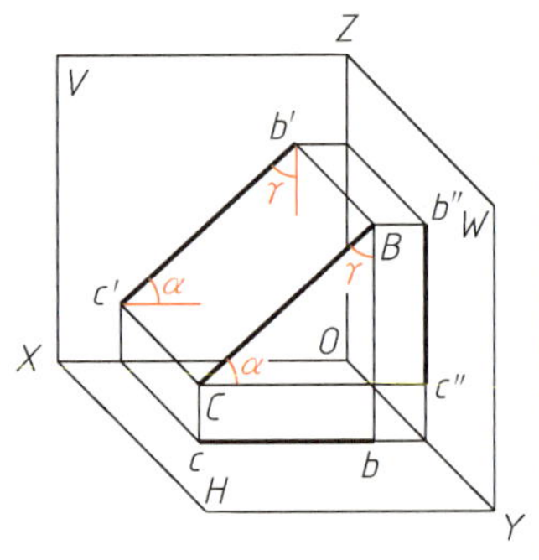	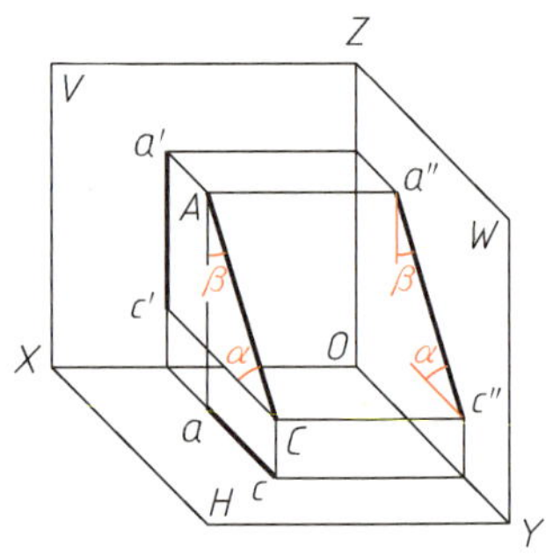
投影图	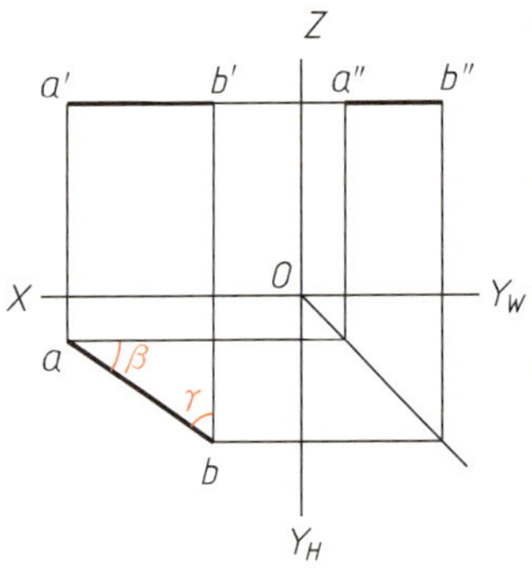	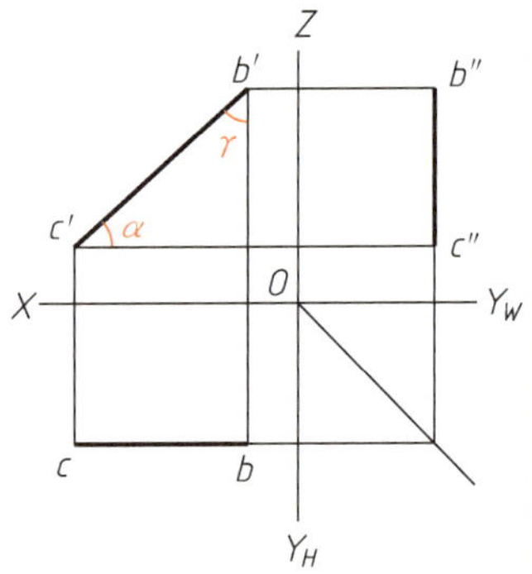	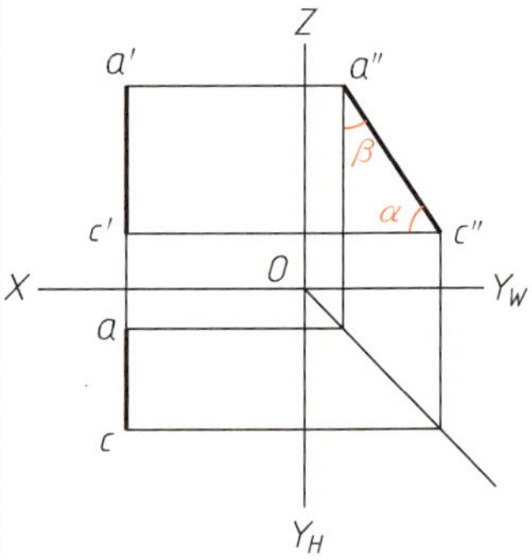
投影特性	1. $ab=AB$，反映实长；β、γ 分别为与 V、W 面夹角 2. $a'b'//OX$，$a''b''//OY_W$	1. $b'c'=BC$，反映实长；α、γ 分别为与 H、W 面夹角 2. $bc//OX$，$b''c''//OZ$	1. $a''c''=AC$，反映实长；α、β 分别为与 H、V 面夹角 2. $ac//OY_H$，$a'c'//OZ$

[例 2-2] 如图 2-14a 所示，过点 A 求作正平线 AB 的正面和水平投影，使 $AB=20$mm，对水平面的倾角 $\alpha=30°$。

分析：根据投影面平行线投影特性，正平线 AB 的正面投影 $a'b'$ 反映直线的实长，即 $a'b'=20$mm；同时反映倾角 α，即 $a'b'$ 与投影轴 OX 的夹角为 30°，水平投影 $ab//OX$，如图 2-14b 所示。

作图：

1）以 a' 为圆心，以 20mm 为半径画圆弧；

2）过 a' 作与 OX 成 30°的直线，该直线与上述圆弧的交点即为 b'。

3) 过 a 作直线平行于 OX 轴,根据点的投影特性在该直线上求出 b,ab、a'b'即为所求。(此题应有两解)

2. 投影面垂直线的投影

投影面垂直线分为三种,如图 2-15 所示,分别为:

铅垂线:垂直于水平面 H 的直线,如直线 AB。
正垂线:垂直于正面 V 的直线,如直线 AC。
侧垂线:垂直于侧面 W 的直线,如直线 AD。

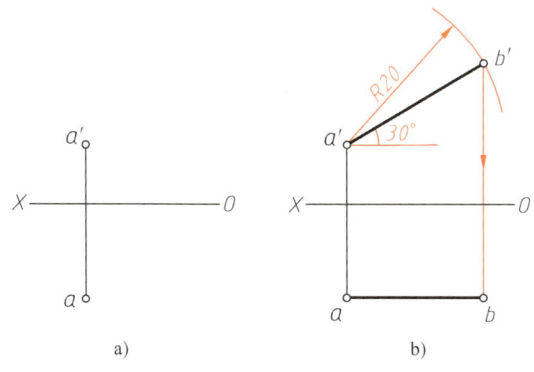

图 2-14 投影面平行线作图

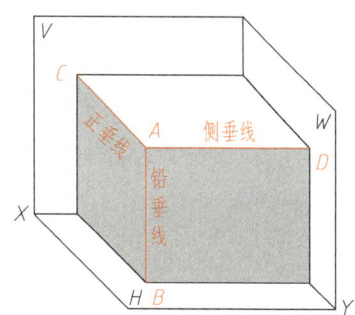

图 2-15 投影面垂直线

表 2-2 列出了图 2-15 所示三种位置的投影面垂直线的空间位置、投影图及投影特征。

表 2-2 投影面垂直线的空间位置、投影图及投影特征

名称	铅垂线(垂直于 H 面)	正垂线(垂直于 V 面)	侧垂线(垂直于 W 面)
立体图			
投影图			
投影特性	1. a、b 积聚为一点 2. $a'b' \perp OX$,$a''b'' \perp OY_W$, $a'b' = a''b'' = AB$,反映实长	1. a'、c' 积聚为一点 2. $ac \perp OX$,$a''c'' \perp OZ$, $ac = a''c'' = AC$,反映实长	1. a''、d'' 积聚为一点 2. $ad \perp OY_H$,$a'd' \perp OZ$, $ad = a'd' = AD$,反映实长

由表 2-2 中各种位置投影面垂直线的投影可以看出，投影面垂直线在其所垂直的投影面上的投影积聚为一点，而在其余两个投影面上的投影为垂直于投影轴的直线。

画图时，应先画直线的积聚性投影（点），再画其余两面投影（垂直于投影轴的直线）。

读图时，直线的三面投影中只要有点，则该直线一定是投影面垂直线，且垂直于积聚性投影（点）所在的投影面。点的位置反映空间直线到另外两个投影面的距离。

3. 一般位置直线的投影

既不平行也不垂直于任何一个投影面的直线称为一般位置直线。图 2-16 所示为一般位置直线，其三面投影都倾斜于投影轴，且不反映实长，投影与投影轴之间的夹角也不反映直线与投影面的倾角。一般位置直线的实长及倾角问题可用后续换面法解决。

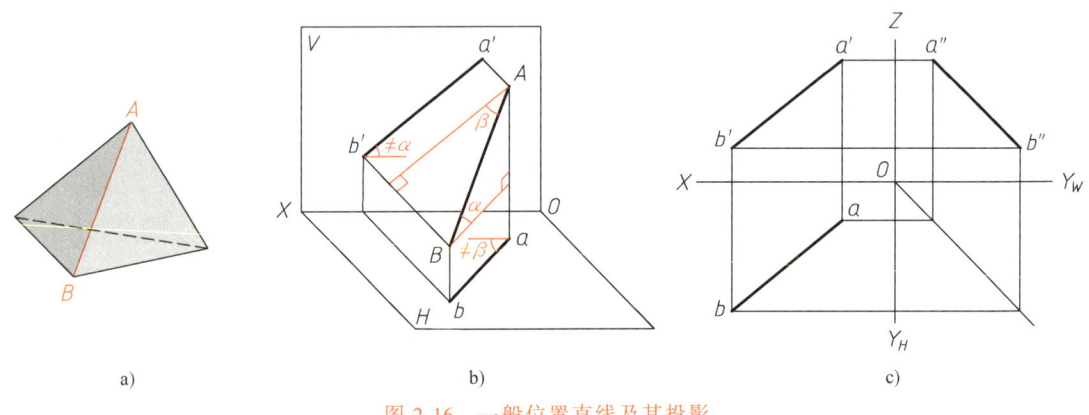

图 2-16 一般位置直线及其投影

[例 2-3] 图 2-17b 为图 2-17a 所示三棱锥的三面投影图，分析其表面各轮廓线对投影面的相对位置。

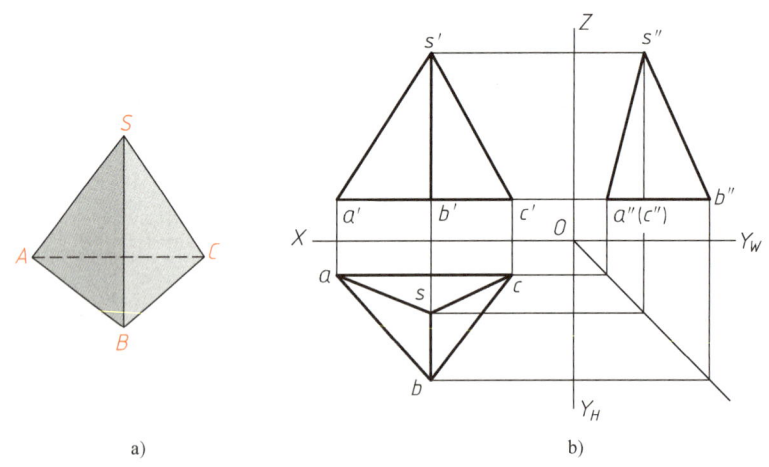

图 2-17 直线对投影面相对位置的判断

分析及判断：根据投影面平行线、投影面垂直线以及一般位置直线的投影特性判断：

1）AC：侧面投影积聚为点 a''（c''），故为侧垂线。

2）SB：正面及水平面投影分别平行于 OZ、OY_H 轴，侧面投影为斜线，故为侧平线；AB、BC：正面及侧面投影分别平行于 OX、OY_W 轴，水平面投影为斜线，故为水平线。

3）SA、SC：三面投影均为斜线，故为一般位置直线。

2.3.3 属于直线的点及其投影特性

如图 2-18 所示，属于直线的点具有以下投影特性：
1）若点在直线上，则点的各投影一定在直线的各同面投影上，且符合点的投影规律。
2）点的每个投影将直线的同面投影分割成与空间直线相同的比例，即

$$\frac{AK}{KB}=\frac{ak}{kb}=\frac{a'k'}{k'b'}=\frac{a''k''}{k''b''}$$

反之，若点的每个投影在直线的各同面投影上，且符合点的投影规律，同时各投影符合上述比例，则点一定在直线上。

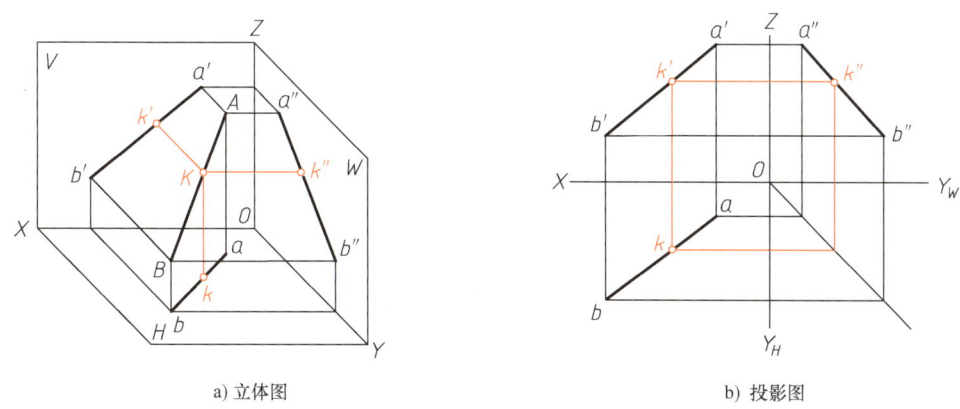

图 2-18 属于直线的点

对于一般位置直线，只要点的两面投影在直线的同面投影上，且符合点的投影规律，就可确定点在该直线上，如图 2-19a 所示。当直线为投影面平行线时，关键要看在直线所平行的投影面上点的投影是否在直线上。若已知投影面平行线仅有两个平行于投影轴的投影，则应通过分析点分线段之比是否相等，或求作第三面投影确定。如图 2-19b 所示，$en:nf \neq e'n':n'f'$，所以点 N 不在 EF 上。

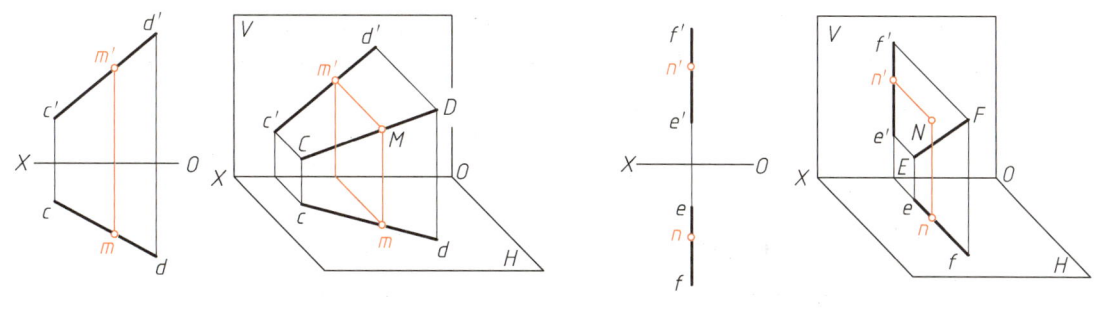

图 2-19 判断点是否在直线上

[例 2-4] 如图 2-20a 所示，已知点 K 在侧平线 GH 上，求点 K 的水平投影。

分析：由于 GH 为侧平线，所以，GH 上点 K 的侧面投影必在 GH 的侧面投影上，据此

可求出点 K 的水平投影。也可以通过几何作图，使点 K 分 GH 的两面投影之比相等得到点 K 的水平投影。

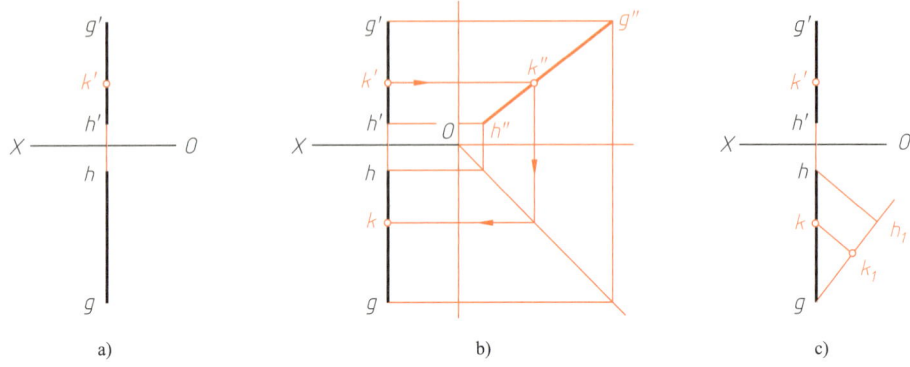

图 2-20 求作侧平线上点的投影

方法一：如图 2-20b 所示，作直线 GH 的侧面投影 $g''h''$，使点 K 的侧面投影 k'' 在 $g''h''$ 上，即可得 k''，再通过点的投影规律得到点 K 的水平投影 k。

方法二：利用点分线段投影之比相等的特性，如图 2-20c 所示，过点 g 作任意一条斜线，并分别截取 $gh_1 = g'h'$，$gk_1 = g'k'$，连接 hh_1，过 k_1 点作直线平行于 hh_1，交 gh 于 k 点，由于 $gk_1 : k_1h_1 = gk : kh = g'k' : k'h'$，所以 k 点即为所求。

2.3.4 两条直线的相对位置及其投影特性

空间两条直线的相对位置有平行、相交和交叉（既不平行也不相交）三种情况。其中平行两直线和相交两直线属于共面直线，而交叉两直线为异面直线。

1. 两条平行直线及其投影

若两条直线空间平行，则其同面投影必平行，且同面投影长度之比等于两条直线空间长度之比。如图 2-21 所示，即若 $AB // CD$，则

$ab // cd$，$a'b' // c'd'$，$a''b'' // c''d''$；$ab : cd = a'b' : c'd' = a''b'' : c''d'' = AB : CD$

反之，若两条直线的三面投影都平行且投影长度之比相等，则该两条直线空间亦平行。对于一般位置直线，只要其两组同面投影平行，空间必平行，如图 2-21 所示。当两条直线同为投影面平行线时，关键要看其所平行的投影面上的投影是否平行。若无平行于投影面的

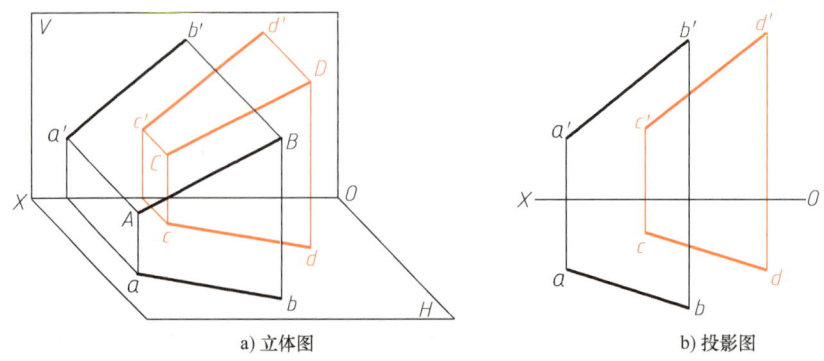

a) 立体图   b) 投影图

图 2-21 两条平行直线的投影

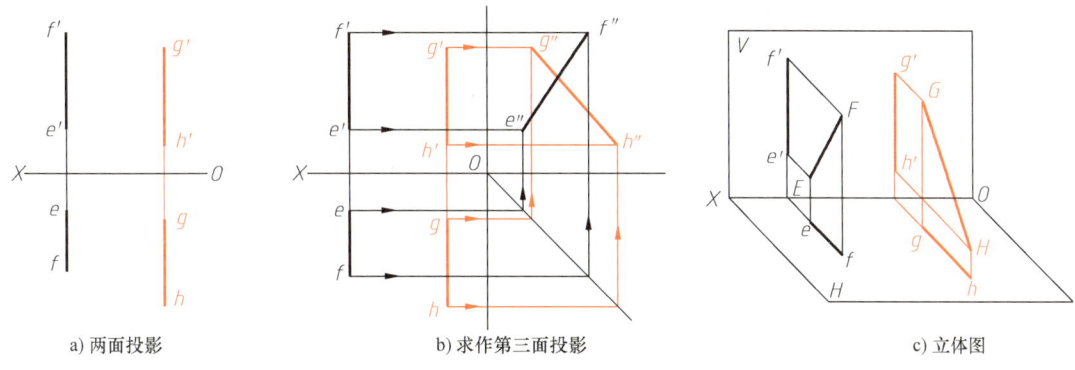

a) 两面投影 b) 求作第三面投影 c) 立体图

图 2-22 两条投影面平行线是否平行的判断

投影，可通过分析投影长度之比是否相等或求作平行于投影面的投影来判断。如图 2-22a 所示，直线 EF、GH 同为侧平线，由于 $ef:gh \neq e'f':g'h'$，所以 EF、GH 空间不平行。也可如图 2-22b 所示，通过求作侧面投影来判断。由于 $e''f''$ 与 $g''h''$ 不平行，所以 EF 与 GH 空间不平行，两条直线的空间位置如图 2-22c 所示。

2. 两条相交直线及其投影

若空间两条直线相交，则两条直线必有一个公共点，所以其每个同面投影都相交，且交点符合点的投影规律。如图 2-23 所示，若直线 AB、CD 相交于点 K，则 ab、cd 相交于 k，$a'b'$、$c'd'$ 相交于 k'，且 $kk' \perp OX$。反之，若两条直线的每个投影都相交，且交点符合点的投影规律，则两条直线在空间也相交。

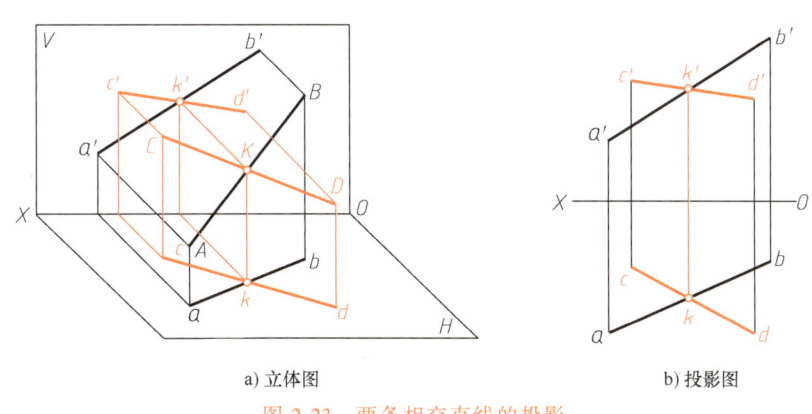

a) 立体图 b) 投影图

图 2-23 两条相交直线的投影

对于一般位置直线，只要其两组同面投影相交，且交点符合点的投影规律，就可确定两条直线在空间相交，如图 2-23 所示。但当两条直线中有投影面平行线时，除满足上述条件外，还须分析交点是否分别在两条直线上。如图 2-24 所示，GH 为侧平线，由于 $gk:kh \neq g'k':k'h'$，所以点 K 不在 GH 上，因此 EF、GH 不相交。

3. 两条交叉（异面）直线及其投影

既不平行也不相交的两条直线称为交叉（异面）直线。

两条交叉直线的同面投影可能相交，但"交点"不符合点的投影特征，其同面投影的交点是两条直线在同一投影面上重影点的投

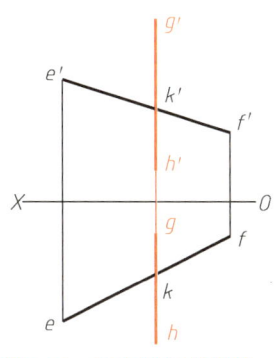

图 2-24 两直线相交判断

影。如图 2-25 所示，直线 AB、CD 水平投影的交点 1（2）是直线 CD 上点 Ⅰ 与直线 AB 上点 Ⅱ 在水平投影面的重影点，而非直线 AB、CD 的交点；同样正面投影的交点 3′（4′）是直线 AB 上点 Ⅲ 与直线 CD 上点 Ⅳ 在正面的重影点，也不是直线 AB、CD 的交点。

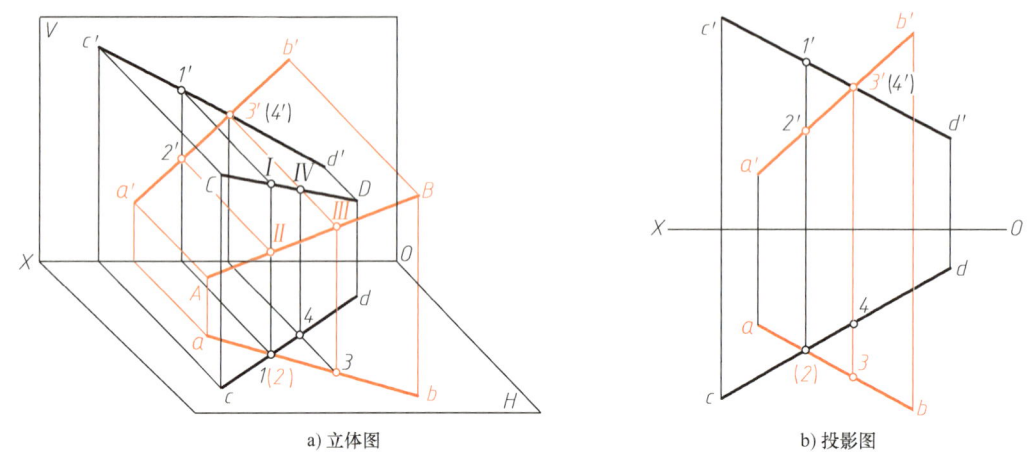

a) 立体图　　　　　　　　　　b) 投影图

图 2-25　两条交叉直线的投影

两条交叉直线也可能有一组或两组（同为投影面平行线时）同面投影平行，但一定有一组同面投影不平行，如图 2-22 所示。

2.4　平面的投影

2.4.1　平面投影的确定

平面的投影一般仍为平面（当平面垂直于投影面时，积聚为直线）。平面的投影一般用初等几何中确定平面的几何元素的投影来表示，如不在一条直线上的三点的投影、两条相交直线的投影等。图 2-26a 所示为三点的投影表示平面的投影。也可以用三点连接的三角形或其他平面图形的投影来表示平面的投影，如图 2-26b 所示。

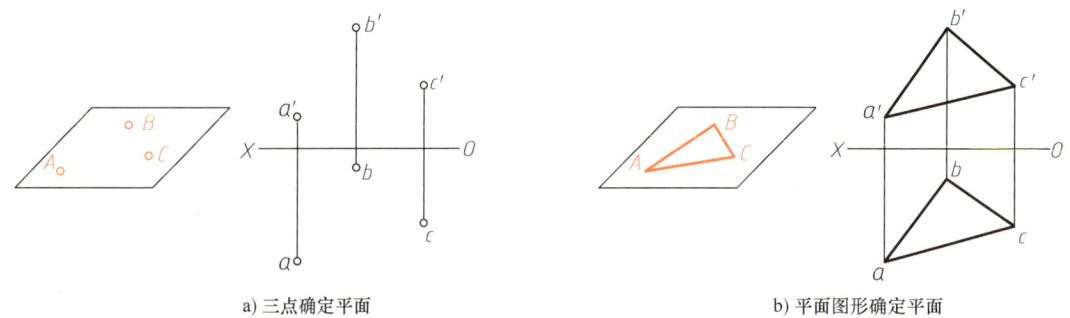

a) 三点确定平面　　　　　　　　　　b) 平面图形确定平面

图 2-26　平面的投影表示

2.4.2　平面对投影面的相对位置

如图 2-27 所示，在三投影面体系中，平面对投影面的相对位置有三种：

投影面平行面：平行于一个投影面，垂直于另外两个投影面的平面，如平面 A、B、C。

投影面垂直面：垂直于一个投影面，倾斜于另外两个投影面的平面，如平面 P、Q、R。

一般位置平面：与三个投影面都倾斜的平面，如平面 S。

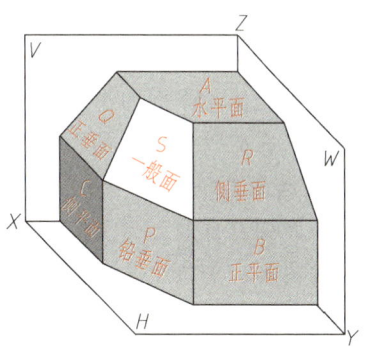

图 2-27 平面对投影面相对位置

1. 投影面平行面的投影

投影面平行面分为三种，如图 2-27 所示，分别为：

水平面：平行于水平面 H 的平面，如平面 A。

正平面：平行于正面 V 的平面，如平面 B。

侧平面：平行于侧面 W 的平面，如平面 C。

表 2-3 列出了三种位置的投影面平行面的空间位置、投影及特征。

由表 2-3 中各种位置投影面平行面的投影可以看出：投影面平行面在其所平行的投影面的投影，反映空间平面的真实形状，而在其余两个投影面上的投影为平行于投影轴的直线。

表 2-3 投影面平行面的空间位置、投影及特征

名称	水平面（平行于 H 面）	正平面（平行于 V 面）	侧平面（平行于 W 面）
立体图			
投影图			
投影特性	1. H 面投影反映实形 2. V、W 面投影分别为平行于投影轴 OX、OY_W 的直线	1. V 面投影反映实形 2. H、W 面投影分别为平行于投影轴 OX、OZ 的直线	1. W 面投影反映实形 2. H、V 面投影分别为平行于投影轴 OY_H、OZ 的直线

画图时，应先画反映平面实形的投影（线框），再画其余投影（平行于相应投影轴的直线）。

读图时，若平面的投影中既有线框，又有平行于投影轴的直线，则该平面必平行于投影为线框所在的投影面，且线框为平面实形。

2. 投影面垂直面的投影

投影面垂直面分为三种，如图 2-27 所示，分别为：

铅垂面：垂直于水平面 H 的平面，如平面 P。

正垂面：垂直于正面 V 的平面，如平面 Q。

侧垂面：垂直于侧面 W 的平面，如平面 R。

表 2-4 列出了三种位置的投影面垂直面的空间位置、投影及特性。

表 2-4 投影面垂直面的空间位置、投影及特性

名称	铅垂面（垂直于 H 面）	正垂面（垂直于 V 面）	侧垂面（垂直于 W 面）
立体图	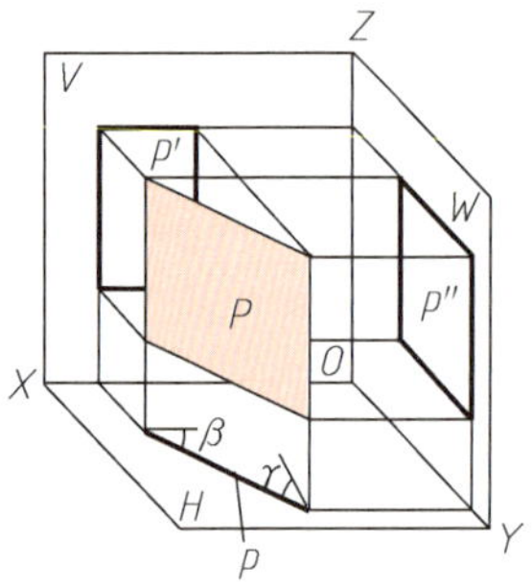	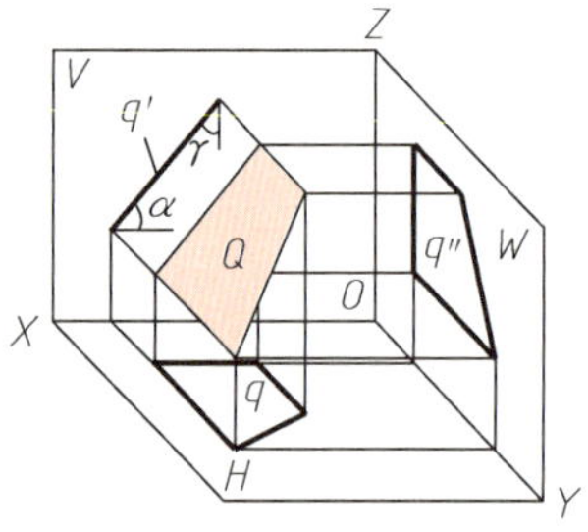	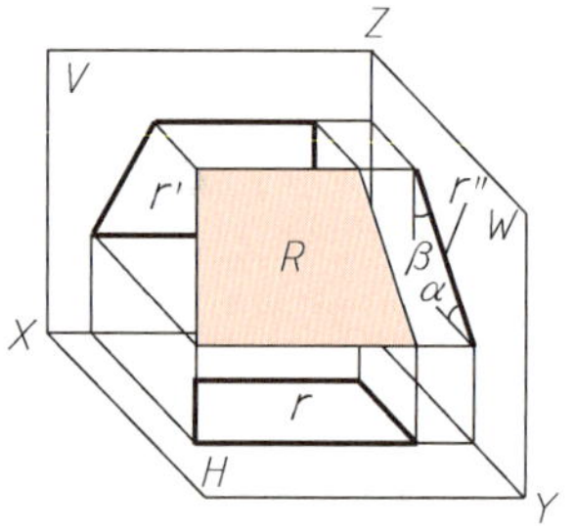
投影图	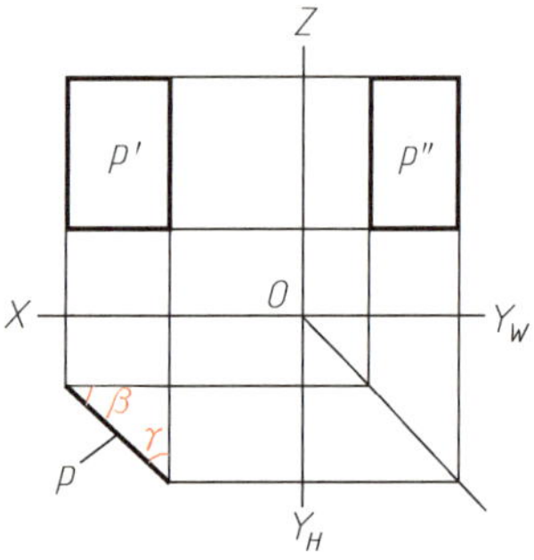	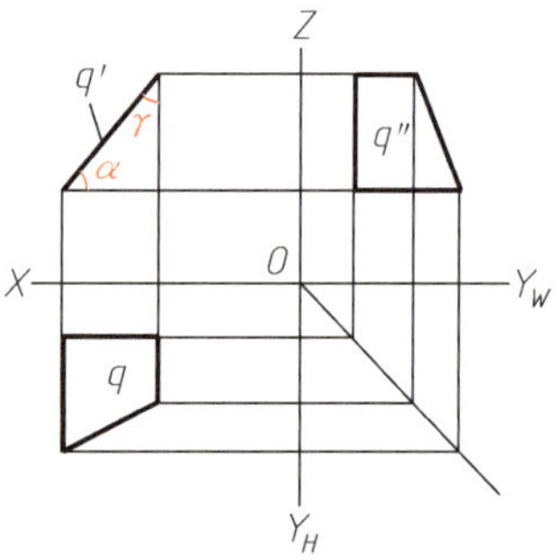	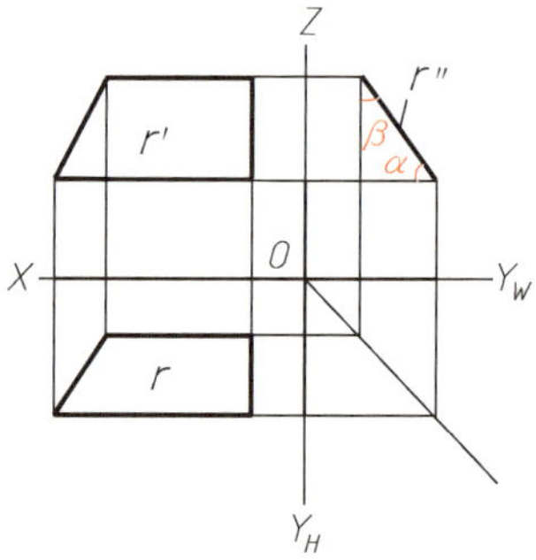
投影特性	1. H 面投影积聚为一斜线；β、γ 分别反映与 V、W 面倾角 2. V、W 面投影为空间平面类似形	1. V 面投影积聚为一斜线；α、γ 分别反映与 H、W 面倾角 2. H、W 面投影为空间平面类似形	1. W 面投影积聚为一斜线；α、β 分别反映与 H、V 面倾角 2. H、V 面投影为空间平面类似形

由表 2-4 中各种位置投影面垂直面的投影可以看出，投影面垂直面在其所垂直的投影面的投影，积聚为一条斜线，其与投影轴的夹角反映平面与其余两个投影面的倾角（平面对投影面 H、V、W 的角分别用 α、β、γ 表示），而在另外两个投影面上的投影为空间平面的类似形。

画图时，应先画平面的积聚性投影（斜线），再画其余两面投影（类似形线框）。

读图时,若平面的某一投影积聚为斜线,则平面必垂直于该投影面。斜线反映空间平面的位置及与另外两个投影面的夹角,平面实形为投影中线框的类似形。

3. 一般位置平面的投影

如图 2-28 所示,既不平行也不垂直于任何一个投影面的平面称为一般位置平面。一般位置平面的三个投影均为空间平面的类似形。

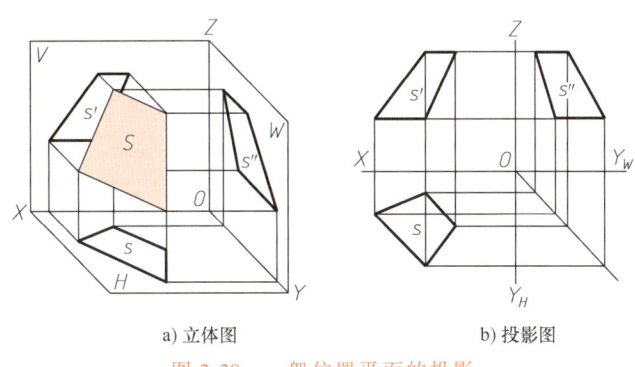

a) 立体图　　　　b) 投影图

图 2-28　一般位置平面的投影

读图时,若平面的三面投影均为类似形(没有直线),则该平面为一般位置平面。一般位置平面的实形与其投影相类似。

[例 2-5] 根据图 2-29a 所示立体的三面投影图(见图 2-29b),分析其表面 P、Q、R、S 在三个投影面上的投影,想象各表面的空间位置及形状。

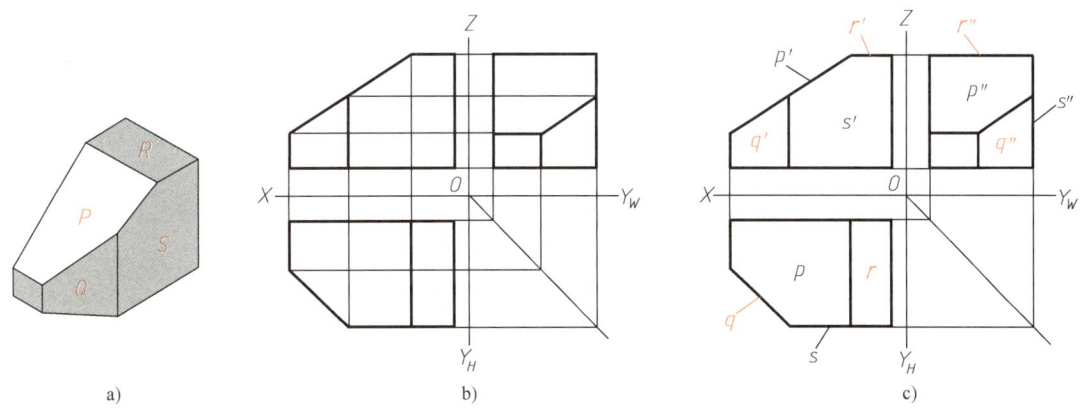

图 2-29　平面对投影面相对位置的判断

分析及判断:

根据平面的投影特性及投影的对应关系,以及图 2-29a、b 所示各面的位置形状及投影特征的对应关系,确定 P、Q、R、S 各面的投影如图 2-29c 所示。空间位置及形状如下:

平面 P:正面投影 p' 为斜线,故为正垂面。p' 反映平面 P 的空间位置;p、p'' 所示线框为空间平面 P 的类似形。

平面 Q:水平投影 q 为斜线,故为铅垂面。q 反映平面 Q 的空间位置,q'、q'' 所示线框为平面 Q 的类似形。

平面 R:水平投影 r 为线框,正面投影 r' 与侧面投影 r'' 为平行于投影轴的直线,故为水平面。r′、r″反映平面 R 所在空间位置，水平投影 r 所示线框为空间平面 R 的实形。

平面 S：正面投影 s′为线框，水平投影 s 与侧面投影 s″为平行于投影轴的直线，故为正平面。s、s″反映平面 S 的空间位置，正面投影 s′所示线框为平面 S 的实形。

2.4.3 平面上的点和直线

1. 平面上的点

若点在平面上，则点的投影一定在平面的投影上。

1）当平面具有积聚性投影时，点的投影一定在平面的积聚性投影上，如图 2-30a 所示。

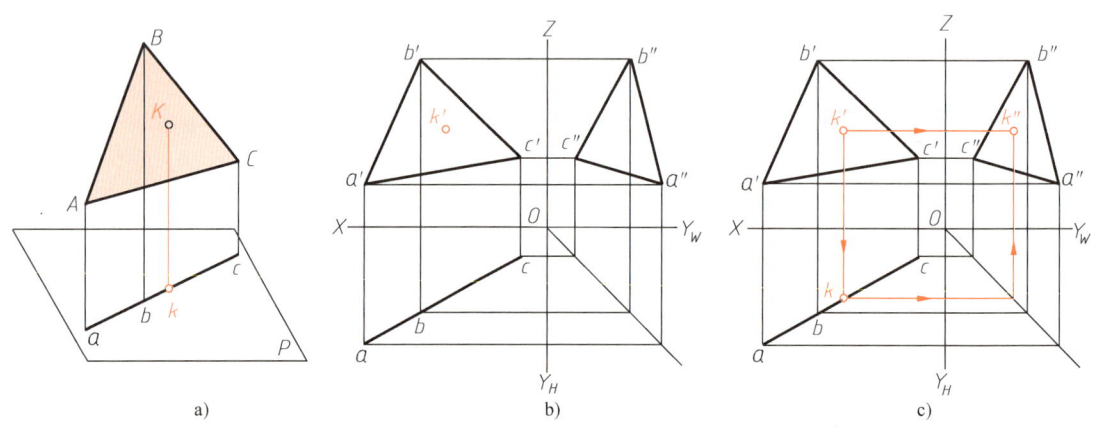

图 2-30 特殊位置平面上点的投影

因此，若已知平面上点的一个投影，如图 2-30b 所示，可按图 2-30c 所示得到点的其余投影。

2）当平面为一般位置平面时，可通过平面内过点的直线的投影确定点的投影。如图 2-31a 所示，求△ABC 上点 K 的投影，可借助求作平面内过点 K 的辅助直线 AD 的投影 ad，使点 K 的投影在 ad 上得到 k。因此，若已知平面上点的一个投影，如图 2-31b 所示，可按照图 2-31c 所示求作辅助直线得到点的其余投影。

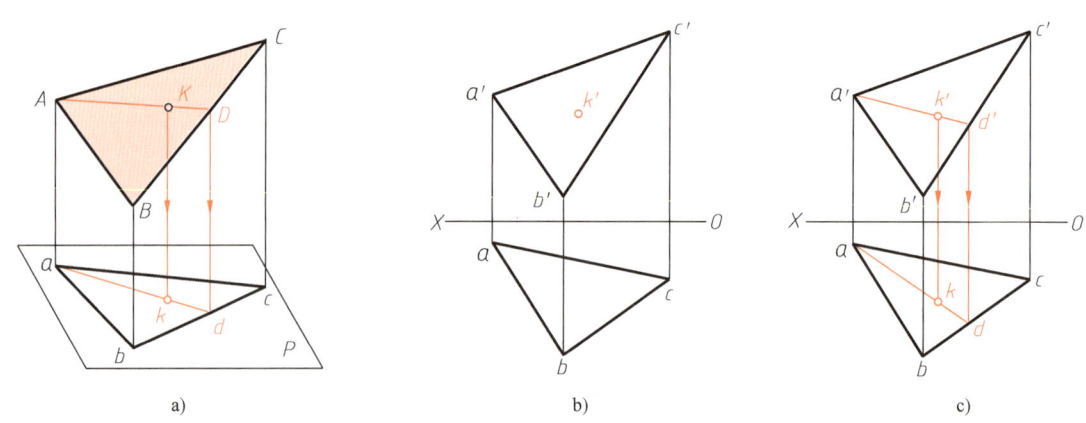

图 2-31 一般位置平面上点的投影

[例 2-6] 判断图 2-32a 所示空间四个点 A、B、C、D 是否在同一平面上。

分析：空间不在同一直线上的三个点确定一个平面，即三个点一定在同一平面上，而四个点就不一定了,所以只要判断其中的一个点是否在另外三个点所确定的平面上即可。

作图:

1)分别连接 $a'b'$、$b'c'$、$c'a'$ 及 ab、bc、ca,即可得到如图 2-32b 所示的 A、B、C 三个点所确定的平面图形 $\triangle ABC$ 的两面投影。

2)如图 2-32c 所示,连接 $a'd'$ 交 $b'c'$ 于 k',求出直线 BC 上点 K 的水平投影 k,则 AK 在 A、B、C 所确定的平面内。点 D 的正面投影在 $a'k'$ 上,但水平投影不在 ak 上,所以点 D 不在 AK 上,也就不在 A、B、C 所确定的平面上。因此 A、B、C、D 不在同一平面上。

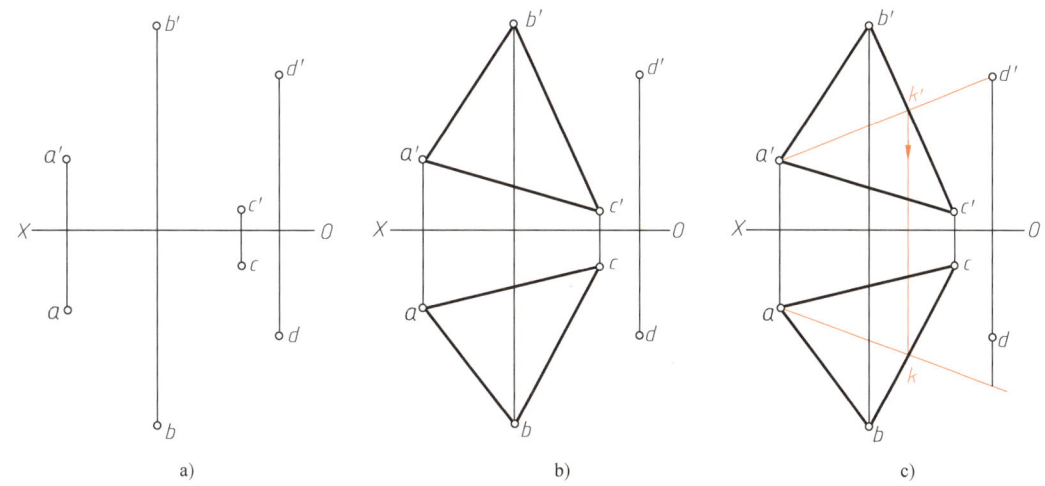

图 2-32 判断空间四个点是否在同一平面上

2. 平面上的直线及其投影

平面上直线的几何条件是:

1)若一直线通过平面上的两点,则此直线必在该平面上。如图 2-33a 所示,直线 MN 过 AB、BC 所确定平面上的点 M、N,则直线 MN 在 AB、BC 所确定的平面上。

2)若一直线通过平面上的一点,且平行于平面内的一条直线,则此直线必在该平面上。如图 2-33b 所示,直线 EF 过 AB、BC 所确定平面上的点 M,且 $EF/\!/BC$,则直线 EF 在 AB、BC 所确定平面上。

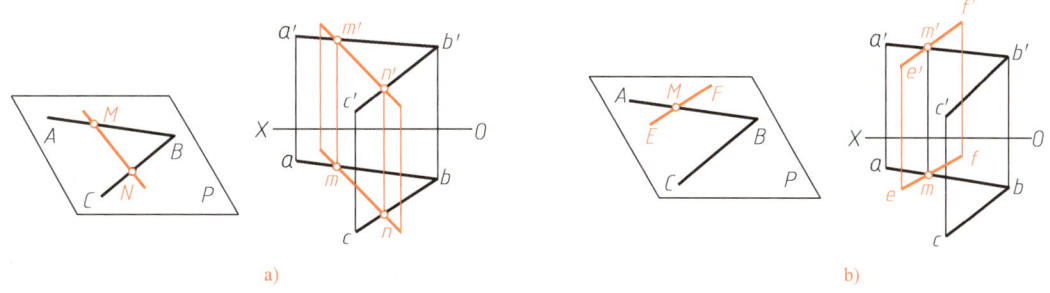

图 2-33 平面上的直线及其投影

3. 平面上的投影面平行线

平面上的投影面平行线是指平面上平行于投影面的直线。在平面内可取任意直线,但在实际应用中为便于作图，常取平面内的投影面平行线用作辅助线。如图 2-34 所示，平面上的投影面平行线有三种，分别为平面上的水平线、平面上的正平线和平面上的侧平线。

平面上的投影面平行线既符合平面上直线的投影特性，又符合投影面平行线的投影特性。

[例 2-7] 如图 2-35a 所示，在平面 ABC 内作水平线 MN，使其距 H 面为 12mm；再作正平线 EF，使其距 V 面为 18mm。

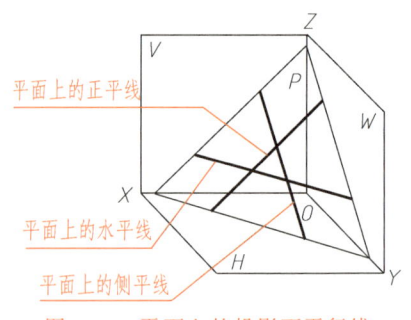

图 2-34 平面上的投影面平行线

分析：平面内水平线的正面投影平行 OX 轴，与 H 面的距离即 Z 坐标值。

作图：

1）如图 2-35b 所示，在 V 面投影中作平行 OX 轴且相距 12mm 的直线，分别交 a'b' 和 b'c' 于 m'、n'，连接 m'、n'，则 m'、n' 为所求直线 MN 的正面投影。

2）按照平面上点的投影作图方法，分别在 ab 和 bc 上求出 M、N 的水平投影 m、n，连接 m、n，即得 MN 的水平投影。

3）同理可在平面内作出距 V 面为 18mm 的正平线 EF 的两面投影，如图 2-35c 所示。

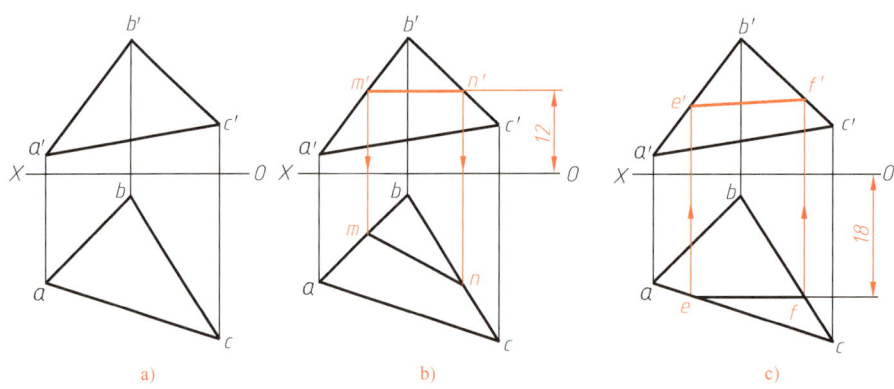

图 2-35 平面上的投影面平行线投影作图

2.5 直线与平面、平面与平面的相对位置

2.5.1 平行

1. 直线平行于平面

由几何定理可知，若直线平行于平面内的一条直线，则直线平行于平面。如图 2-36a 所示，由于直线 MN 平行于 ABC 内直线 DC，所以 MN 平行于 ABC 所确定的平面。当平面为特殊位置平面时，只要直线的投影平行于平面的积聚性投影，直线就平行于该平面，如图 2-36b 所示。

2. 平面平行于平面

由几何定理可知，若一平面内的两条相交直线平行于另一平面内的两条相交直线，则两

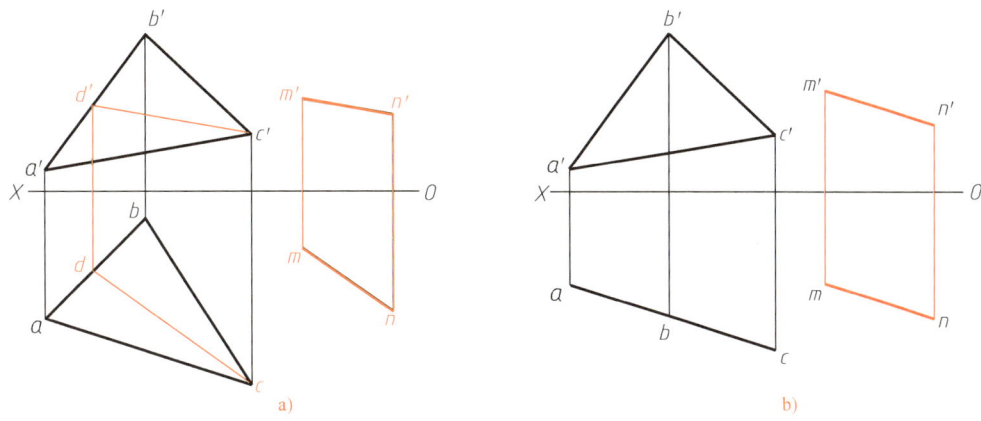

图 2-36 直线平行于平面

平面平行。如图 2-37a 所示,由于直线 $AB/\!/EF$,$AC/\!/MN$,所以平面 $P/\!/Q$。当两平面为特殊位置平面时,只要他们的积聚性投影平行,则两平面平行,如图 2-37b 所示。

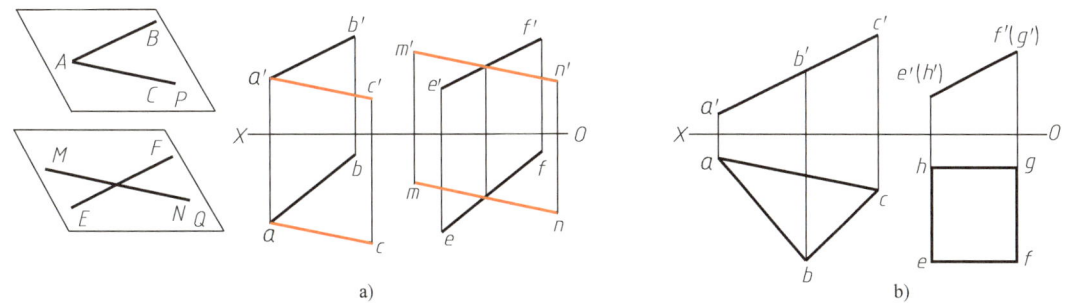

图 2-37 平面平行于平面

2.5.2 相交

直线与平面相交会有交点,其交点是直线与平面的共有点;平面与平面相交会有交线,其交线是两个平面的共有线。如图 2-38 所示,当直线或平面处于特殊位置,即其中有一个投影具有积聚性时,交点或交线的投影必在有积聚性的投影上。下面通过实例讨论利用积聚性法求作直线与平面的交点及平面与平面的交线的方法。

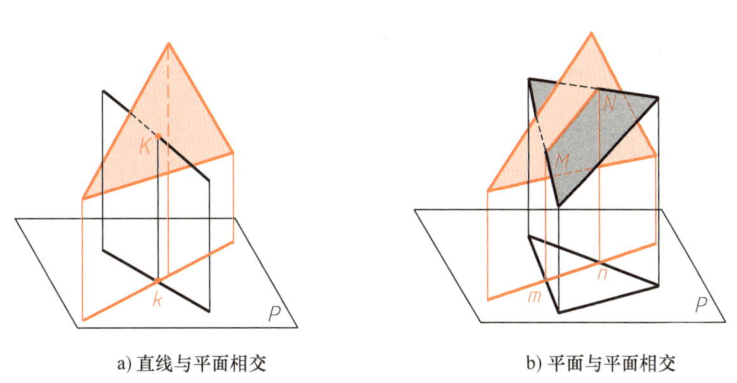

a) 直线与平面相交　　　　b) 平面与平面相交

图 2-38 直线与平面、平面与平面的相交

1. 直线与平面的相交

（1）交点及特性　如图 2-38a 所示，直线与平面的交点即直线与平面的公共点，因此交点既在直线上也在平面上，交点是直线可见与不可见的分界点。

（2）直线的可见性判断　当直线与平面相交时，在平面的非积聚性投影所在的投影面上，直线的部分投影会被平面遮挡，其可见性可通过直线与平面的相对位置来判断。以交点为界，在水平投影中，处在平面上面的部分可见，下面的不可见（上下位置通过正面投影判断）；在正面投影中，处在平面前面的部分可见，后面的不可见（前后位置通过水平投影判断）。

[例 2-8]　求图 2-39a 所示一般位置直线 MN 与铅垂面 $\triangle ABC$ 的交点 K，并判断可见性。

分析：交点既在直线 MN 上，也在铅垂面 $\triangle ABC$ 上，因此直线 MN 的水平投影 mn 与 $\triangle ABC$ 的水平投影 abc 的交点，为直线 MN 与 $\triangle ABC$ 的交点的水平投影。

作图：

1）求交点。水平投影中，mn 与 abc 的交点 k 为交点 K 的水平投影。按照投影关系，在 $m'n'$ 上可求得 k'。

2）可见性判断。正面投影的可见性通过水平投影中直线与平面的前后相对位置判断。通过水平投影可以看出，MK 处在 $\triangle ABC$ 前面，故其正面投影可见，相反 KN 一边则不可见。

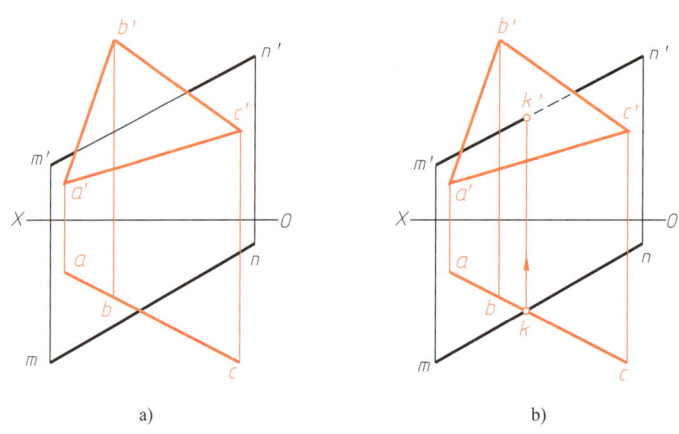

图 2-39　一般位置直线与投影面垂直面的相交

[例 2-9]　求图 2-40a 所示铅垂线 MN 与一般位置平面 $\triangle ABC$ 的交点 K，并判断可见性。

分析：交点既在铅垂线 MN 上，也在 $\triangle ABC$ 平面上。由于直线 MN 的水平投影积聚为点，根据共有性，则该点即为铅垂线 MN 与 $\triangle ABC$ 平面的交点的水平投影。同时，还应使得该点在 $\triangle ABC$ 上。

作图：

1）求交点。MN 的水平投影为 $m(n)$，交点 K 的水平投影为 k，利用平面上取点的方法，可得到交点的正面投影 k'。过程如图 2-40b 所示。

2）判断可见性。正面投影的可见性，可通过水平投影中直线与平面的前后相对位置判断。由水平投影可以看出，$\triangle ABC$ 的 AC 边在直线 MN 的前面，所以在正面投影中，直线与平面的重叠部分，以交点 K 为分界点，直线 MN 靠近 AC 边的一侧 KN 被平面遮挡不可见，而另一侧 MK 必可见。

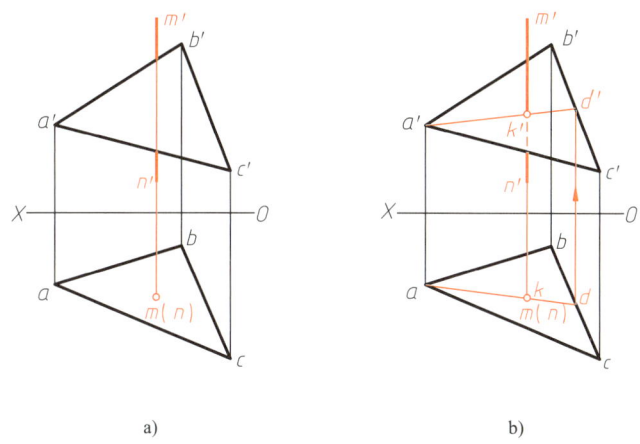

图 2-40 投影面垂直线与一般位置平面相交

2. 平面与平面的相交

（1）交线及特性 如图 2-38b 所示，平面与平面的交线即两个平面的公共线，也是两个平面投影可见与不可见的分界线，可由两个平面的两个公共点来确定。

（2）交线的可见性判断 当两个平面在某一投影面没有积聚性投影时，重影部分的投影会互相遮挡，其可见性只需以两平面的交线为分界线，判断一侧即可（另一侧与之相反）。水平投影的可见性通过正面投影分析其上下相对位置来判断，正面投影的可见性通过水平投影分析其前后相对位置来判断。当其中有一个平面具有积聚性投影时，可通过积聚性投影，直接确定两个平面的相对位置及可见性。

[例 2-10] 求图 2-41a 所示正垂面 △ABC 与一般面 △DEF 的交线 MN，并判断可见性。

分析：因为正垂面 △ABC 的正面投影积聚为直线 $a'b'c'$，根据共有性，该积聚性投影即为交线的正面投影，同时还应使该线在 △DEF 上。

作图：

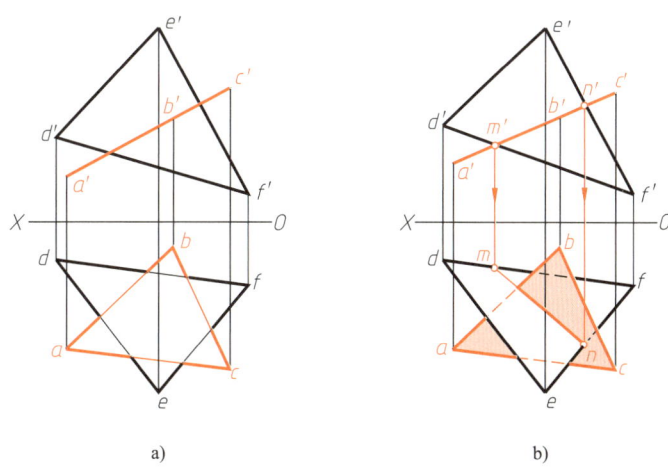

图 2-41 一般位置平面与投影面垂直面的相交

1）求交线。如图 2-41b 所示，在交线的正面投影 $a'b'c'$ 上取两个平面的重影点 m'、n'，利用平面上取点的作图方法，在△DEF 上得到其水平投影 m、n。M、N 所确定的直线即为两平面的交线，处在两平面公共部分的线段为实际交线。作图过程如图 2-41b 所示。

2）判断可见性。正面投影中，△DEF 平面位于△ABC 积聚性投影 a'b'c'上方的投影 d'e'n'm'部分，其水平投影可见，而另一侧 f'm'n'的水平投影在重影部分必不可见。△ABC 平面的水平投影的可见性则相反。

*2.6　换面法及其应用

2.6.1　换面法的原理及基本概念

当直线或平面对投影面处在一般位置时，其投影不反映实长或实形。但当其平行于投影面时，即可在投影中直接反映实长或实形。如图 2-42a 所示，平面 ABC 对投影面 V 处在倾斜位置，所以其 V 面投影不能反映空间平面的实形。若变换投影面 V 的位置，将其放置到与平面 ABC 平行的位置 V_1 处，然后将平面 ABC 向 V_1 面进行投影，就可得到平面的实形。这便是换面法的基本原理。应用换面法时应注意以下规则：

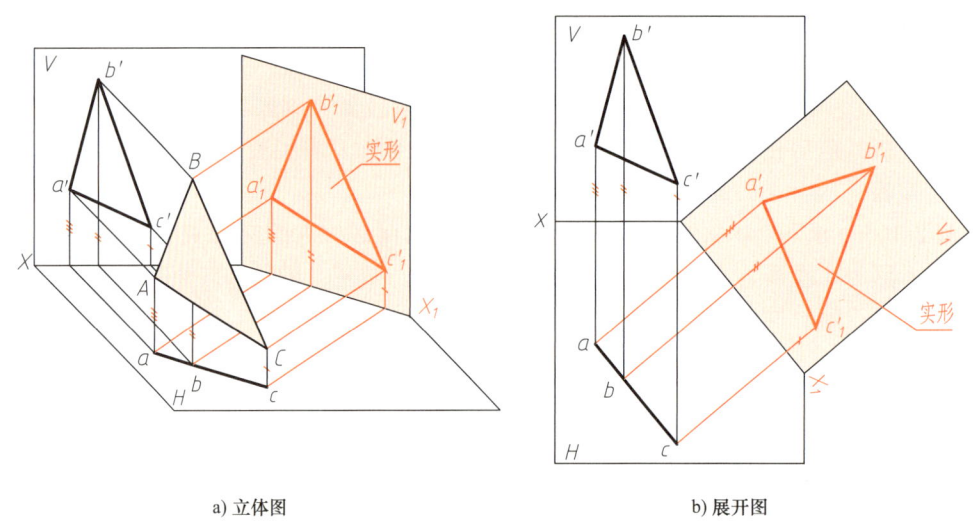

a) 立体图　　　　　　　　　　　　b) 展开图

图 2-42　换面法原理

1. 新投影面的设置

由上述换面法原理可知，在设置新投影面时，应注意以下原则：

1）新设置的投影面（如新正面 V_1）必须垂直于原投影体系中的一个投影面（如水平面 H），这样才能运用投影特征求作新投影。

2）新设置的投影面必须使空间几何元素在新投影体系中处于有利解题的特殊位置（如平行或垂直于空间直线或平面）。

2. 点的投影变换规律

由图 2-42 可以看出，在投影面由 V 变换到 V_1 的过程中，投影轴亦由 X 变换为 X_1。由

于空间平面及 H 面位置不变，而且 V_1 仍然垂直于 H 面，所以平面上各点在新投影面 V_1 上的投影（简称新投影）到新投影轴 X_1（简称新轴）的距离，与在旧投影面 V 上的投影（简称旧投影）到旧投影轴 X（简称旧轴）的距离相等，都等于空间点到 H 面的距离，并且在 V_1/H 投影体系（新投影体系）中的投影仍符合正投影特性。所以在换面法中点的投影具有以下规律：

1）新投影到新投影轴的距离等于旧投影到旧投影轴的距离，如图 2-42 所示。

2）新投影和不变投影的连线垂直于新投影轴，如图 2-42b 所示。

2.6.2 求直线的实长及倾角

根据直线的投影特性可知，用换面法求直线的实长及倾角其实就是将一般位置直线变换为投影面平行线。如图 2-43a 所示，在 V/H 投影体系中，直线 AB 处在一般位置，所以其投影既不反映实长，也不反映倾角。按照换面法规则，用图中所示平行于直线 AB，且垂直于 H 面的新投影面 V_1 替换原投影面 V，则直线 AB 在 V_1 面上的投影不仅反映其实长，同时反映直线对 H 面的倾角 α。此时，若要使新投影面 V_1 平行于 AB，则应使新投影轴 $X_1//ab$。如图 2-43b 所示，作图步骤如下：

1）在 H 面适当位置作新投影轴 X_1，使 $X_1//ab$（X_1 与 ab 之间的距离可以任定）。

2）按照点的投影规律分别求作直线的两个端点 A、B 在 V_1 投影面的投影，即分别使 $aa_1' \perp X_1$，$a_1'a_{x1} = a'a_x$ 得 a_1'；使 $bb_1' \perp X_1$，$b_1'b_{x1} = b'b_x$，得 b_1'。

3）连接 a_1'、b_1'，则新投影 $a_1'b_1'$ 反映直线 AB 的实长，$a_1'b_1'$ 与 X_1 轴的夹角为倾角 α。

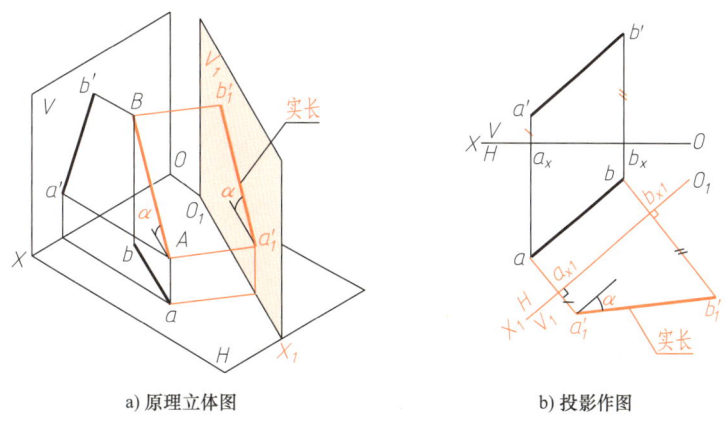

a) 原理立体图   b) 投影作图

图 2-43　将一般线变换为投影面平行线（求实长和 α 角）

用上述方法，以 V 面为不变投影面，变换 H 面，亦可求得直线实长及对 V 面的倾角 β。

2.6.3 求投影面垂直面的实形

根据平面的投影特性可知，用换面法求平面的实形其实就是将平面变换为投影面平行面。如图 2-42 所示，若要将投影面垂直面变换为新投影面平行面，根据新投影面的设置原则，新投影面应平行于平面的积聚性投影，即新投影轴平行于平面的积聚性投影。所以若要将铅垂面变换为新投影面平行面，应以 H 面为不变投影面，新投影轴应平行于平面在 H 面的积聚性投影；若要将正垂面变换为新投影面平行面，应以 V 面为不变投影面，新投影轴应平行于平面在 V 面的积聚性投影。

[例 2-11] 求图 2-44 所示正垂面 ABC 的实形。

分析：平面 ABC 为正垂面，则应以 V 面为不变投影面，使 X_1 轴平行于 V 面投影进行投影变换。

作图：

1) 在 V 面求作新投影轴 X_1，使 $X_1 // a'b'c'$。

2) 按照点的投影规律分别求作点 A、B、C 在新投影面 H_1 上的投影 a_1、b_1、c_1。

3) 连接 a_1、b_1、c_1，所得 $\triangle a_1 b_1 c_1$ 即为空间平面 $\triangle ABC$ 的实形。

[例 2-12] 根据图 2-45 所示立体图及两面投影，求其截断面 ABCDEFGH 的实形。

分析：由 V 面投影可知截断面为正垂面，若以 V 面为不变投影面进行投影变换，可得截断面实形。

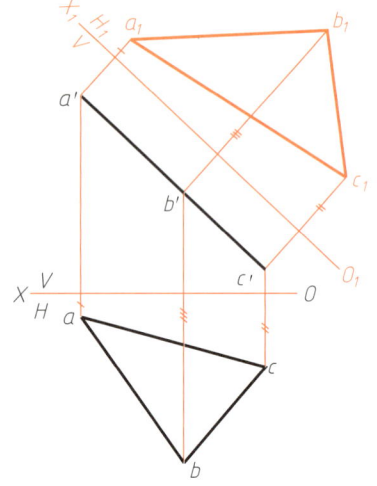

图 2-44 求投影面垂直面的实形

作图：

1) 在 V 面适当位置求作新投影轴 Z_1，使 Z_1 平行于截断面的积聚性投影。

2) 按照点的投影规律，求 A、B、C、D、E、F、G、H 各点在 W_1 面的投影 a_1''、b_1''……

3) 依次连接 a_1''、b_1''、c_1''、d_1''、e_1''、f_1''、g_1''、h_1'' 各点所得图形 $a_1'' b_1'' c_1'' d_1'' e_1'' f_1'' g_1'' h_1''$ 即为截断面的实形。

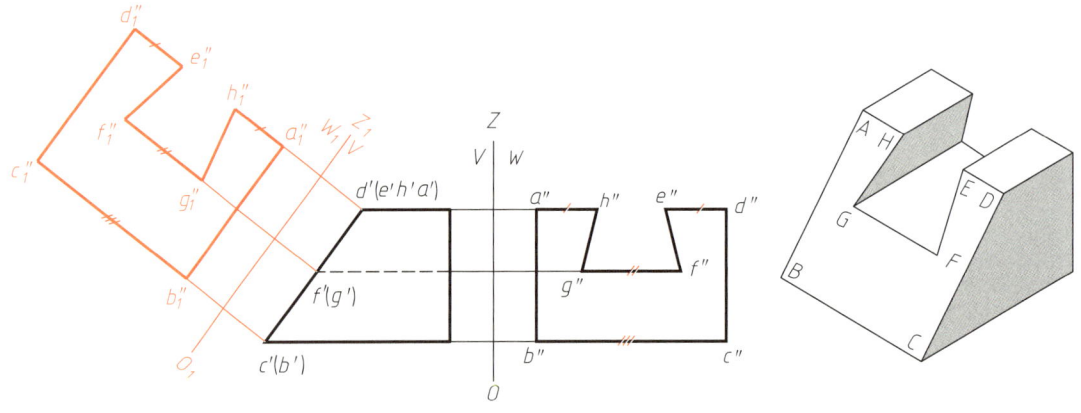

图 2-45 换面法应用

第 3 章
基本立体的投影

大部分工程形体都可看作是由一些基本立体如棱柱、圆柱、棱锥、圆锥、圆球等按一定方式演变而成的。在此形成过程中，平面与基本立体或基本立体与基本立体的表面会产生交线，如图 3-1 所示。本章主要讲述这些基本立体及其表面交线的投影。

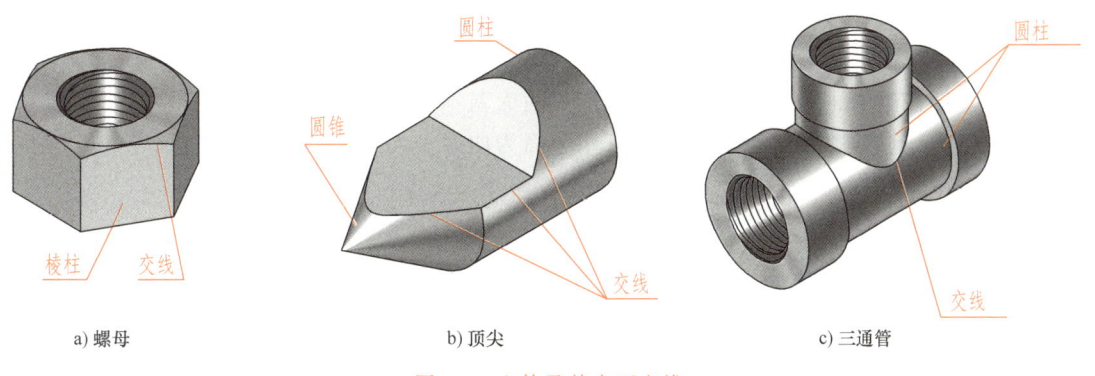

a) 螺母 b) 顶尖 c) 三通管

图 3-1 立体及其表面交线

3.1 立体投影图的基本概念

立体的投影是立体各表面（平面或曲面）同面投影的总和，如图 3-2 所示。画图时应注意以下要点：

1）立体的放置应有利于作图。即应使立体尽量多的表面（或轮廓线）平行或垂直于投影面。

2）按照国家标准（GB/T 4457.4—2002）的要求，绘图时，可见轮廓线画粗实线，不可见轮廓线画虚线。对称图形还应画出必要的对称中心线（点画线）。

3）立体的投影用来表示立体的形状，而不必表示立体在空间的位置，所以在作图时，不必画出投影轴，但三个投影间必须保持如图 3-2b 所示的投影对应关系，即正面投影与水平投影须"长对正"，正面投影与侧面投影须"高平齐"，水平投影与侧面投影须"宽相等"。

"长对正、高平齐、宽相等"的投影对应关系是立体画图与读图的重要依据。

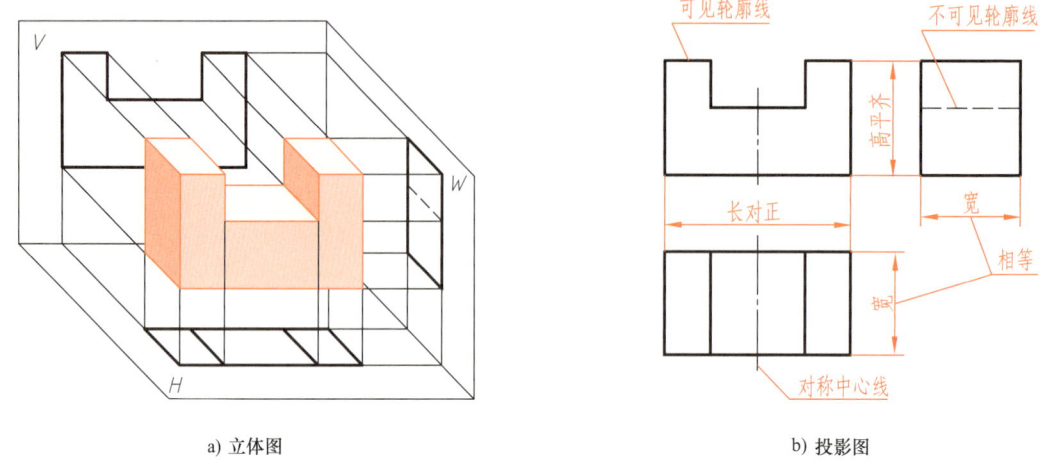

a) 立体图　　　　　　　　　　　b) 投影图

图 3-2　立体的三面投影图

3.2　基本立体的投影

基本立体按其表面特性分为平面基本体与曲面基本体。平面基本体的表面均为平面，如棱柱、棱锥等；曲面基本体的表面至少有一个面为曲面，如圆柱、圆锥、圆球等。

3.2.1　平面基本体的投影

平面基本体可以看作是由一个平面多边形（称为母面或特征面）沿其法向拉伸而成。图 3-3 为三维建模中由多边形母面拉伸形成立体的过程，多边形的顶点拉伸后形成棱线，边线拉伸后形成棱面。若棱线垂直于母面，则形成棱柱；若棱线按一定锥度倾斜，则形成棱台；若棱线倾斜后相交于一点，则形成棱锥，交点为锥顶。不同的母面形状可拉伸出不同的形体特征，常见平面基本体有棱柱与棱锥。

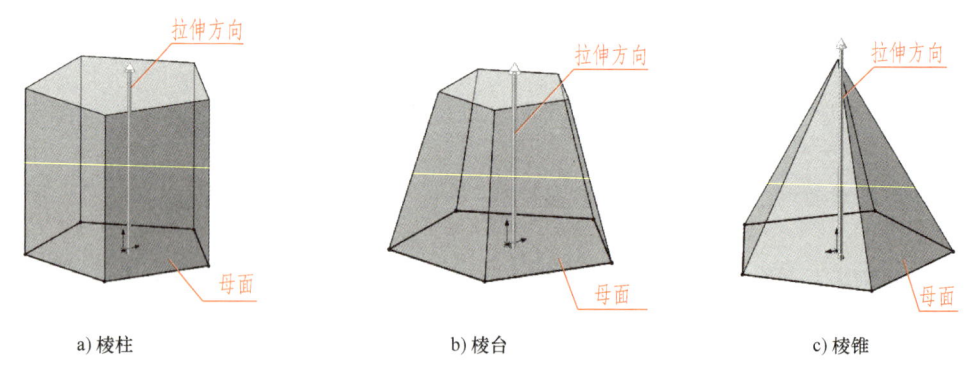

a) 棱柱　　　　　　b) 棱台　　　　　　c) 棱锥

图 3-3　平面基本体的形成

1. 棱柱

（1）形体分析及投影作图　由图 3-3a 可知，棱柱的顶面与底面（母面）平行，为形状相同的多边形；棱线垂直于底面，为底面与顶面对应点的连线；棱面为底面与顶面对应的边线及棱线围成的矩形。所以,棱柱的投影由底面与顶面的投影确定,即只要画出底面与顶面的投影,再连接各对应顶点(棱线)的同面投影就可得到棱柱的投影。常见棱柱有三棱柱、四棱柱及六棱柱等。下面以图 3-4a 所示的正六棱柱为例,分析棱柱的投影特征及作图方法。

为方便作图,应将立体放正,即将母面平行于投影面放置,如图 3-4a 所示,这样顶面与底面的水平投影重合,为正六棱柱的母面实形,正面及侧面投影积聚为直线,六条棱线均为铅垂线,其水平投影为六边形的六个顶点。作图步骤如下:

1)如图 3-4b 所示,应先画出各投影中的对称中心线(点画线),然后画出反映母面实形(正六边形)的水平投影,再按照投影对应关系画出母面的正面及侧面投影。

2)根据六棱柱的高度,按投影对应关系画出顶面的正面及侧面投影,最后再画六条棱线的正面及侧面投影,如图 3-4c 所示。前后棱线在正面重影,所以正面投影为四条棱线、三个棱面线框;同样,左右棱线在侧面重影,所以侧面投影为三条棱线、两个棱面线框。

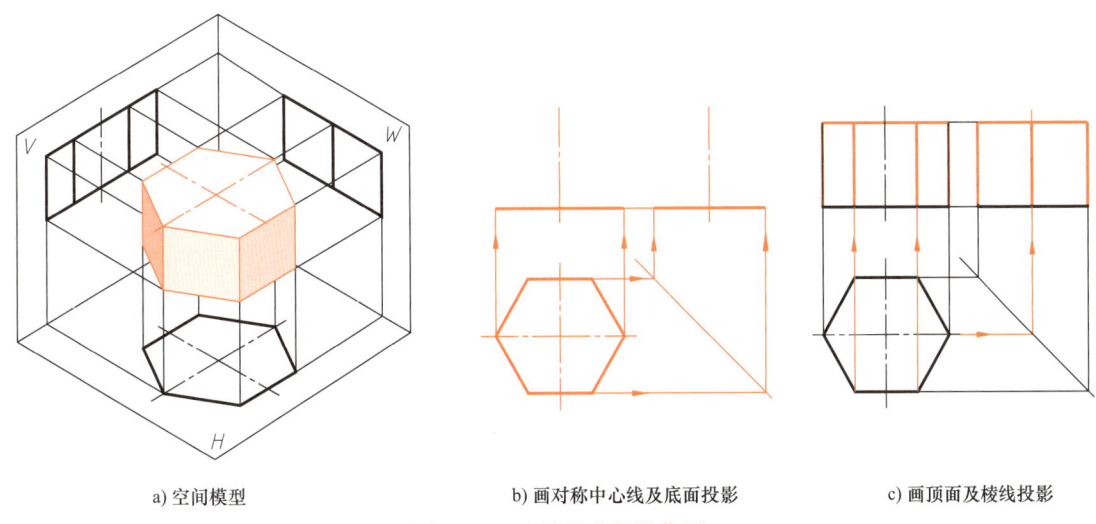

a)空间模型　　　　　　　b)画对称中心线及底面投影　　　　　c)画顶面及棱线投影

图 3-4　正六棱柱的投影作图

由上述作图步骤可以看出,棱柱在母面所平行的投影面上的投影为母面多边形的实形,而在其余两个投影面上的投影为矩形线框或矩形线框的组合。

读图时,若立体的一个投影为多边形,其余两个投影为与多边形边线对应的矩形或矩形组合,则该立体为棱柱。棱柱的形状由多边形母面(特征面)形状确定。

(2)棱柱表面上的点　棱柱表面上点的投影应在该点所在平面的投影上。当棱柱的表面垂直于投影面时,其表面点的投影可利用该平面积聚性投影直接求得。

[例 3-1]　求图 3-5a 所示立体表面点 A、点 B 的其余两面投影。

分析：图 3-5a 所示立体的水平投影为三角形,正面投影为矩形组合,侧面投影为矩形,且与水平投影的三角形边线对应,所以该立体为三棱柱。因点 A 正面投影可见,所以点 A 在三棱柱前方可见棱面上;由点 B 水平投影可知,点 B 不在棱面上,且因其不可见,所以在底面上。

作图：A、B 两点在立体上的位置如图 3-5b 所示,点 A 所在平面为铅垂面,点 B 所在平面为水平面,通过两个平面的积聚性投影可求出两点的其余投影,作图过程如图 3-5c 所示。

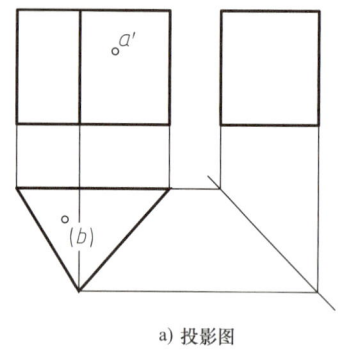 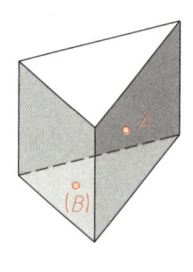 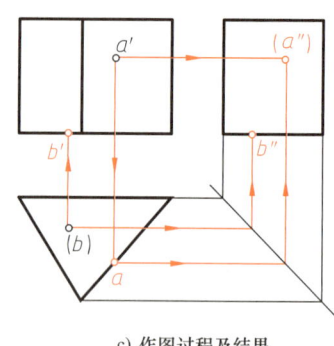

a) 投影图　　　　　　　b) 构思空间模型　　　　　　c) 作图过程及结果

图 3-5　棱柱表面上点的投影

2. 棱锥

（1）形体分析及投影作图　由图 3-3c 可知，棱锥底面为母面多边形，棱线为底面各顶点与锥顶的连线，棱面为底面边线与棱线围成的三角形。所以，棱锥的投影由底面与锥顶的投影确定，即只要画出底面与锥顶的投影，再连接锥顶与底面顶点的同面投影（棱线）就可得到棱锥的投影。常见棱锥有三棱锥、四棱锥等。下面以图 3-6a 所示的三棱锥为例，分析棱锥的投影特征及作图方法。

为方便作图，应将棱锥放正，如图 3-6a 所示，使母面平行于水平投影面，棱面 △SAC 垂直于侧面放置。这样底面的水平投影为母面实形，正面及侧面投影积聚为直线；棱面 △SAC 的侧面投影积聚为直线，其余棱面的投影均为交于一点（锥顶）的三角形。作图步骤如下：

1）首先画出母面 △ABC 的三面投影，作图过程及顺序如图 3-6b 所示。

2）确定锥顶 S 点的高度及位置，画出其三面投影，然后分别画出棱线 SA、SB、SC 在各投影面上的投影，即可得到三棱锥的三面投影，如图 3-6c 所示。

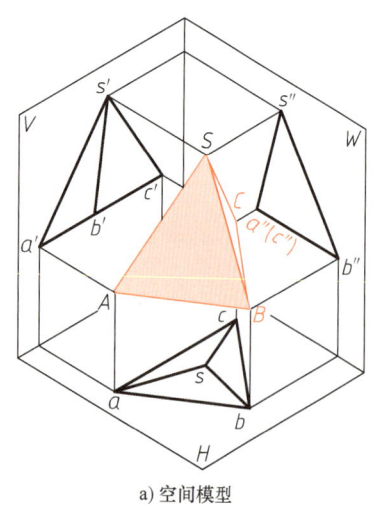 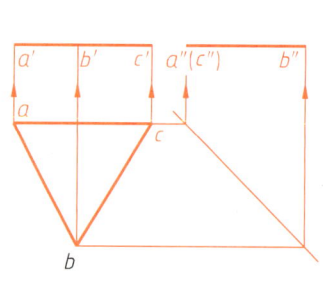 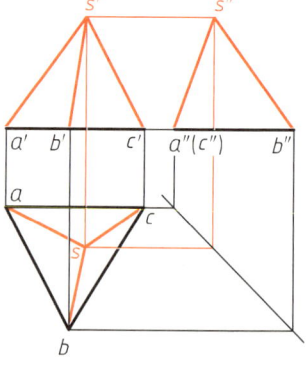

a) 空间模型　　　　　　b) 母面的投影作图过程　　　　　c) 作锥顶三面投影并连接棱线

图 3-6　棱锥的投影作图

由上述作图可以看出，棱锥在底面所平行的投影面上的投影为底面实形及具有公共顶点的三角形组合，而在其余两个投影面上的投影为三角形或具有公共顶点的三角形组合。

读图时，若立体的投影为三角形或具有公共顶点的三角形组合，则该立体为棱锥。公共顶点为锥顶，其对边为棱锥底面的投影。由底面形状及锥顶可确定棱锥形状。

（2）棱锥表面上的点　当点处在棱锥的特殊位置表面时，其投影可利用平面的积聚性投影直接求得；而当点处在一般位置表面时，则需采用在一般位置平面上求作辅助直线的方法来求得。

[例3-2]　求图3-7a所示立体表面点 M、N 的其余两面投影。

分析：图3-7a所示立体的每个投影都有三角形，且有公共顶点，所以该立体为棱锥。由水平投影可判断为三棱锥，且点 S 为锥顶，底面为 $\triangle ABC$。因点 M 正面投影不可见，所以点 M 在 $\triangle SAC$ 上，点 N 正面投影可见，所以点 N 在 $\triangle SBC$ 上，空间位置如图3-7b所示。

作图：

1）因 $\triangle SAC$ 的侧面投影具有积聚性，所以，点 M 的侧面投影必在平面的积聚性投影上，可直接求得。再通过点的投影规律得到水平投影，如图3-7c所示。

2）因 $\triangle SBC$ 为一般位置平面，因此，点 N 的投影需通过在一般位置平面上求作辅助直线的方法求得。如图3-7b所示，在 $\triangle SBC$ 上过点 N 作直线 SD，通过 SD 的水平投影得到点 N 的水平投影，再通过投影规律可得到其侧面投影，作图方法及结果如图3-7c所示。

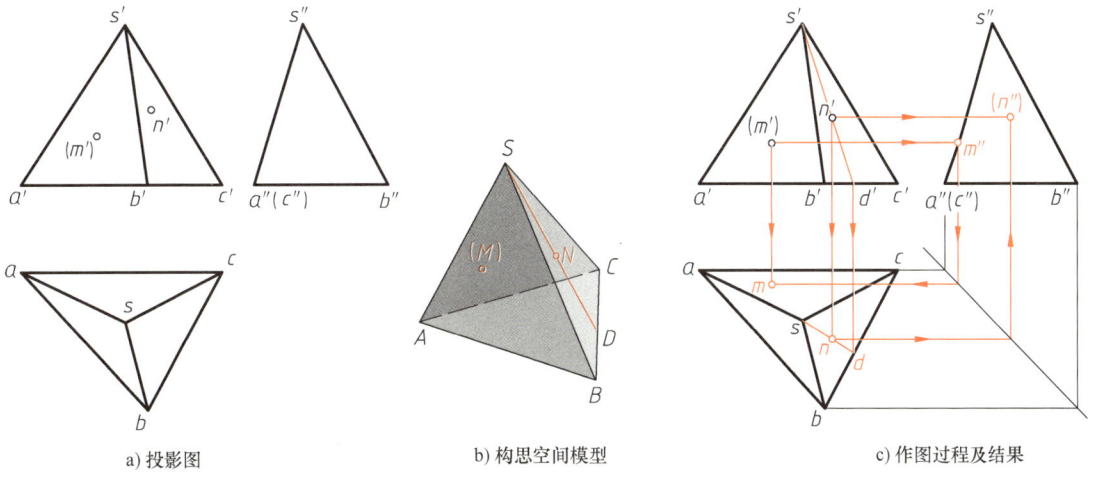

a) 投影图　　　b) 构思空间模型　　　c) 作图过程及结果

图 3-7　棱锥表面上点的投影

3.2.2　曲面基本体的投影

表面由曲面或平面与曲面围成的立体称为曲面立体。常见的曲面基本体为回转体，回转体可以看作是由一个封闭的平面图形（称为母面）绕一根轴线（称为回转中心线）回转而成。常见曲面基本体有圆柱、圆锥及圆球，图3-8所示为三维建模中通过回转母面形成各曲面基本体的过程。

1. 圆柱

（1）形体特征及投影作图　如图3-8a所示，圆柱体可看作是由矩形母面回转而成的。矩形的一条边线为回转中心线，与之垂直的两条边线回转后形成圆柱的顶面与底面，而与之平行的边线，回转后形成圆柱面。圆柱也可以认为由圆形母面（或特征面）拉伸而成。

现代机械制图

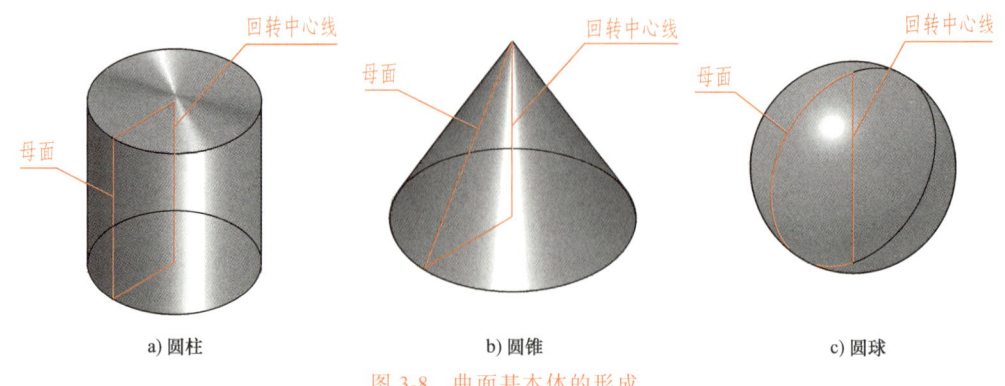

a) 圆柱　　　　　　　　b) 圆锥　　　　　　　　c) 圆球

图 3-8　曲面基本体的形成

为方便作图，应将圆柱的回转中心线垂直投影面放置。如图 3-9a 所示圆柱的回转中心线为铅垂线，这样，圆柱的水平投影为一圆，该圆周既是上、下底面的投影，也是圆柱面的积聚性投影。正面及侧面投影为形状及大小相同的矩形，如图 3-9b 所示。矩形的上、下边分别是圆柱顶面、底面的积聚投影。正面投影中，矩形两侧的竖线将圆柱面分成前、后两部分，它们是圆柱面正面投影可见与不可见分界的转向轮廓线（简称转向线）；同样，侧面投影中，矩形两侧的竖线将圆柱面分成左、右两部分，它们是圆柱面侧面投影可见与不可见分界的转向线。正面投影的转向线，其侧面投影与圆柱轴线的投影重合（不必画出）；同样，侧面投影的转向线，其正面投影与圆柱轴线的投影重合。投影作图步骤如下：

1）用点画线画出水平投影中的圆的中心线及正面投影和侧面投影中的回转中心线。
2）画圆柱面在水平投影面的积聚性投影（圆），再按投影规律画出其正面及侧面投影。
3）根据圆柱体的高度，按投影规律将其余两面投影（矩形）画完整，如图 3-9b 所示。

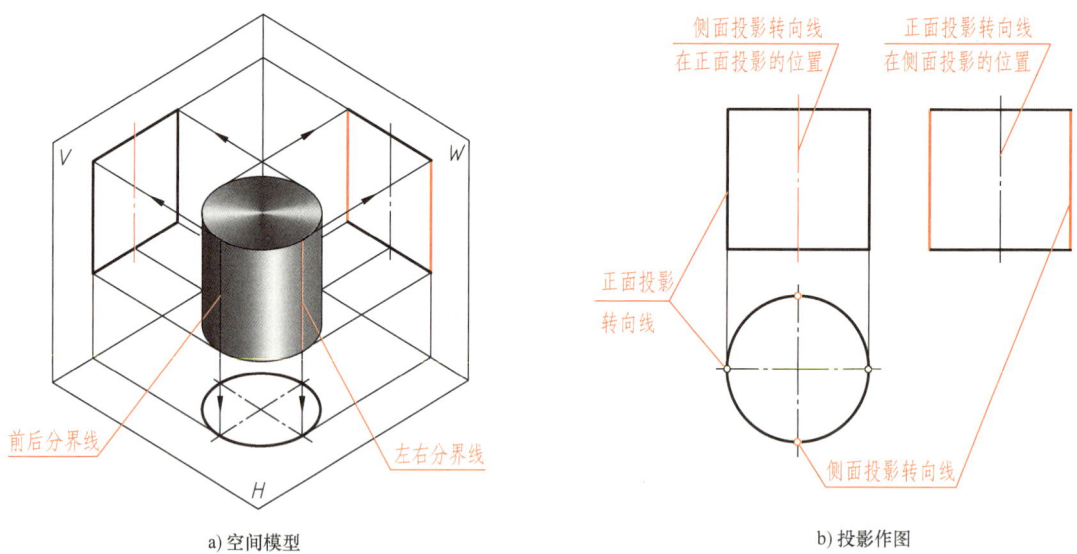

a) 空间模型　　　　　　　　　　　　　　b) 投影作图

图 3-9　圆柱的投影作图

读图时，若立体的一个投影为圆，其余投影为与其对应的矩形，则该立体为圆柱。

（2）圆柱表面的点　处在转向线上的点一般称为特殊点，其投影在转向线的相应投影上，可直接求出。由于圆柱面具有积聚性投影，所以对处在一般位置的点可利用圆柱面的积聚性投影直接求得。投影的可见性由圆柱面的可见性确定，即处在圆柱可见面上的点可见，不可见面上的点不可见。

[例 3-3]　如图 3-10a 所示，已知圆柱表面点 A、B、C 的正面投影，求其侧面投影。

分析及作图：由正面投影可知，点 A 在右转向线上；b' 与轴线重合且不可见，所以点 B 在后转向线上。它们的侧面投影在其所在转向线的侧面投影上。点 C 为圆柱表面上一般位置的点，其水平投影应在圆柱面的积聚性投影（圆周）上，因正面投影可见，故在圆柱的前表面上，从而得到 c，通过投影规律可求出 c''。作图过程如图 3-10b 所示。因点 A 在圆柱右侧表面，所以 a'' 不可见；因点 C 在圆柱左侧表面，所以 c'' 可见。

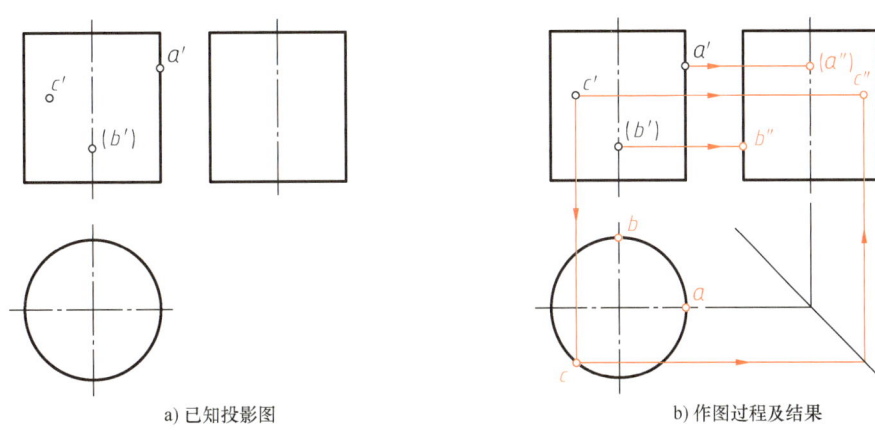

a) 已知投影图　　　　　　　　　b) 作图过程及结果

图 3-10　圆柱表面上点的投影

2. 圆锥

（1）形体特征及投影作图　如图 3-8b 所示，圆锥由直角三角形母面绕其一条直角边回转而成。母面的另一条直角边回转后形成圆锥底面，斜边回转后形成圆锥面。

图 3-11a 所示圆锥的回转中心线为铅垂线，其水平投影为圆，该圆为圆锥底面的投影，圆锥面的水平投影在这个圆内。正面及侧面投影为形状及大小相同的等腰三角形，三角形的

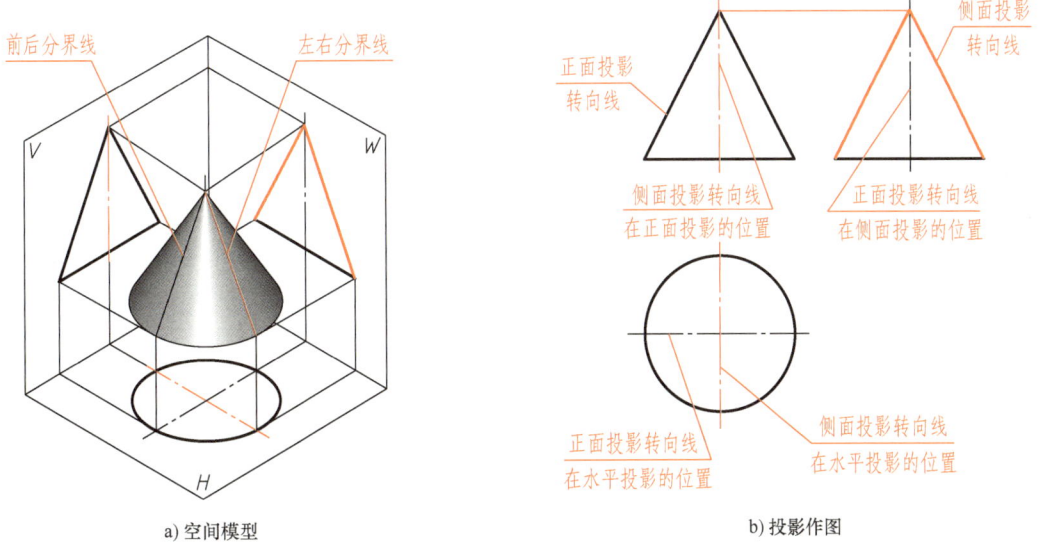

a) 空间模型　　　　　　　　　　b) 投影作图

图 3-11　圆锥的投影作图

底边是圆锥底面的积聚投影,两腰分别是各自投影的转向线。与圆柱类似,圆锥表面转向线在各投影面的投影位置如图 3-11b 所示。投影作图步骤如下:

1) 用点画线画出水平投影中圆的中心线及正面投影和侧面投影中的回转中心线。
2) 画圆锥底圆在水平投影面的投影,再按投影关系画出其正面及侧面投影。
3) 根据圆锥的高度,按投影关系完成正面及侧面投影(等腰三角形),如图 3-11b 所示。

读图时,若立体的一个投影为圆,其余投影为等腰三角形,则该立体为圆锥。

(2) 圆锥表面的点 处在圆锥转向线上的点,其投影在转向线相对应的投影上,可直接求出。处在一般位置的点,其投影需通过以下求作辅助线的方法得到。

1) 素线法:如图 3-12a 所示,过点 M 与锥顶 S 连接直线 SA,该直线称为素线(圆锥表面过锥顶的直线)。通过求作素线 SA 的投影得到点 M 的投影,该方法称为素线法。

2) 纬圆法:如图 3-12b 所示,过点 M 在圆锥表面作垂直于回转中心线的圆,该圆称为纬圆。通过求作纬圆的投影得到点的投影,该方法称为纬圆法。纬圆的大小取决于点所处的高度。

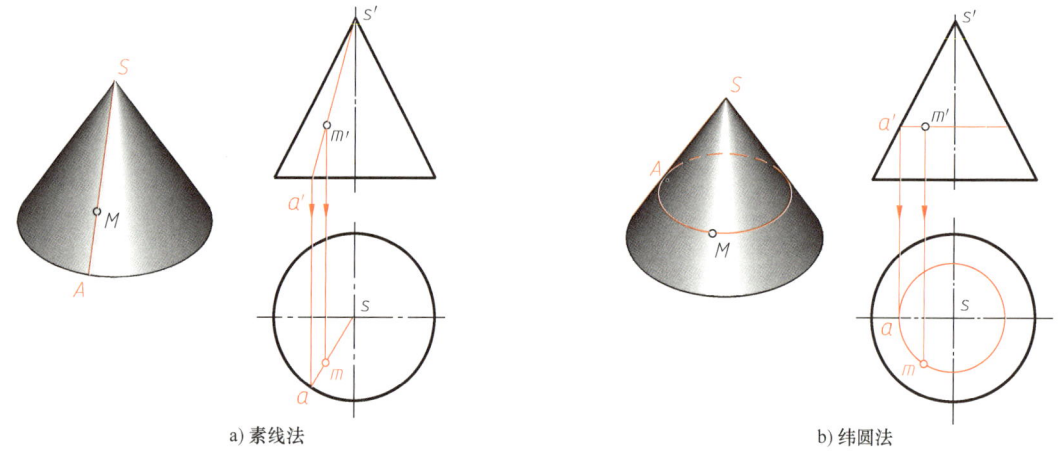

a) 素线法   b) 纬圆法

图 3-12 圆锥表面上点的投影

3. 圆球

(1) 形体特征及投影作图 如图 3-8c 所示,圆球由半圆形母面绕直线边回转而成。母面的半圆边线回转后形成圆球面。如图 3-13a 所示,圆球的三个投影是大小相等且圆心位置对应的三个圆(圆的直径和圆球的直径相等),它们分别为圆球在各投影面的转向线。圆球表面是光滑的,其投影在各自投影的圆内。圆 A、圆 B 及圆 C 分别为圆球对 H 面、V 面及 W 面投影的转向线,是圆球上下、前后及左右的分界线,它们的其余两面投影与相应的中心线重合,均不必画出,如图 3-13b 所示。

画图时应先画各投影中圆的中心线,再画圆。

读图时,若立体的已知投影为大小相同且圆心位置对应的圆,则该立体为圆球;若投影为大小相同且圆心位置对应的圆弧,则为部分圆球。

(2) 圆球表面的点 处在圆球转向轮廓线上的点,其投影在转向轮廓线相对应的投影上,可直接求出。处在一般位置的点,其投影需要用纬圆法求作。如图 3-14 所示,过圆球

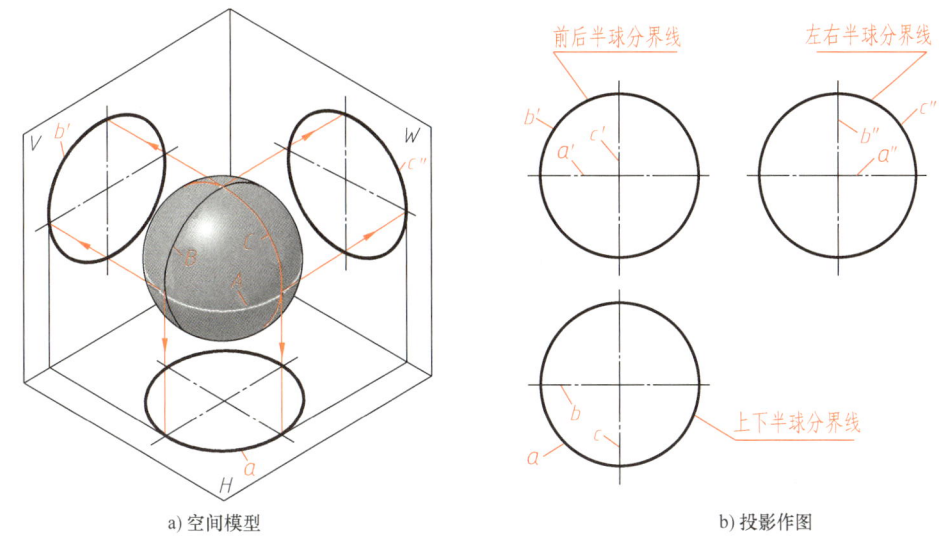

a) 空间模型　　　　　　　　　　b) 投影作图

图 3-13　圆球的投影作图

表面任意一点可以作出三个平行于投影面的纬圆，分别为水平纬圆、正平纬圆及侧平纬圆。作图时，可按需要选择其中的一个作为辅助线。投影的可见性由点所在圆球表面的可见性确定，即处在圆球可见面上的点可见，不可见面上的点不可见。

[例 3-4]　已知球面上点 M、N 的正面投影（见图 3-15a），点 K 的水平投影（见图 3-15b），求它们的其余两面投影。

图 3-14　过圆球表面一点的三个纬圆

分析及作图：由图 3-15a 的正面投影可知，点 M 在前、后半球的转向轮廓线上，所以其另外两个投影在该转向线的相应投影上，可按图示直接求出；点 N 在圆球的左、前（因 n' 可见）表面，为一般位置点，可按图示求作水平纬圆而求得水平投影，再按投影对应关系求出其侧面投影。因点 M

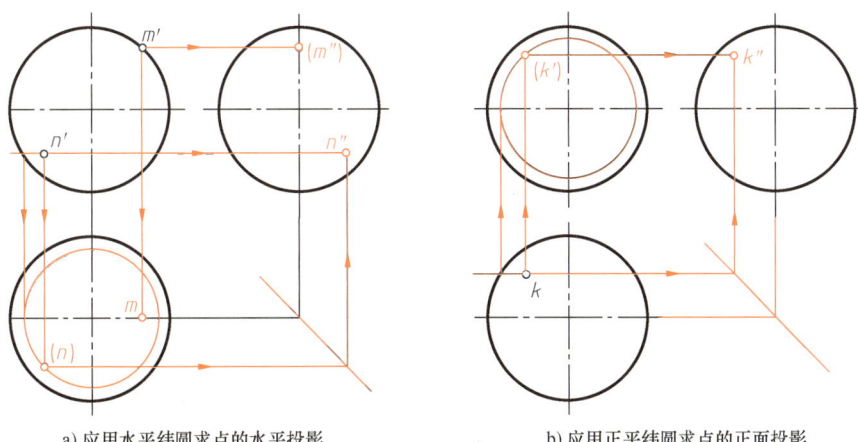

a) 应用水平纬圆求点的水平投影　　　　　b) 应用正平纬圆求点的正面投影

图 3-15　圆球表面上点的投影

在右、上球面上，所以 m'' 不可见，m 可见；因点 N 在左、下球面上，所以 n'' 可见，n 不可见。

由图 3-15b 的水平投影可知，点 K 在上半球面（因 k 可见），可按图示求作正平纬圆而求得正面投影，再按投影对应关系求出其侧面投影。因点 K 在左、后球面上，所以 k'' 可见，k' 不可见。

3.3　平面与基本立体相交

图 3-16 所示机械零件，其形状可看作是由基本立体被平面截切形成的，这类零件的投影作图就涉及平面与基本立体的相交问题。

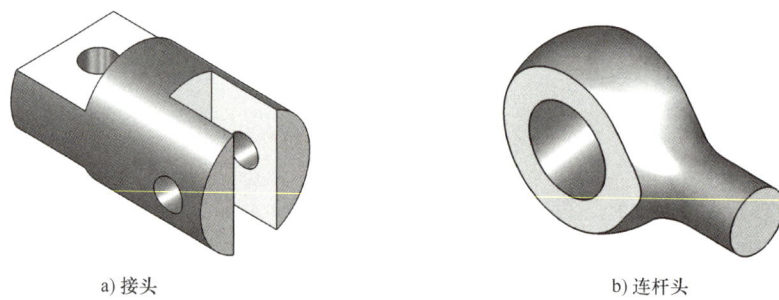

a) 接头　　　　　　　　b) 连杆头

图 3-16　机械零件实例

如图 3-17 所示，当平面与立体相交时，平面与立体的表面会有交线，该交线称为截交线，相交的平面称为截平面，立体因截切而形成的断面（截交线围成的平面图形）称为截断面，所形成的新立体称为切割体。本节主要讲述切割体的投影作图。

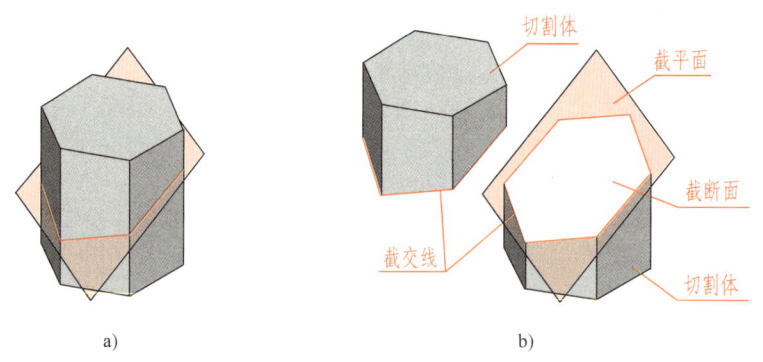

a)　　　　　　　　b)

图 3-17　切割体的基本概念

由图 3-17b 可以看出，切割体与原基本立体的区别主要是切割体表面产生的截交线。所以只要求出截交线的投影，切割体的投影也就迎刃而解。截交线及其投影具有以下特性：

（1）封闭性　截交线为封闭的平面图形，其形状取决于立体的形状及截平面的位置。

（2）共有性　截交线是截平面与立体表面的交线，为截平面与立体表面所共有。因此，通过求作截平面与立体表面共有点、线的投影，即可得到截交线的投影。

3.3.1 平面与平面基本体相交

平面与平面基本体相交,实质是平面与平面基本体表面(平面)相交,因此,截交线为平面多边形。下面通过例题来说明该类切割体的投影作图。

[例 3-5] 根据图 3-18a 所示切割体两面投影及实体模型求作侧面投影。

作图:

1) 用细实线画出完整立体的未知投影,然后分析截交线形状及投影特征,并找出截交线的已知投影。如图 3-18b 所示,截平面与立体的六个棱面及顶面相交,截交线为平面"七边形",其正面投影在截平面的积聚性投影上,水平投影在截平面与棱柱投影的公共部分,为图示"七边形"线框,所求侧面投影应为该线框的类似形。

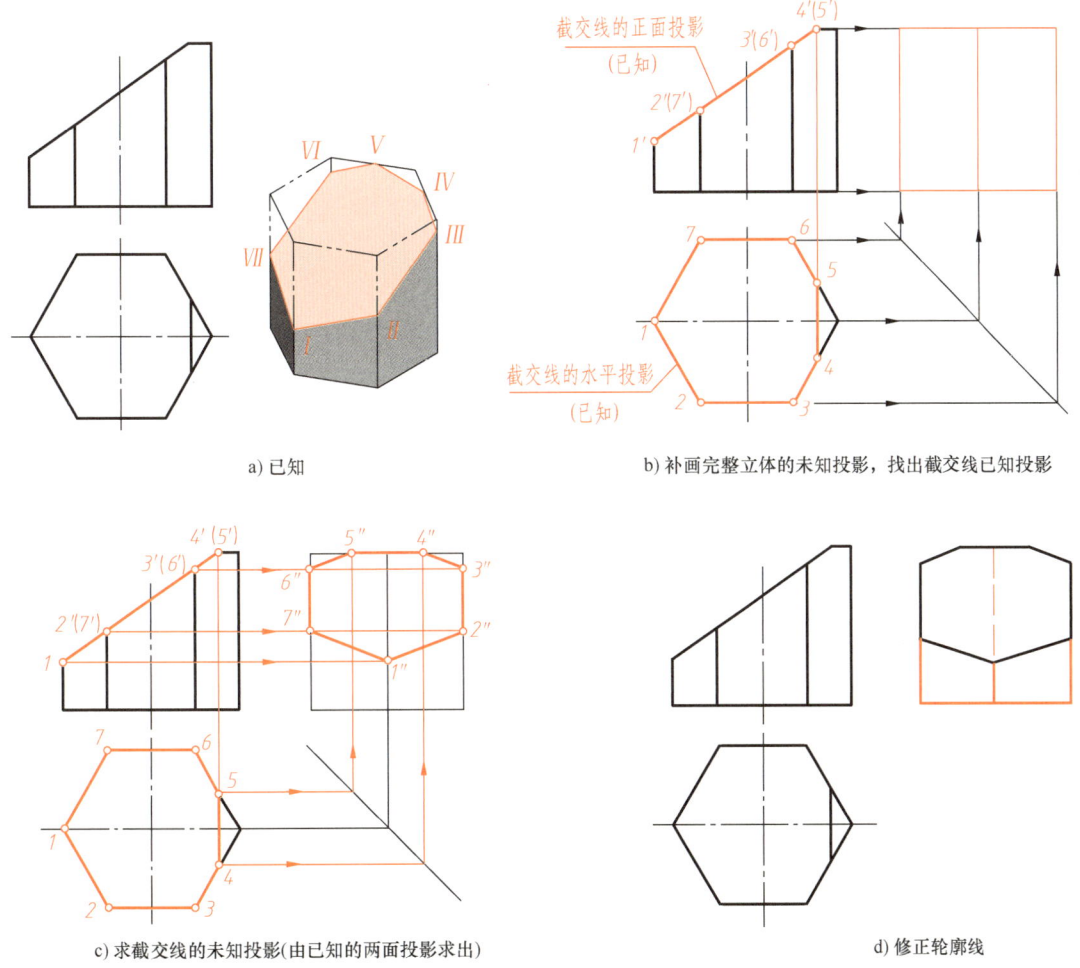

a) 已知　　b) 补画完整立体的未知投影,找出截交线已知投影

c) 求截交线的未知投影(由已知的两面投影求出)　　d) 修正轮廓线

图 3-18 切割体的投影作图(一)

2) 求作截交线的未知投影。如图 3-18c 所示,该截交线的侧面投影由已知的正面投影和水平投影按投影对应关系求得。在连接截交线时,需判断其可见性。当截平面可见时,截交线可见;当截平面不可见时,处在立体可见表面的截交线可见,处在立体不可见表面的截交线不可见。

3）修正轮廓线。如图 3-18d 所示，将棱柱未切割部分的轮廓线按图线要求补画完整。

[例 3-6] 完成图 3-19a 所示立体被截切后的水平投影及侧面投影。

作图：参照例 3-5 的方法步骤，具体过程如图 3-19b、c、d 所示。

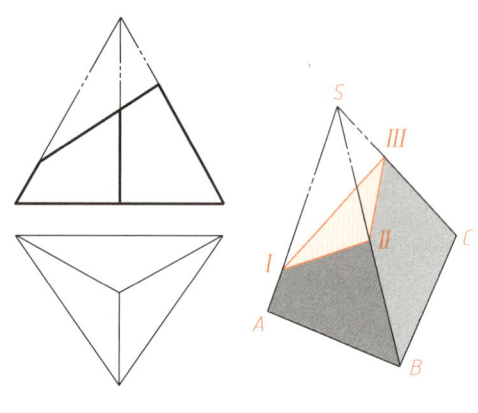

a) 已知

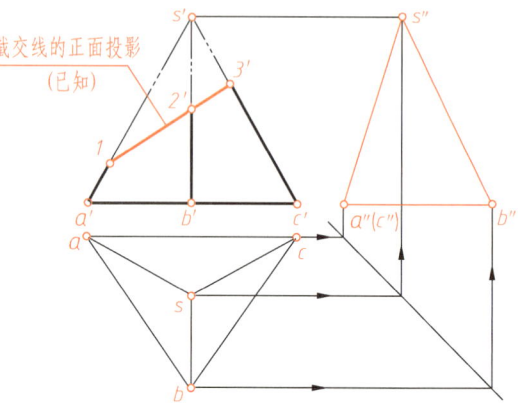

b) 补画完整立体的未知投影，找出截交线已知投影
（截交线为三角形，水平及侧面投影为其类似形）

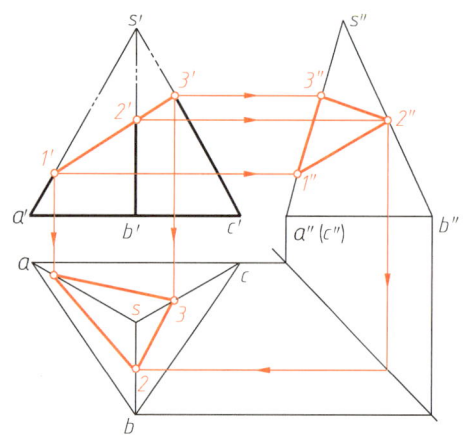

c) 求截交线的未知投影（各顶点在棱线上，
由棱线的投影，求出其水平及侧面投影）

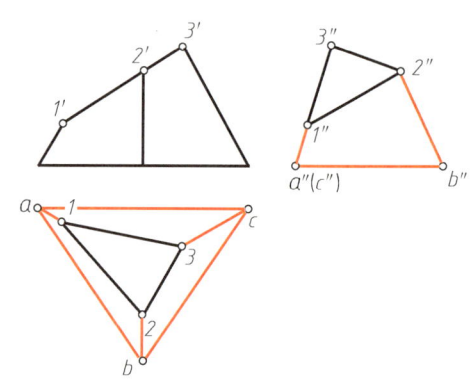

d) 修正轮廓线（将未切除部分轮廓线按
要求图线补画完整）

图 3-19 切割体的投影作图（二）

3.3.2 平面与曲面基本体相交

平面与曲面基本体相交时，截交线的形状取决于曲面基本体的形状以及截平面与曲面基本体的相对位置，一般为封闭的平面曲线或直线与曲线组成的封闭的平面图形。在画截交线前，应先分析截交线的形状及投影特点。画图时应注意：

1）当截交线的投影是圆时，应求出圆心位置及半径，直接画圆。

2）当截交线的投影是直线时，应求出直线的端点，直接连线。

3）当截交线的投影是非圆曲线时，则应先求出确定其形状和范围的点，如最高与最低点、最左与最右点、最前与最后点，以及确定其可见与不可见的分界点（一般为转向轮廓线上的点），这些点称为特殊点。为了作图准确，通常还要求出适当的一般点。

4）截交线投影的可见性判断方法与平面与平面立体相交时可见性的判断方法一致。

第3章 基本立体的投影

下面分别介绍常见曲面立体截切的投影作图。

1. 平面与圆柱相交

根据截平面与圆柱轴线相对位置的不同，截交线形状可能是圆、矩形或椭圆，见表 3-1。

表 3-1 平面与圆柱的截交线

截平面位置	垂直于轴线	平行于轴线	倾斜于轴线
截交线形状	圆	矩形	椭圆
立体图	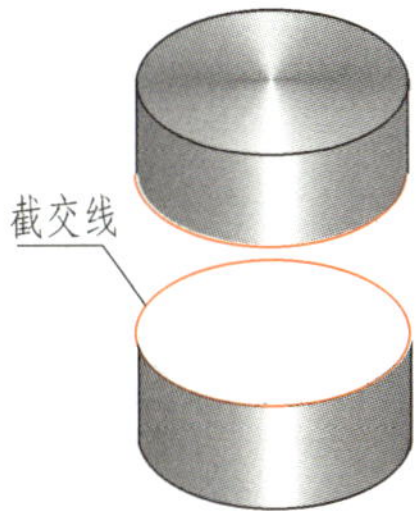	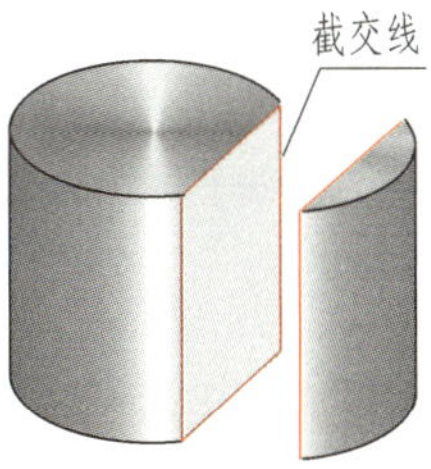	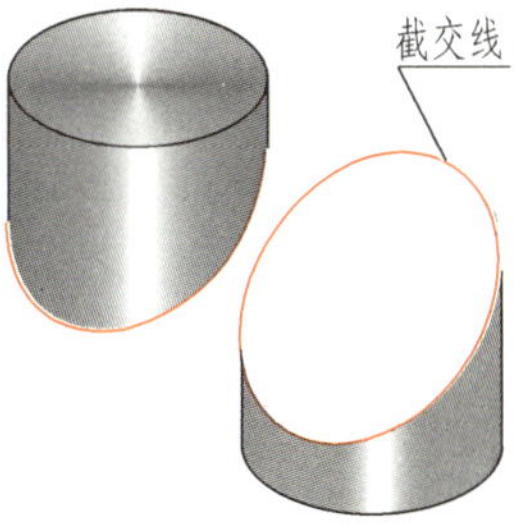

（1）截平面平行或垂直于圆柱轴线　如图 3-20a 所示，当平行于圆柱体的轴线的截平面 P 截切圆柱（简称竖切）时，根据截交线共有性的特点，截平面与圆柱面交线的交线为两条铅垂线，其水平投影为截平面与圆柱面积聚性水平投影的交点，其正面投影及侧面投影按投影规律即可直接求出；如图 3-20b 所示，当截平面 Q 垂直于圆柱体的轴线切割圆柱（简称横切）时，截交线的投影在圆柱面或截平面 Q 的积聚性投影上，因此，只要将截断面的投影画完整，截交线即已画出。图 3-20b、c、d、e 为常见圆柱被截平面 P、Q 竖切及横切后形成各种缺口或槽口的作图方法，其中截平面 P 竖切圆柱的作图方法与图 3-20a 所示方法一致。

（2）截平面倾斜于圆柱轴线　当截平面倾斜于圆柱体的轴线切割（简称斜切）时，截交线为椭圆。下面通过例题来说明该类切割体投影作图。

[例 3-7]　完成图 3-21a 所示圆柱体被斜切后的侧面投影。

分析：构思截割体形状，画出完整立体的未知投影，然后分析截交线形状及投影特征，并找出截交线的已知投影。如图 3-21b 所示，圆柱被斜切后的截交线为椭圆，根据共有性，该椭圆的正面投影在截平面的积聚性投影（斜线）上，水平投影在圆柱面的积聚性投影（圆）上。所求侧面投影应为椭圆的类似形（椭圆或圆）。

作图：

1）求特殊点的投影。确定截交线形状和范围的关键点，如最高与最低点、最左与最右点、最前与最后点，以及可见与不可见的分界点，被称为特殊点。如图 3-21 c 所示，A（最下）、B（最上）、C（最前）、D（最后）既是截交线上各极限位置的点，也是确定椭圆形状的长轴或短轴的端点。在截交线的已知投影中，找出这些特殊点的正面投影 a'、b'、c'、d' 及水平投影 a、b、c、d，通过投影规律求出侧面投影 a''、b''、c''、d''。

2）连截交线。如图 3-21d 所示，使用计算机绘图时，可以 a''、b''、c''、d'' 为长轴或短轴的端点直接画椭圆；使用尺规绘图时，为了图形准确，则应再取适当的一般点如 E、F、G、

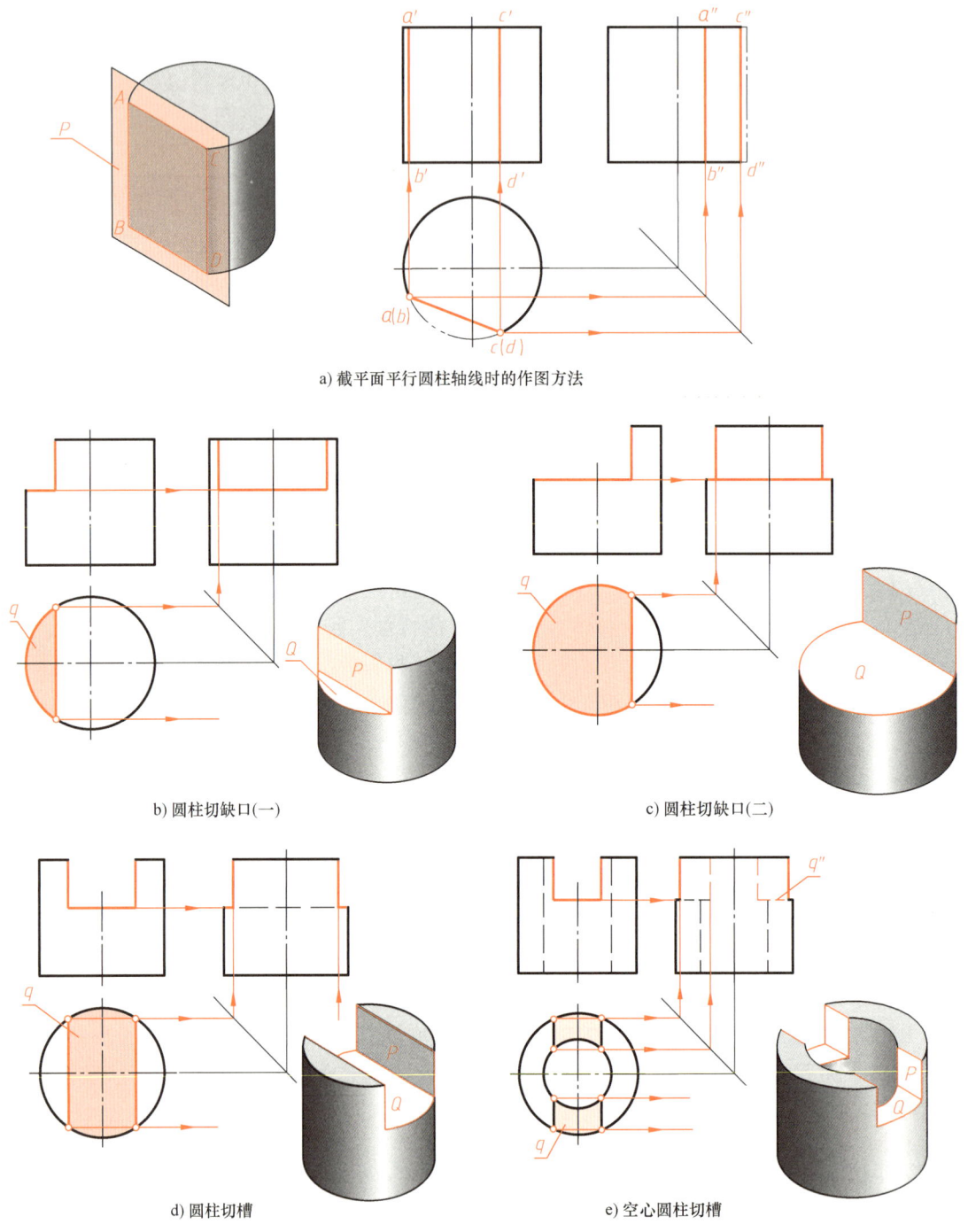

a) 截平面平行圆柱轴线时的作图方法

b) 圆柱切缺口(一)

c) 圆柱切缺口(二)

d) 圆柱切槽

e) 空心圆柱切槽

图 3-20 圆柱被横切或竖切所形成切割体的作图方法

H 的正面投影和水平投影，按照投影关系可求出这些点的侧面投影 e''、f''、g''、h''，然后依次光滑连接各点，即可得到截交线的侧面投影。

3）修正轮廓线。如图 3-21e 所示，将圆柱未截切部分的轮廓线按图线要求补画完整。

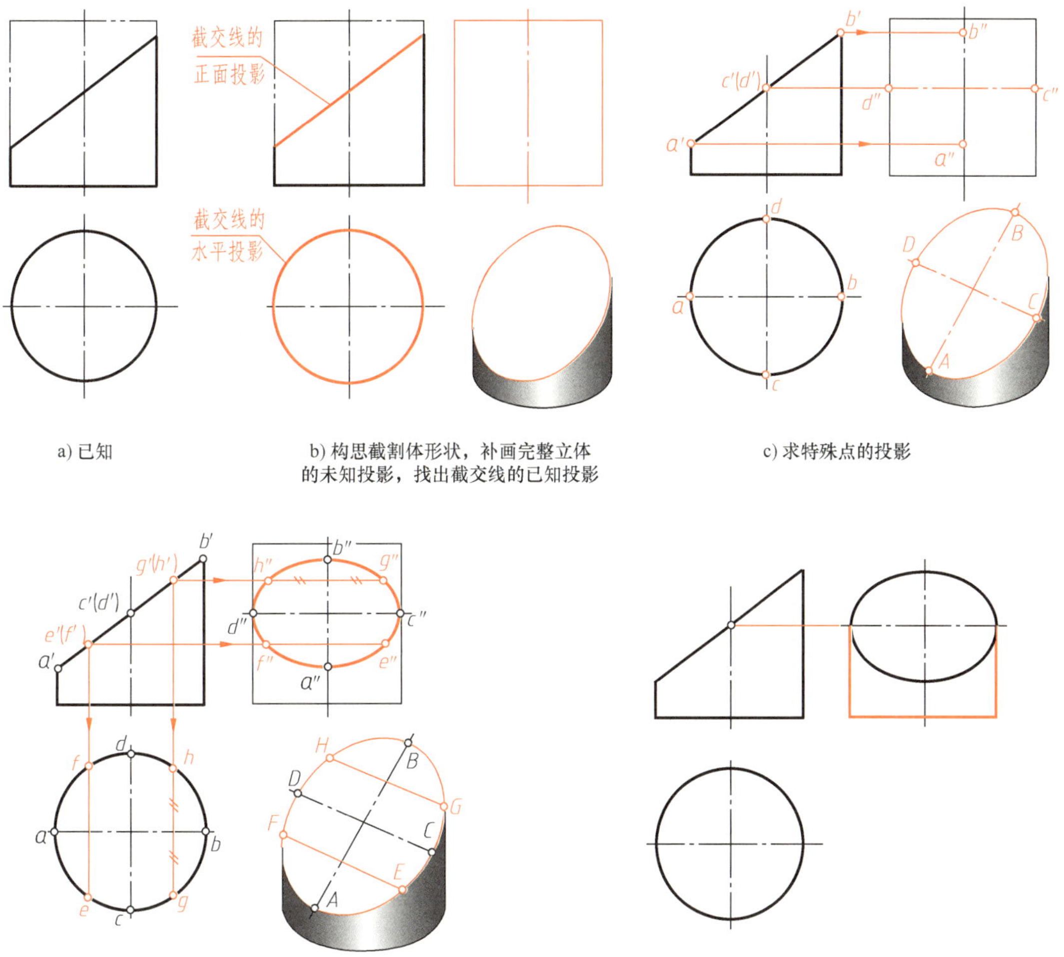

| a) 已知 | b) 构思截割体形状，补画完整立体的未知投影，找出截交线的已知投影 | c) 求特殊点的投影 |

| d) 连截交线（或取一般点后连截交线） | e) 修正轮廓线 |

图 3-21 正垂面斜切圆柱

图 3-21c 中，AB 为实际椭圆的长轴，其投影 $a''b''$ 的长度会随截平面与圆柱轴线的夹角变化。当截平面与圆柱轴线的夹角为 45° 时，$a''b'' = c''d''$，此时椭圆的投影为圆，如图 3-22 所示。

2. 平面与圆锥相交

根据截平面与圆锥相对位置的不同，平面与圆锥面的截交线可能是圆、椭圆、双曲线、抛物线以及相交直线，见表 3-2。

（1）截平面平行或垂直于圆锥轴线　如图 3-23a 所示，当截平面 P 平行于圆锥轴线（竖切）时，截交线为双曲线。根据截交线共有性的特点，其水平投影与侧面投影在截平面的相应投影上，正面投影需求出确定曲线的特殊点，即顶点 C 和端点 A、B 的投影。为了作图准确，通常再取适当的一般点（如 D、E）的投影，

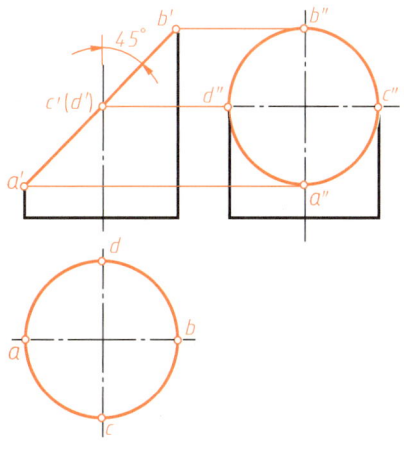

图 3-22 与轴线倾斜 45° 斜切圆柱

然后光滑连线。当截平面垂直于圆锥体的轴线（横切）时，截交线为圆，该圆为圆锥表面的纬圆，其大小取决于截平面的位置（见表3-2）。图3-23b所示为常见圆锥（台）被横切及竖切后形成槽口的作图方法，其中平面P与锥面的交线（如图中AB之间的连线）应为曲线。

表 3-2　平面与圆锥面的截交线

截平面位置	过锥顶	垂直于轴线	与所有素线相交	平行于一条素线	平行于轴线
截交线形状	两条相交直线	圆	椭圆	抛物线	双曲线
立体图	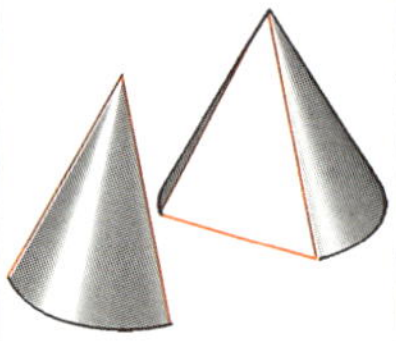	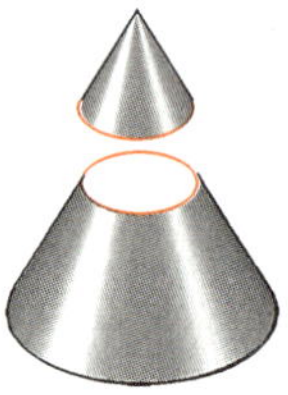	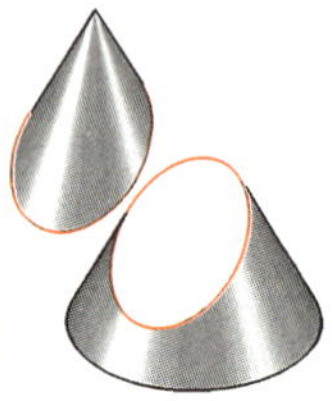		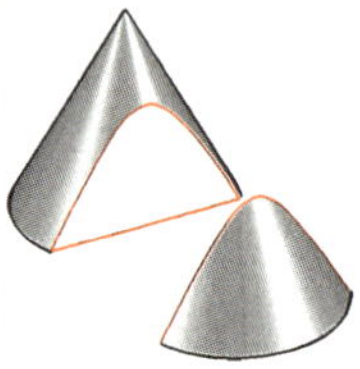
投影图	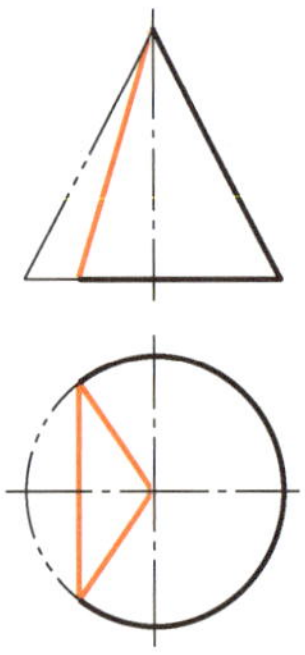	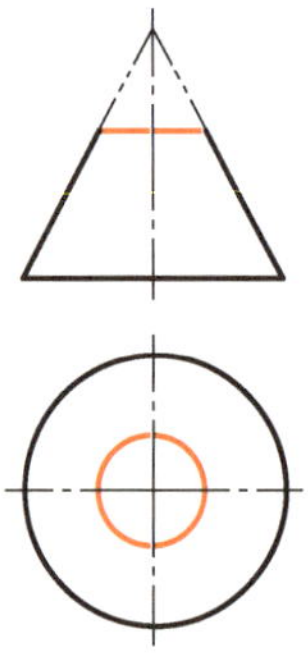	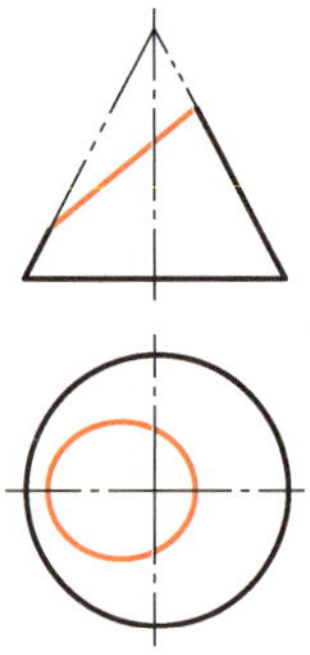	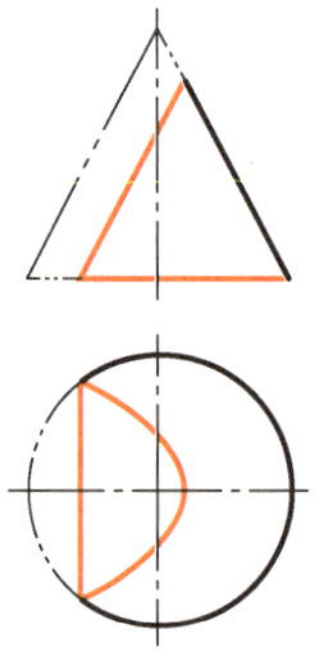	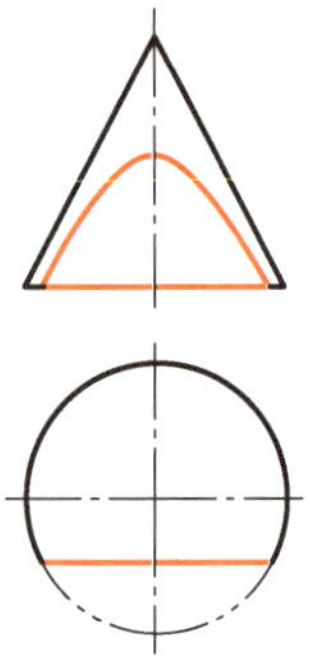

（2）截平面倾斜于圆锥轴线　当截平面倾斜于圆锥的轴线斜切时，截交线可能是椭圆、双曲线、抛物线或两条相交直线（见表3-2）。

[例3-8]　完成图3-24a所示圆锥被正垂面斜切后的水平投影及侧面投影。

分析：构思截割体形状，画出完整立体的未知投影，然后分析截交线形状及投影特征，并找出截交线的已知投影。由图3-24a可知，该圆锥被斜切后的截交线为椭圆。根据共有性，椭圆的正面投影在截平面的积聚性投影（斜线）上，如图3-24b所示，水平投影及侧面投影应为该椭圆的类似形（椭圆或圆）。

作图：

1）求特殊点。如图3-24b所示，点A、B、C、D分别为椭圆长、短轴的端点，点E、F为圆锥转向线上的点，这些点均为特殊点。在截交线的正面投影中，找出它们的正面投影，通过圆锥表面取点的方法（如纬圆法），可求出其水平投影及侧面投影，过程如图中所示。

2）连截交线。如图3-24c所示，使用计算机绘图时，以a、b、c、d为长轴或短轴的端点画水平投影的椭圆，以a″、b″、c″、d″为长轴或短轴的端点画侧面投影的椭圆，该椭圆应过e″、f″。手工绘图时，为了作图准确，还应再取适当的一般点，如G、H两点，根据其正面投影g′、h′，用纬圆法可求出它们的水平投影及侧面投影，然后分别依次光滑连接各点的水平投影及各点的侧面投影，即可得到截交线的水平投影及侧面投影。

3）修正轮廓线。如图3-24d所示，将未切割部分的轮廓线按图线要求补画完整。

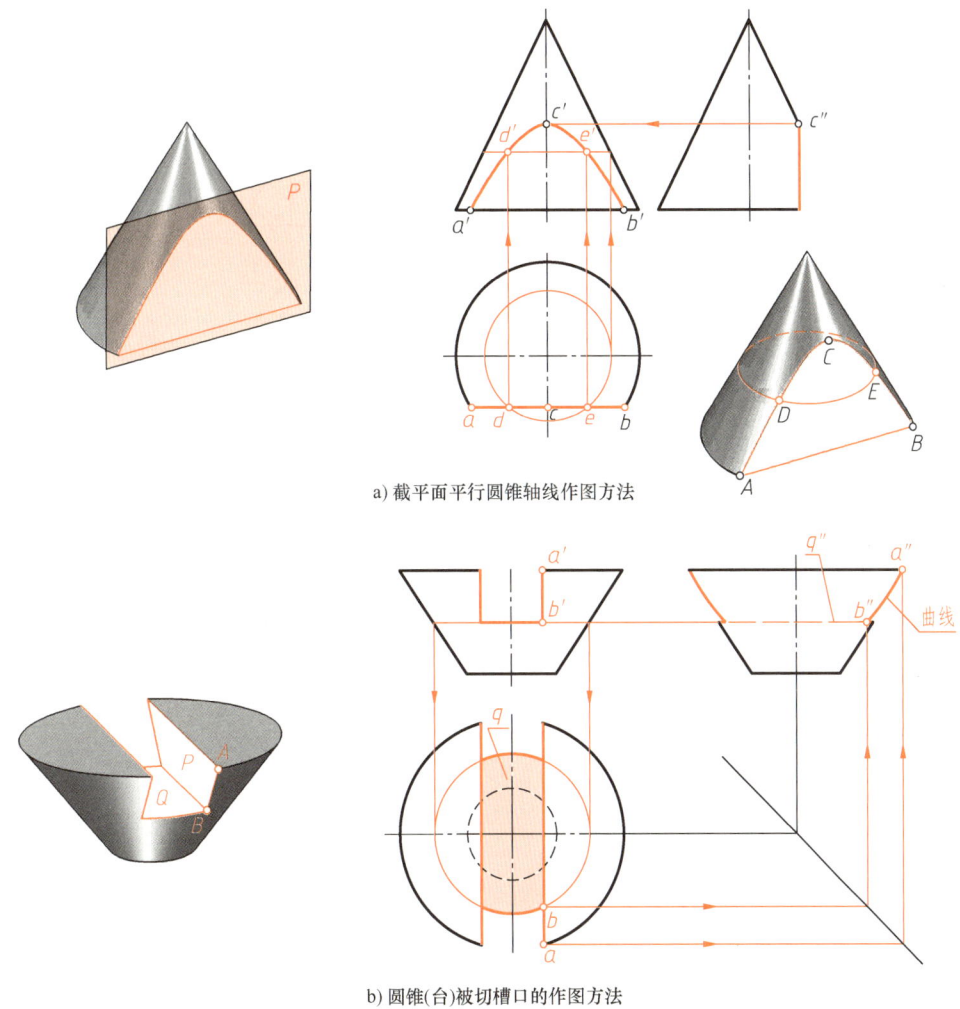

a) 截平面平行圆锥轴线作图方法

b) 圆锥(台)被切槽口的作图方法

图 3-23 截平面平行或垂直于圆锥轴线切割圆锥

3. 平面与圆球相交

平面与圆球相交,不论平面与圆球的相对位置怎样,截交线总是圆,圆的大小取决于截平面的位置,如图 3-25 所示。当截平面平行投影面时,截交线在该投影面的投影反映实形(圆),而在另外两个投影面的投影在截平面的积聚性投影(直线)上,如图 3-25a 所示;当截平面垂直投影面时,截交线在该投影面的投影与截平面的积聚性投影(斜线)重合,在另外两个投影面的投影为该圆的类似形椭圆,如图 3-25b 所示。

图 3-26 为常见的半圆球被切槽口的作图方法。由于截平面 P、Q 均平行于投影面,因此截交线在其所平行的投影面的投影为圆弧。

当立体被多个截平面切割时,应分别求出各截平面与立体表面交线的投影,同时还应求出各截平面之间交线的投影;当一个截平面与多个基本立体表面相交时,应分别求出其与各基本立体表面交线的投影。

[例 3-9] 完成图 3-27a 所示同轴复合回转体被切割后的水平投影。

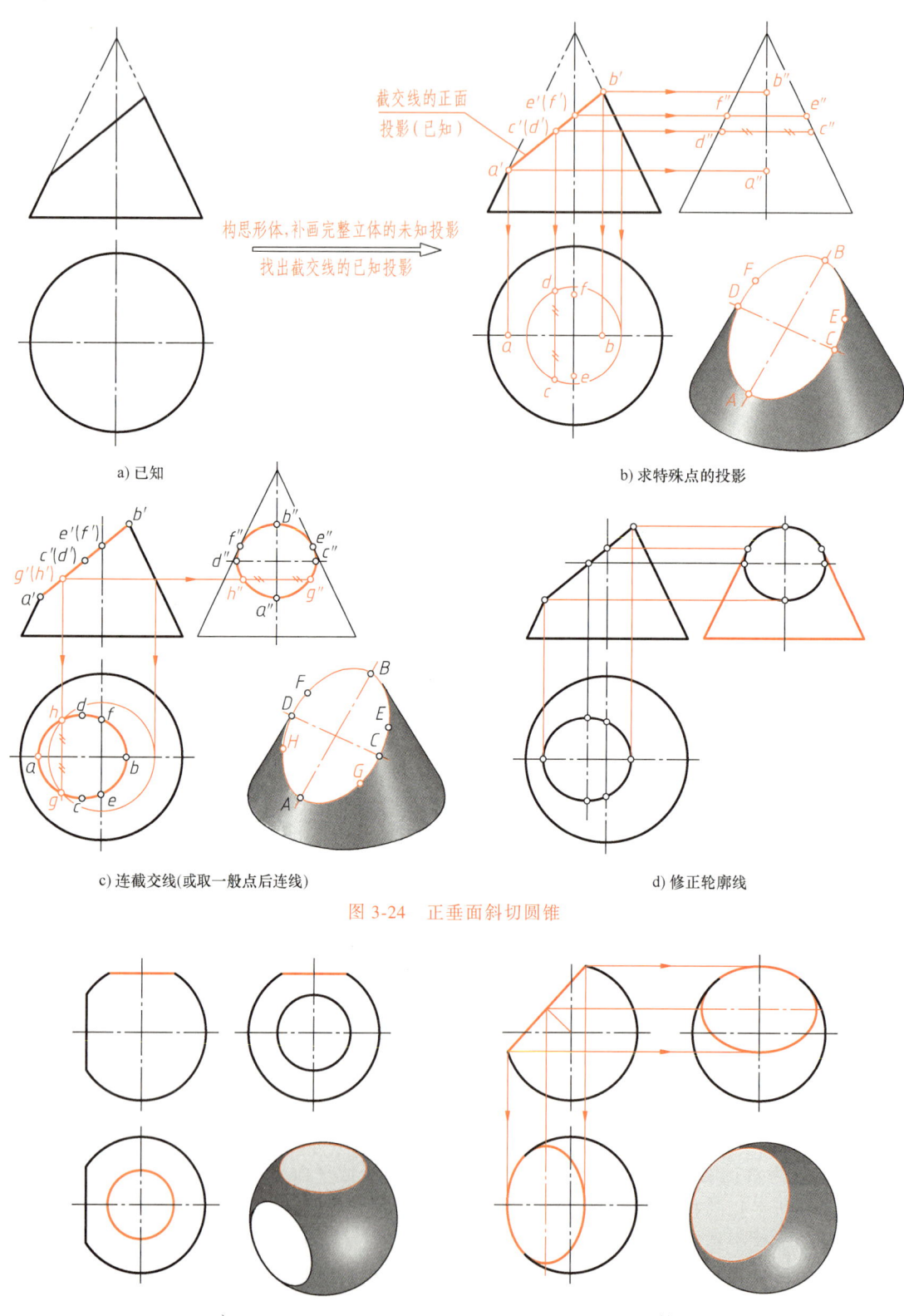

图 3-24 正垂面斜切圆锥

图 3-25 平面切割圆球

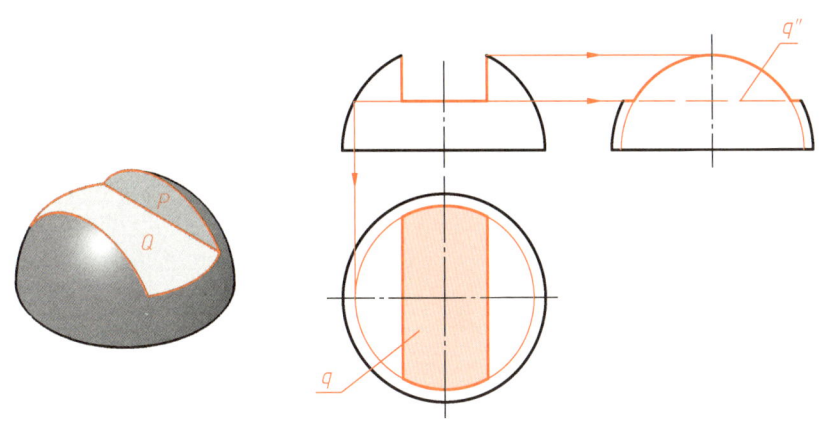

图 3-26 半圆球被切槽口的投影作图方法

分析：由图 3-27a 可知，该回转体由同轴（侧垂线）圆锥和圆柱组合而成。截平面 P 为水平面，与圆锥面的截交线为双曲线，与圆柱面的截交线为两条平行线，水平投影反映交线实形。截平面 Q 与圆柱面的交线为部分椭圆，其水平投影为椭圆弧。

作图：1）分别求截平面 P 与圆锥面、圆柱面及截平面 Q 交线的水平投影。作图方法如

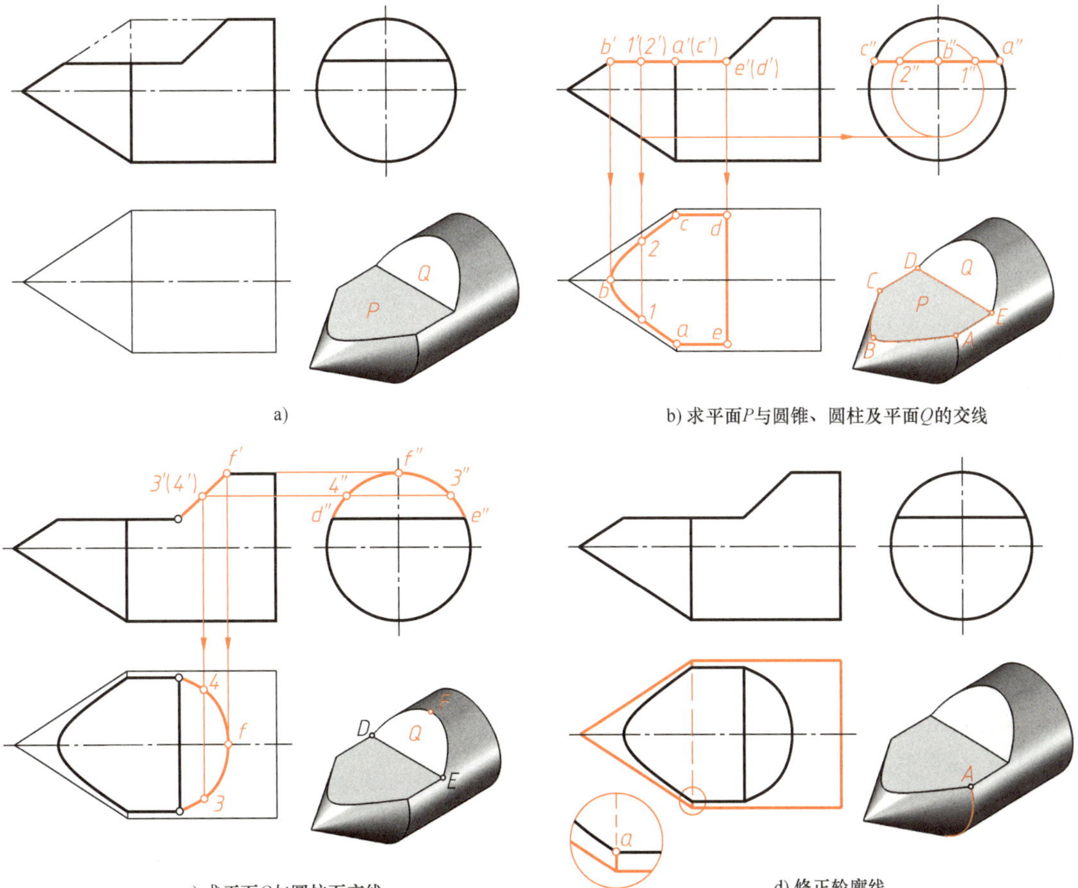

a)

b) 求平面 P 与圆锥、圆柱及平面 Q 的交线

c) 求平面 Q 与圆柱面交线

d) 修正轮廓线

图 3-27 复合回转体被切割后的水平投影

图 3-27b 所示，与前述截平面竖切圆锥、圆柱的作图方法一致。两截平面 P、Q 交线为图示正垂线 DE。

2) 求截平面 Q 与圆柱面交线。作图方法如图 3-27c 所示，可参照图 3-21 所示方法。

3) 修正轮廓线。将未切割部分的轮廓线按图线要求补画完整。如图 3-27d 所示，除转向线外，要特别注意圆锥与圆柱交接处的轮廓线变化，其水平投影既有不可见线段又有可见线段。

3.4 基本立体与基本立体相交

立体与立体相交称为相贯，由此形成新的立体称为相贯体。在形成相贯体的过程中，两个立体表面产生的交线称为相贯线，如图 3-28 所示。

两基本立体的相贯通常分为：两平面基本体相交（见图 3-28a）、平面基本体和曲面基本体相交（见图 3-28b）、两曲面基本体相交（见图 3-28c）三种情况。求平面基本体与平面基本体及平面基本体与曲面基本体相贯线的问题，实质是求一个平面基本体的表面与另一平面基本体或曲面基本体截交线的问题，可用前面平面与平面（曲面）基本体求截交线的方法解决，在此不再重复。本节主要解决两曲面基本体相交时相贯体的作图。

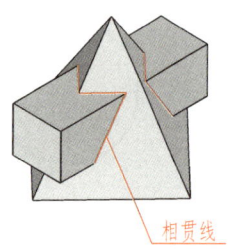
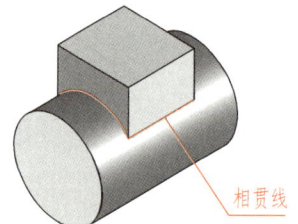
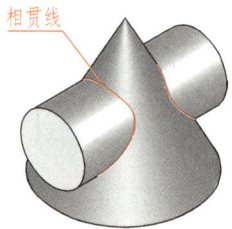

a) 两个平面基本体相交　　b) 平面基本体与曲面基本体相交　　c) 两个曲面基本体相交

图 3-28　相贯体的基本概念

3.4.1 相贯体的投影作图

相贯体与原基本立体的主要区别是其表面的相贯线，因此，只要求出相贯线的投影，相贯体的投影就迎刃而解。

1. 相贯线特性

要掌握相贯线的投影作图，应先了解其基本特性。如图 3-28 所示，相贯线具有以下基本特性：

（1）共有性　相贯线是两个立体表面的交线，所以同时处在两个立体的表面上，为两个立体表面所共有。

（2）分界线　相贯线是两个立体表面的分界线。

2. 求作相贯线的原理、方法及注意问题

在三维设计中，根据实体模型可以直接得到相贯线的投影。这里讲述通过投影作图求作相贯线的目的，主要是培养读者的空间思维能力及解决空间问题能力。

（1）求作两个立体表面共有点投影的原理及方法　相贯线是两个立体表面共有点的连

线，因此，求作相贯线的投影，应先求出共有点的投影，常用方法如下：

1）积聚性法。如图3-29所示，若相贯线所在的某一立体表面（柱面）在某投影面具有积聚性投影，则位于两立体公共部分的该积聚性投影为相贯线的已知投影。此时在相贯线的已知投影上取共有点的投影，然后在另一立体表面按照前述立体表面取点的方法，可求出所取点的其余投影。如图3-29a中，在圆柱面Ⅰ的水平投影上取公共点的已知投影，然后在圆柱面Ⅱ的表面上通过表面取点的方法，可得到所取点的正面投影；图3-29b中，在圆柱面水平投影上取公共点的已知投影，然后在圆球表面通过表面取点的方法，可得到所取点的正面投影。

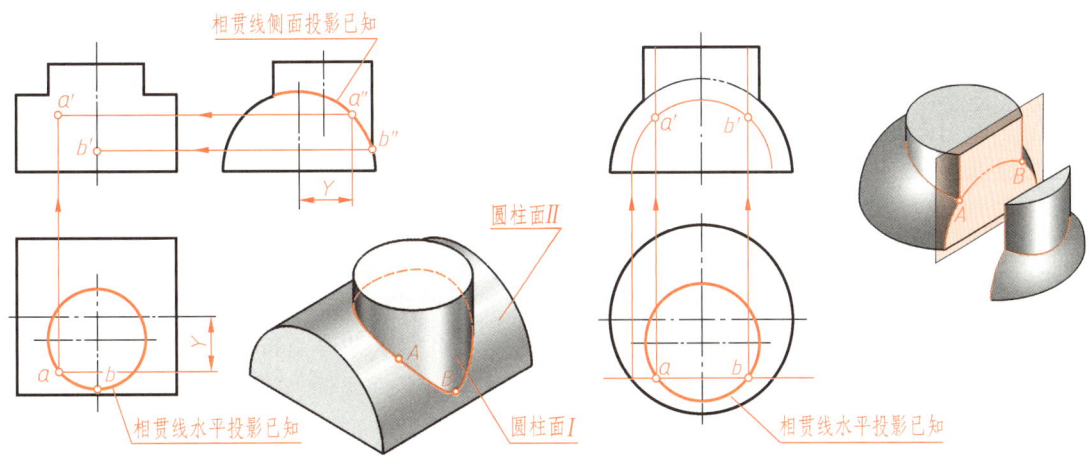

a）圆柱面与圆柱面相交　　　　　b）圆柱面与圆球面相交

图3-29　求两个立体表面共有点的未知投影（一）

2）辅助平面法。若相贯线所在的两个立体表面均无积聚性投影，则相贯线无已知投影，如图3-30a所示（圆球与圆锥相交）。此时可作一辅助平面P，如图3-30b所示，该平面和两个立体表面交线的交点即为两个立体表面的共有点（三面共点原理），两交线投影的交点即为共有点的投影，该方法称为辅助平面法。辅助平面一般应垂直两个立体的回转中心线并平行于投影面，以有利于投影作图，如图3-30a所示。

（2）取公共点时应注意的问题　处在相贯线极限位置（最左、最右、最前、最后及最上、最下）的点以及处在立体轮廓线上的点，是确定相贯线形状、范围及投影可见性的关键点（也称特殊点），其投影均应求出，不得遗漏。如图3-31a所示，点A（最左）、B（最前及最下）、C（最右）、D（最上）、E（最后）、F（最上）分别为相贯线上各极限位置的点，点A、C与D、F同时还分别是两圆柱转向线上的点，他们的正面投影均

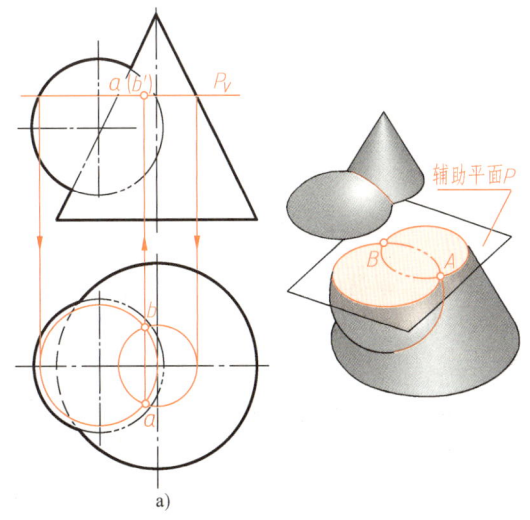

图3-30　求两个立体表面共有点的未知投影（二）

应求出。必要时,还应求出适当数量一般点的投影,如图 3-31a 中,点 G、H 的正面投影。(作图方法见图 3-29a)。

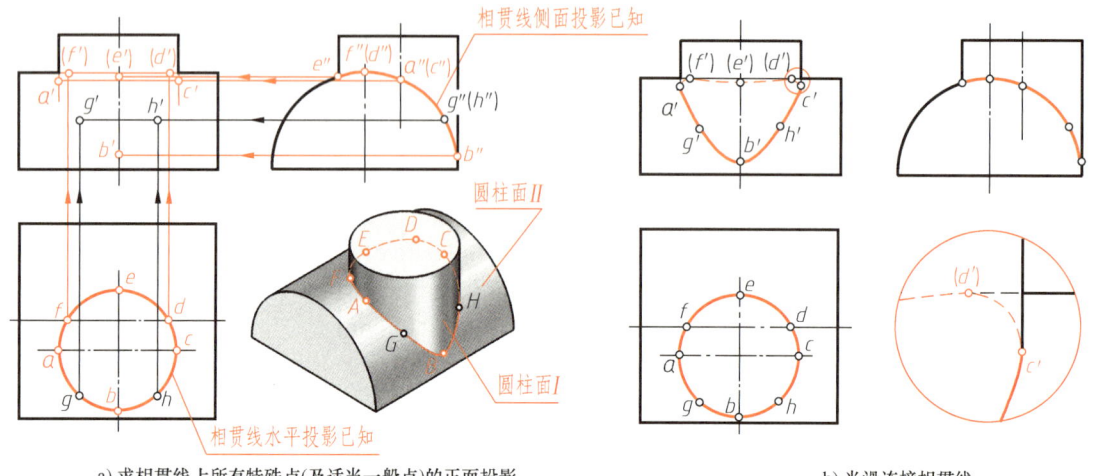

a) 求相贯线上所有特殊点(及适当一般点)的正面投影   b) 光滑连接相贯线

图 3-31 相贯线的投影作图

(3) 连接相贯线及注意问题 如图 3-31b 所示,将所求共有点按顺序(同已知投影)光滑连线。当相贯线所在的立体表面在某投影面上的投影均可见时,其该面投影亦可见,否则不可见。如图 3-31 中,处在 A、C 前面的两个圆柱表面正面投影均可见,所以,该处相贯线的正面投影可见,其余不可见,如图 3-31b 所示。

3. 相贯体的作图步骤

掌握相贯线的作图方法后,可按以下方法步骤完成相贯体的投影作图。

1) 构思相贯体及相贯线形状,分析确定相贯线投影的特殊点。
2) 分析相贯线投影特征,找出相贯线及其特殊点的已知投影。
3) 求作相贯线的未知投影(按上述求作相贯线的方法)。
4) 修正轮廓线。两立体相贯后结合为一体,公共部分的原有轮廓线消失。同时,相贯后两立体间存在遮挡关系,有些轮廓线变为不可见,应画虚线。

[例 3-10] 完成图 3-32a 所示相贯体的正面投影图。

分析:构思相贯体及相贯线形状。如图 3-32b 所示,该相贯体由圆柱和半圆球形成,相贯线为左右对称的一条空间曲线,其特殊点除极限位置点外,还有圆柱与圆球转向线上的点。

作图:

1) 找出相贯线及其特殊位置点的已知投影。如图 3-32c 所示,相贯线的水平投影在两立体投影公共部分圆柱面的积聚性投影上,在相贯线的水平投影上找出各特殊点的投影。
2) 由各特殊点的水平投影求出正面投影,并连接相贯线,如图 3-32d 所示。
3) 修正轮廓线,将圆柱与圆球的转向线延长至相贯线相关的公共点处。如图 3-32e 所示,将圆柱的转向线延长至 b'、f',将圆球的转向线用虚线(因被圆柱遮挡)延长至 c'、e'。

第3章 基本立体的投影

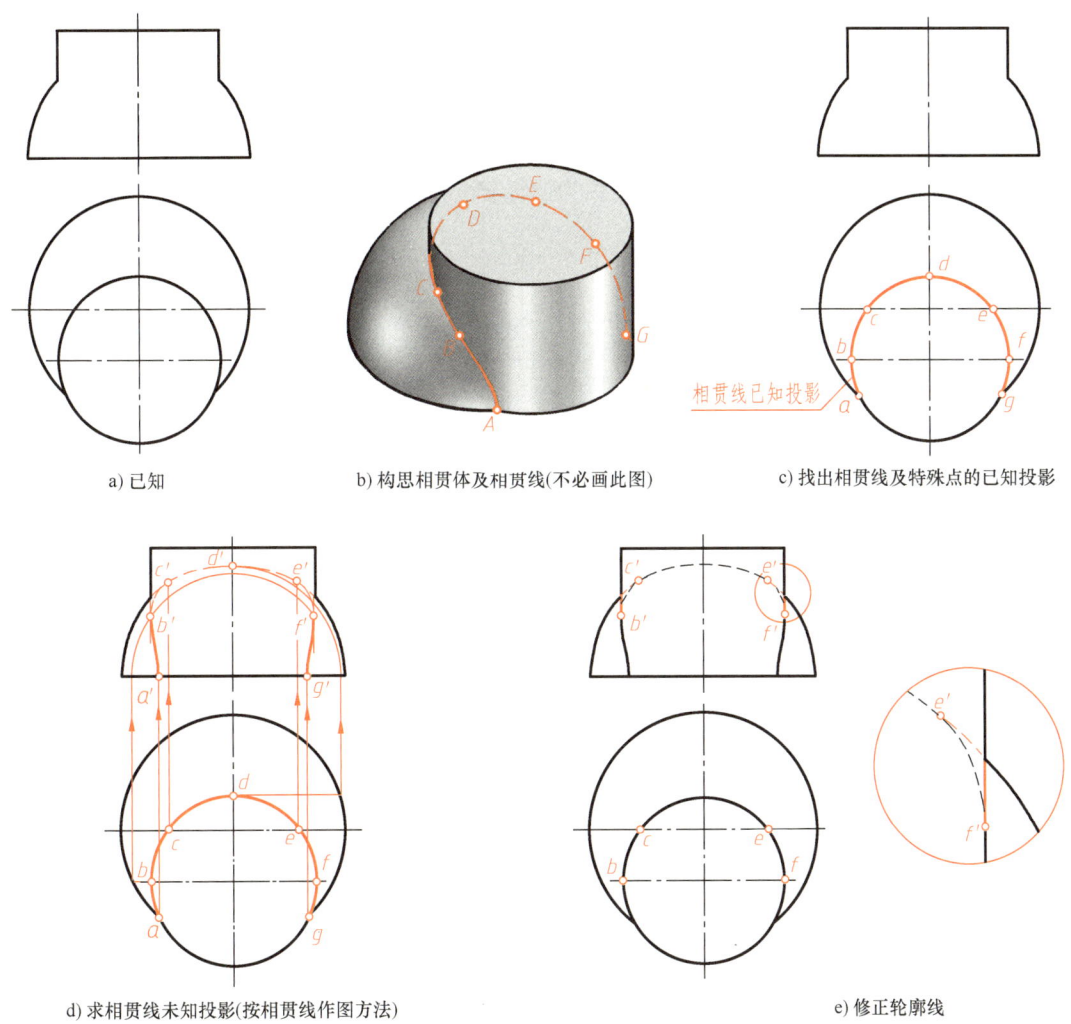

图 3-32 相贯体的投影作图

3.4.2 常见相贯体的投影

1. 圆柱与圆柱相贯

（1）两圆柱轴线垂直相交时的相贯线　如图 3-33a 所示，当两个圆柱的轴线垂直相交时，其交线为前后、左右均对称的空间曲线，因此其正面投影只需作出前面的一半即可。作图方法如图 3-33b 所示，其中 A、B、C 为特殊点，E、F 为一般点。通常也可以将 A、B、C 三个特殊点的正面投影直接用圆弧连接（近似作图），如图 3-33c 所示。

（2）直径变化对相贯线的影响　由图 3-33 可以看出，轴线垂直相交两圆柱的相贯线形状和位置取决于两圆柱的直径相对大小。直径相对变化对相贯线的影响见表 3-3。

（3）常见圆柱穿孔的投影　圆柱穿孔通常有三种情况：

1）实心圆柱穿孔。如图 3-34a 所示，实心圆柱穿孔后，穿孔的圆柱内表面与圆柱体的圆柱面相交，实质仍为两圆柱面相交，因此相贯线的投影作图方法与图 3-33 一致。作图时，应先画穿孔的轮廓线投影，同时去掉因穿孔而消失的转向线，然后再画相贯线的投影。

现代机械制图

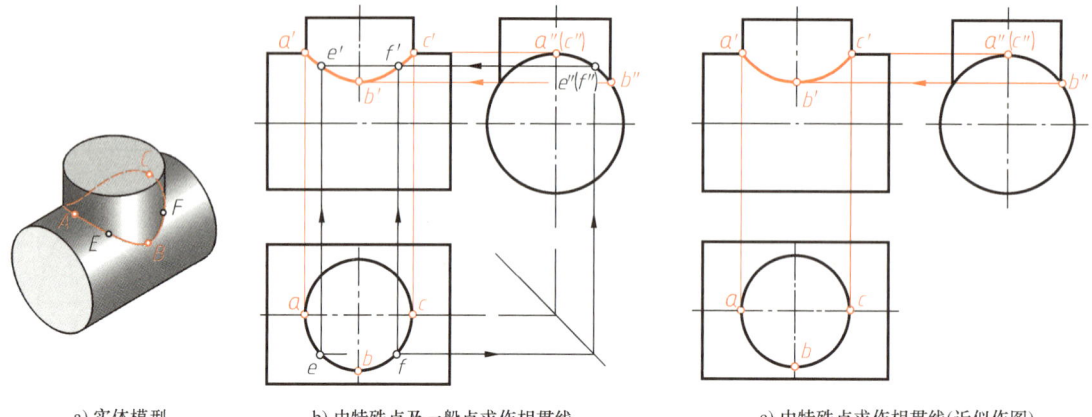

a) 实体模型　　　b) 由特殊点及一般点求作相贯线　　　c) 由特殊点求作相贯线(近似作图)

图 3-33　两圆柱轴线垂直相交的相贯线投影作图

表 3-3　轴线垂直相交两圆柱直径相对变化对相贯线的影响

直径关系	$\phi_横 > \phi_竖$	$\phi_横 = \phi_竖$	$\phi_横 < \phi_竖$
相贯线	上、下两条空间曲线	平面曲线(两个垂直相交的椭圆)	左、右两条空间曲线
立体图			
投影图			
正面投影	上、下对称的曲线	两条相交直线	左、右对称的曲线

2) 空心圆柱穿孔。如图 3-34b 所示，空心圆柱穿孔的主要特点是穿孔表面与空心圆柱内、外表面均相交，应分别求出其相贯线的投影。作图时，应先在空心圆柱实体部分画出穿孔的轮廓线，同时去掉空心圆柱内外表面因穿孔而消失的转向线，然后再分别画出穿孔与空心圆柱内外表面相贯线的投影。

3) 两个空心圆柱相贯。如图 3-34c 所示，两个空心圆柱相贯时，其形体特征应理解为两个圆柱相交，然后分别沿轴线穿孔。因此，这类相贯体作图时，应首先画出两个立体外表面的轮廓线及其相贯线的投影，然后再画出两个穿孔的轮廓线及其相贯线的投影。

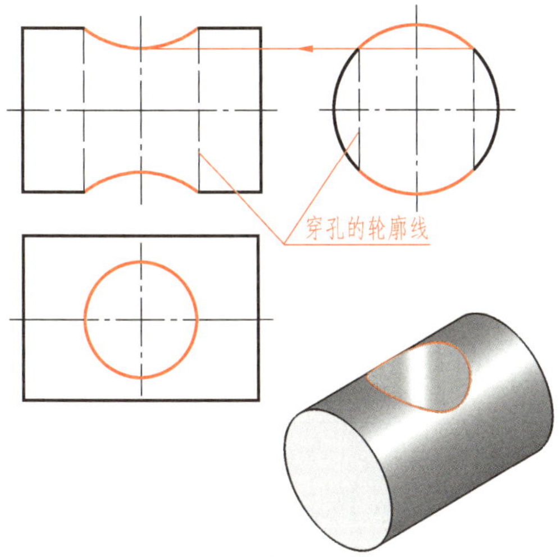

第3章 基本立体的投影

a) 实心圆柱穿孔

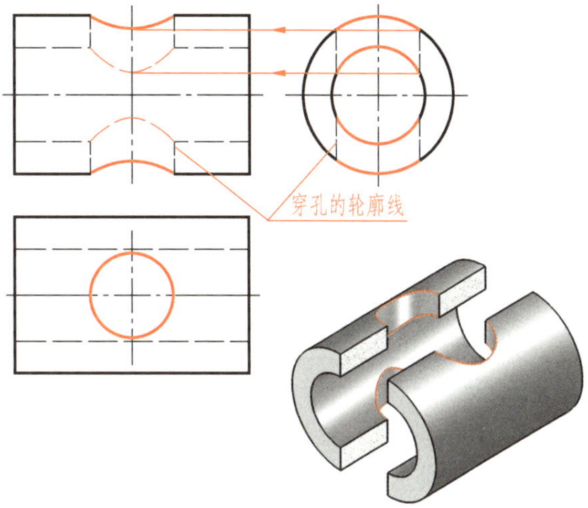

b) 空心圆柱穿孔

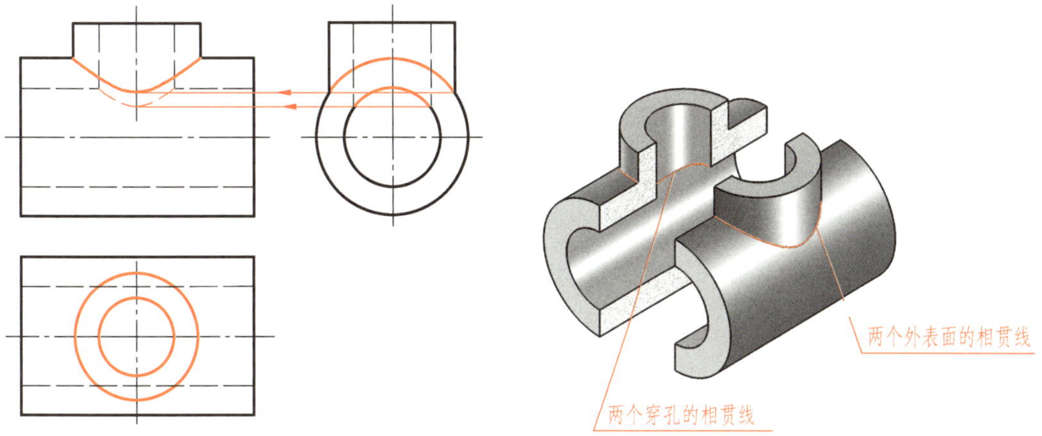

c) 两个空心圆柱相贯

图 3-34 圆柱穿孔

（4）垂直相交的两个圆柱轴线位置变化对相贯线的影响　垂直相交的两个圆柱，当轴线相对位置变化时，相贯线会随之而变，不同位置的相贯线形状及其投影见表 3-4。

表 3-4　垂直相交两圆柱相对位置变化对相贯线形状及投影的影响

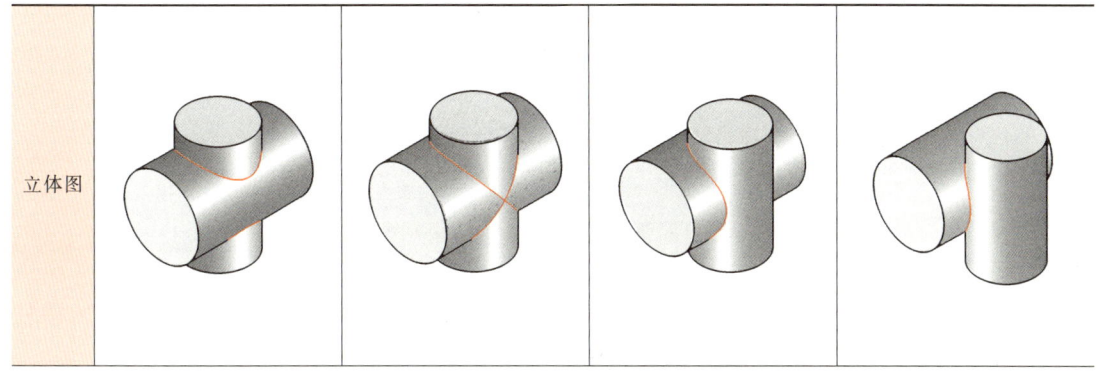

(续)

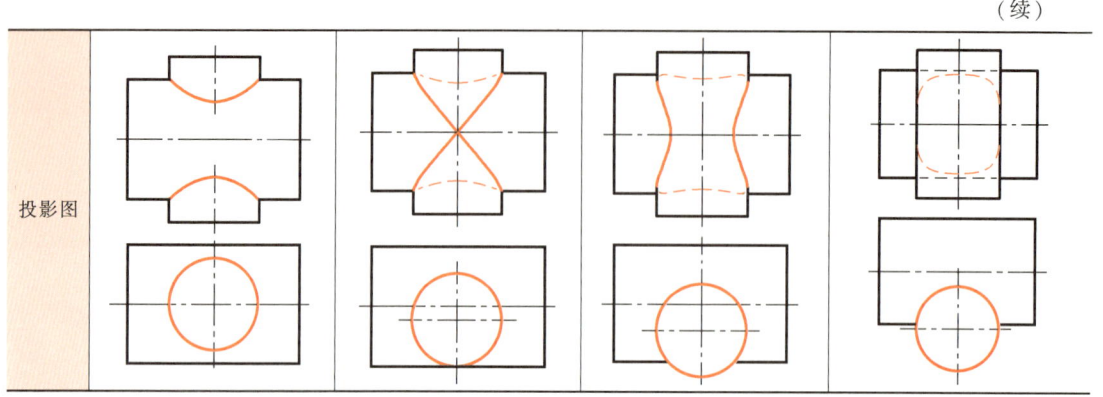

2. 圆柱与圆锥相贯

(1) 轴线垂直相交的圆柱与圆锥的相贯线　如图 3-35 所示，当轴线垂直相交的圆柱与圆锥相贯时，其交线为前后对称的空间曲线，侧面投影在圆柱的积聚性投影上（为已知）。共有点 A、B、C、D 分别为相贯线上、下、前、后极限位置的特殊点，点 B 也是最左极限位置点，最右点为 E、F。其中 E、F 的各投影需通过求作辅助平面 P 得到，P_V 的位置确定如图 3-35b 所示。其余各点可先在相贯线的侧面投影中直接找出其已知投影（如 a''、b'' 等），然后按照圆锥表面取点的方法求出其正面及水平投影。其余按照前述相贯体作图方法，即可得到图 3-35b 所示的投影图。

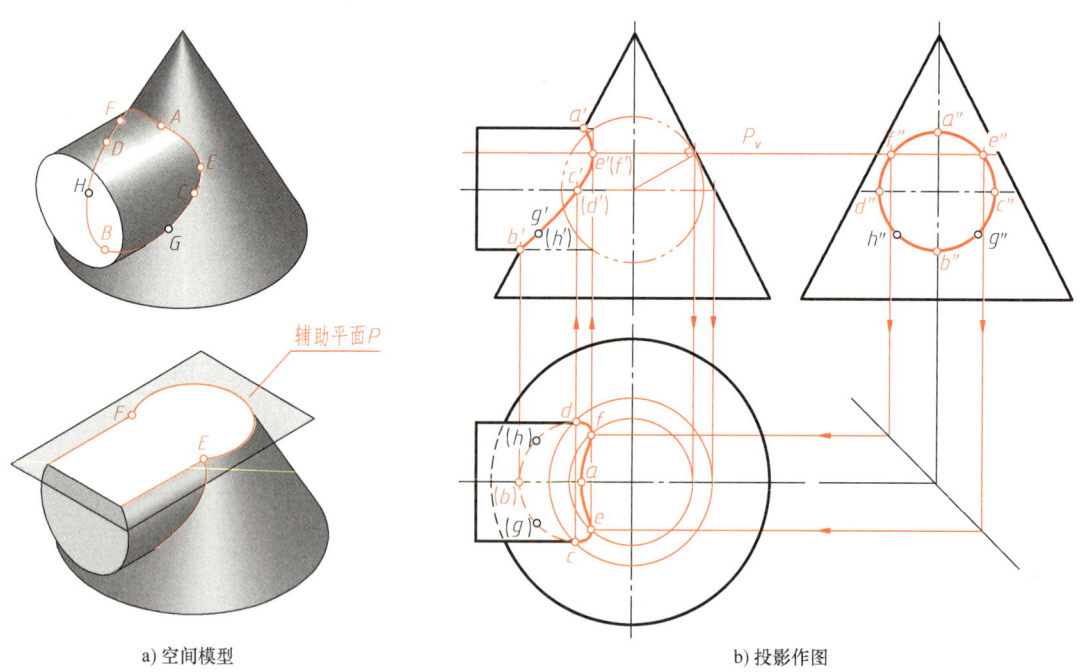

a) 空间模型　　　　　　　　　　　b) 投影作图

图 3-35　轴线垂直相交的圆柱与圆锥相贯线投影作图

(2) 轴线垂直相交的圆柱与圆锥圆柱直径变化对相贯线的影响　轴线垂直相交的圆柱与圆锥相贯时，若圆锥大小不变，圆柱直径变化对相贯线的影响见表 3-5。

第3章 基本立体的投影

表 3-5 轴线垂直相交的圆柱与圆锥圆柱直径变化对相贯线的影响

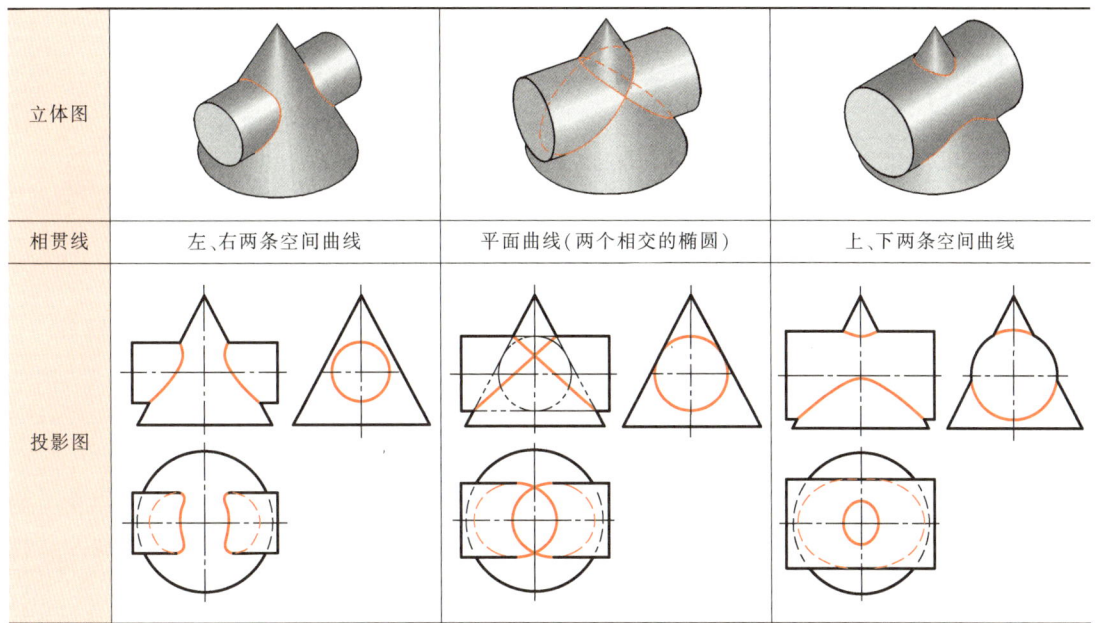

3.4.3 特殊相贯线

1) 轴线相交的两个等直径圆柱（见表 3-3）以及同时内切于一个球面的圆柱与圆锥（见表 3-5）相贯时，相贯线是两个相交的椭圆。椭圆垂直于相交轴线所确定的平面，相贯线在该平面所平行的投影面上的投影积聚为直线。

2) 两回转体同轴时，相贯线为圆，如图 3-36 所示。当轴线垂直于某一个投影面时，在该投影面的投影为圆，在另外两个投影面的投影为直线。

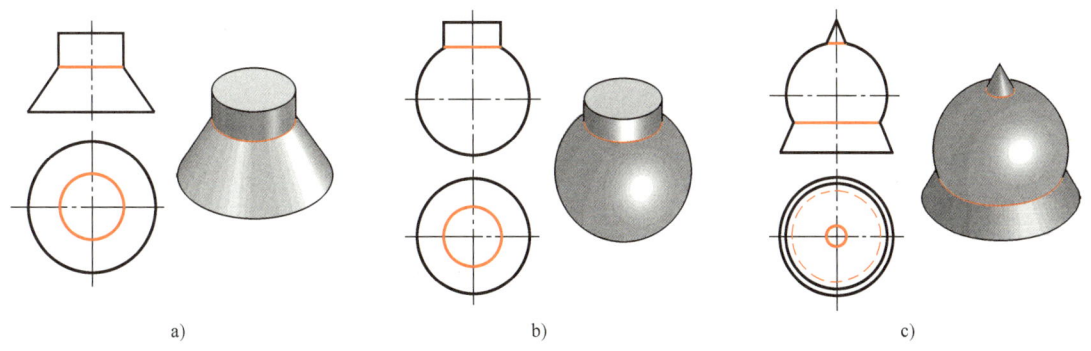

图 3-36 两同轴回转体的相贯线

3) 两圆柱体轴线平行时，相贯线为两条平行直线，如图 3-37 所示。两圆锥共顶时，相贯线为两条相交于锥顶的直线，如图 3-38 所示。

3.4.4 多体相贯

多体相贯时，应首先分析立体的哪一部分之间表面相交，然后根据相交表面的不同类

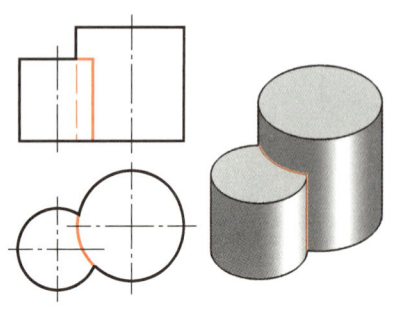

图 3-37 轴线平行两圆柱的相贯线

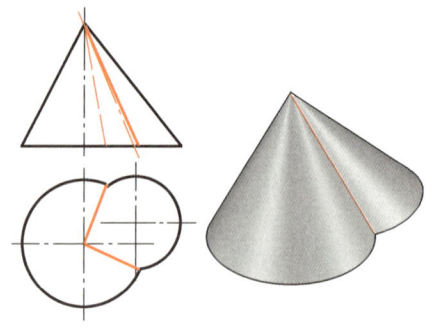

图 3-38 共锥顶相交的两圆锥相贯线

型，分别求出其表面交线。

[例 3-11] 根据图 3-39a 所示相贯体及其正面投影与水平投影，补画侧面投影。

分析：如图 3-39a 所示，该相贯体为圆柱与"U"形柱相贯，然后分别沿轴线穿孔。侧面投影应分别画出圆柱与"U"形柱的轮廓线及其相贯线的投影、双向穿孔的轮廓线及其相贯线的投影。另外"U"形柱的穿孔与圆柱贯通，与圆柱面另外一侧也有相贯线。

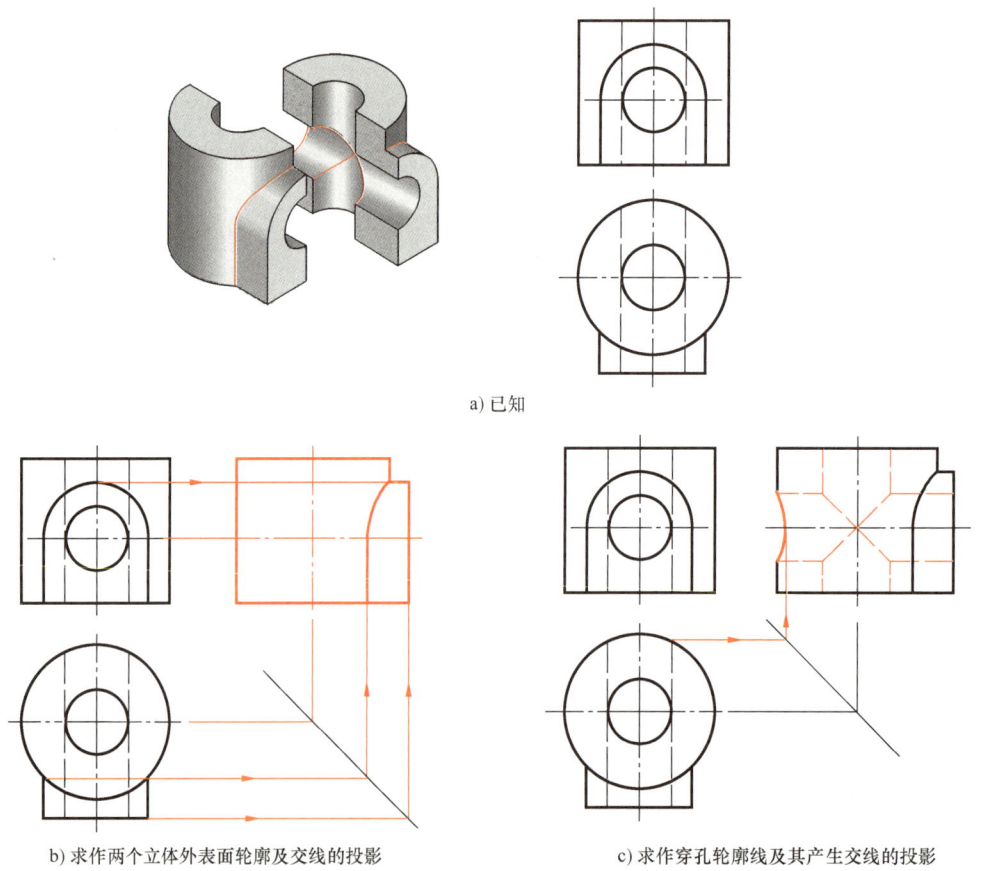

a) 已知

b) 求作两个立体外表面轮廓及交线的投影   c) 求作穿孔轮廓线及其产生交线的投影

图 3-39 相贯体的投影作图

第3章 基本立体的投影

作图：

1) 如图3-39b所示，按投影关系画出圆柱与"U"形柱相贯的侧面投影。画图时，回转体应先画出回转中心线，再画转向轮廓线。在两个立体投影的接合处，各自的轮廓线消失，在此处应画出两立体表面相贯线的投影。"U"形柱上部为曲面，与圆柱面的相贯线为曲线，下部为平面，与圆柱面的相贯线为直线，应分别求出。

2) 如图3-39c所示，分别画出双向穿孔的轮廓线，在接合处，画出其相贯线的投影（因直径相等，投影为直线）。然后再画出"U"形柱的穿孔与圆柱相贯线的投影。

上述各交线特征及投影作图方法可参见表3-3及图3-34。

拓展： 当空心圆柱切"U"形槽时，"U"形槽与空心圆柱内、外表面均有交线。交线形状及投影作图与上述"U"形柱面与圆柱面求交线方法类似，如图3-40所示。

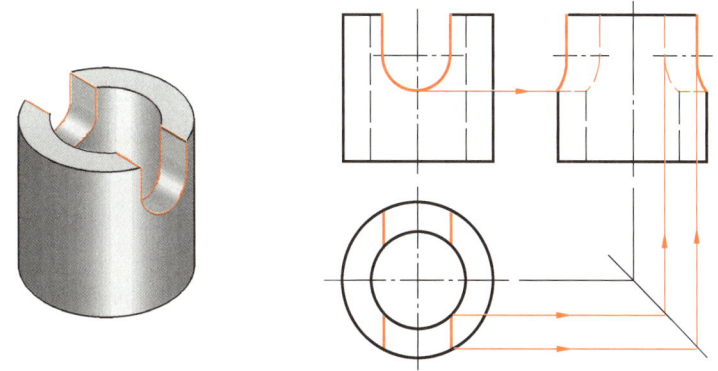

图3-40 空心圆柱切"U"形槽的投影作图

图3-41为圆柱与圆柱及半圆球多体相贯，并双向穿孔。形体表面既有相贯线，也有截交线，请读者分析各处交线形状特征及投影，然后在图3-41b所示的三面投影图中找出图3-41a所示立体图中每条交线所对应的各个投影，进一步掌握相贯体的结构特点及作图方法。

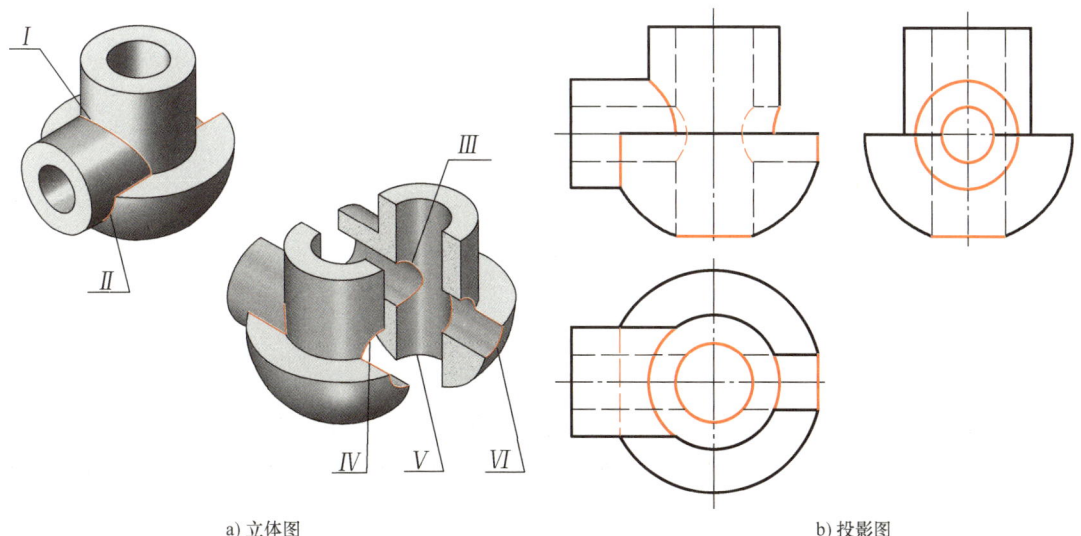

a) 立体图 b) 投影图

图3-41 多体相贯

第 4 章

组合体

组合体是由机件抽象、简化后的"几何模型"。从几何角度分析，任何复杂的机械零件，都可以将其看成是由若干简单的基本体通过一定的方式组合而成的。这种由多个基本体组合构成的形体称为组合体。本章主要讲述组合体的画图、读图及尺寸标注等问题。

4.1 组合体的基本知识

4.1.1 组合体的组合方式

组合体的组合方式有叠加、切割两种形式。叠加式组合体可看成由若干基本体叠加而成，如图 4-1a 所示；切割式组合体可看成由基本体切割或穿孔后所形成，如图 4-1b 所示。常见的一般组合体既有叠加又有切割，如图 4-1c 所示。

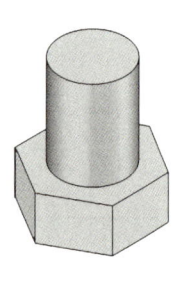
a)

b)
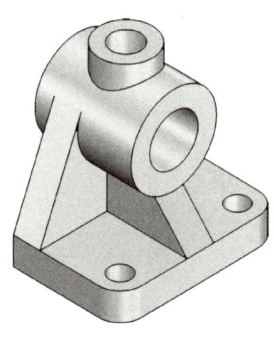
c)

图 4-1 组合体的组合方式

4.1.2 组合体上相邻表面之间的连接关系

组合体的形成过程中，相邻形体之间的表面连接关系会有以下几种情况：

（1）共面 当两形体邻接的表面共面时，在邻接处不画线，如图 4-2a 所示；当两形体邻接的表面不共面时，在邻接处应有分界线，如图 4-2b 所示。

（2）相切 当两形体邻接的表面相切时，在邻接处是光滑连续过渡，不存在分界切线，

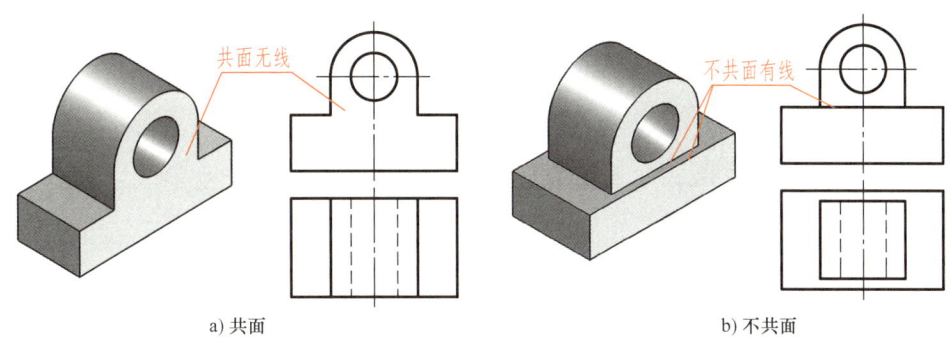

a) 共面　　　　　　　　　　　　　b) 不共面

图 4-2　两形体相邻表面的连接关系（共面与不共面）

因此在相切处不画切线，如图 4-3a、b 所示。

（3）相交　当两形体邻接的表面相交时，相邻表面必有交线，在相交处应按投影关系画出交线的投影。交线一般为截交线或相贯线，如图 4-4a、b 所示。

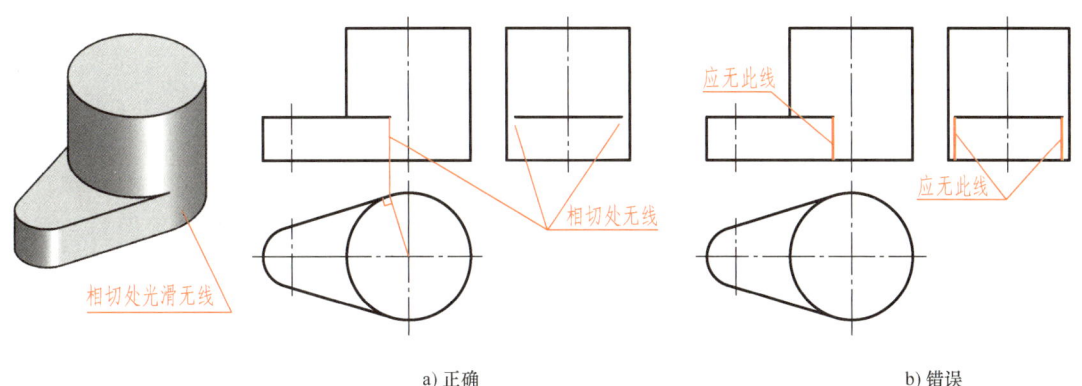

a) 正确　　　　　　　　　　　　　b) 错误

图 4-3　两形体相邻表面的连接关系（相切）

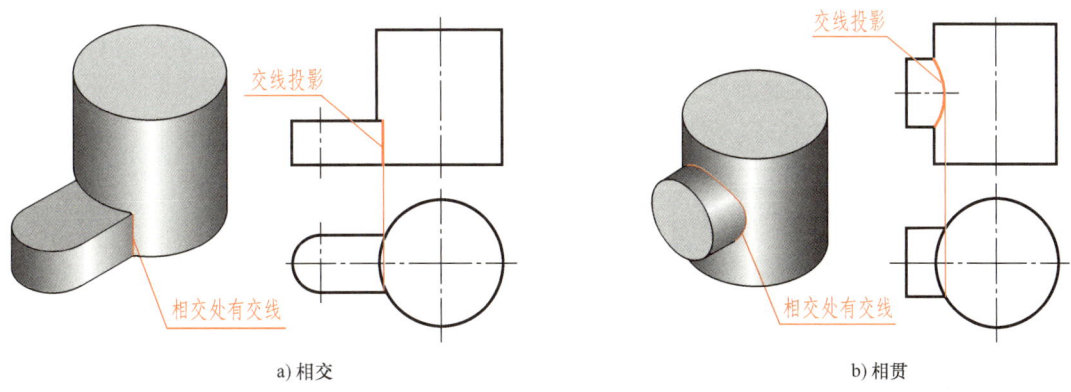

a) 相交　　　　　　　　　　　　　b) 相贯

图 4-4　两形体相邻表面的连接关系（相交）

4.1.3　组合体的形体分析法

所谓形体分析，就是假想将组合体分解为若干基本形体。如图 4-5a 所示组合体，根据其形体结构特点，可分解为图 4-5b 所示的空心圆柱、连接板和安装板。形体分析法是组合体画图、读图及尺寸标注的基本方法。

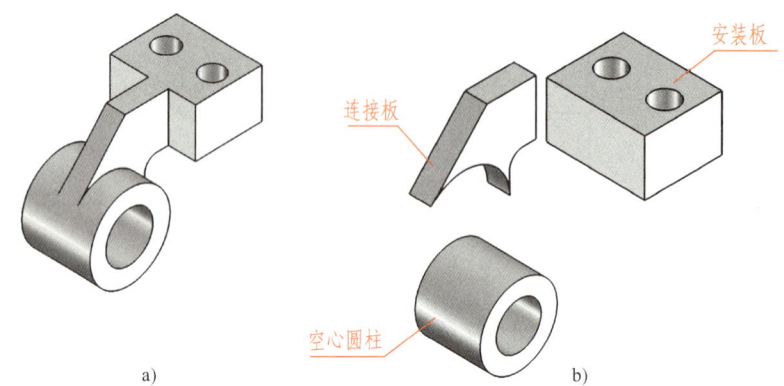

图 4-5 组合体的形体分析

4.2 组合体视图的画法

在工程制图中，通常将组合体的三面投影图称为三视图。其中正面投影称为主视图，水平投影称为俯视图，侧面投影称为左视图。组合体的三视图与立体的三面投影图一样具有"长对正、高平齐、宽相等"的投影规律，即主视图与俯视图"长对正"、主视图与左视图"高平齐"、俯视图与左视图"宽相等"。

4.2.1 叠加式组合体的画法

现以图 4-6a 所示的支座为例，介绍画组合体三视图的方法和步骤。

1. 形体分析

绘制组合体视图时，首先要对组合体进行形体分析，并搞清楚各部分之间的连接关系。如图 4-6b 所示，该组合体可分解为空心圆柱、底板和肋板。其中底板的前后侧面与空心圆柱相切，底面与空心圆柱底面共面；肋板位于底板之上，与空心圆柱相交。

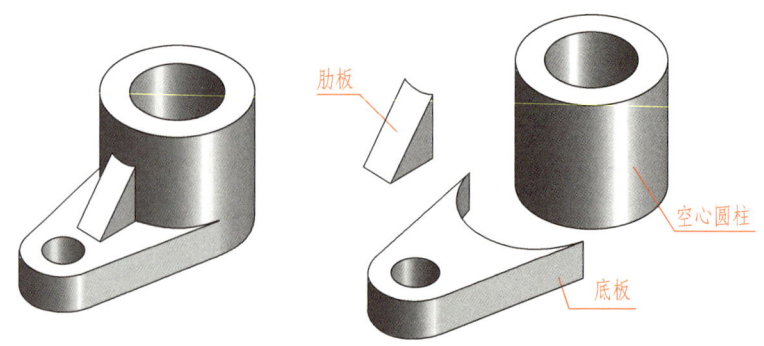

图 4-6 组合体的形体分析

2. 视图选择

在组合体的三个视图中，主视图是主要视图，选择合适的主视图有利于组合体形体特征的表达，并使图形清晰。在选择视图时，首先要将组合体按自然位置放正，如图 4-7a 所示，然后选择视图。选择的原则是：主视图要尽量多地反映各部分形体特征及相对位置，同时应使其他视图中尽量少地出现虚线。

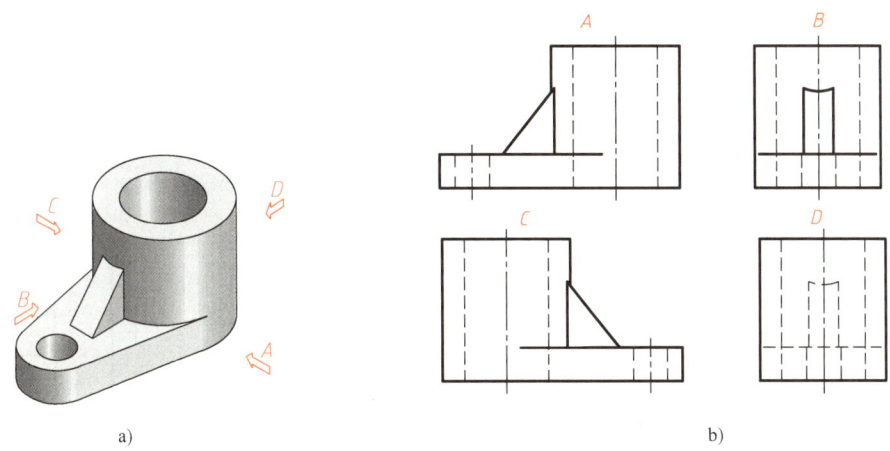

图 4-7 组合体视图选择

根据上述原则，对图 4-7a 所示位置的支架从 A、B、C、D 四个方向投射得到的视图（见图 4-7b）进行比较，可以看出 B 向和 D 向所得视图显然不如 A 向和 C 向所得视图反映的特征明显，所以应从 A 向和 C 向中选择主视图的投射方向。而 C 向作为主视图投射方向时，在左视图中会出现较多的虚线，所以应选择 A 向作为主视图的投射方向。

3. 选比例、定图幅

组合体的视图确定后，应根据其实际大小和复杂程度，按标准选取适当的画图比例。并根据三个视图所占图面的大小、视图的间距及尺寸标注的位置等，选取合适的图幅，以使图样和图幅的大小保持协调。

4. 确定基准线并布图

基准线是确定各基本体在组合体中位置的线，一般用细实线或点画线绘制。每个组合体都有前后、上下、左右三个方向的基准，通常选择组合体的对称中心线、回转中心线以及比较大的平面（如底面）的投影作为基准线。如图 4-8a 所示，该组合体前后方向对称，故应选择对称中心线为基准线，左右方向应选择空心圆柱回转中心线的投影为基准线，上下方向应选择底板底面的投影为基准线。

5. 依次画出各基本体的三面投影图

依次画出各基本体的三面投影图。画图顺序是：先画主体部分再画局部结构（即先大后小）；先画特征面明确、能直接画出的基本体，后画特征面不明确的基本体。如图 4-6a 所示组合体，只有空心圆柱确定了，才能确定底板形状。底板确定后才能确定肋板的位置。因此应先画空心圆柱，再画底板，最后画肋板，如图 4-8b、c、d 所示。在画各基本体的视图时，应注意：

1）各基本体三视图的画法，应按基本体三面投影图的作图顺序，先画特征面视图，再

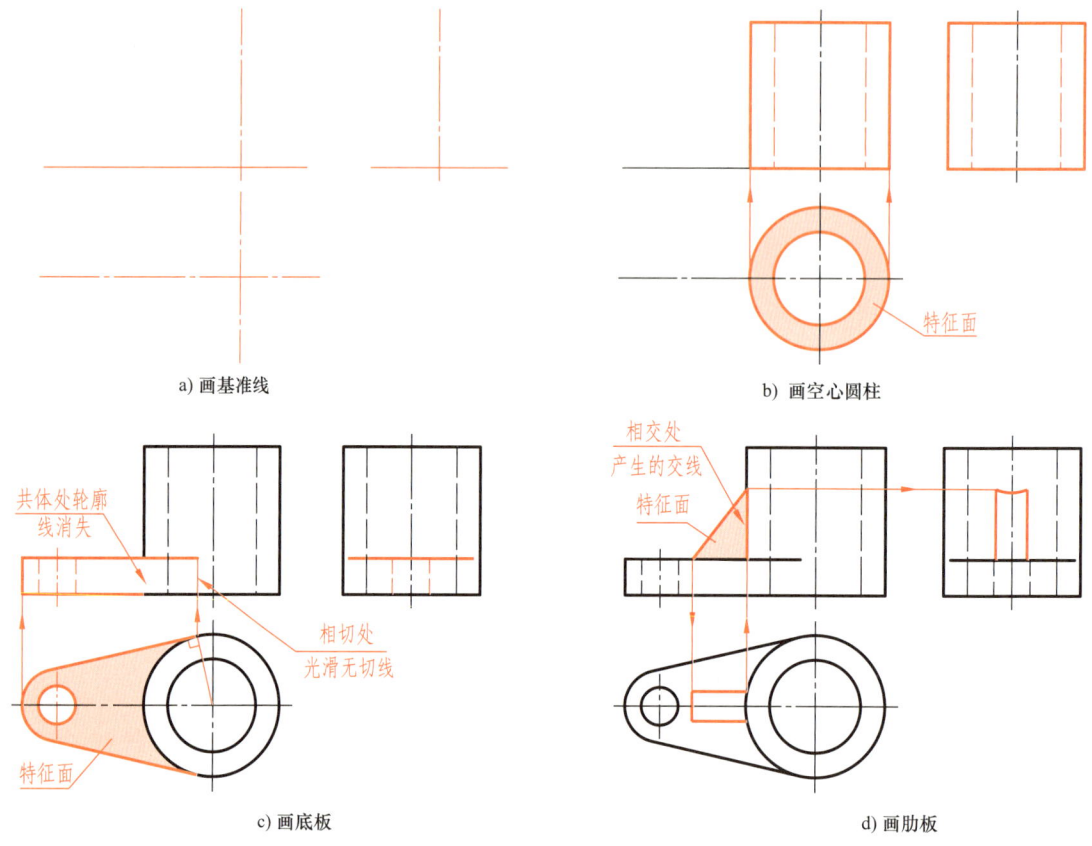

图 4-8 组合体三视图的画法

画其他视图,确保完成一个基本体的三视图后,再画下一个基本体,这样既可保证每个基本体图形的正确性,又可保证各基本体之间的相对位置、投影关系,如图 4-8 所示。

2) 既要注意各形体之间相邻表面的连接关系(共面、相切、相交)及画法,同时也要注意相邻基本体共体后轮廓线的变化,如图 4-8c、d 所示。

3) 若为手工画图,应先将可见轮廓线画成细实线,最后检查无误后,再将其加粗。若通过三维实体模型生成三视图,其方法参见本教材 9.5.2。

[例 4-1] 根据上述组合体三视图画法,完成图 4-1c 所示组合体(轴承座)的三视图。

分析:如图 4-9a 所示,该轴承座由底板、支承板、肋板、空心圆柱Ⅰ及空心圆柱Ⅱ五部分组成,其中空心圆柱Ⅰ与空心圆柱Ⅱ形成一个相贯体。

作图:

1) 视图选择:按照前述主视图选用原则,应选择图 4-9b 所示方向为主视图的投射方向。

2) 绘制基准线:按基准线选择原则,长度方向应选择对称中心线为基准线,宽度方向应选择支承板后表面的投影为基准线,高度方向应选择底板底面和空心圆柱Ⅰ的回转中心线投影为基准线,如图 4-9c 所示。各基本体的画图过程及应注意问题如图 4-9d、e、f、g、h 所示。

第4章 组合体

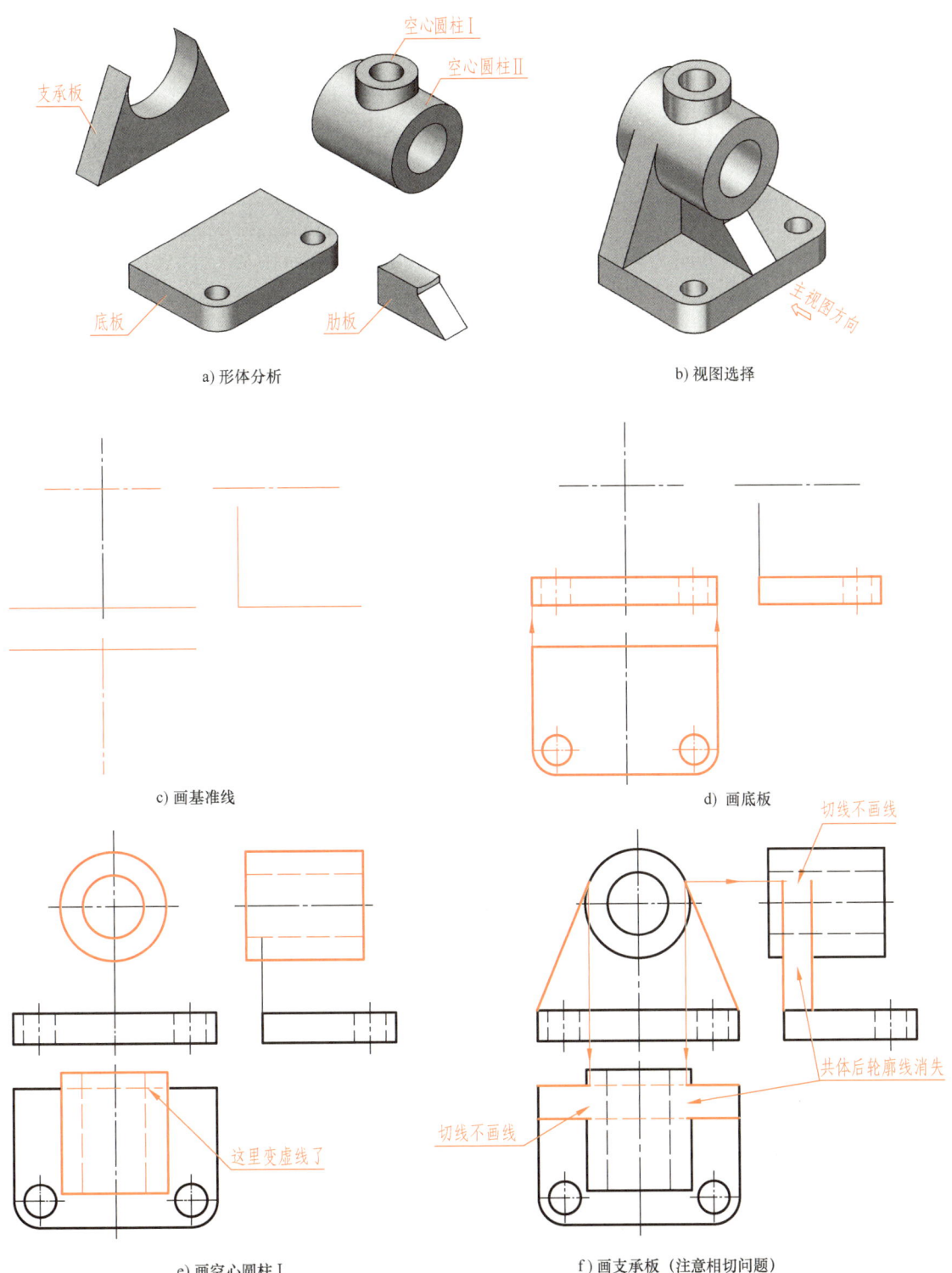

图 4-9 轴承座三视图的画法

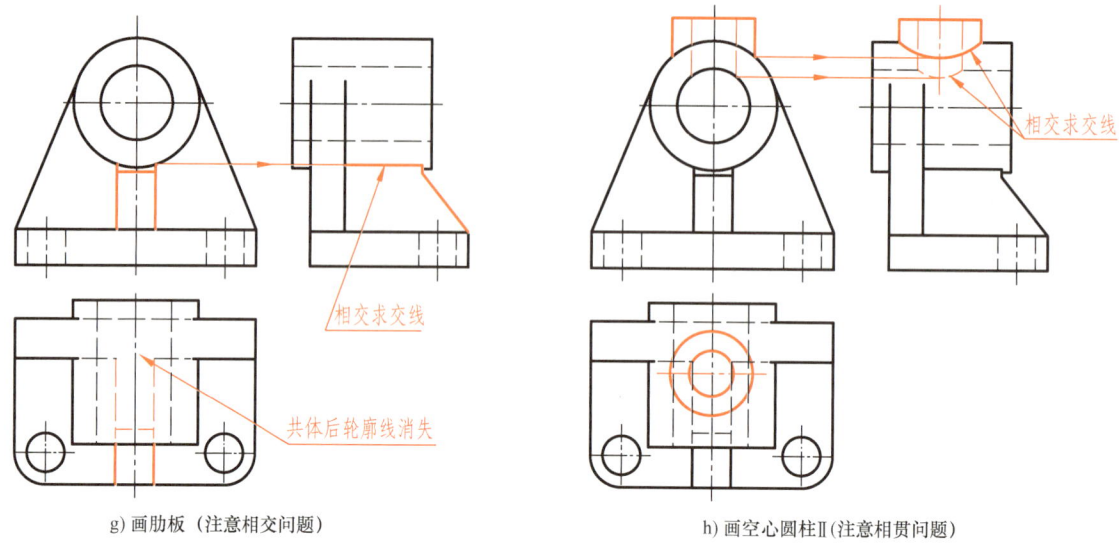

g) 画肋板（注意相交问题）　　　　　　　h) 画空心圆柱Ⅱ（注意相贯问题）

图 4-9　轴承座三视图的画法（续）

4.2.2　切割式组合体的画法

图 4-1b 所示为一个切割式组合体。绘制这类组合体视图时，通常先画出未切割前基本形体的视图，然后依次画出各部分被切割后的投影，其中画图的难点是形体被切割后的表面交线的投影。

现以图 4-1b 所示的组合体为例，介绍切割式组合体三视图的画图方法和步骤。

1. 形体分析

如图 4-10a 所示，该组合体可以看作是由长方体依次切去Ⅰ、Ⅱ、Ⅲ、Ⅳ、Ⅴ五个基本形体而形成的切割式组合体。

2. 视图选择

切割式组合体的视图选择与前述组合体的视图选择方法一致，即将组合体位置放正，按

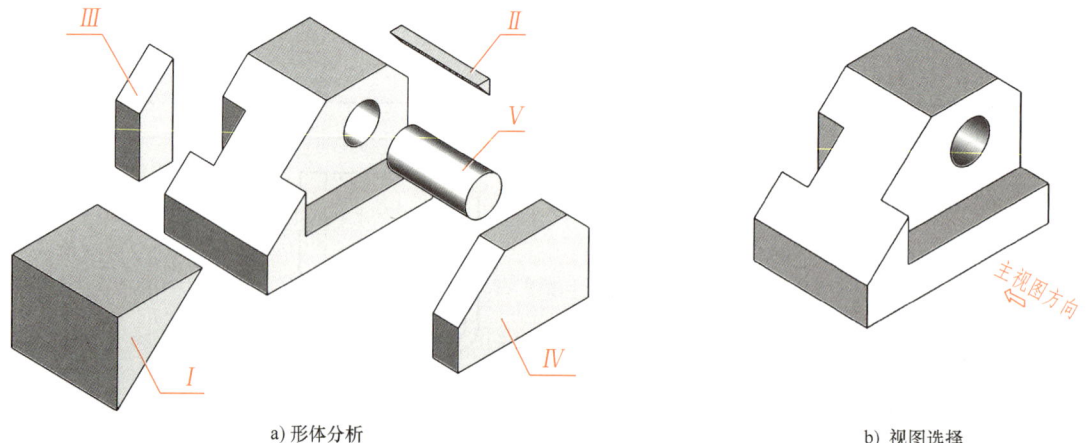

a) 形体分析　　　　　　　　　　　　　b) 视图选择

图 4-10　切割式组合体的作图方法

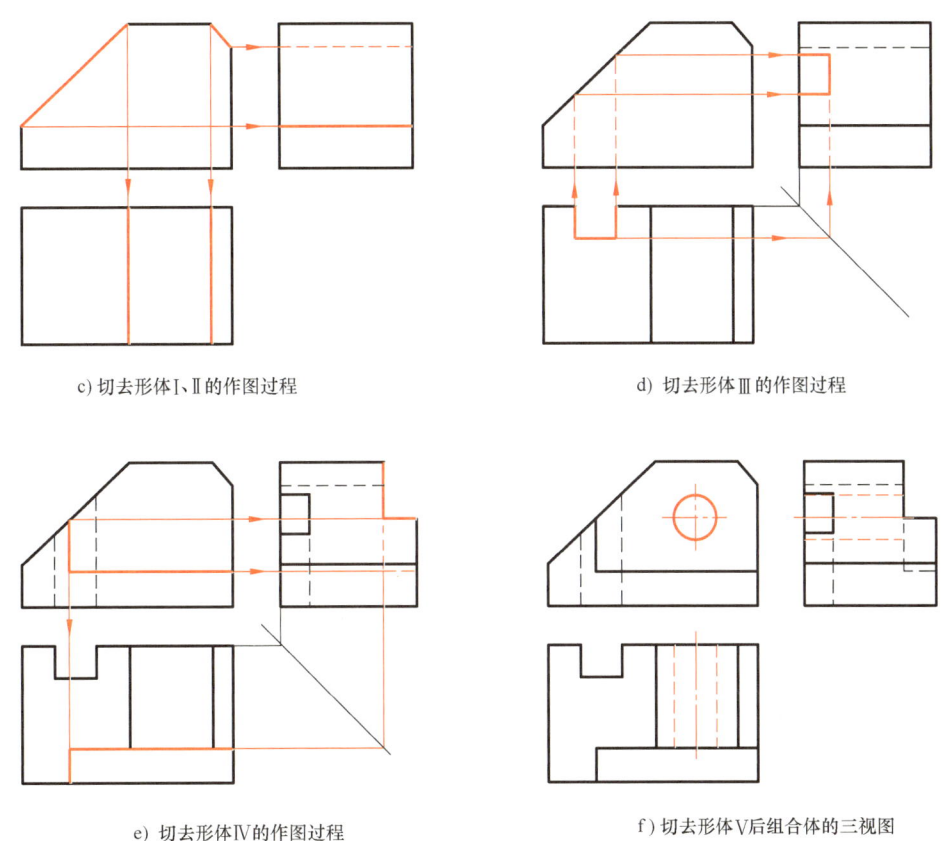

c) 切去形体Ⅰ、Ⅱ的作图过程
d) 切去形体Ⅲ的作图过程
e) 切去形体Ⅳ的作图过程
f) 切去形体Ⅴ后组合体的三视图

图 4-10 切割式组合体的作图方法（续）

"主视图尽量多地反映组合体结构特征，同时各视图中尽量少地出现虚线"的基本原则，该组合体应按图 4-10b 所示选择主视图的投射方向。

3. 画图步骤

先画出立体被切割前长方体的三视图，然后依次画出各部分切除后的三视图，如图 4-10c、d、e、f 所示。需要强调的是，画各部分被切除的投影时，应先画截平面的积聚性投影，再画其余两面投影，特别要注意立体被截切后表面交线的投影，如图 4-10c、d、e 所示。

4.3 组合体轴测图的画法

工程图样常采用多面正投影图，它能准确、完整地表达物体的形状大小，且作图简单，度量性好，如图 4-11a 所示。但它缺少立体感，只有掌握正投影规律的人才能读懂。轴测图是一种能同时反映物体长、宽、高三个方向尺度而富有立体感的单面投影图，如图 4-11b 所示，即使不具备投影知识的人也能看懂，但这种图样的手工画图过程相当麻烦。而在应用计算机三维绘图软件的设计过程中，获得这种图样却变得轻而易举，因此，采用三维设计的工程图样中常使用轴测图作为辅助图样。

本课程学习轴测图的目的主要是帮助初学者提高形体的空间想象力，为读懂多面正投影

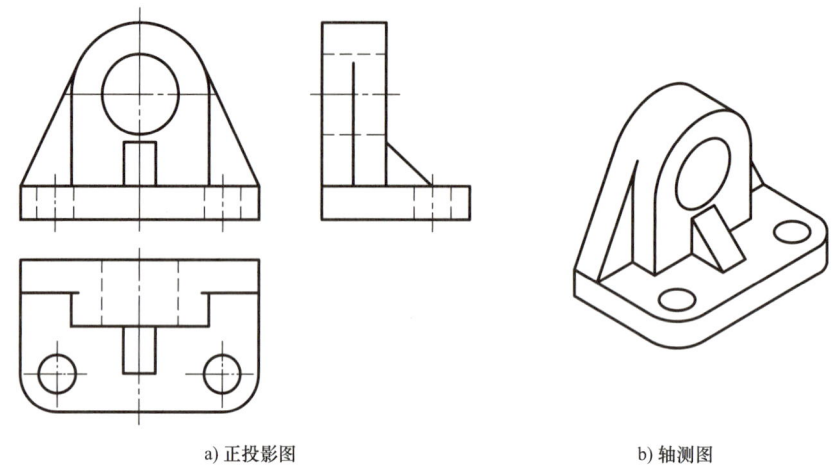

a) 正投影图　　　　　　　　b) 轴测图

图 4-11　正投影图与轴测图

图提供形体分析与形体构思的一种方法。

4.3.1　轴测图的基本知识

1. 轴测图的形成

将物体连同确定其空间位置的直角坐标系沿不平行于任一坐标面的方向，用平行投影法将其投射在单一投影面上得到的具有立体感的图形称为轴测投影图或轴测图，如图 4-12 所示。该单一投影面称为轴测投影面（图中以 P 表示），直角坐标轴 O_0X_0、O_0Y_0、O_0Z_0 在 P 面上的投影 OX、OY、OZ 称为轴测轴。

2. 轴间角和轴向伸缩系数

轴测图中任意两根轴测轴之间的夹角 $\angle XOY$、$\angle YOZ$、$\angle ZOX$ 称为轴间角，如图 4-12 所示。

轴测轴的单位长度与相应直角坐标轴的单位长度之比称为轴向伸缩系数。OX、OY、OZ 轴上的伸缩系数分别用 p_1、q_1、r_1 表示。

3. 轴测图的基本性质

轴测图是用平行投影法所获得的单面投影，因此具有平行投影的基本性质：

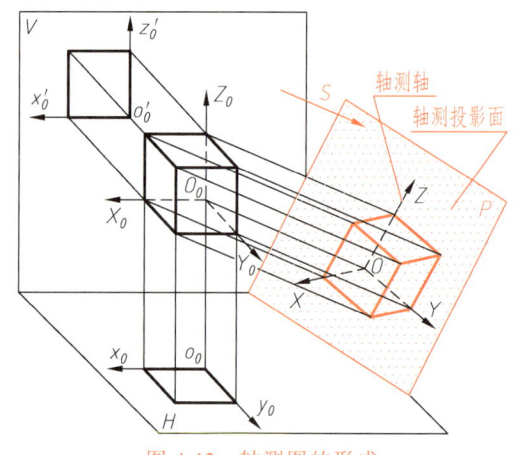

图 4-12　轴测图的形成

1）物体上相互平行的直线段，在轴测图中也相互平行。

2）物体上平行于直角坐标轴的直线段，在轴测图中也平行于相应的轴测轴，且在作图时可以沿轴方向测量，即物体上长、宽、高三个方向的尺寸可沿其对应轴方向直接量取。

4. 轴测图的分类

如图 4-12 所示，根据投射方向 S 与轴测投影面之间所形成的角度，轴测图分为两类，即正轴测图和斜轴测图。

（1）正轴测图　投射方向 S 垂直于轴测投影面 P。

（2）斜轴测图　投射方向 S 倾斜于轴测投影面 P。

根据轴向伸缩系数的不同，上述两类轴测图又各自分为下列三种：

1）当 p_1、q_1、r_1 均相等时，称为正（或斜）等轴测图，简称正（或斜）等测。

2）当 p_1、q_1、r_1 中两者相等时，称为正（或斜）二等轴测图，简称正（或斜）二测。

3）当 p_1、q_1、r_1 均不相等时，称为正（或斜）三轴测图，简称正（或斜）三测。

本节仅介绍正等测和斜二测的画法。

4.3.2　正等轴测图的画法

1. 正等轴测图的轴间角和轴向伸缩系数

正等轴测图的轴间角均为 120°，三个轴的方向如图 4-13a 所示。一般规定各轴的伸缩系数 $p=q=r=1$，这样各有关尺寸可从正投影图中直接量取，而轴测图的形状不受影响，如图 4-13b 所示为正方体的正等轴测图。

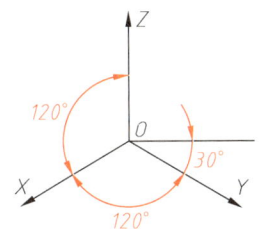
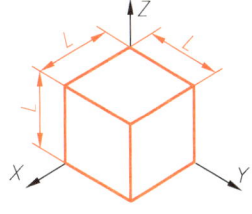

a）正等轴测图的轴间角及轴测轴　　b）正方体的正等轴测图

图 4-13　正等轴测图的概念

2. 平面立体的正等轴测图画法

画立体轴测图的基本方法是坐标法和切割法。坐标法是沿坐标轴测量并画出点的轴测投影，然后连线形成物体的轴测图。对于切割式立体，通常先按完整形体画出轴测图，然后再用切割的方法逐步画出。轴测图的可见轮廓线用粗实线画出，不可见轮廓线一般不画。

实际作图时，应先确定坐标原点，然后根据轴间角画轴测轴。考虑作图方便及有利于按坐标关系定位和度量等因素，一般将坐标原点选在立体的对称轴线与重要棱线或底面交点，或者与某一顶点重合。

[例 4-2]　根据图 4-14a 所示正六棱柱的投影图，画出其正等轴测图。

分析及作图：由于正六棱柱前后、左右对称，因此将坐标原点设定在上底面正六边形的中心，即以正六边形的对称中心线为 X_0、Y_0 轴，如图 4-14a 所示，这样六个顶点的位置便可以直接在投影图量取。作图方法及步骤如图 4-14 所示。

3. 曲面立体正等轴测图的画法

曲面立体表面有圆或圆弧，要画出曲面立体的正等测，应掌握圆和圆弧的正等测画法。

（1）平行于坐标面圆的正等测画法　平行于坐标面圆的正等测为椭圆，通常采用几何中的"四心法"画椭圆。图 4-15 所示为平行于水平面圆的正等轴测椭圆的画法。

用上述作图方法，同样可画出平行于正面和侧面圆的轴测椭圆。由于三个轴间角及三个轴向变形系数均相等，而三个轴测轴的方向不同，因此三个方向所得椭圆的大小相同，但方向不同，图 4-16 所示为分别平行于三个坐标面圆的正等测图。图 4-17 所示为通过三个方向的正等轴测椭圆画出的三个轴线分别平行于三个坐标轴的圆柱的正等测图。

（2）圆柱的正等测画法　画圆柱的轴测图，一般先画出圆柱两端圆的轴测椭圆，再作两椭圆的外公切线即可，如图 4-17 所示为三个轴线分别平行于三个坐标轴的圆柱的正等测图。

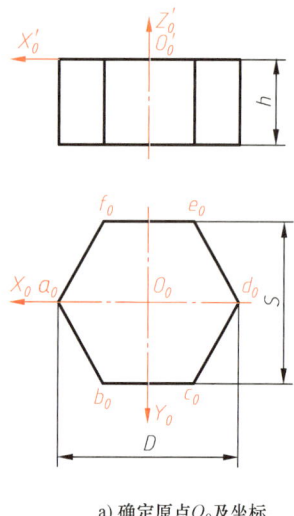

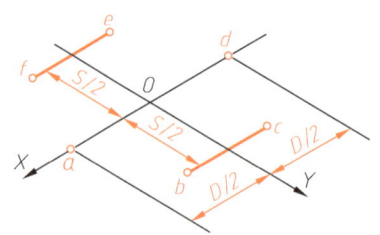

b) 画轴测轴 OX、OY。因 a_0、d_0 在 O_0X_0 轴上，直接量取即可得 a、d。按照平行投影特性，可得到直线段 bc 及 ef

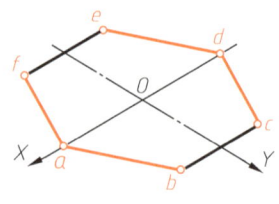

c) 依次连接 ab、cd、de、fa，得特征面轴测图

a) 确定原点 O_0 及坐标轴 O_0X_0、O_0Y_0

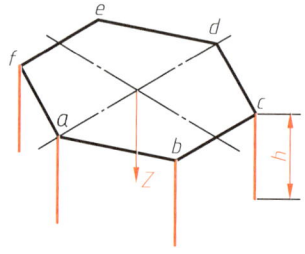

d) 画轴测轴 OZ，然后过六边形的顶点沿 OZ 向下画出六棱柱的可见棱线

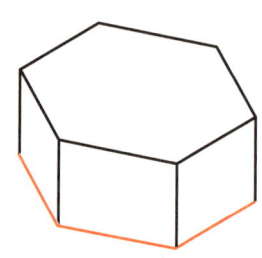

e) 连接下底面各点，即可得到正六棱柱的正等轴测图

图 4-14 正六棱柱正等轴测图的画法

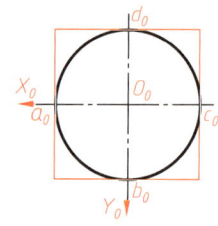

a) 确定原点位置及坐标轴，作外切正方形

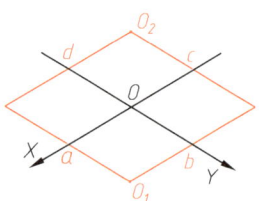

b) 画轴测轴及正方形的正等测(菱形)，顶点 O_1、O_2 为两个圆弧圆心

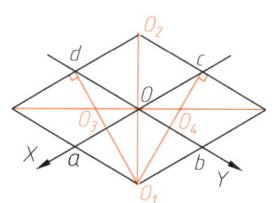

c) 连接菱形长对角线及 O_1d、O_1c 得交点 O_3、O_4 分别为另外两圆弧圆心

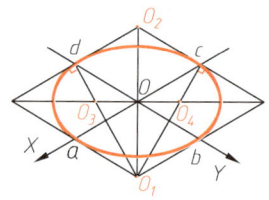

d) 分别以 O_1、O_2 为圆心，以 O_1d 为半径画圆弧；以 O_3、O_4 为圆心，以 O_3d 为半径画圆弧

图 4-15 平行于水平面圆的正等轴测椭圆画法

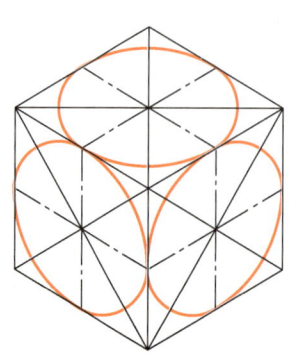

图 4-16 平行于三个坐标面圆的正等测图

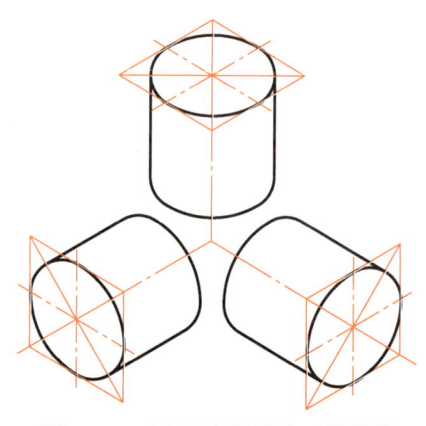

图 4-17 三个方向圆柱的正等测图

（3）圆角的正等测画法　组合体的底板经常会有不同大小的圆角。圆角实际上是圆柱面的一部分，而在多面正投影中为圆弧，在轴测图中为部分椭圆。为了简化作图，通常用圆弧代替部分椭圆。图 4-18 所示为含有圆角底板的正等测画法。

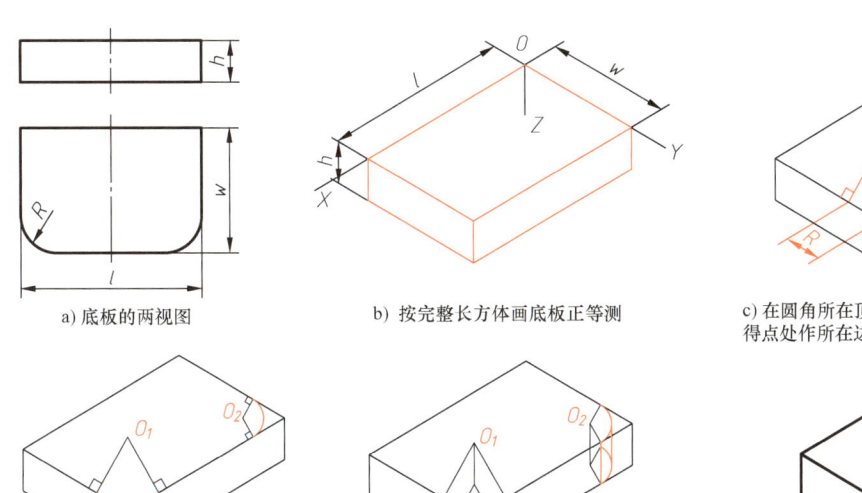

图 4-18　正等轴测图中圆角的画法

4. 组合体正等轴测图的画法（说明：以下图例，建议读者阅读时跟随步骤徒手勾画，以备后续读图之用）

[例 4-3]　参考图 4-1b，根据图 4-19a 所示组合体的三视图，画出其正等轴测图。

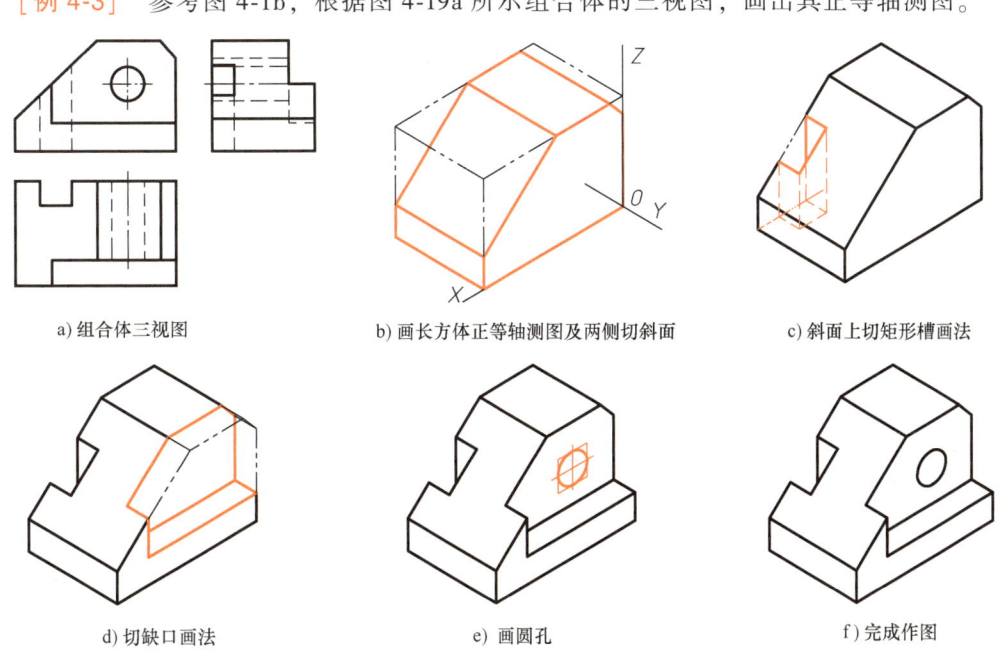

图 4-19　切割式组合体正等轴测图画法

分析及作图：从图 4-1b、图 4-19a 可以看出，该形体是由一长方体切割而成，应采用切割法画图。从主视图可以看出，左上角及右上角各切去一斜面；从俯视图可以看出，左后方切了一矩形槽；从左视图可以看出，前上方切了一缺口。画法及步骤如图 4-19 所示。

[例 4-4] 根据图 4-20a 所示组合体的三视图，画出其正等轴测图。

分析及作图：从三视图可看出，该组合体主要由底板、空心"U"形柱、肋板叠加而成，因此，应采用叠加的方式，从底板开始，逐步画出各部分形体。画法及步骤如图 4-20 所示。

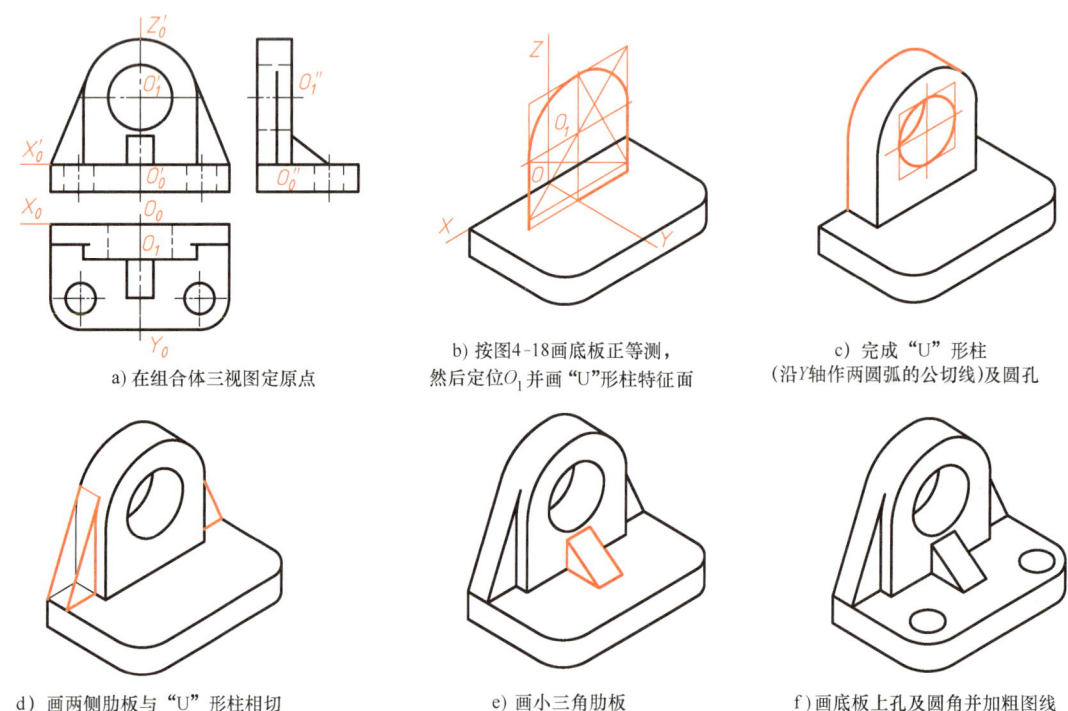

a) 在组合体三视图定原点
b) 按图4-18画底板正等测，然后定位 O_1 并画"U"形柱特征面
c) 完成"U"形柱（沿 Y 轴作两圆弧的公切线）及圆孔
d) 画两侧肋板与"U"形柱相切
e) 画小三角肋板
f) 画底板上孔及圆角并加粗图线

图 4-20 叠加式组合体正等测画法

4.3.3 斜二测轴测图的画法

1. 斜二测的轴间角和轴向伸缩系数

当斜轴测投影两个轴的伸缩系数相等时，该轴测投影称为斜二等轴测投影，简称斜二测。常用的正面斜二测的轴间角为：$\angle XOY = \angle YOZ = 135°$，$\angle ZOX = 90°$。作图时，将 OX、OZ 分别画成水平线和垂直线，则 OY 轴画成与水平线成 45°的斜线，如图 4-21a 所示。OX、OZ 的轴向伸缩系数相等为 1，即 $p_1 = r_1 = 1$，OY 轴的轴向伸缩系数 $q_1 = 0.5$。作图时，与 OX、OZ 轴平行的线段按原尺寸量取，与 OY 轴平行的线段量取后要缩小一半，图 4-21b 所示为正方体的斜二测。

2. 组合体的斜二测图画法

由于斜二测是平行投影，所以物体上所有平行于 XOZ 面的投影都反映实形。因此，当物体表面上所有圆或圆弧都平行于同一个投影面时，用斜二测画图非常简便，如图 4-22 所示。根据斜二测的特点，在组合体读图过程中，可通过图 4-23 所示方式构思和想象形体。

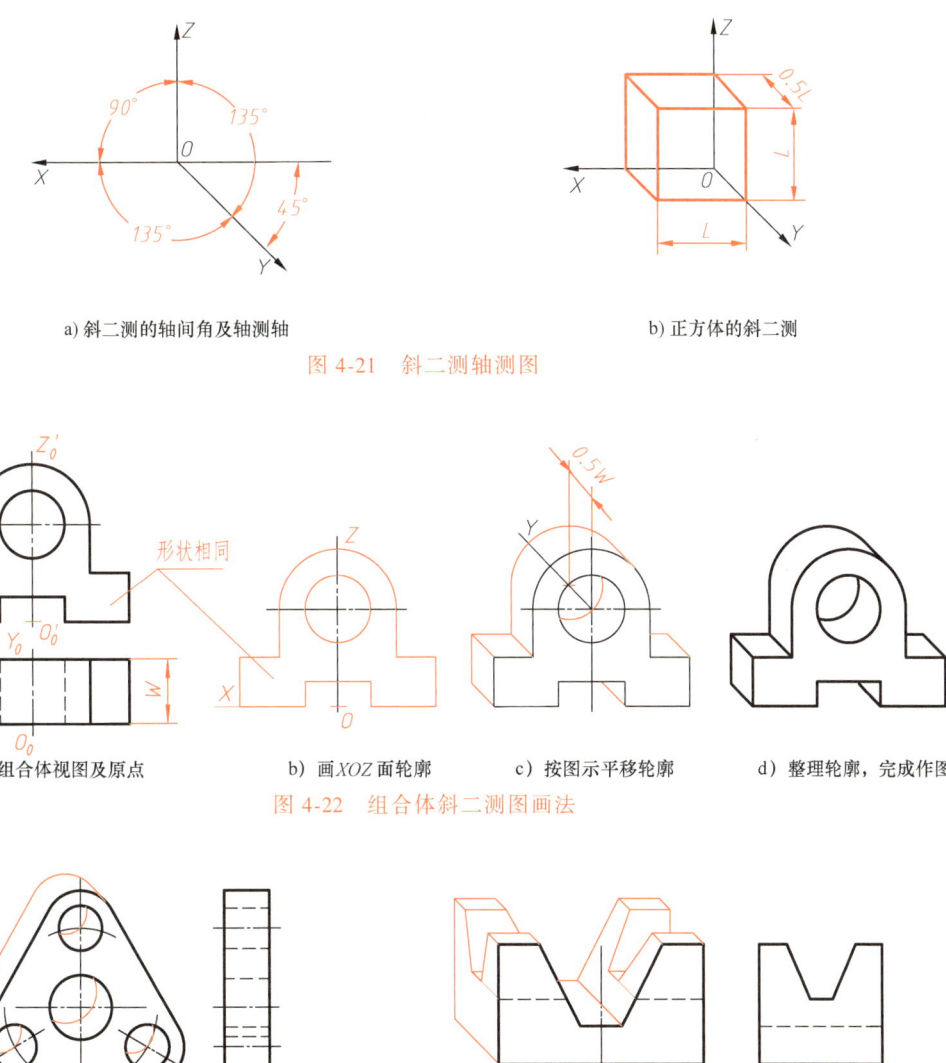

a) 斜二测的轴间角及轴测轴　　　　　　　b) 正方体的斜二测

图 4-21　斜二测轴测图

a) 确定组合体视图及原点　　b) 画 XOZ 面轮廓　　c) 按图示平移轮廓　　d) 整理轮廓，完成作图

图 4-22　组合体斜二测图画法

图 4-23　应用斜二测方式构思和想象形体

4.4　读组合体视图

与画组合体视图的过程相反，读组合体视图是通过分析组合体的三视图，构思组合体的空间形状。画图和读图是相辅相成的，读图是画图的逆过程。在读图过程中应注意，一个视图只能表达组合体一个投影方向的形状，如图 4-24 所示，相同的俯视图对应不同的主视图时，其形状各不相同。有时即使两个视图也不能确定组合体的形状，如图 4-25 所示三组视图，其主、俯视图均相同，因左视图不同，对应组合体的形状各不相同。因此，读图时应将三个视图联系起来看，才能确定组合体的形状。组合体读图的主要方法是形体分析法和线面分析法。

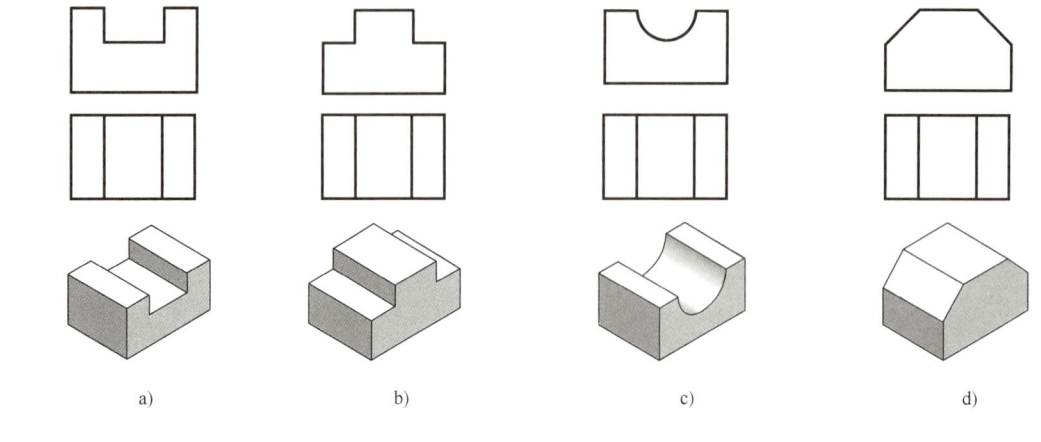

图 4-24 一个视图相同的不同组合体

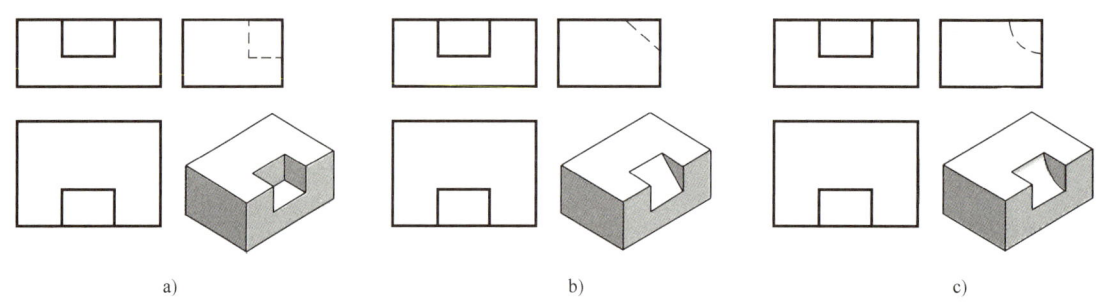

图 4-25 两个视图相同的不同组合体

4.4.1 形体分析法读图

形体分析法读图是将组合体分解为若干基本形体，根据投影规律，逐一识别每一基本形体的形状，并分析它们之间的组合方式、相对位置和表面连接关系，最后想象出立体的整体形状。现以图 4-26a 所示组合体三视图为例，介绍形体分析法读图的步骤。

(1) 划线框，分形体 在已知的视图中，找出反映组合体形体特征较多的视图（一般为主视图），将该视图划分为若干个线框，每个线框可以看作是某一基本形体的一个投影。划分线框的顺序一般是：先大线框后小线框，先实线框后虚线框。如图 4-26a 所示，将三个视图联系起来看，可将主视图划分为 Ⅰ、Ⅱ、Ⅲ、Ⅳ、Ⅴ 五个线框。

(2) 对投影，想形状；分析位置，构建整体 根据三视图的投影规律，按顺序找出每个线框在其余视图的对应线框，再从特征视图入手，构思基本体形状。需要注意的是：各基本形体的特征视图并不一定在主视图中，因此，在利用形体分析法读图时，要善于找出特征视图，如图 4-26b、c、d、e、f 所示。

在构思出各基本形体的形状后，应及时分析其与之前构思的形体的相对位置及表面连接关系，并按组合体的组合方式将其组合在一起。在逐一构思各部分形状并组合完整后，即可构思出组合体的完整形状，如图 4-26c、d、e、f 所示。

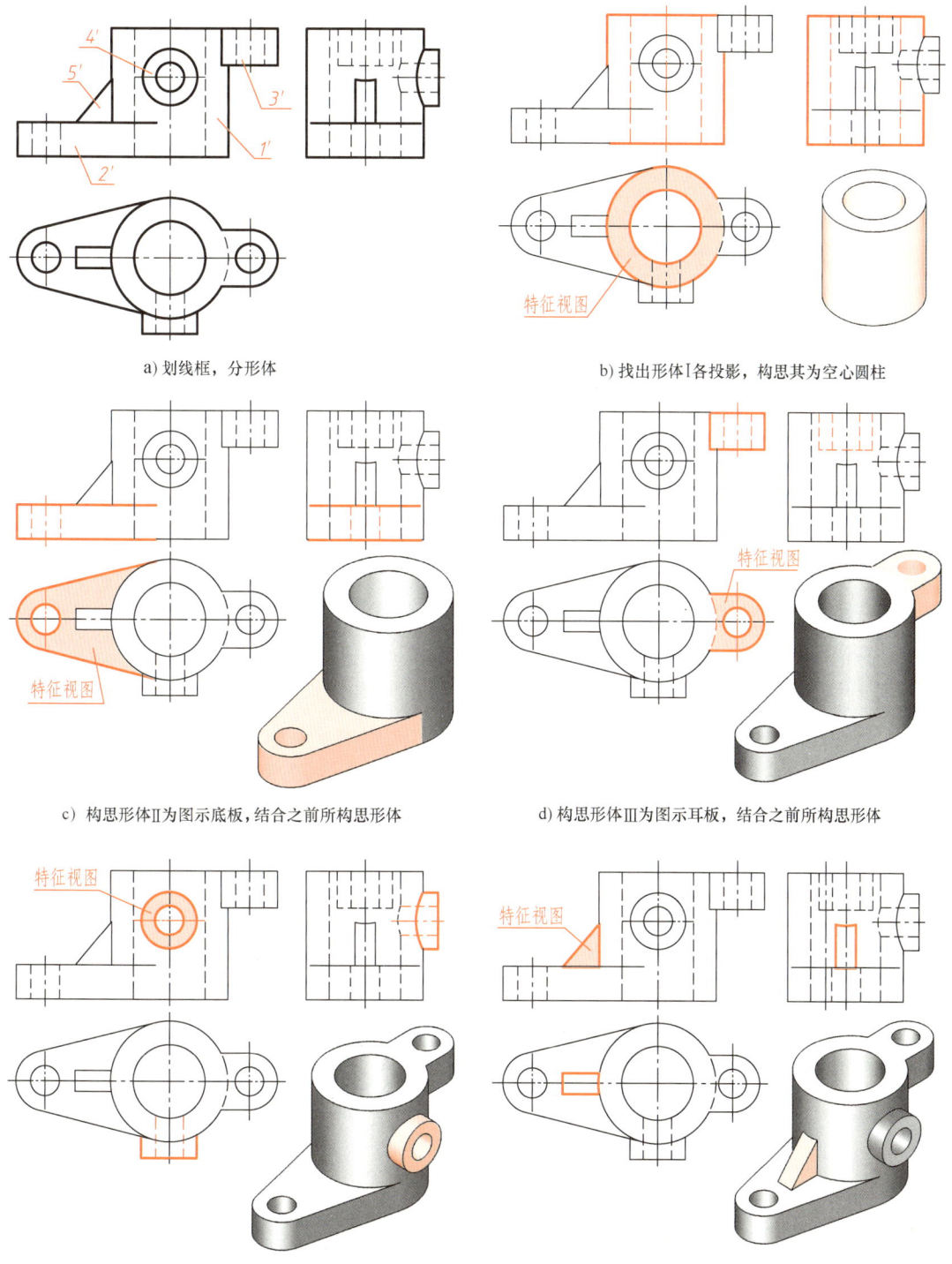

图 4-26 形体分析法读图

4.4.2 线面分析法读图

由图 4-26 所示组合体的读图过程可以看出，形体分析法主要适用于形体特征明显、重叠较少的叠加式组合体的读图。而对于形体特征不明显的切割式组合体，其切除部分通常难以直接用形体分析法读图，如图 4-28a 所示，这时候需采用线面分析法读图。

从线面分析的角度看，物体是由面（平面或曲面）围成的，面和面之间有交线。线面分析法是运用线、面的投影规律来构思物体各表面的形状和位置，从而构思出物体的形状。用线面分析法读图应熟悉以下要点：

（1）明确视图中"线"及"线框"的含义　视图中一条线对应的空间几何元素可能是：

1）平面或曲面的积聚性投影，如图 4-27 所示的线段 1、2、3、4′、5′。

2）交线或曲面转向线的投影，如图 4-27 所示。

视图中一个封闭线框对应的空间几何元素可能是：

1）平面或曲面的投影，如图 4-27 所示的线框 1′、3′、4、5。

2）曲面与其相切平面（或曲面）形成的组合面的投影，如图 4-27 所示的线框 2′。

3）穿孔，如图 4-27 所示的线框 6。

4）相邻的两个封闭线框，表示不在同一平面的两个面，如图 4-27 所示主视图中的相邻线框 2′、3′为两个相交的平面，俯视图中的相邻线框 4、5 为两个平行的平面。

（2）熟悉面的投影规律，通过面的投影构思面的形状和空间位置　运用线面分析法读图时，每个线框所表示的面其形状和位置，需按照以下关系进行构思：

1）若线框对应平行于投影轴的直线，其所表示的面为投影面平行面。线框为平面实形，直线反映平面的空间位置，如图 4-27 中线框 4 及直线 4′所示。

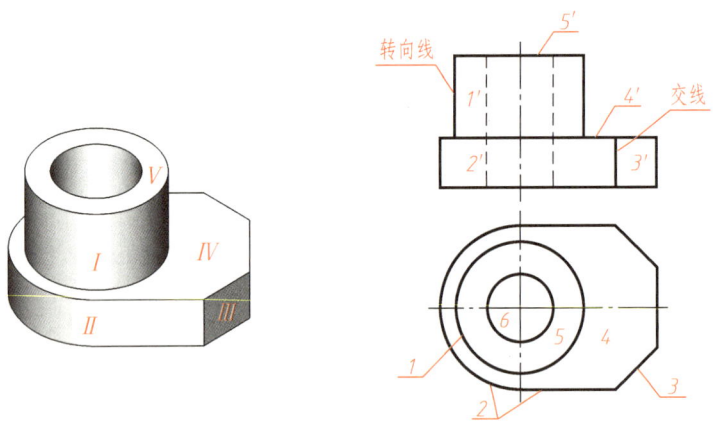

图 4-27　视图中"线"和"线框"的含义

2）若线框对应斜线，其所表示的面为投影面垂直面。线框为平面类似形，斜线反映平面的空间位置，如图 4-27 中线框 3′及斜线 3 所示。

3）若线框对应曲线（或曲线与相切直线），该线框表示曲面或组合面，曲面或组合面形状及位置由曲线（或曲线与相切直线）确定，如图 4-27 所示圆柱面及组合面。

4）当线框在其他视图中没有对应的积聚性投影，也没有类似形时，通常为穿孔，如图 4-27 所示的线框 6。穿孔的形体特征较为明显，一般用形体分析法即可判断出。

下面以图 4-28a 所示组合体三视图为例，介绍线面分析法的读图方法及步骤。

1）划线框，分表面。在已知视图中，按先大后小的顺序选取几个线框，同时在其他视图中按投影关系找出与所选线框对应的积聚性投影，如图 4-28a 所示。

2）对投影，想形状；分析位置，构建整体。首先构思反映表面特征最明显的面（比较大的投影面平行面，如Ⅰ、Ⅱ面），然后构思其他表面特征明显的面（比较大的投影面垂直面，如Ⅲ面），最后构思其他面。如图 4-28b 所示，由 1′、1″可知，Ⅰ为正平面，在最前面，1′为其实形；由 2′、2″可知，Ⅱ为侧平面，在最左面，2″为其实形。同样方法构思其他线框，如图 4-28c、d 所示分别为正垂面Ⅲ及水平面Ⅳ的形状和位置。图 4-28d 所示为所构思的组合体形状。

3）若想直观展示构思效果，可按图 4-28b、c、d 所示过程，边构思边勾画轴测草图。

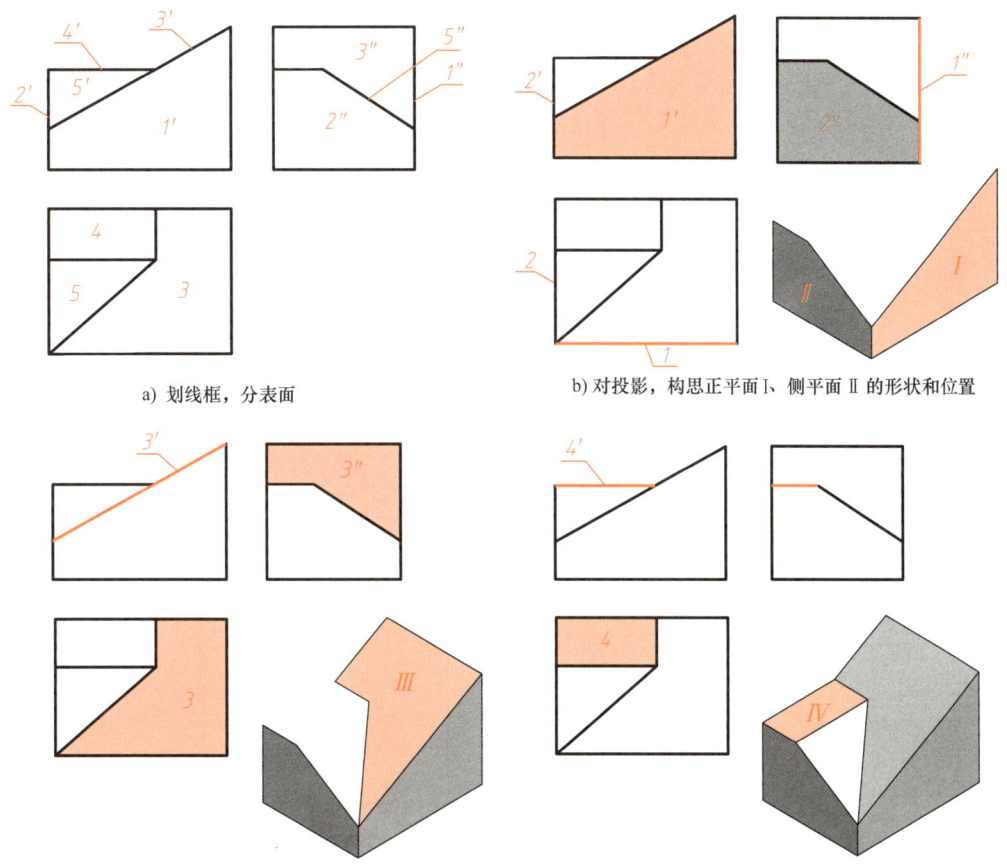

a）划线框，分表面　　　　b）对投影，构思正平面Ⅰ、侧平面Ⅱ的形状和位置

c）构思正垂面Ⅲ位置及形状，结合之前构思结果　　d）构思矩形水平面Ⅳ位置及形状，结合之前构思结果

图 4-28　线面分析法读图

4.4.3　读图方法综合应用

形体分析法和线面分析法是组合体读图的基本方法。两种方法不是孤立的，而是相

辅相成的。对于较复杂的组合体读图，往往将两者结合起来。先用形体分析法分部分，看大概。具体细节，尤其是被切割处的形体结构需用线面分析法作进一步分析。如图 4-29a 所示组合体的两面视图，通过形体分析，很容易构思出图 4-29b 所示形状，这时再用图 4-29c 所示线面分析法，通过分析平面 P、Q 的形状及位置，即可构思出图 4-29d 所示形状。

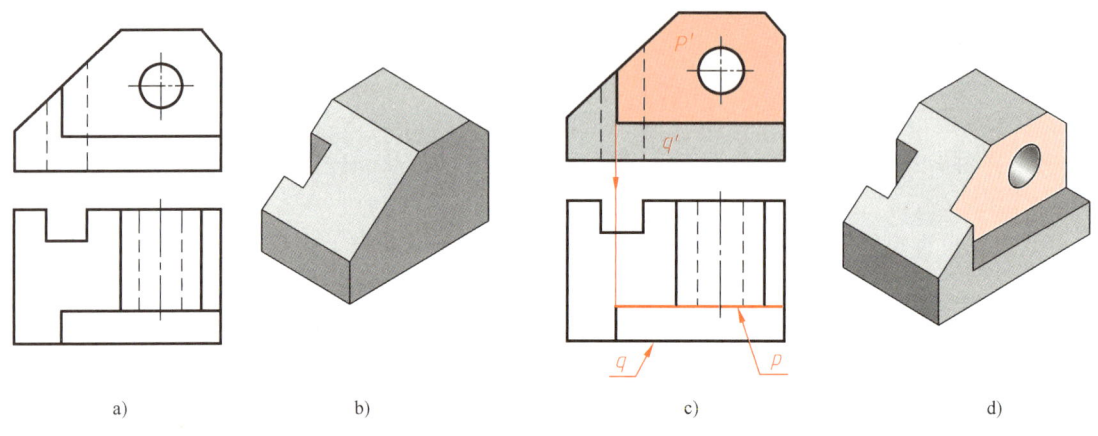

图 4-29 读图方法综合应用（一）

[例 4-5] 根据图 4-30a 所示组合体的两面视图，构思该组合体形状。

分析及构思：由图 4-30a 所示两面视图可以看出，该组合体中既有叠加，又有切割，构思过程如下：

1）对组合体形体特征明显的结构用形体分析法构思出大概形状，如图 4-30b 所示。

2）对中间形体特征不明显的结构，用线面分析法作进一步分析。如图 4-30c 所示，在俯视图中间部分有两个比较大的线框（面）p、q，应在主视图中找出这两个线框对应的线段，以确定两个面的上下位置。通过投影关系可以看出，主视图中线段 Ⅰ 与圆弧 Ⅱ 均与俯视图中线框 p、q 长度对应。但由于俯视图中线框 p 在前，q 在后，所以线框 p 应对应圆弧 Ⅱ

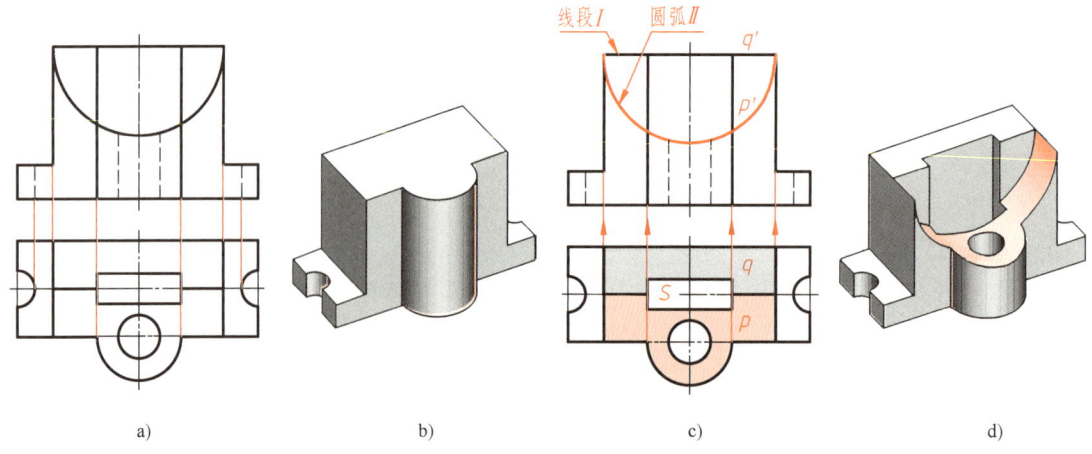

图 4-30 读图方法综合应用（二）

（若线框 q 对应圆弧Ⅱ，则圆弧Ⅱ应为虚线），线框 q 对应线段Ⅰ。即线段Ⅰ为 q'，圆弧Ⅱ为 p'，如图 4-30c 所示。在此也可以结合线框 p 中小圆的正面投影确定圆弧Ⅱ为线框 p 的正面投影 p'。由 p、p' 及 q、q' 分别构思表面 P、Q 的形状和位置如图 4-30c、图 4-30d 所示。再以线框 q 为特征面，结合形体分析法即可构思出图 4-30d 所示形状。图 4-30c 所示的线框 s 在主视图中没有对应的积聚性投影，所以应为穿孔。其在主视图中应有的虚线轮廓线被前面半圆柱轮廓线完全遮挡，因此图 4-30d 所示为组合体的最终形状。

4.4.4 补画第三面视图或视图中的漏线

1. 补画第三面视图

补画第三面视图，就是用前述读图方法通过两面视图构思出组合体的形状，然后按画组合体三视图的方法画出所缺的第三面视图，如图 4-31、图 4-32 所示。因此，补画第三面视图是组合体读图与画图的综合性训练，是提高和培养读图能力的主要方法。

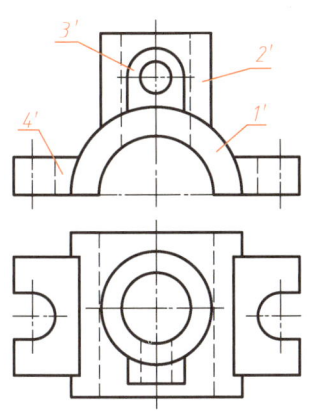
a) 由已知两面视图划线框，分形体

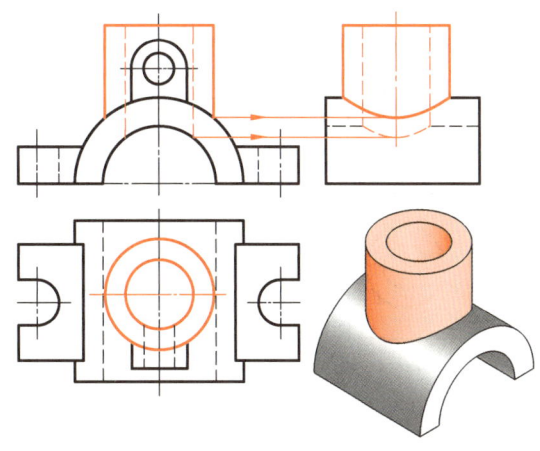
b) 构思形体Ⅰ、Ⅱ组合的空心圆柱相贯体，画其左视图

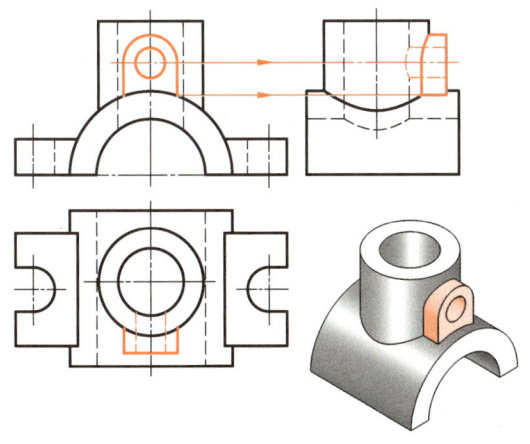
c) 构思形体Ⅲ形状、位置及与形体Ⅰ、Ⅱ连接关系，完成其左视图

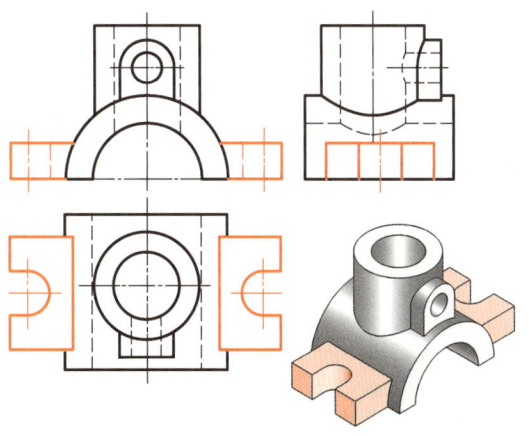
d) 构思形体Ⅳ形状、位置及与形体Ⅰ连接关系，完成左视图

图 4-31 由两面视图补画第三面视图（叠加式组合体，形体分析法读图、画图）

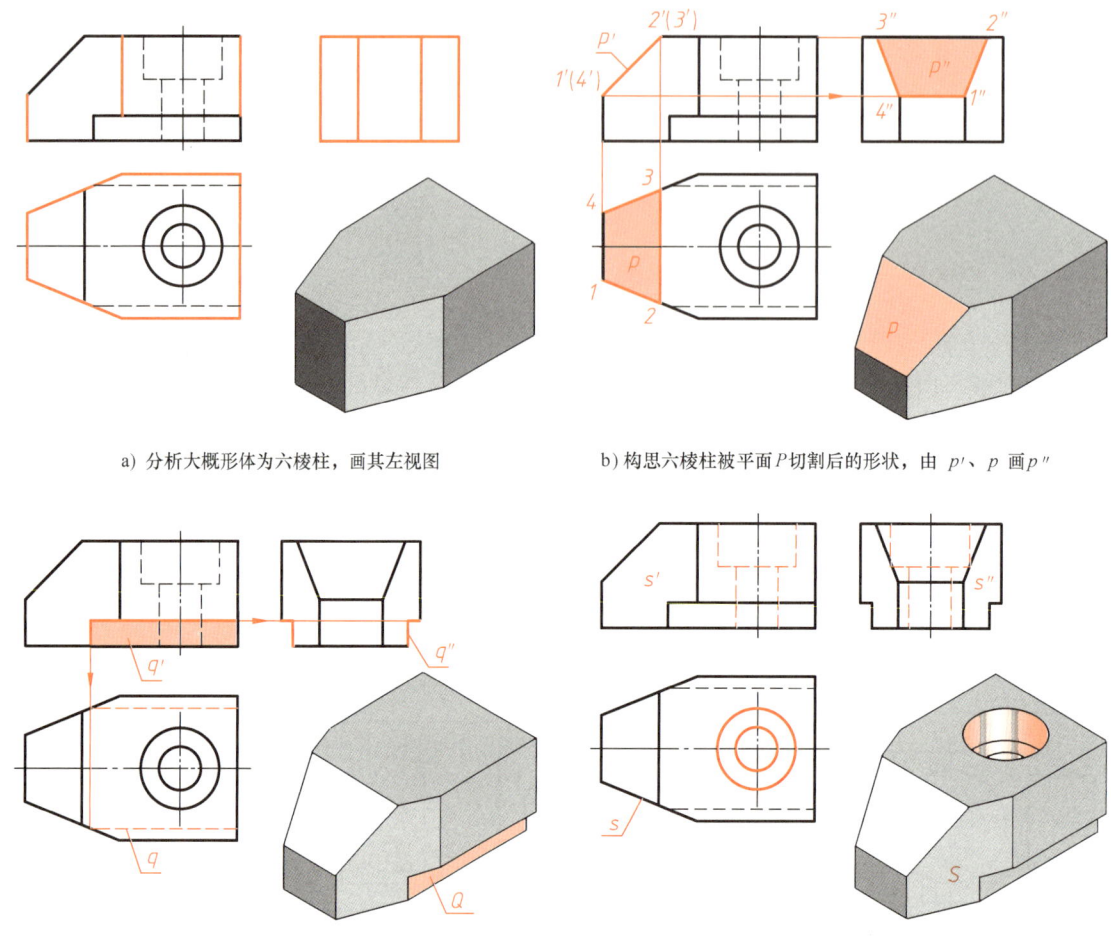

a) 分析大概形体为六棱柱，画其左视图

b) 构思六棱柱被平面P切割后的形状，由p′、p 画p″

c) 分析平面Q后构思形状，画左视图

d) 补画圆柱台阶孔左视图，检查S面投影是否正确

图 4-32　由两面视图补画第三面视图（切割式组合体，线面分析法读图、画图）

2. 补画视图中的漏线

补画视图中的漏线，也是组合体读图及画图训练的一种行之有效的方法。只要组合体各部分的形体特征及相对位置确定，组合体的形状即已确定。如图 4-33a 所示三视图，通过形体分析法构思其立体形状如图 4-33b 所示。补画视图中的漏线，就是在构思出组合体形状后，将组合体各部分形体的轮廓线及相邻表面的交线在每个视图的投影中补画完整，如图 4-33c 所示。

*4.4.5　构形训练

构形训练是在初步掌握组合体画图和读图的基础上，根据限定条件（给定一个或两个不定形视图）构思并画出不同的满足条件的形体。这种训练方法可以把空间想象、形体构思及视图表达三者有机地结合起来，变被动想象为主动，有助于培养发散思维及创新、创造能力。

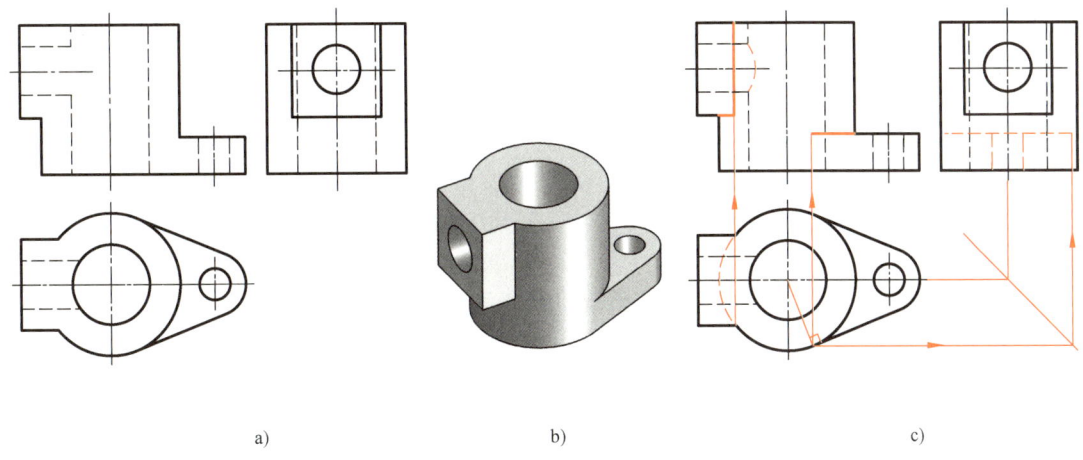

图 4-33 补画三视图中的漏线

1. 不定形视图的几种情况

(1) 一个视图一定是不定形视图　一个视图只能表达立体一个投影方向的形状,如图 4-24 所示。因此,若不作标注,一个视图一定是不定形的。

(2) 两个视图可能是不定形视图　根据基本体(柱体、锥体)的三面投影可知,立体的形状主要取决于特征面的形状,因此,若给定的两面视图缺少特征面形状时,形体是不确定的,如图 4-34a 所示为立体的主、俯视图,与其对应的实体模型如图 4-34b、c 所示。

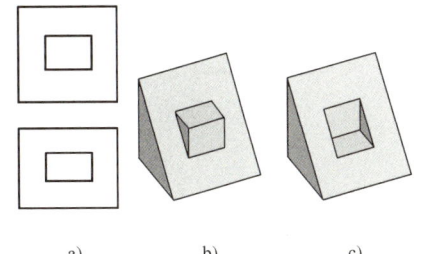

图 4-34 两个视图的不定形情况

2. 一个视图的构形方法

当仅有一个视图时,视图中的线框既可以构思为视图所在投影面的平行面,也可以构思为其他两个投影面的垂直面(平面、曲面或组合面)或一般面。如图 4-35a 所示线框若为立体的主视图,则其表示的面既可以是正平面,也可以是侧垂面、铅垂面或一般面,由此构思出与其对应的立体形状如图 4-35b、c、d、e、f 所示,其他更多形状请读者构思。

若一个视图中有多个线框,除每个线框可构思为多种不同形状的表面,还可通过改变各面的相对位置(或穿孔等形式)构思出更多的立体形状。如图 4-36a 所示若为立体的主视图,与其对应的立体形状如图 4-36b~g 所示。请读者继续构思更多形状。

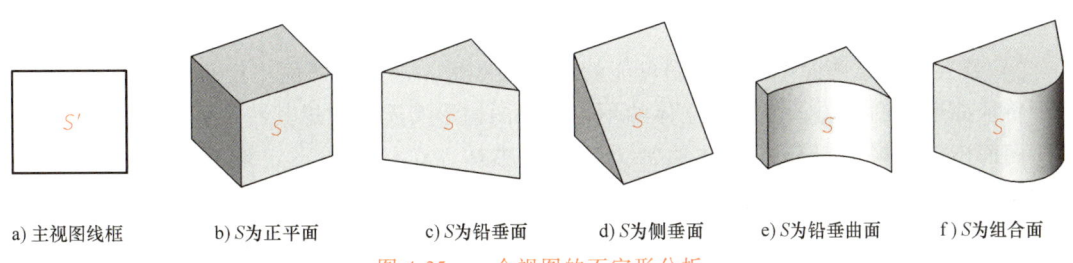

图 4-35 一个视图的不定形分析

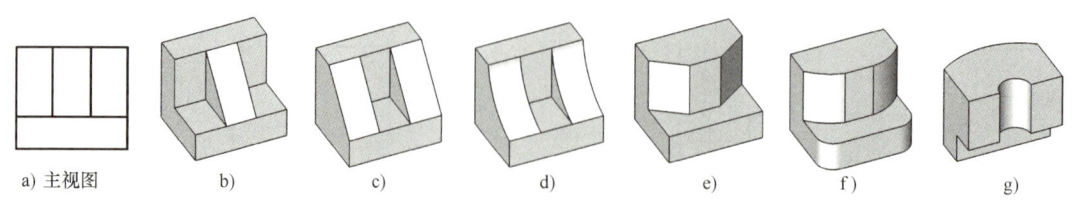

图 4-36　一个视图为多线框的不定形构形

3. 两个不定形视图的构形方法

在对两个不定形视图构形时，应掌握以下基本方法：

1) 熟悉简单不定形视图所对应的立体形状。由组合体的形体分析可知，组合体是由若干基本体通过一定方式组合而成，因此，要进行组合体的不定形构形，应熟悉简单基本体不定形视图的构形。图 4-37a、图 4-38a 所示分别为常见简单柱体及锥体的两面不定形视图，与其对应的第三面视图及实体形状分别如图 4-37b、c、d 及图 4-38b、c、d、e 所示。

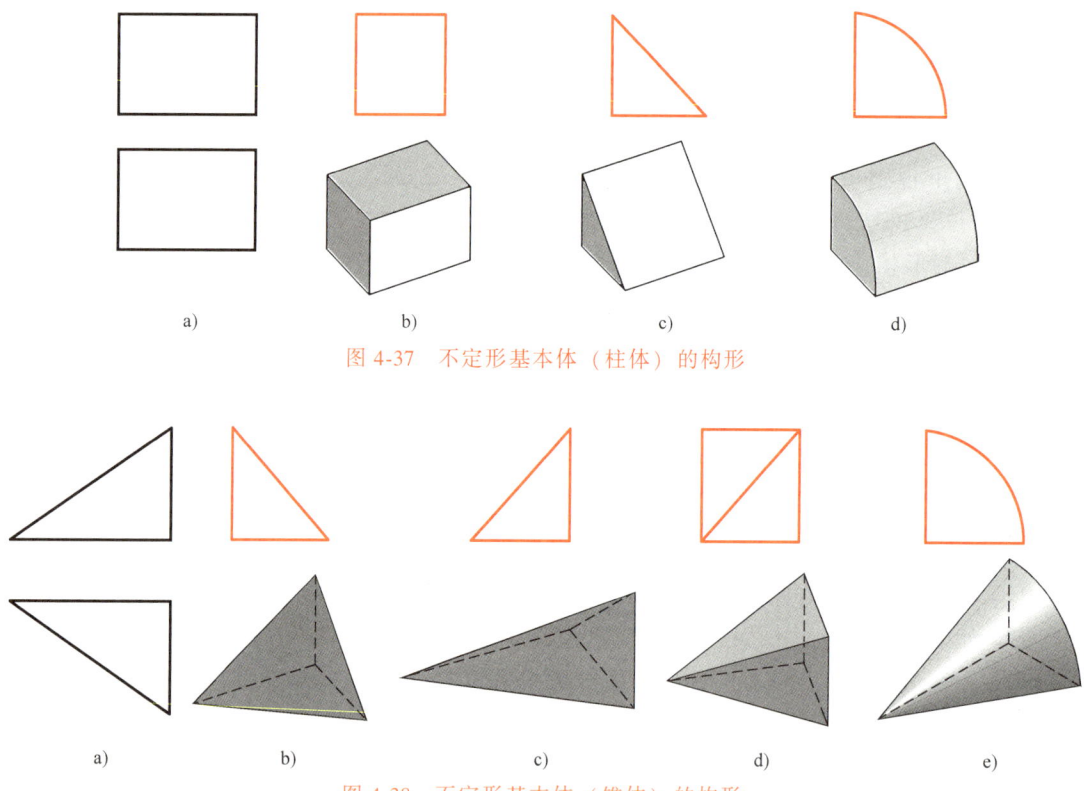

图 4-37　不定形基本体（柱体）的构形

图 4-38　不定形基本体（锥体）的构形

2) 要善于构思两面不定形视图可能的特征面形状。立体的两面不定形视图主要表现为缺少特征面形状的视图，因此，立体的不定形视图构形实质是构思其特征面形状。

两面不定形视图对应的形体通常为柱体和锥体。在柱体的不定形视图中，每个线框（矩形）所表示的面既可能是所在投影面的平行面，也可能是另外投影面的垂直面（平面或曲面），所以在构思特征面形状（为不定形表面的积聚性投影）时，可将其边线构思为直线、斜线或曲线，如图 4-39 所示主、俯视图，对应的左视图（特征面）形状如图 4-39a～i

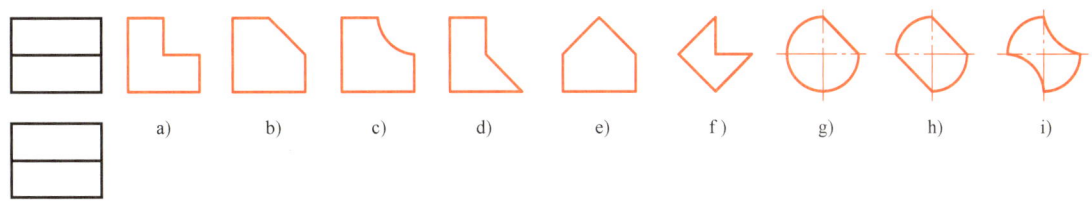

图 4-39 不定形基本体特征面（母面）形状的构思

所示（读者还可继续构思出更多形状）。锥体的特征面（底面）构形可参考柱体的特征面构形。

3）能够从已知的两面视图中找出不定形形体或不定形表面。在用形体分析法读图时，若两个视图中有对应的矩形投影，则该投影对应的形体一般为不定形形体，如图 4-40 所示。在用线面分析法读图时，若两面视图中有对应的类似形线框，且为同一表面的投影，则两个类似形线框所表示的表面可能为不定形表面。其可能是同一平面或曲面的两面投影，如图 4-41b、c、图 4-42b、c 所示，也可能为两个平面的不同投影，如图 4-41d、图 4-42d 所示。

4）在对不定形组合体构形时，应先构思出定形部分立体的大体形状，然后再进一步构思不定形形体或表面的形状。在此过程中，应尽量勾画出立体的轴测图及与之对应的第三面视图，如图 4-38、图 4-41 及图 4-42 所示。

5）构思的立体中各形体之间不允许出现点接触或线接触，如图 4-40e 所示。

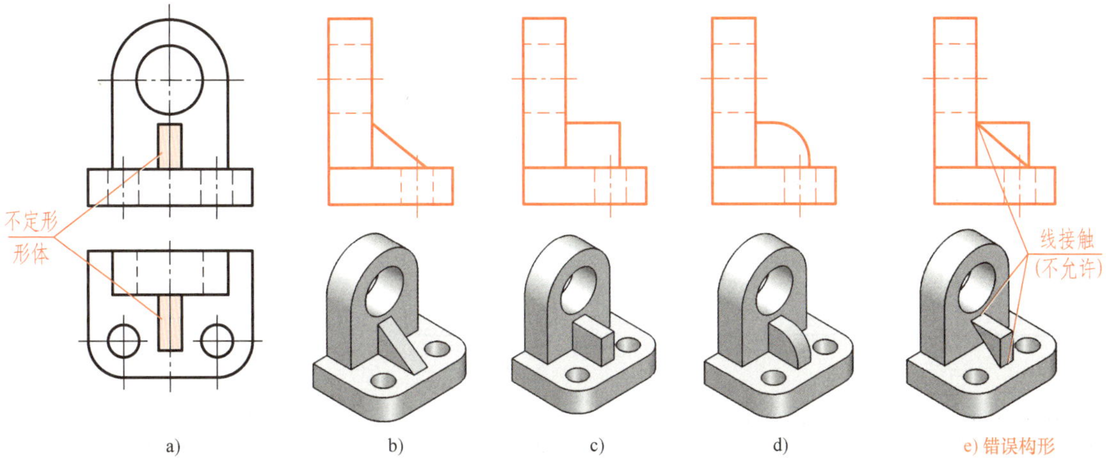

图 4-40 组合体中的不定形形体及构形

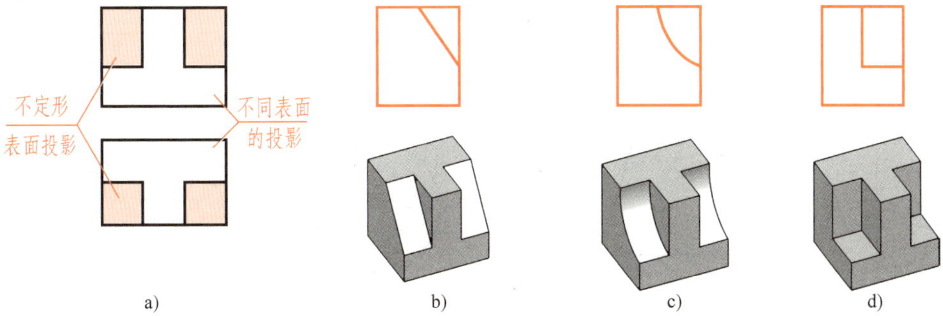

图 4-41 组合体中的不定形表面及构形（一）

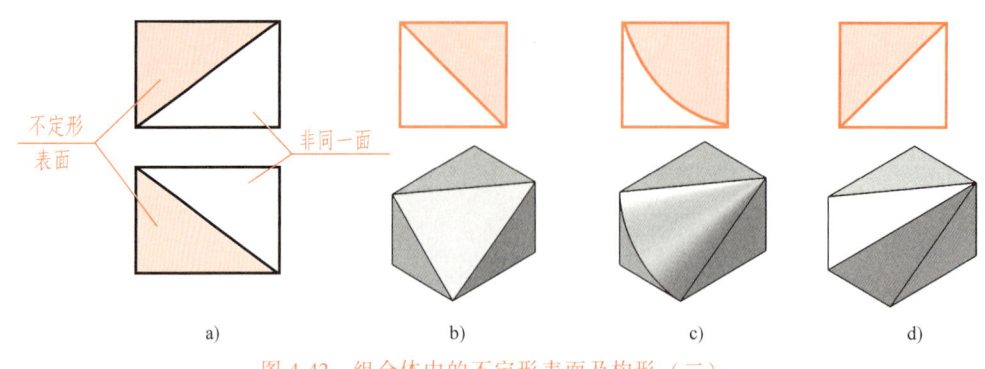

图 4-42 组合体中的不定形表面及构形（二）

4.5 组合体的尺寸标注

组合体的形状通过视图表示，而其大小则由所标注的尺寸确定，因此，尺寸是工程图形中的重要内容之一，是制造和检验产品的重要依据。尺寸标注应符合国家标准《机械制图》GB/T 16675.2—2012 和 GB/T 4458.4—2003 的有关规定要求，做到正确、合理、完整、清晰。

4.5.1 常见形体的尺寸注法

要掌握组合体的尺寸标注方法，应首先熟悉各种简单形体的尺寸标注方法。

1. 基本体的尺寸注法

基本体是平面图形沿指定路径拉伸或旋转形成的，因此，基本体的尺寸由确定其特征面形状的尺寸和拉伸高度或旋转直径尺寸组成，常见基本体的尺寸标注如图 4-43 所示。

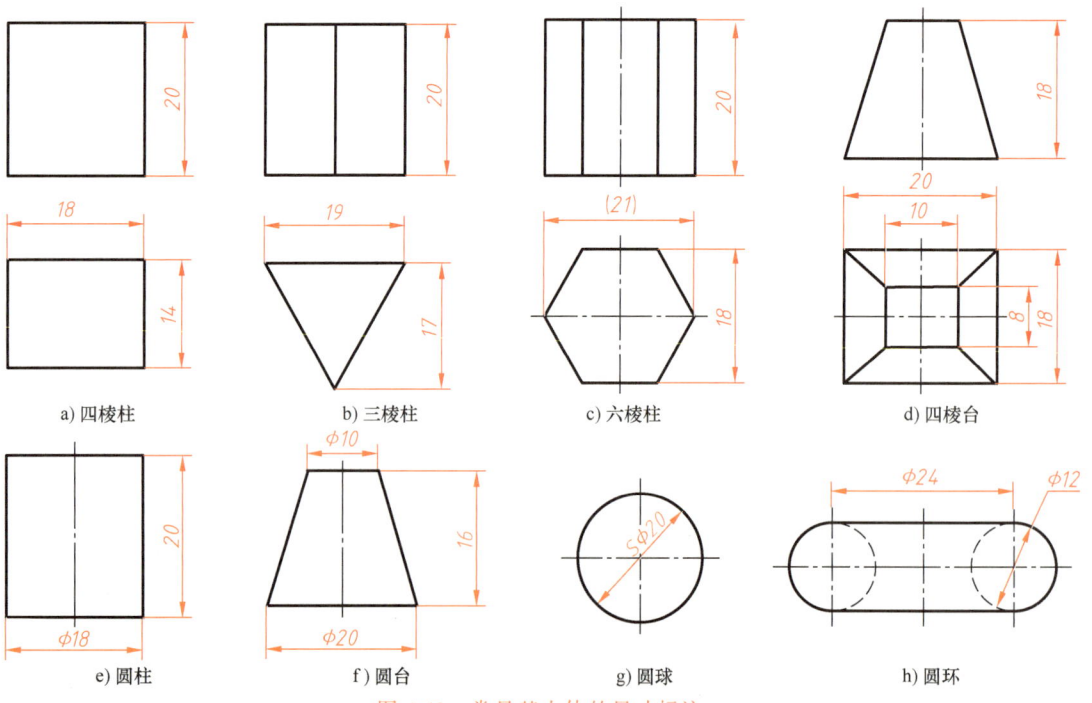

图 4-43 常见基本体的尺寸标注

2. 截割体及相贯体的尺寸注法

截割体的形状由基本体的形状及截平面的位置确定，当截割体的形状确定后，其表面截交线的形状也就随之确定了。因此截割体应标注基本体的形状尺寸及截平面的位置尺寸，而不必标注截交线的尺寸，如图 4-44a、b、c 所示。同样，相贯体的形状由两个基本体的形状及其相对位置确定，当相贯体的形状确定后，相贯线的形状也就随之确定了，因此相贯体应标注两个基本体的形状尺寸及其相对位置尺寸，而不必标注相贯线的尺寸，如图 4-44d 所示。

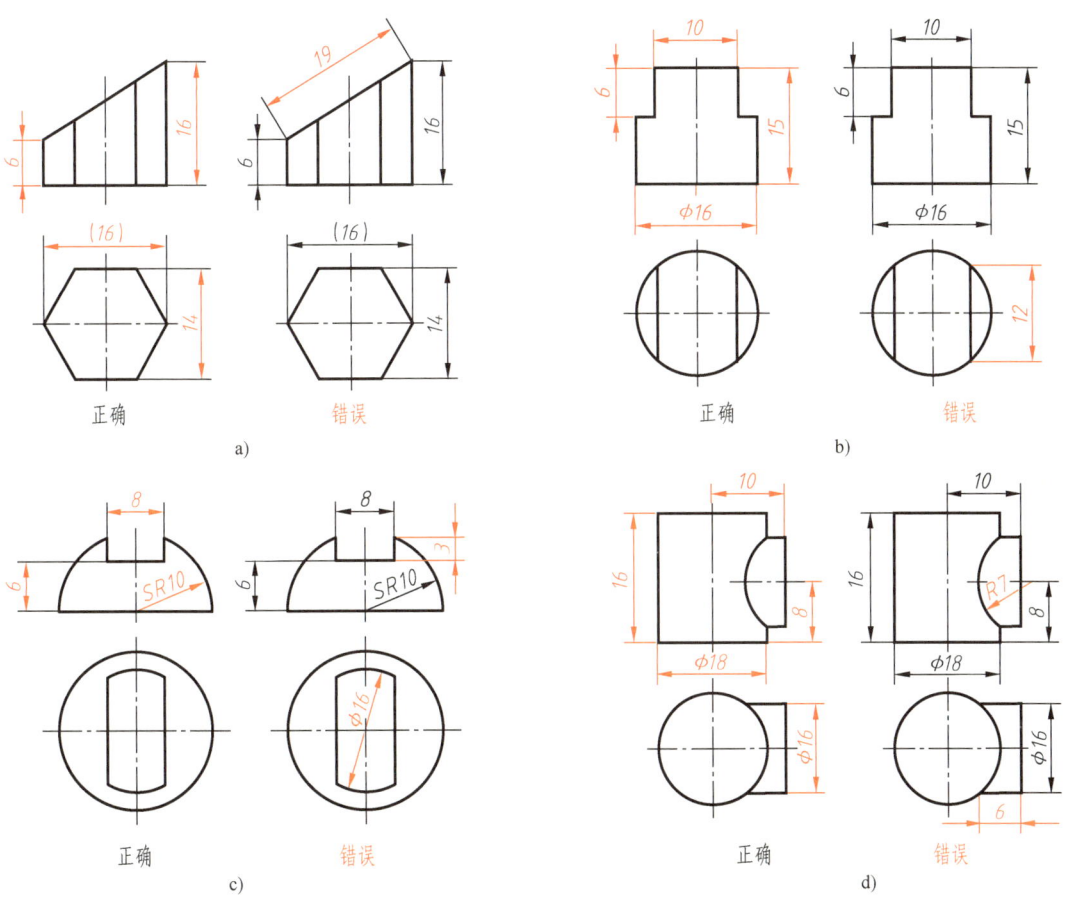

图 4-44 截割体及相贯体的尺寸标注

4.5.2 组合体的尺寸注法

组合体尺寸标注的基本要求是完整、正确和清晰。

1. 尺寸标注要完整

要使尺寸标注完整，既不遗漏，也不重复，应熟悉组合体的尺寸组成及其标注方法。如图 4-45 所示，组合体尺寸由定形尺寸、定位尺寸及总体尺寸组成。

（1）定形尺寸　确定各基本形体的形状和大小的尺寸，如图 4-45a 所示底板及竖板的长、宽、高尺寸；底板上圆角和圆孔的形状大小尺寸及竖板上圆孔的形状大小尺寸。

（2）定位尺寸　确定各基本形体之间相对位置的尺寸，如图 4-45b 所示尺寸。

标注定位尺寸时，必须在长、宽、高三个方向分别选定尺寸基准。尺寸基准是确定组合体中各形体位置的基准，一般也是标注定位尺寸的起点。通常选择组合体的对称中心面、重要的底面、端面及主要回转体的轴线作为尺寸基准，如图 4-45b 所示左右对称面为长度方向尺寸基准，底面为高度方向尺寸基准，后端面为宽度方向尺寸基准。

当两个形体在某一方向处于叠加、平齐或具有公共中心线这三种关系之一时，它们之间的相对位置已经确定，不需要再标注定位尺寸。如图 4-45 所示，竖板与底板在长度方向（具有公共中心线）和高度方向（叠加）均不必标注定位尺寸，而宽度方向需要标注定位尺寸；底板上圆孔高度方向（与底板平齐）不必标注定位尺寸，而长度和宽度方向需标注定位尺寸。

（3）总体尺寸 确定组合体总长、总宽、总高的尺寸，如图 4-45c 中所示的尺寸 28、20、22。总体尺寸经常与某些形体尺寸重合，如尺寸 28、20 既是底板的长、宽尺寸，也是组合体的总长、总宽尺寸。在标注总体尺寸时，经常要对事先标注的尺寸进行调整，如图 4-45c 所示，在标注总高尺寸 22 时，应去掉原来标注的尺寸 16。

要使组合体尺寸标注完整，应确保各部分形体的定形、定位尺寸完整，同时要注意三个方向的总体尺寸不得遗漏，如图 4-45c 所示。

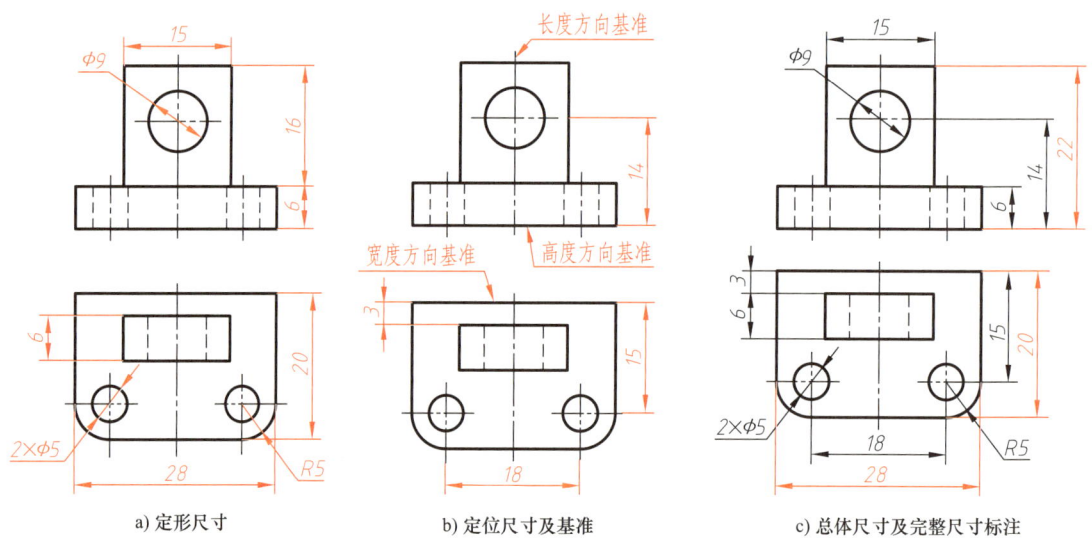

a) 定形尺寸　　　　　　b) 定位尺寸及基准　　　　　　c) 总体尺寸及完整尺寸标注

图 4-45　组合体尺寸的组成及标注方法

2. 尺寸标注要正确

组合体尺寸标注除应符合国家标准的有关规定外，还应注意以下问题：

1）组合体中，相邻形体组合后的尺寸应按相贯体的尺寸注法标注，即只标注各基本体的定位尺寸及必要的定形尺寸，其邻接处无论是相交还是相切，均不必标注尺寸；切割处的尺寸按截割体的尺寸注法标注，即只标注截平面的位置尺寸，而不应标注截交线的尺寸，如图 4-46 所示。

2）总体尺寸一般应直接标注，但当其端部为回转体时，为满足加工要求，应通过标注回转体中心线的定位尺寸及其回转半径（或直径）表示其总体尺寸，而不能由端部直接标注，如图 4-47 所示。

第4章 组合体

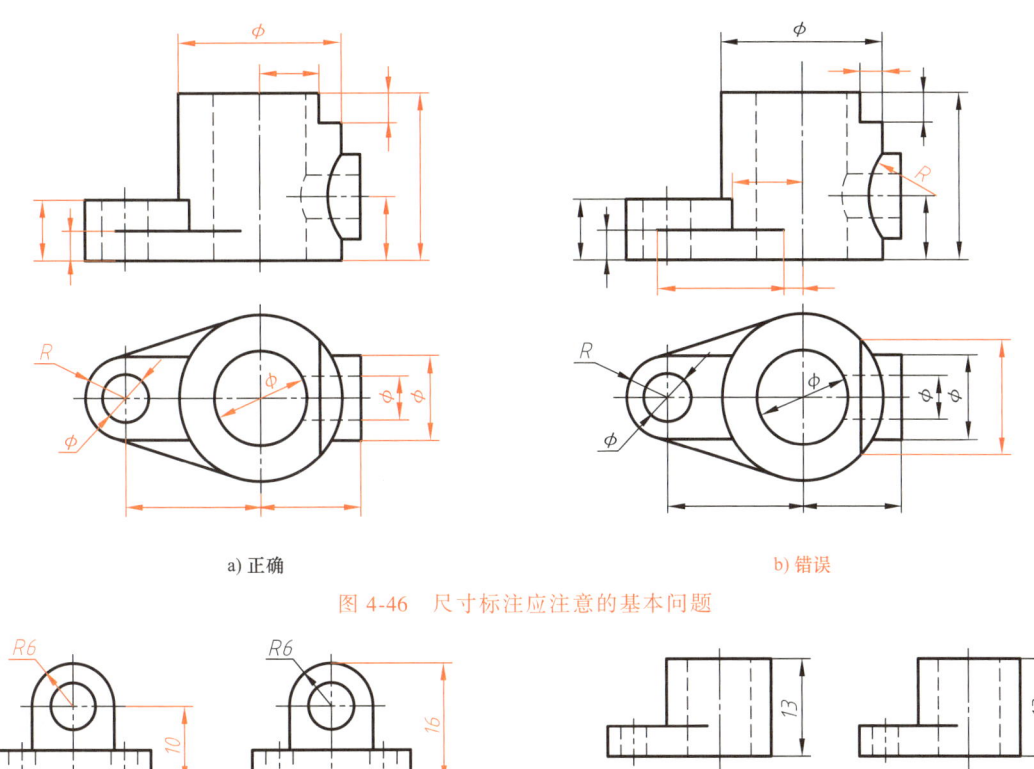

a) 正确　　　　　　　　　　　　　　　b) 错误

图 4-46　尺寸标注应注意的基本问题

图 4-47　总体尺寸标注时应注意的问题

3）同一平面上直径相同的一组孔在标注其直径（或半径）尺寸时，只标注其中的一个即可。应当注意的是，若标注直径（如圆孔），应在其尺寸数字前注写总数量，若标注半径（如圆角），不注写总数量，标注方式如图 4-48a 及图 4-50 所示。还应注意，在标注圆柱面的半径尺寸时，必须标注在其圆弧的投影上，如图 4-48b 所示。

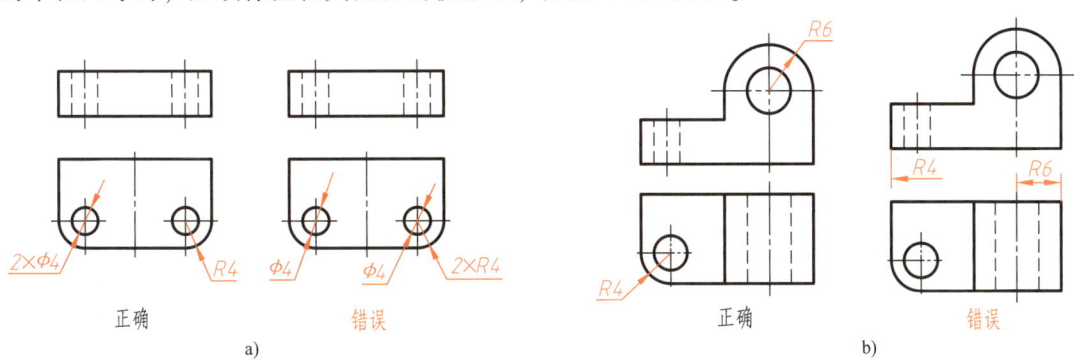

图 4-48　直径、半径尺寸标注应注意的问题

4）对称结构应以对称中心线为中心进行标注，如图4-49所示。

5）图4-50是组合体上常见底板尺寸的标注示例，供读者标注时参考。

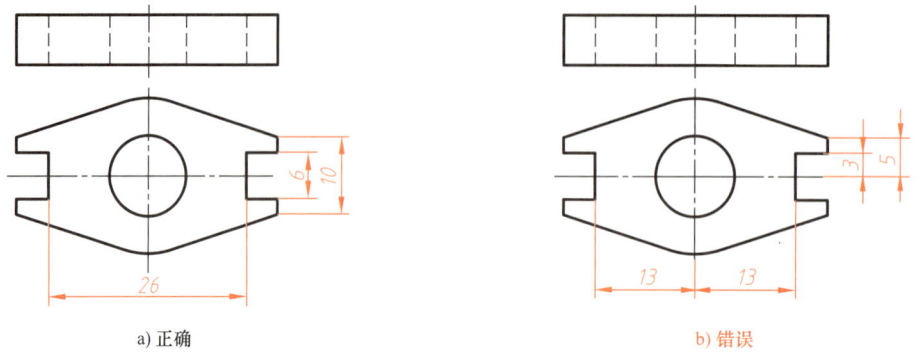

图4-49 对称结构的尺寸标注

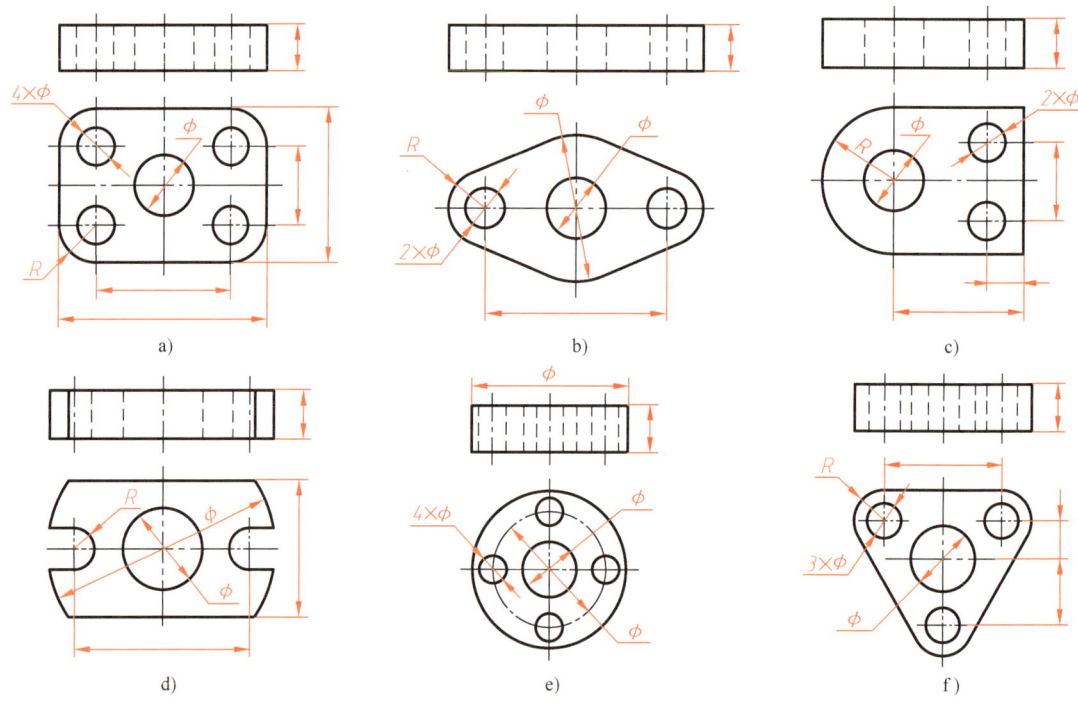

图4-50 常见底板尺寸标注示例

3. 尺寸标注要清晰

为便于看图，尺寸标注应注意排列适当、整齐、清晰。为此，应注意以下几点：

1）突出特征，集中标注。尺寸应尽量集中标注在反映形体特征明显的视图中。如图4-51a所示，底板的形状尺寸集中标注在俯视图中，竖板上"矩形"槽的尺寸集中标注在主视图中。多个相同结构或对称结构，尺寸也尽量集中标注在一起，如图4-51b所示。

2）布局合理，排列整齐。同一方向的尺寸，尺寸线尽量对齐放置，如图4-52a所示。为了图形清晰，读取方便，尺寸数字尽量放置在图形外并距离所标注结构较近的合适位置，同时尽量避免尺寸线之间的互相交叉，如图 4-52b 所示。

3）直径尺寸尽量标注在其非圆视图上，如图 4-53a、b 所示。另外尽量避免在虚线上标注尺寸，如图 4-53c 所示。

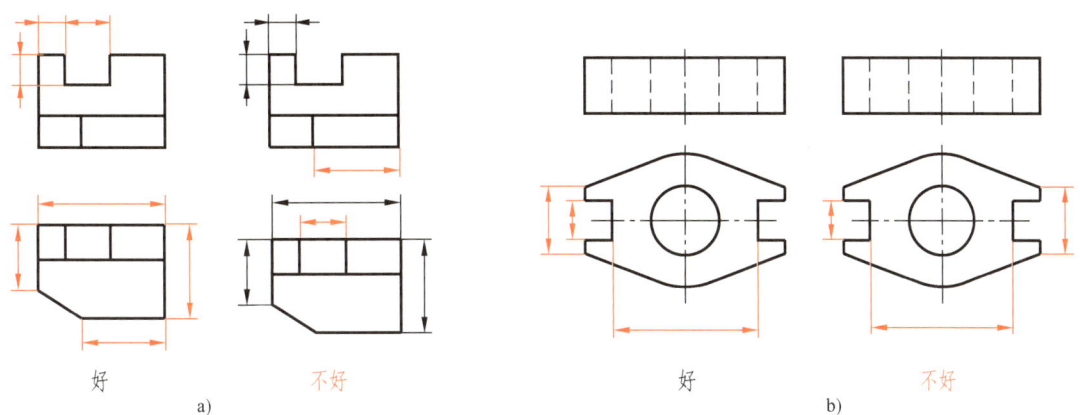

图 4-51 形状尺寸的集中标注

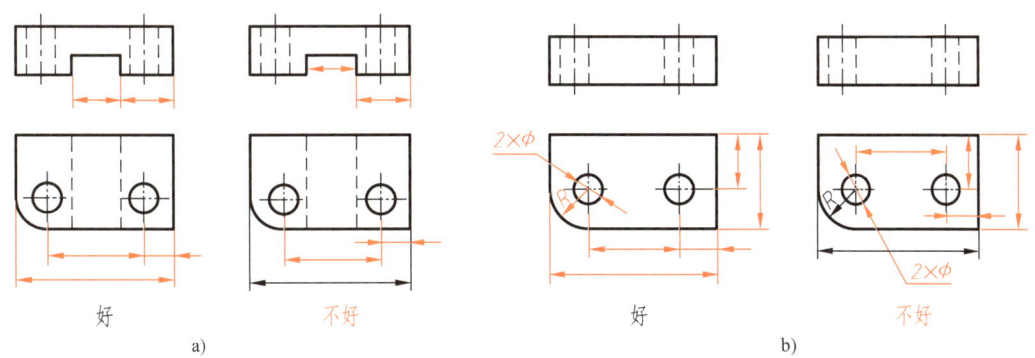

图 4-52 尺寸线的排列及尺寸布置

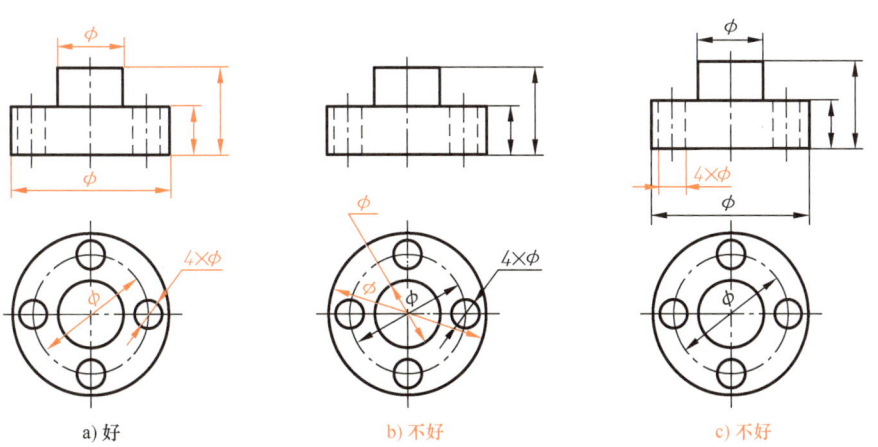

图 4-53 圆柱直径尺寸标注应注意的问题

4. 组合体尺寸标注的方法和步骤

（1）切割式组合体的尺寸标注　切割式组合体按截割体的尺寸标注方法标注，即除确定基本体的尺寸外，只要标注出确定截平面位置的尺寸即可。如图 4-54 所示，尺寸 22、20、12 是原长方体的长、宽、高尺寸，主视图中尺寸 15、6 是确定正垂截平面位置的尺寸，俯视图中尺寸 10、8 是确定铅垂截平面位置的尺寸，左视图中尺寸 14、3 为两侧缺口的位置尺寸。

（2）综合型组合体的尺寸标注　下面以图 4-55a 为例说明尺寸标注的方法步骤：

1）用尺寸基准的选择方法，分析并确定长度、宽度、高度三个方向的尺寸基准，如图 4-55a 所示。

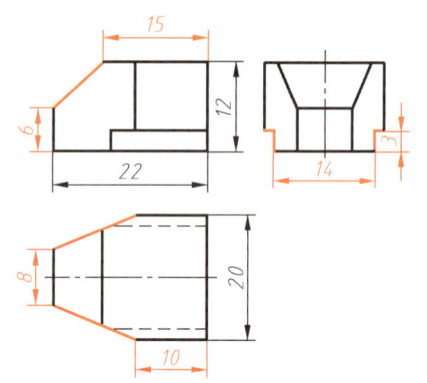

图 4-54　切割式组合体尺寸的标注方法

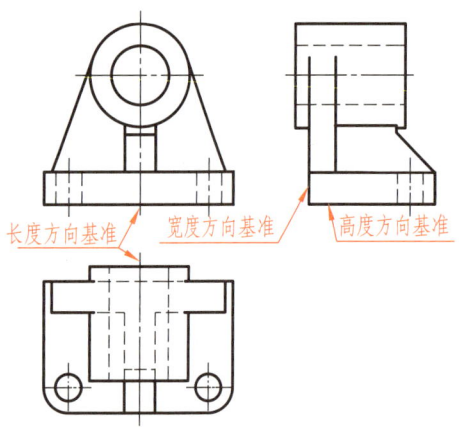

a) 确定长度、宽度、高度三个方向尺寸基准

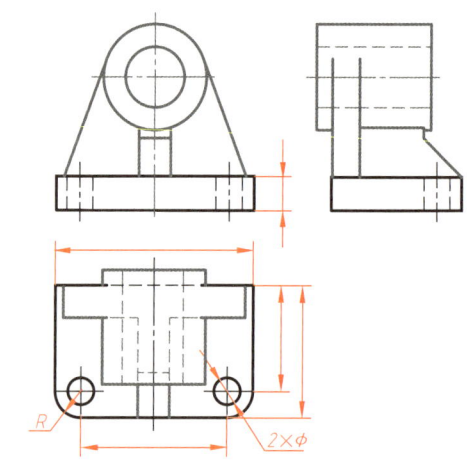

b) 标注底板及底板上孔的定形、定位尺寸

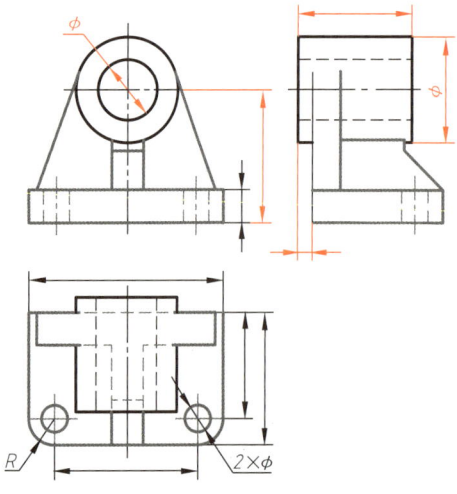

c) 标注空心圆柱的定形、定位尺寸

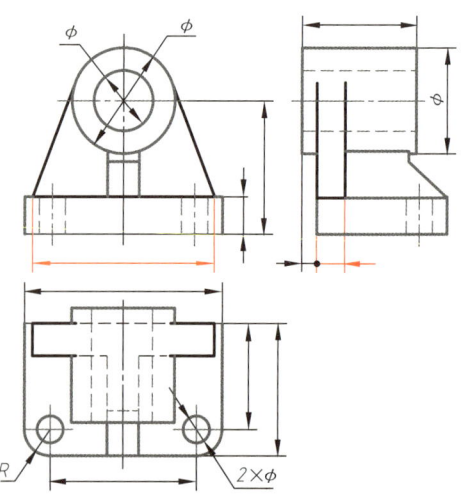

d) 标注支承板的定形、定位（无）尺寸

图 4-55　综合型组合体尺寸的标注方法及步骤

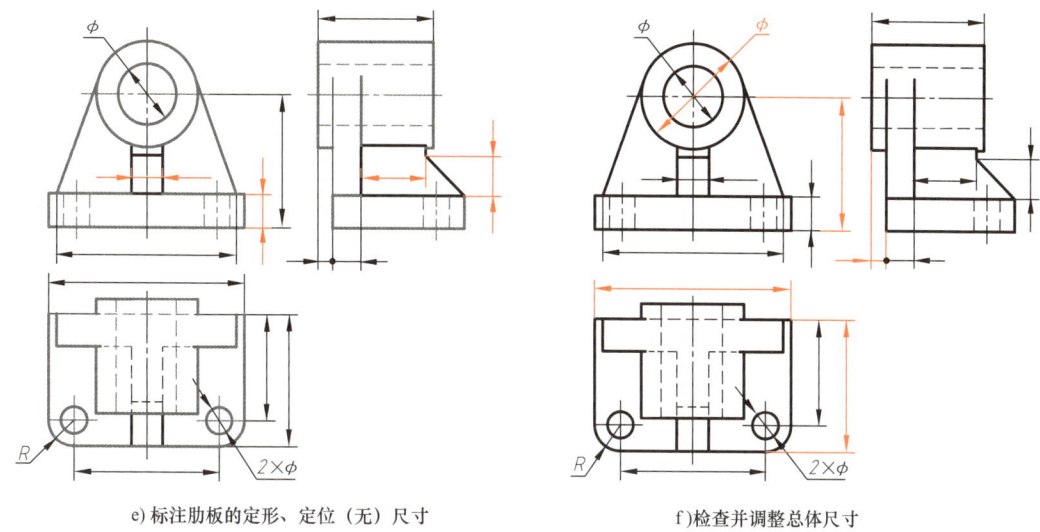

e) 标注肋板的定形、定位(无)尺寸　　f) 检查并调整总体尺寸

图 4-55　综合型组合体尺寸的标注方法及步骤（续）

2）用形体分析法将组合体分解为若干部分，然后逐一标注出确定各部分形状及位置的尺寸。如图 4-55b~e 所示分别为底板、空心圆柱、支承板及肋板的尺寸标注。

3）检查并调整总体尺寸。如图 4-55f 所示，底板的长度尺寸 26，即是该组合体的总长度尺寸，空心圆柱宽度方向的定位尺寸 2 与底板的宽度尺寸 18 之和可表示总宽尺寸，空心圆柱中心线高度方向的定位尺寸 20 及回转直径 $\phi16/2$ 之和即可表示总高尺寸。

第 5 章

机件的表达方法

实际应用中，机件的结构形状各种各样，有些简单的机件仅用一个或两个视图并标注上适当的尺寸就可以表达清楚，而有些机件如果仅用前面介绍的三视图，往往不能将它们表达清楚。例如有些具有倾斜结构的机件，在三视图的投影上不能反映其真实形状；有些内部结构复杂的机件，在视图中会出现很多虚线，使图形不清晰。为了使图样能正确、完整、清晰地表达机件的结构形状，便于看图，国家标准《技术制图　图样画法》（GB/T 17451—1998、GB/T 17452—1998、GB/T 17453—2005、GB/T 16675.1—2012）等规定了视图、剖视图等一系列图样的表达方法。本章主要介绍这些方法的具体内容及其应用。

5.1　视图

根据国家标准有关规定，视图分为基本视图、向视图、局部视图、斜视图和旋转视图，主要用来表达机件的外部形状，一般只画出机件的可见部分，必要时才画出其不可见部分。

5.1.1　基本视图

1. 基本视图的概念

按国家标准《机械制图　图样画法》的规定，用正六面体的六个面作为基本投影面，把机件放置在六面体内，分别向六个基本投影面投射所得到的视图称为基本视图，如图 5-1 所示。为了将六个基本视图画在图样平面内，需要将六个面连同面上的视图一同展开，展开过程如图 5-1b 所示，展开后的视图配置如图 5-2 所示。除了已经学过的主视图、俯视图、左视图外，新增加的三个基本视图是：

右视图：由右向左投射所得到的视图；
仰视图：由下向上投射所得到的视图；
后视图：由后向前投射所得到的视图。

显然，六个基本视图之间仍保持着"长对正、高平齐、宽相等"的投影规律。国家标准规定：六个基本视图按图 5-2 配置时，不用标注视图名称。实际应用时，应根据机件的结构特点，选用必要的基本视图将机件表达清楚。视图的选择应遵照以下原则：

1) 在完整、清晰地表达机件结构形状的前提下，力求视图数量少，绘图简便。
2) 尽量避免或减少视图中的虚线。

第5章 机件的表达方法

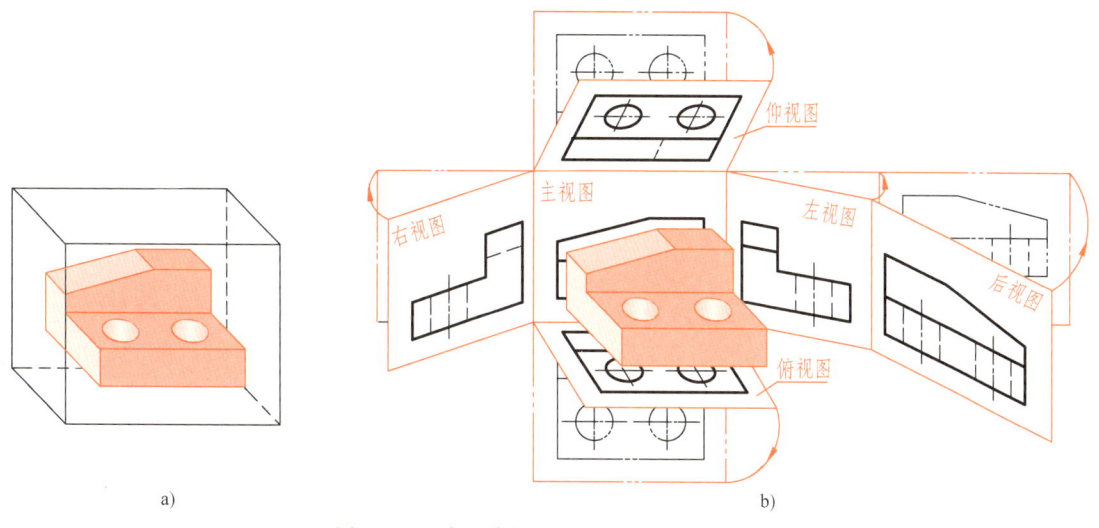

图 5-1 六个基本视图的形成及其展开过程

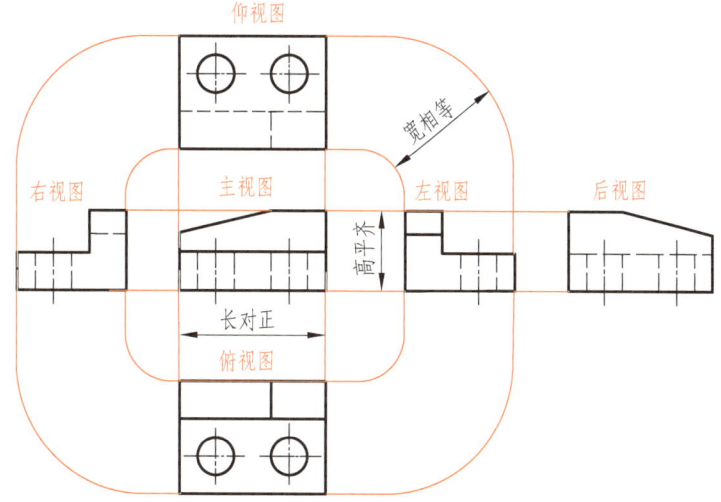

图 5-2 六个基本视图的配置

2. 基本视图的应用

实际应用中，应根据机件的结构特点，合理地选用必要的基本视图。如图 5-3a 所示机

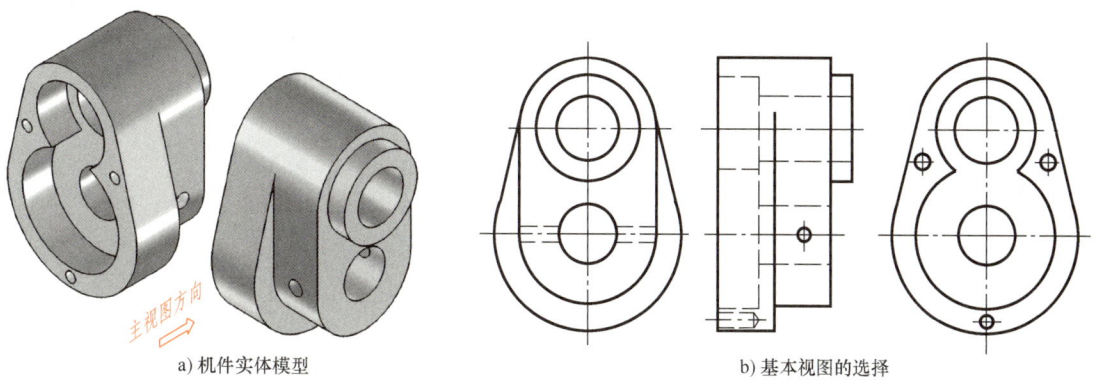

a) 机件实体模型　　　　　　　　　　b) 基本视图的选择

图 5-3 基本视图的应用

107

件，在确定主视图后，应选用左视图和右视图表达两端面的结构形状，如图 5-3b 所示。由于该三个视图已将机件表达清楚，所以就不再需要其他视图了。

5.1.2 向视图

1. 向视图的概念

向视图是可以自由配置的基本视图。画图时，为了合理利用图面，经常需要改变基本视图放置的位置，此时可用向视图表达。如图 5-4 所示的向视图 "A" "B" "C"。

2. 向视图的标注

为便于读图，向视图必须标注。如图 5-4 所示，在向视图的上方中间位置标注出视图名称 "×"（"×" 为大写拉丁字母），同时在相应的视图附近用该字母随同一个箭头指明投射方向。标注时还应注意：

1）不论箭头及视图如何放置，字母都应水平书写。

2）同一图样上，字母应按顺序使用，如 A、B、C……

读图时，若某一视图上方标注字母，则该视图为向视图，此时应先在其他视图中找出与之对应的字母及箭头，了解视图之间的投影对应关系，再分析形体特征。

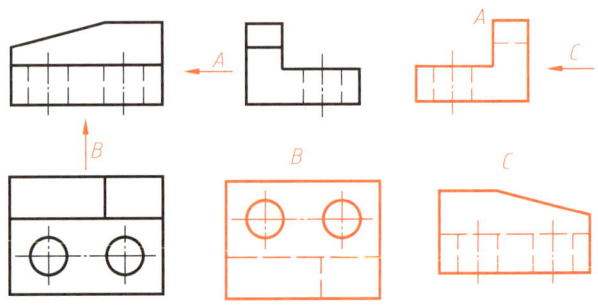

图 5-4　向视图及其标注

5.1.3 局部视图

1. 局部视图的概念

将机件的某一部分向基本投影面投射所得到的视图称为局部视图。局部视图用来表达机件上的局部结构形状。如图 5-5 所示，机件的主体形状通过主、俯视图已表达清楚，只有左

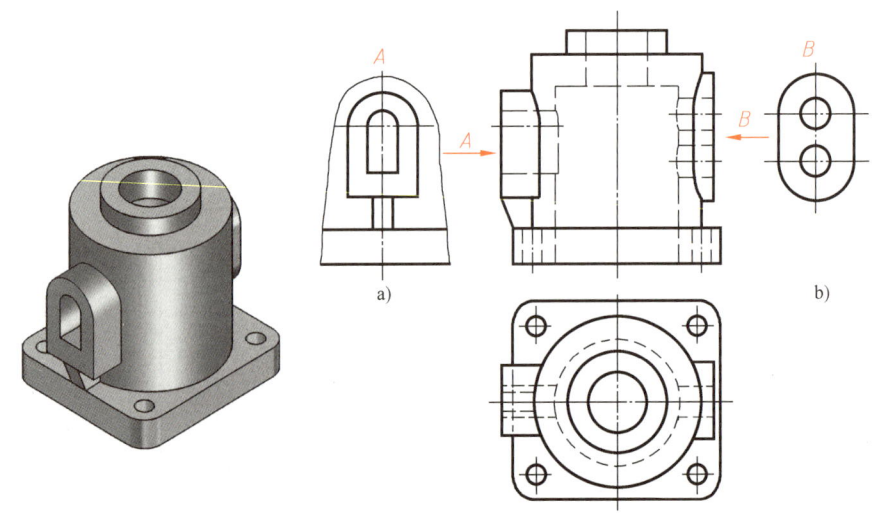

图 5-5　局部视图的概念及画法

右两侧凸台形状未表达清楚，如果再画左视图和右视图，则显得烦琐和重复，若采用 A 向和 B 向两个局部视图分别表达两侧凸台的形状，既简捷清晰，又突出重点。

2. 局部视图的画法及标注

1）为了便于读图，局部视图一般配置在需要表达的部位附近，并按图 5-4 所示向视图的标注方法进行标注，如图 5-5 所示。当局部视图按投影关系配置，中间又没有其他视图隔开时，可省略标注，如图 5-7b 所示。

2）局部结构与主体部分的分界线为图 5-6a 所示假想的断裂线，该断裂线在局部视图中用波浪线或双折断线表示，如图 5-5a 所示。当所表达的局部结构是完整的且外轮廓线又成封闭时，波浪线可省略不画，如图 5-5b 所示。没有断裂线的地方不能随意画波浪线，波浪线之外也不能随意画轮廓线，如图 5-6b 所示。

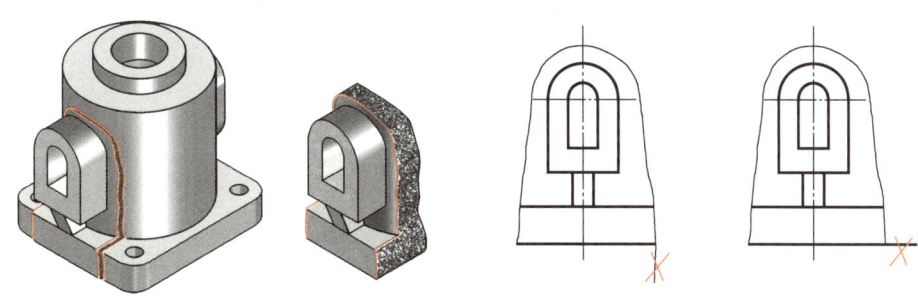

a) 局部结构假想的断裂线　　　　　b) 局部视图常见错误画法

图 5-6　局部视图画法

5.1.4　斜视图

1. 斜视图的概念

将机件向不平行于任何基本投影面的平面投射所得到的视图称为斜视图。斜视图用来表达机件上倾斜部分的真实形状。如图 5-7a 所示，为了表示机件倾斜部分的真实形状，可设置一新投影面 P 平行于机件的倾斜表面，且垂直另一投影面（图示为 V 面），然后以垂直投

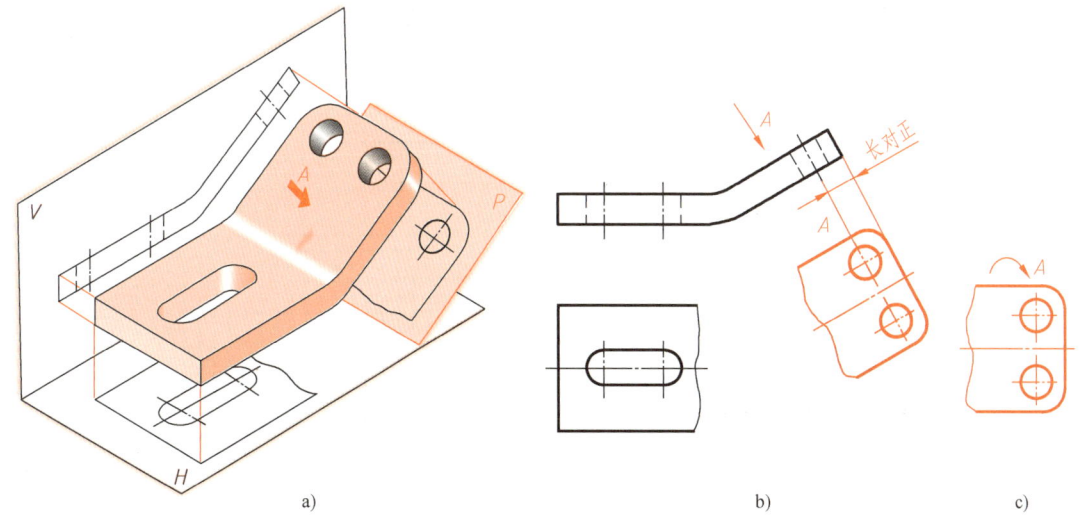

a)　　　　　　　　　　　　b)　　　　　　　　　c)

图 5-7　斜视图的概念及画法

影面 P 的方向 A 向 P 面投射，就得到反映机件倾斜表面真实形状的视图——斜视图。

2. 斜视图的画法及标注

1）斜视图的配置如图 5-7b 所示。由于新投影面 P 垂直于 V 面，所以，在 P 面与 V 面构成的两投影面体系中，斜视图与主视图间存在"长对正"的投影关系。同理，当新投影面垂直于 H 面时，斜视图与主视图存在"高平齐"的关系。这些关系是画斜视图的依据。

2）斜视图必须标注，标注方法与图 5-4 所示向视图标注方法一致，如图 5-7b 所示。斜视图一般按投影关系配置，必要时也可配置在其他适当位置。在不致引起误解时，允许将斜视图旋转放置，这时在斜视图的名称旁要加注旋转符号。旋转符号的画法如图 5-8 所示，其中箭头表示斜视图的旋转方向，视图的名称应放在旋转符号的箭头端，如图 5-7c 所示。

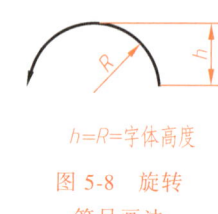

图 5-8 旋转符号画法

3）斜视图用来表达机件某一倾斜部分的结构形状，多为局部视图，其与机件主体部分的分界边线与图 5-5 所示局部视图的表达方法一致，也是用波浪线作为假想断裂线，如图 5-7b 所示。

5.1.5 应用举例

掌握了基本视图、向视图、局部视图及斜视图的表达方法，实际应用时，应根据机件的结构特点，先确定主视图（按组合体主视图的选用方法确定），然后再按照机件各部分的形体特征选择合适的其他视图。所选视图必须有其特定的表达意义，既要突出各自的表达重点，又要兼顾视图间的相互配合、彼此互补的关系。

图 5-9a 所示机件，根据形体特征应按图示方向选择主视图。若采用基本视图表达，不

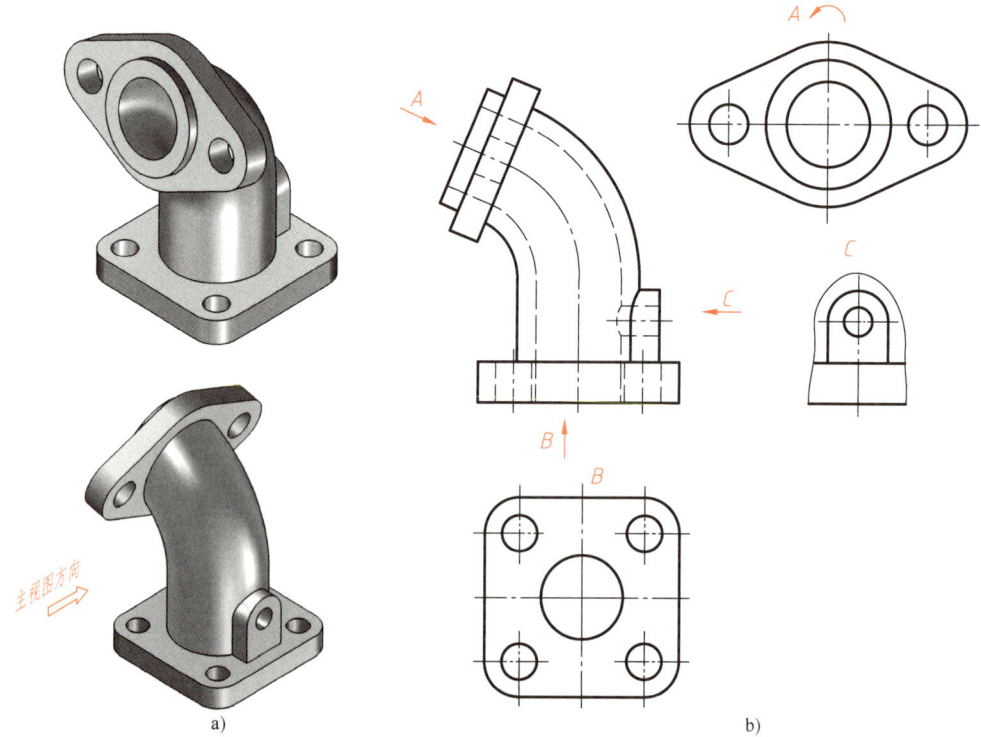

图 5-9 局部视图、斜视图应用

仅作图烦琐,而且不能很好地反映形体特征。现采用图5-9b所示的表达方案,由于主视图已将主体特征表达清楚,因此用A向斜视图表达上部倾斜结构的形状;用B向局部视图表达底板形状;用C向局部视图表达右下方凸台形状。采用这样的表达方案,不仅作图简单,而且图形简洁清晰,重点突出,便于画图和读图。

5.2 剖视图

当机件的内部形状比较复杂时,在视图中就会出现很多虚线,这些虚线会影响图形的清晰,给看图、画图、尺寸标注带来困难,为此,国家标准《机械制图 图样画法 剖视图和断面图》(GB/T 4458.6—2002)中规定可用剖视图表达机件的内部形状。

5.2.1 剖视图的形成、画法及标注

1. 剖视图的形成

如图5-10a所示,假想用剖切平面剖开机件,将处在观察者和剖切面之间的部分移去,

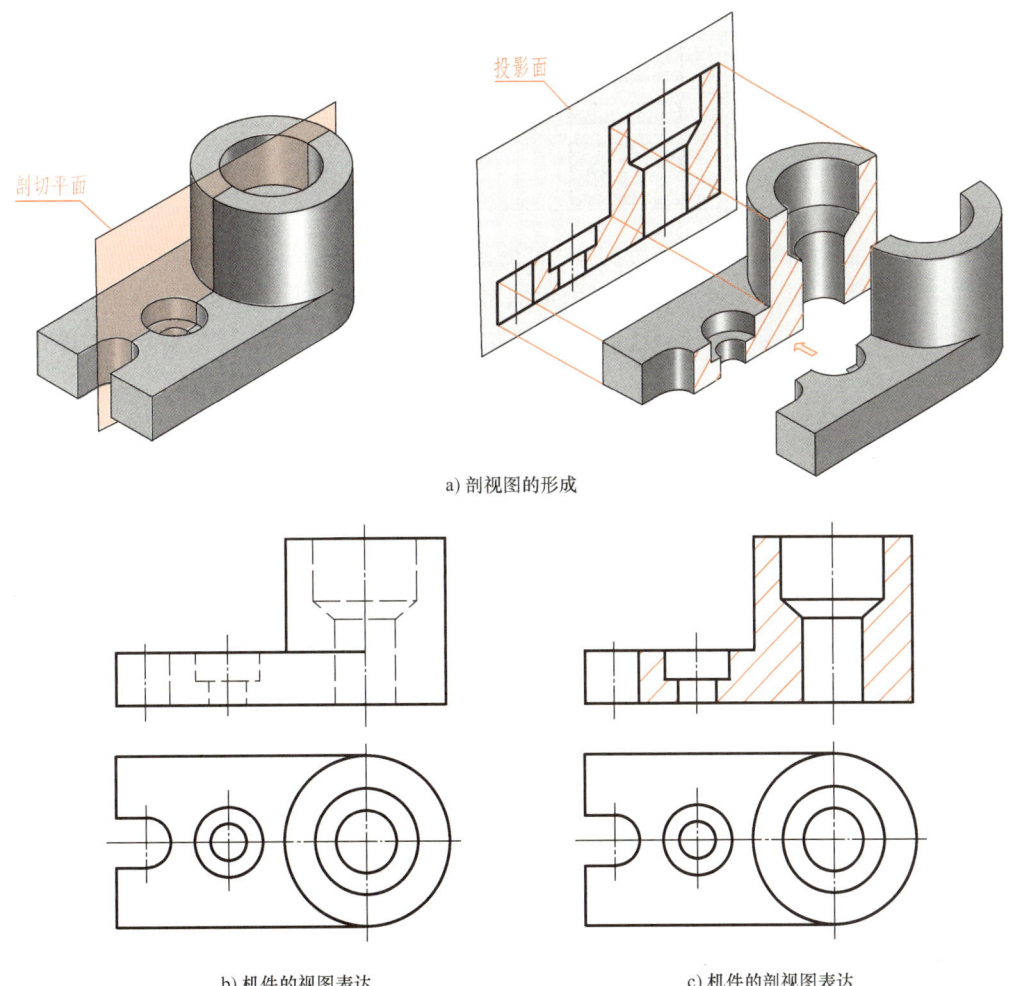

a) 剖视图的形成

b) 机件的视图表达　　　　c) 机件的剖视图表达

图5-10　剖视图的概念

将其余部分向投影面投影所得到的视图称为剖视图。采用剖视图后,机件内部原来不可见的轮廓线变成可见,虚线变为实线,从而使图样清晰,便于看图和画图,如图 5-10c 所示。

2. 剖面符号及画法

机件被假想切开后,剖切平面与机件的接触部分(即剖面区域)要画出与零件材料相应的剖面符号,以便区别机件的实体与空腔部分,如图 5-10c 所示。常用材料的剖面符号见表 5-1。当不需要表示材料类别时,剖面符号均采用与金属材料相同的通用剖面线表示,即间隔均匀一致,且与图形主要轮廓线成 45°的平行细实线。

表 5-1 常用材料剖面符号(GB/T 4457.5—2013)

材料名称	剖面符号	材料名称	剖面符号
金属材料 (已有规定剖面符号者除外)		线圈绕组元件	
非金属材料 (已有规定剖面符号者除外)		转子、变压器等的叠钢片	
型砂、粉末冶金、 陶瓷、硬质合金等		玻璃及其他透明材料	
木质胶合板 (不分层数)		格网 (筛网、过滤网等)	
木材 纵剖面		液体	
木材 横剖面			

一般情况下,剖面线为与水平方向成 45°的细实线,且同一机件各剖视图的剖面线应间隔相等、方向一致,如图 5-11 所示。当图形的主要轮廓线与水平线成 45°或接近 45°时,剖面线应画成与水平方向成 30°或 60°的平行细实线,其倾斜方向仍与其他视图中的剖面线一致,如图 5-12 所示。

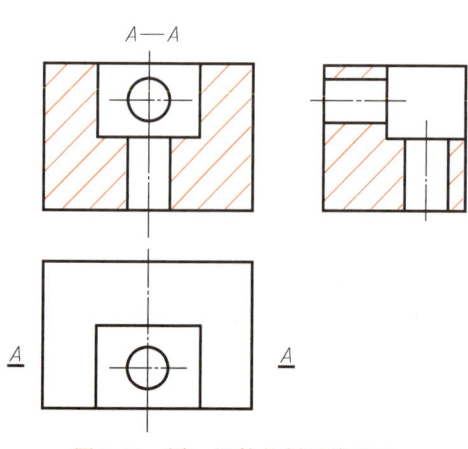

图 5-11 同一机件的剖面线画法

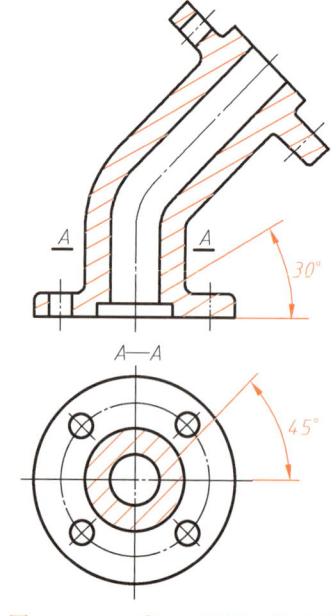

图 5-12 30°或 60°的剖面线画法

3. 剖切平面位置的确定

为了清晰地表达机件内部形状的实形,剖切平面一般应平行于相应的投影面,并通过孔、槽的轴线或机件的对称平面,如图 5-10a 所示。

4. 画剖视图时应注意的问题

1) 剖开机件是假想的,并不是真的将机件切掉一部分,因此,对每一次剖切而言,只对一个视图起作用。即当一个视图采用剖视图后,其他视图仍按完整形状来绘制,如图 5-13 所示。

2) 在画剖视图时,应将剖切平面之后的可见轮廓线全部画出,不要出现漏线,如图 5-13 所示。

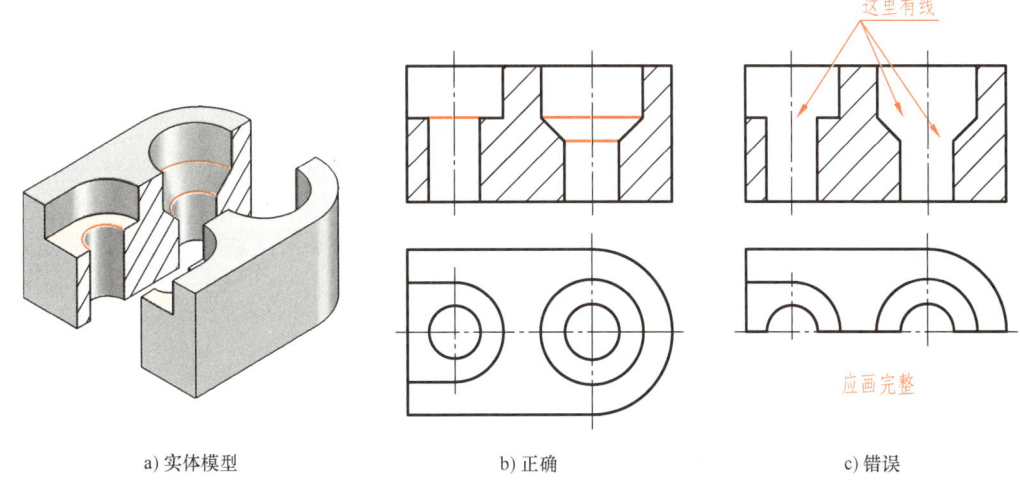

a) 实体模型　　　　b) 正确　　　　c) 错误

图 5-13　画剖视图应注意的问题

3) 剖视图中应省略不必要的虚线,但对未表达清楚的结构允许画出少量虚线,如图 5-14b、c 所示。

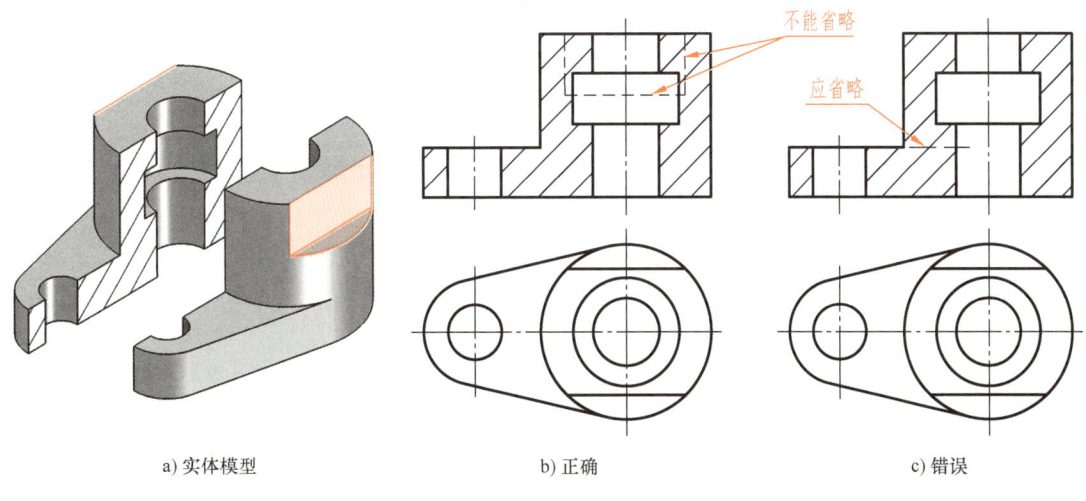

a) 实体模型　　　　b) 正确　　　　c) 错误

图 5-14　剖视图常见错误

5. 剖视图的配置与标注

剖视图一般按投影关系配置，必要时也可以配置在其他适当位置。为了在看图时便于找出剖视图与其他视图的投影关系，剖视图一般应标注剖视图名称，并用剖切符号标注出剖切平面的位置和投射方向，如图 5-15 所示。

（1）剖切符号 在剖切平面的起、止和转折位置，用长约 5mm，线宽（1~1.5）b（b 为粗实线线宽）的粗实线表示剖切平面的位置。剖切符号应尽可能不与图形轮廓线相交。

（2）投射方向 在剖切符号的起、讫两端，用箭头表示投射方向。

（3）剖视图名称 在剖切符号处标注字母"×"，在剖视图的上方中间位置用同样的字母标注"×—×"，即剖视图的名称。

上述标注方法如图 5-15 中的 $B—B$ 所示。下列情况的剖视图可省略标注：

1）当视图按投影关系配置，中间又没有其他图形隔开时，可省略箭头，如图 5-15 中的 $A—A$ 所示。

2）当单一剖切平面通过零件的对称平面或基本对称平面，且剖视图按投影关系配置，中间又没有其他图形隔开时，可以完全省略标注。如图 5-15a 中，由剖切平面 P（前后基本对称平面）剖切所得的主视图（见图 5-15c）不必标注。

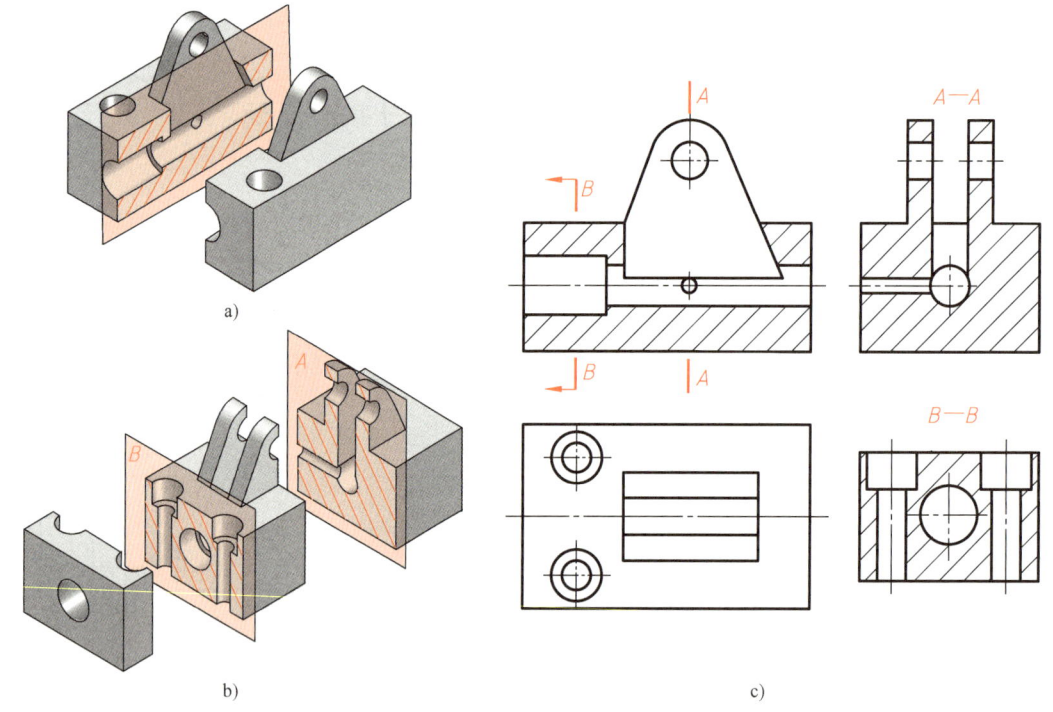

图 5-15 剖视图的配置及标注

5.2.2 剖视图的种类

按照机件被假想剖切的范围来分，剖视图分为以下三类：

1. 全剖视图

（1）概念 用剖切平面完全地剖开机件所得的剖视图称为全剖视图，如图 5-15 所示。

(2) 适用范围 全剖视图适用于表达外形简单而内部形状复杂的机件。对内外形状都比较复杂的机件，必要时可用全剖视图表达它的内形，再用同一方向的基本视图表达其外形。

同一机件可以假想被多次剖切，画出多个剖视图，如图 5-15 所示。

(3) 标注 全剖视图采用上述剖视图的标注方法进行标注，如图 5-15 所示。

2. 半剖视图

(1) 概念 当机件具有对称平面时，向垂直于对称平面的投影面投射所得到的图形，可以对称中心线为界，一半画成视图，表达机件的外部形状，另一半画成剖视图，表达机件的内部形状，这种剖视图称为半剖视图，如图 5-16 所示。

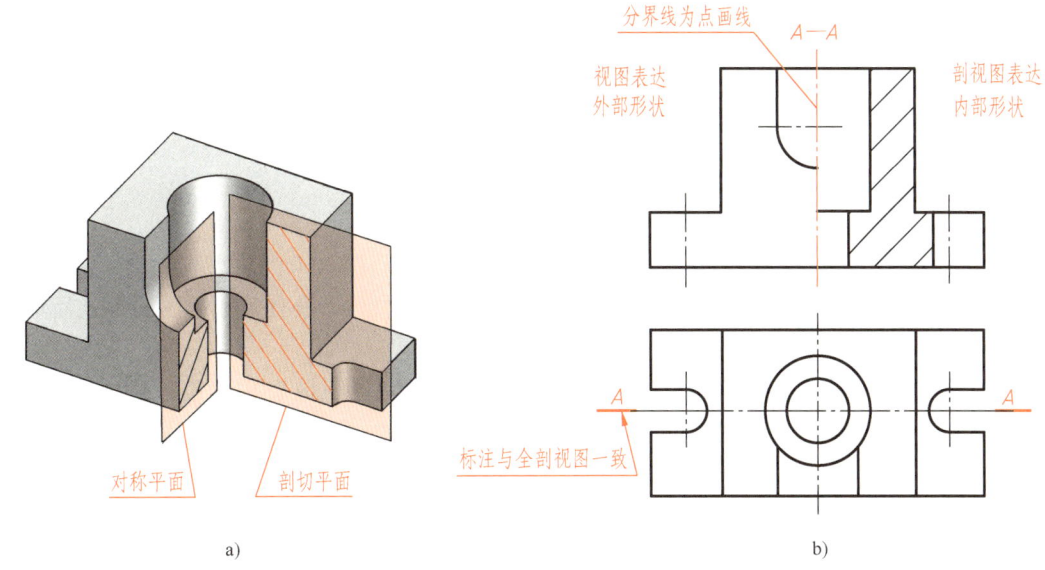

图 5-16 半剖视图的概念及画法

(2) 适用范围 半剖视图用来表达内外形状结构都需要表达的对称机件。图 5-17a 所示机件，在主视图中，铅垂方向的内孔结构及前面的"U 形"凸台形状均须表达，根据该机件左右对称的特点，将机件的主视图画成半剖视图，用剖开的一半表达铅垂方向的内孔结构，用未剖的另一半表达前面的"U 形"凸台形状。同样，在俯视图中，"U 形"凸台内水平方向的穿孔及机件上部安装板的形状均须表达，根据该机件前后对称的特点，俯视图也采用半剖视图表达。这样，用两个半剖视图就可将该机件表达清楚，如图 5-17b 所示。

(3) 画法 如图 5-16 所示，由于半剖视图是假想的，因此半个剖视图与半个视图的分界线用点画线表示，不应画成粗实线。机件的内部形状已在半剖视图中表达清楚，且形状对称，所以另一半视图中表示内部形状的虚线不必画出。若有孔或槽等应画出其中心线。对于在半剖视图中未表达清楚的结构，可以在半个视图中作局部剖，如图 5-17 所示。

半剖视图中，一般习惯将剖视部分画在主视图的中心线之右，俯视图和左视图的中心线之前，如图 5-17 所示。

(4) 标注 半剖视图的标注与图 5-15 所示剖视图的标注一致。如图 5-17 中，主视图及其剖切位置符合省略标注的条件，所以不必标注。而俯视图所用剖切平面的上、下部分不对

现代机械制图

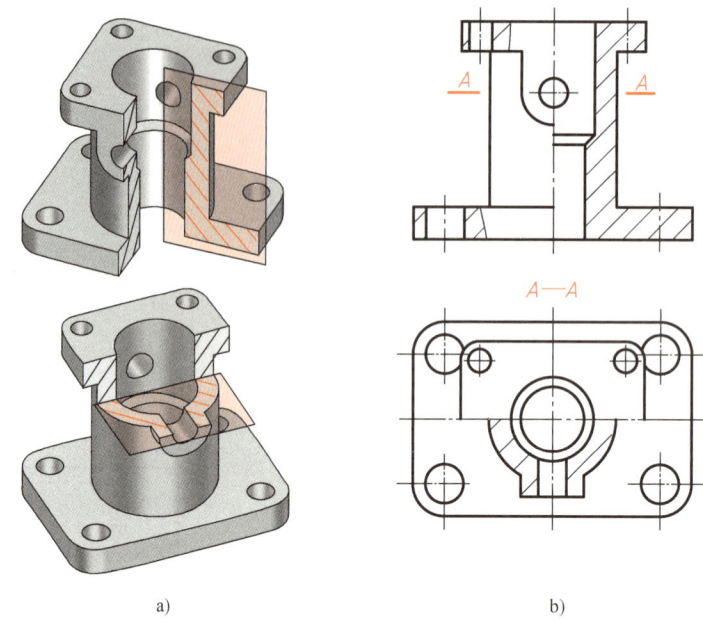

a)   b)

图 5-17 半剖视图的应用

称,所以必须标注。因俯视图与主视图按投影规律配置,中间又没有其他视图隔开,所以箭头可以省略。

(5)读半剖视图 利用半剖视图的对称性,由半个剖视图构思整个机件的内部形状,同时由半个外形视图推想整个机件的外部形状。

3. 局部剖视图

(1)概念 用剖切平面局部地剖开机件所得的剖视图称为局部剖视图。如图 5-18a 所示

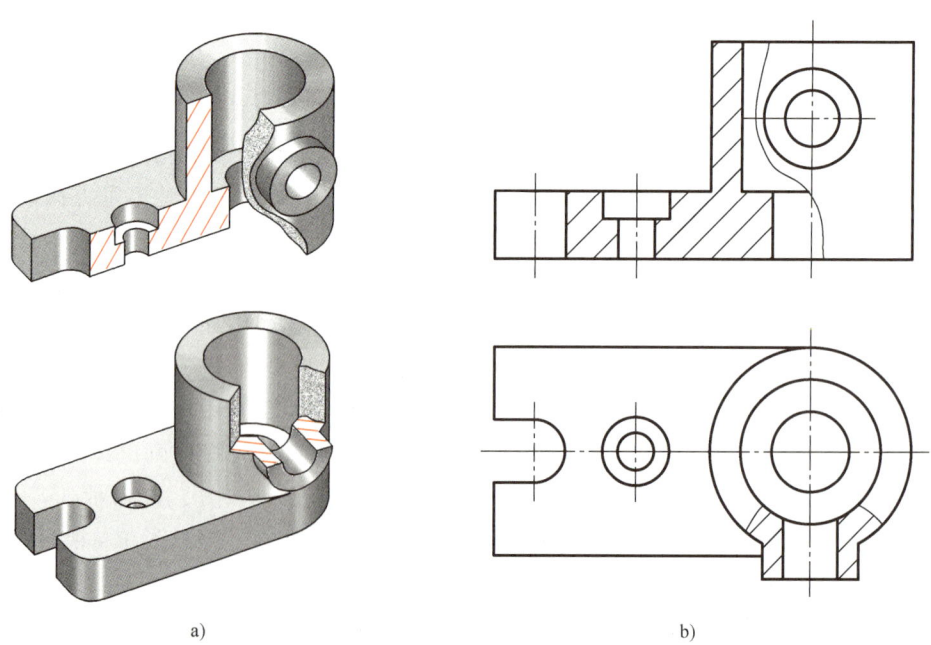

a)   b)

图 5-18 局部剖视图的概念

机件，主视图若采用全剖视图，右边凸台的形状和位置无法表达，同时，由于机件形状不对称，也不能采用半剖视图。为了兼顾内、外形状的表达，采用局部剖切的方法表达机件的内部结构，同时将需要表达的外部形状尽量多地保留下来，如图 5-18b 所示。

（2）适用范围　局部剖视的剖切位置及剖切范围根据具体需要而定，是一种非常灵活的表达方法，通常用于下列情况：

1）当不对称机件的内、外形状均需要表达时，如图 5-18 所示的主视图；或者只有局部的内部结构需要表示，又不宜采用全剖视图时，如图 5-18 所示的俯视图。

2）当对称机件的轮廓线与中心线重合，不宜采用半剖视图时，如图 5-19 所示。

3）当实心机件（如轴、连杆）上的孔、槽等结构需要表达时，一般采用局部剖视图表达，如图 5-20 所示。

图 5-19　不宜采用半剖对称机件的表达

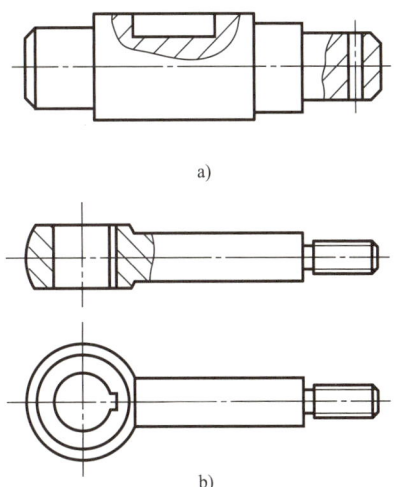

图 5-20　实心杆件的局部剖视图表达

（3）画法　局部剖视图中剖切部分与不剖部分的分界线为波浪线。画图时应注意：

1）波浪线可假想为剖切部分与不剖切部分的断裂线（见图 5-21a）的投影，因此波浪线不能超出视图的轮廓线，而且在介于观察者和剖切平面之间的通孔或通槽处应断开，如图 5-21b 所示，常见错误画法如图 5-21c 所示。

2）波浪线不能与其他轮廓线重合或在轮廓线的延长线上，如图 5-21d 所示。

3）当被剖切的局部结构为回转体时，允许将该结构的轴线作为剖切部分与视图的分界线，如图 5-22 所示。

4）局部剖视图的剖切位置比较灵活，可根据需要多次剖切。但在同一个视图中不宜进行过多的局部剖，否则会使图形显得凌乱而不清晰。

局部剖视图一般用单一剖切面剖切，剖面位置亦较明显，所以通常可省略标注，如图 5-18、图 5-19 等所示，仅当剖切位置不明显时才作标注。

5.2.3　剖切面的种类及应用

根据机件的结构特点和表达需要，可以选用以下剖切面剖开机件：单一剖切面、几个平

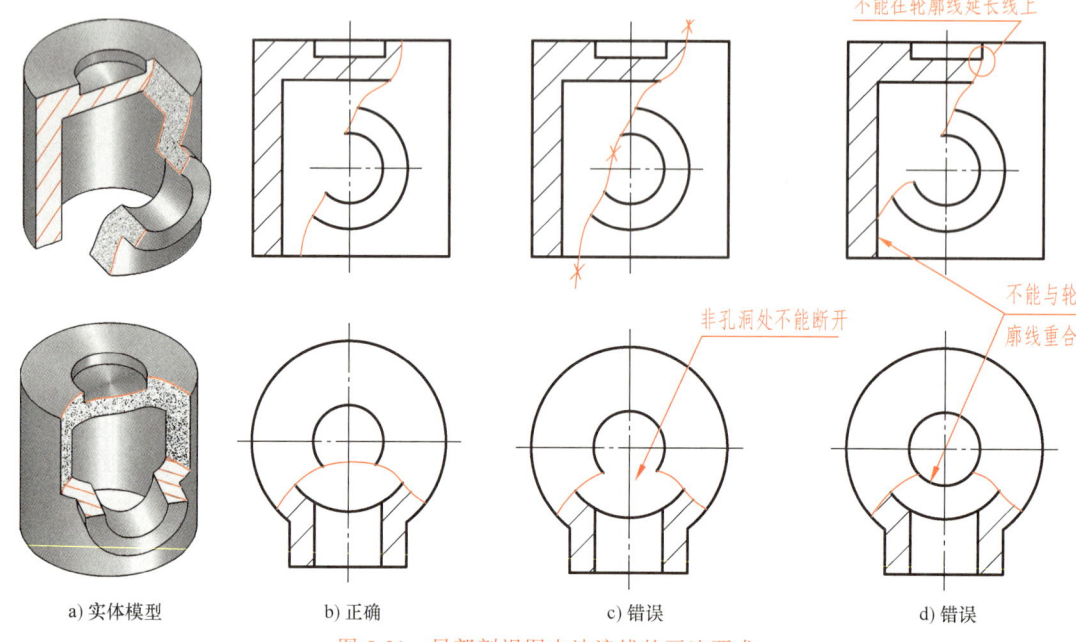

图 5-21 局部剖视图中波浪线的画法要求

行的剖切平面和几个相交的剖切平面。

1. 单一剖切面

单一剖切面通常指使用单一的剖切平面剖切,有平行于基本投影面和不平行于基本投影面两种。

1)平行于基本投影面的单一剖切平面。前面讲述的全剖视图、半剖视图和局部剖视图,其图例均是用平行于基本投影面的单一剖切平面剖开机件后画出的剖视图。

2)不平行于基本投影面的单一剖切平面。当机件上具有倾斜结构的内部形状需要表达时,则需要用平行于机件倾斜结构且垂直于某一基本投影面的倾斜剖切平面进行剖切,如图 5-23a 所示。采用这种剖切方法所得到的剖视图通常称为斜剖视图,如图 5-23b 所示。

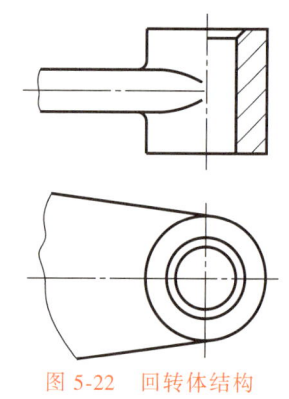

图 5-22 回转体结构以轴线为分界线

斜剖视图必须加以标注,标注方法与图 5-15 所示剖视图的标注方法一致。斜剖视图一般按投影关系配置在箭头所指方向,并与基本视图保持投影对应关系。在不致引起误解时,也允许将斜剖视图旋转放置,这时需在斜剖视图上标注带有旋转符号的视图名称,如图 5-23b 所示。

2. 几个平行的剖切平面

用几个平行的剖切平面剖开机件的方法习惯上称为阶梯剖。当几个被剖切结构的轮廓线同时平行于某一投影面,但又不在同一平面时,可假想采用几个平行的剖切平面来剖切。如图 5-24 所示机件,两处孔、槽的轮廓线均平行侧面,但不在同一平面内,若采用单一剖切平面,只能剖切其中之一,当采用两个平行的剖切平面剖切后,在所得到的

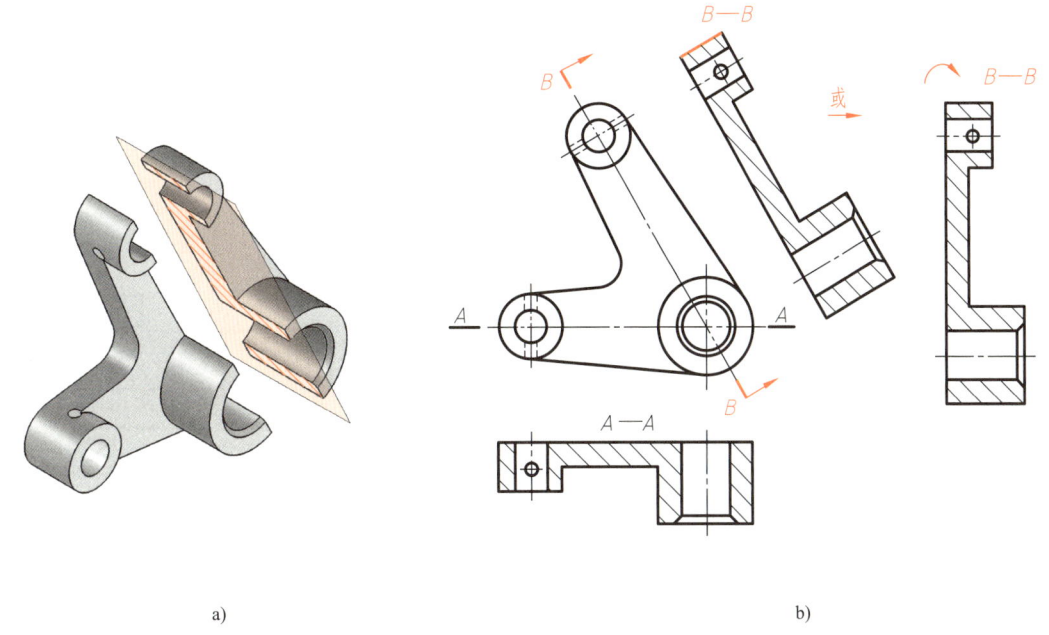

a)   b)

图 5-23　不平行于基本投影面的单一剖切平面剖切

剖视图中两处结构均能清晰地表达清楚，如图 5-24b 所示。使用这种剖切方法画剖视图时，应假想将几个剖切平面平移到同一平面进行投影，如图 5-24b、图 5-25b 所示。画图时应注意以下要点：

1）用几个剖切平面剖切时，剖切平面位置必须标注。标注时，应在剖切平面的起、讫和转折处均画上剖切符号，并标注上同一字母"×"，在所画剖视图上方用同样字母标注剖视图名称"×—×"，如图 5-24、图 5-25 所示。必要时，在起、讫处用箭头标明投影方向（和剖视图标注方法一致），当剖切符号的转折处位置有限又不致引起误解时，允许省略字母。

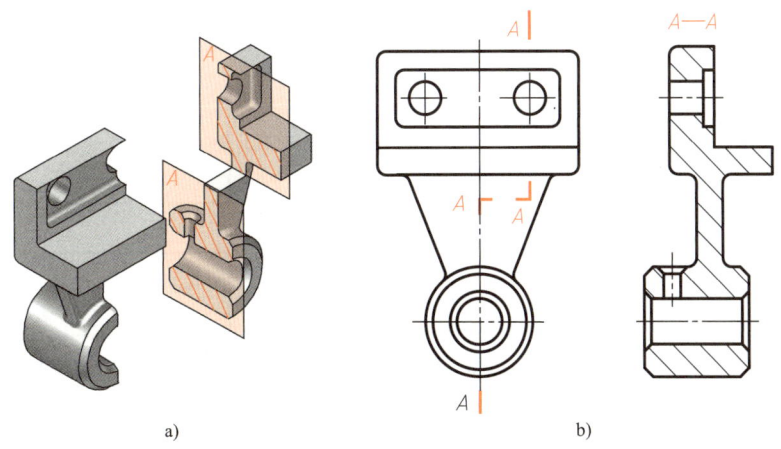

a)   b)

图 5-24　几个平行的剖切平面剖切机件的概念

2）当几个平行的剖切平面假想地平移到同一平面时，剖切平面转折处的轮廓线已不存在，因此不应画出剖切平面转折的界线，如图 5-24b、图 5-25b 所示。图 5-25c 为错误画法。

3）剖切平面转折处不应与视图上的轮廓线重合，如图 5-25d 所示。

4）在剖视图中不应出现不完整的要素，如图 5-25e 所示。仅当两个要素在同一投影面的投影具有公共对称中心线或轴线时，才能以对称中心线或轴线为界，各画一半，如图 5-26 所示。

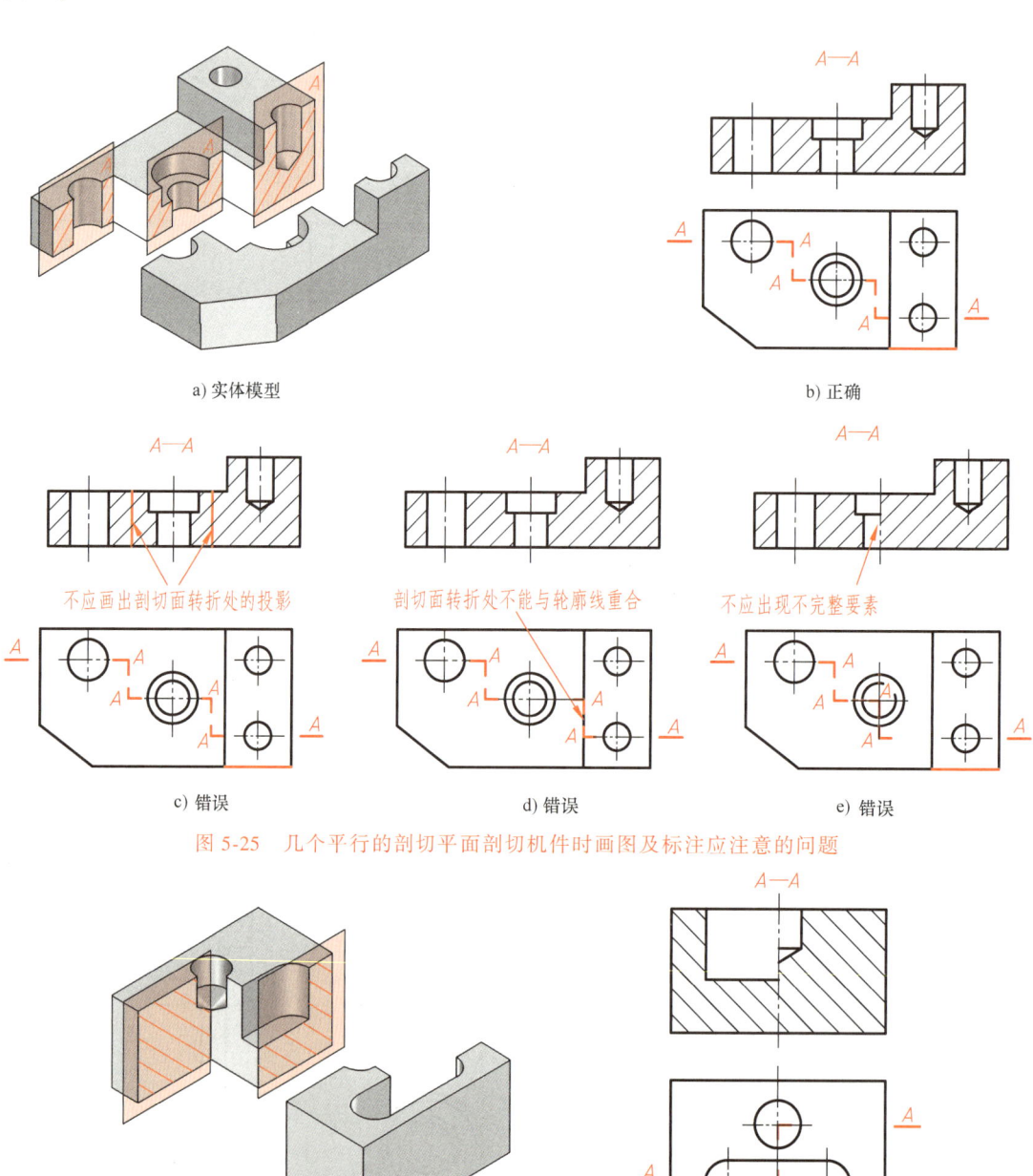

图 5-25　几个平行的剖切平面剖切机件时画图及标注应注意的问题

图 5-26　具有公共对称中心线结构的剖切方法

第5章 机件的表达方法

3. 几个相交的剖切平面

用两相交的剖切平面（其交线垂直于某一基本投影面）剖开机件的方法习惯上称为旋转剖。如图 5-27a 所示，用这种剖切方法表达的机件一般应具有明显的回转轴线，并且两剖切平面的交线与回转轴线重合。画图时，应将与基本投影面倾斜的剖切面所剖开的结构及其有关部分绕交线旋转，使其与选定的基本投影面平行后再进行投射，如图 5-27b 所示。画图时应注意以下要点：

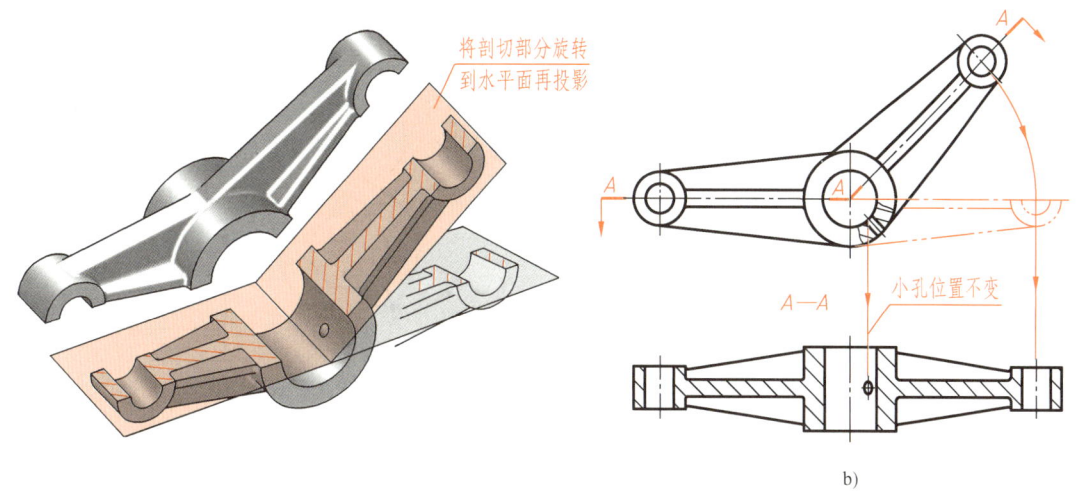

图 5-27 两相交的剖切平面剖切的概念

1）用相交的剖切平面剖切画出的剖视图必须标注。在两剖切平面的起、讫和转折处画出剖切符号，并标注上同一字母"×"，在所画剖视图上方用同样字母标注剖视图名称"×—×"，如图 5-27b、图 5-28b 所示。当剖视图按投影关系配置，中间没有其他视图隔开时，可省略箭头。

2）采用这种剖切方法画剖视图时，应将被剖开的与基本投影面倾斜的结构及其有关部分绕回转轴线旋转，使其与选定的投影面平行后再进行投射。即按"先旋转后投射"的原则画图，如图 5-27、图 5-28 所示。若被两个以上连续相交的剖切平面剖切时，应展开画图，

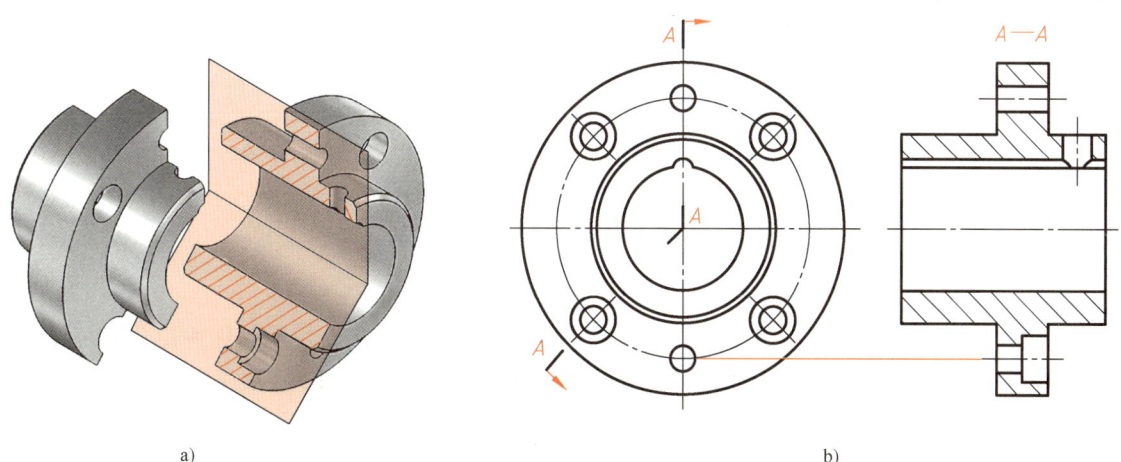

图 5-28 常见圆周分布孔、槽的剖视图表达

如图 5-29 所示。

3）在剖切平面后的其他结构，如图 5-27 中的小孔，一般仍按原位置投影。

4）在剖切平面后产生的不完整要素，应按原位置不剖画出，如图 5-30 所示。

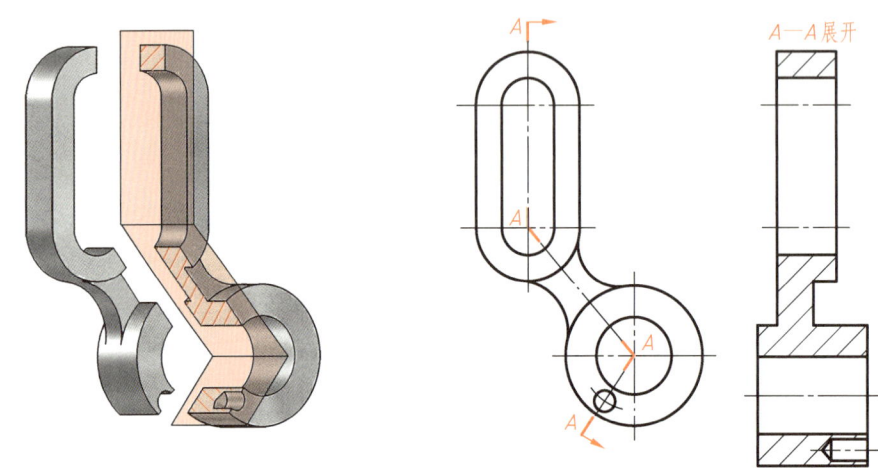

图 5-29　两个以上连续相交的剖切平面剖切的展开图

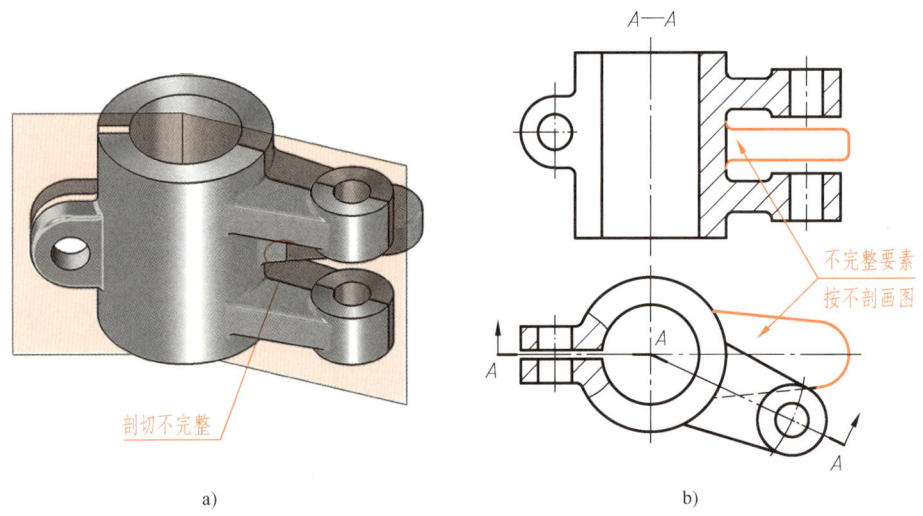

图 5-30　不完整剖切要素的规定画法

4. 组合的剖切平面

除阶梯剖、旋转剖以外，用组合的剖切平面剖开机件的方法，习惯上称为复合剖。复合剖用来表达内部结构较为复杂且分布在不同位置的机件。如图 5-31a 所示机件，为了把各部分不同位置和形状的孔等结构都能剖切到，可采用几个平行的剖切平面（阶梯剖）和相交的剖切平面（旋转剖）同时剖切机件，即复合剖的方法来画剖视图。用复合剖方法所获得的剖视图必须加以标注，如图 5-31b 所示。

第5章 机件的表达方法

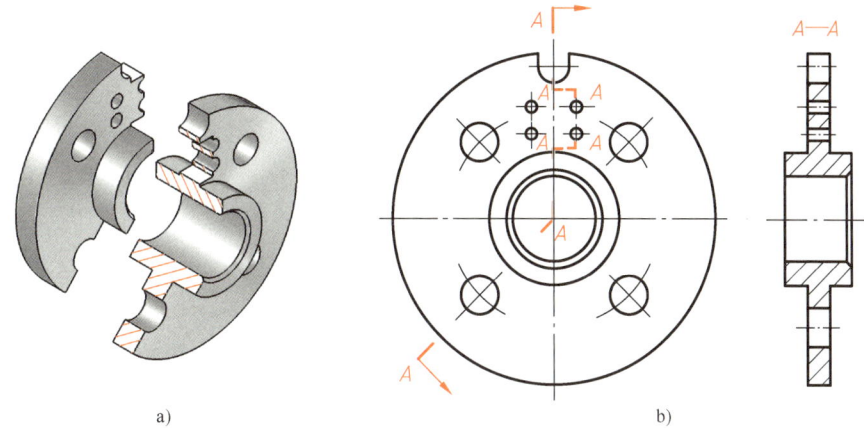

图 5-31 复合剖的概念及画法

5.3 断面图

5.3.1 断面图的基本概念

假想用剖切平面将机件某处切断，仅画出剖切平面与机件接触部分的图形，并画上剖面符号，这种图形称为断面图，简称断面，如图 5-32 所示。

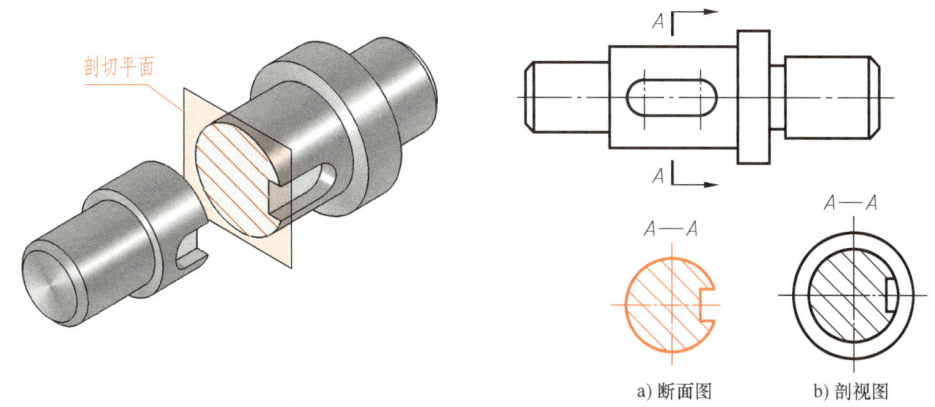

图 5-32 断面图的概念

断面图与剖视图的区别在于：断面图只画出机件被剖切后的断面形状，如图 5-32a 所示；而剖视图除画断面形状外，还必须画出剖切平面后机件轮廓的投影，如图 5-32b 所示。

断面图表达的是机件上某截断面的真实形状，因此剖切平面应垂直于机件被切断处的轴线或轮廓线。常用于表达实心板（杆）的断面形状以及机件上某一局部结构的断面形状，如机件的肋板、轮辐、各种连接板（杆）以及各种型材等。

5.3.2 断面图的分类、画法和标注

断面图按配置位置不同分为移出断面和重合断面。

1. 移出断面

画在剖视图轮廓线以外的断面图称为移出断面，如图 5-33 所示。移出断面尽量配置在剖切符号的延长线上，其轮廓线用粗实线绘制，如图 5-33a、b 所示。亦可画在视图中断处，如图 5-33c 所示。必要时，可将移出断面画在其他适当位置，但必须加以标注，如图 5-38c、图 5-38d 所示。

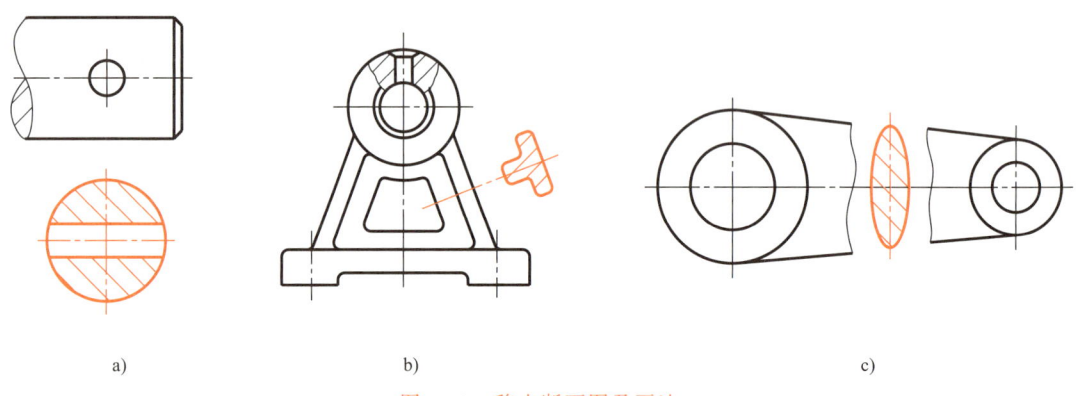

a)　　　　　　　　　　b)　　　　　　　　　　c)

图 5-33　移出断面图及画法

2. 重合断面

画在视图轮廓线之内的断面图称为重合断面。重合断面直接画在截断面处，其轮廓线用细实线绘制，如图 5-34 所示。当视图中的轮廓线与重合断面的图形重叠时，视图中的轮廓线仍应连续画出，不可间断，如图 5-34b 所示。

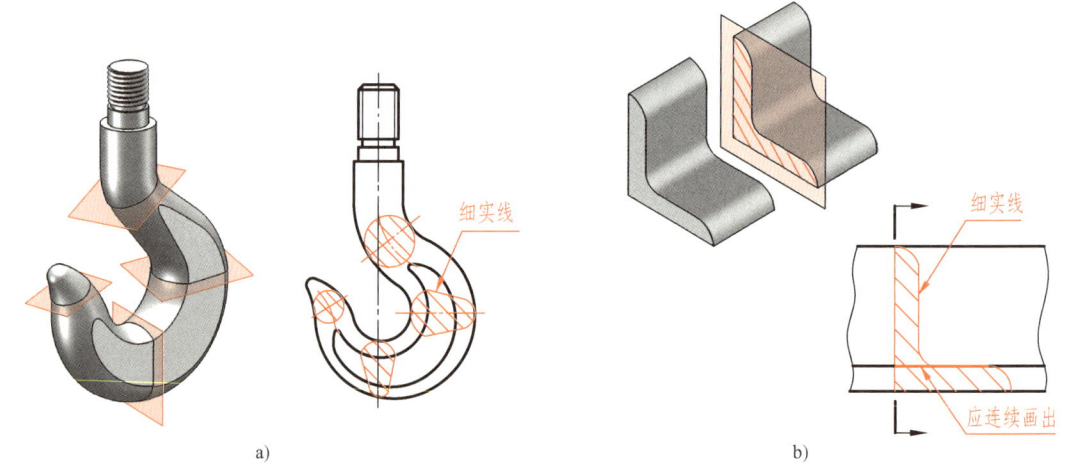

a)　　　　　　　　　　　　　　　　b)

图 5-34　重合断面图及画法

3. 断面图中的其他规定画法

1) 当断面图中出现完全分离的几个断面时，应按剖视图绘制，如图 5-35、图 5-38a 所示。

2) 当剖切平面通过回转面形成的圆孔或凹坑的轴线时，应按剖视图绘制，如图 5-33a、图 5-36、图 5-38d 所示。

第5章 机件的表达方法

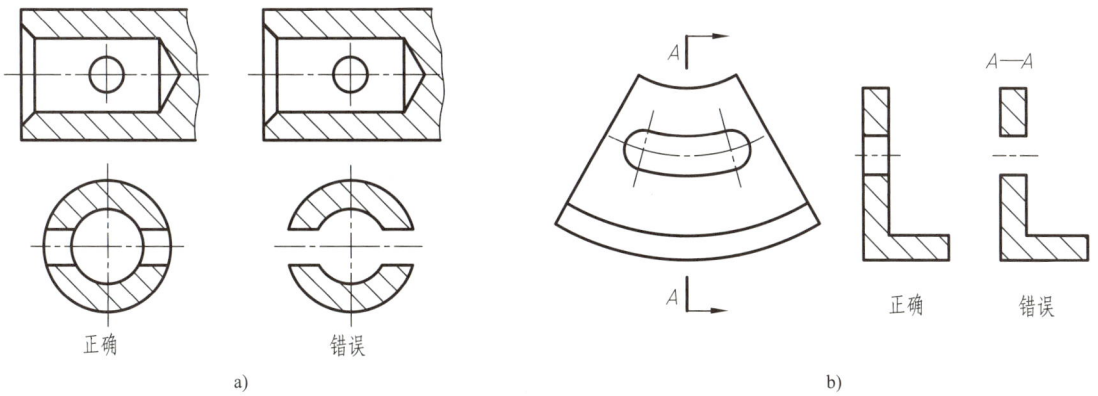

图 5-35 断面图的其他规定画法（一）

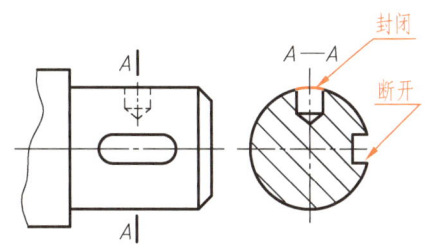

图 5-36 断面图的其他规定画法（二）

3）由两个或多个相交的剖切平面剖切所得的移出断面图，中间应以波浪线断开，并画在其中一个剖切平面的延长线上，如图 5-37 所示。

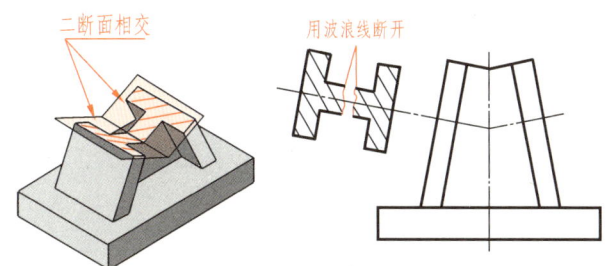

图 5-37 断面图的其他规定画法（三）

4. 断面图的标注

断面图的标注与剖视图类似，也是用剖切符号及字母标注剖切位置和断面名称，用箭头表示投影方向，如图 5-38c 所示。下列情况可适当省略标注：

1）对称的断面或按投影关系配置的移出断面，可省略箭头，如图 5-34a、图 5-35a 及图 5-38a、d 等所示。

2）重合断面、配置在剖切平面延长线或视图中断处的移出断面，可省略字母，如图 5-34、图 5-35a、图 5-37、图 5-38a、b 所示。

因此，有些断面图可以完全省略标注，如图 5-34a、图 5-35a 及图 5-38a 所示，而有些断

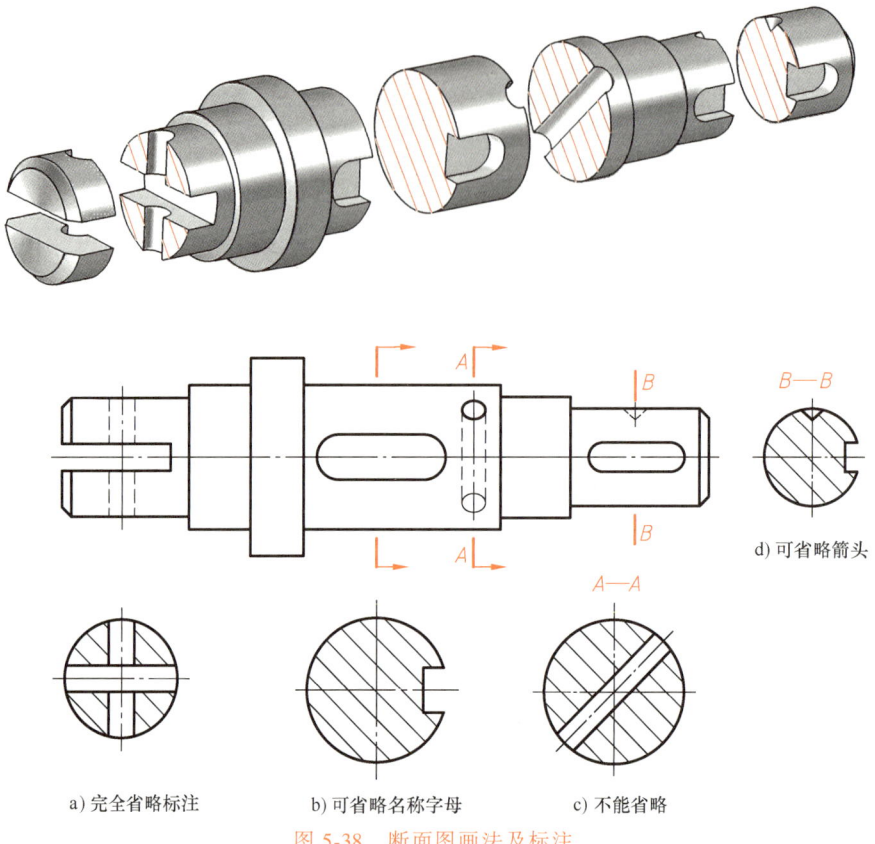

a) 完全省略标注　　b) 可省略名称字母　　c) 不能省略

图 5-38　断面图画法及标注

面图则需完整标注，如图 5-38c 所示。

5.4　机件的其他表达方法

为使图形清晰，画图方便，国家标准还规定了以下表达方法，供画图时选用。

5.4.1　局部放大图

当机件上的某些局部细小结构在视图上表达不够清楚或不便于标注尺寸时，可以将该结构用大于原图的比例画出，称为局部放大图，如图 5-39a、d 所示。

局部放大图应尽量放置在被放大部分的附近，可以画成视图、剖视图和断面图，它与被放大部分的表达方法无关，如图 5-39a、d 所示。

绘制局部放大图时，除螺纹牙型、齿轮和链轮的齿形放大图外，均应用细实线圆圈出被放大的部位（不允许画成不规则形状，影响图面清晰），并在局部放大图上方注明放大的比例。当同一机件有几个放大部位时，必须用罗马数字依次标明被放大的部位，并在局部放大图的上方标注出相应的罗马数字和所采用的比例，如图 5-39a、d 所示。

局部放大图中标注的比例为放大图形的尺寸与机件的实际尺寸之比，与原图所采用的画图比例无关。

第5章 机件的表达方法

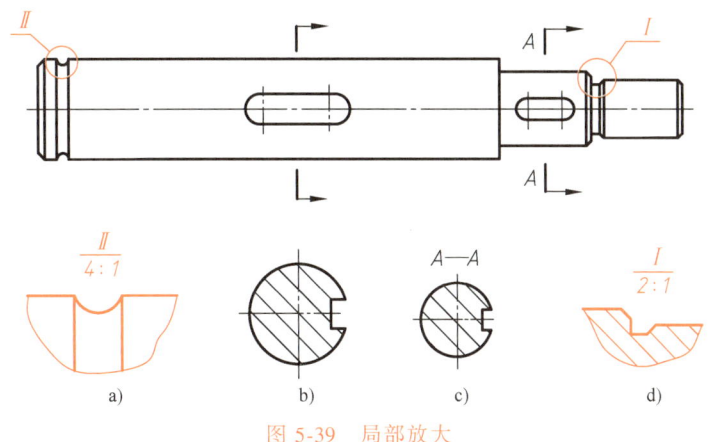

图 5-39 局部放大

5.4.2 简化画法

简化画法是对图样的某些结构的表达方法进行简化，使图形既清晰又简单易画。国家标准规定了以下简化画法。

1. 相同结构的简化画法

1）当机件具有若干相同结构（齿、槽等），并按一定规律分布时，只需画出几个完整的结构，其余用细实线连接，但必须注明该结构的总数（X个），如图 5-40 所示。

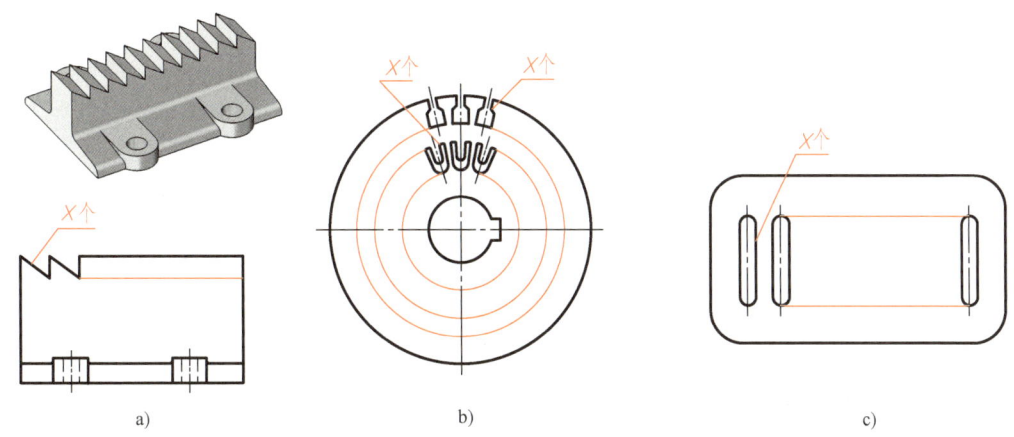

图 5-40 相同结构的简化画法（一）

2）当机件具有若干直径相同且成规律分布的孔（圆孔、螺孔、沉孔等）时，可仅画出一个或几个，其余用点画线表示其中心位置，但应注明孔的总数，如图 5-41 所示。

2. 剖视图中的简化画法

1）对于机件的肋板、轮辐及薄壁等，如按纵向剖切，这些结构不画剖面线，而用粗实线将其与相邻部分分开。如按横向剖切，仍应画剖面线，如图 5-42 所示。

2）当机件回转体上均匀分布的肋板、轮辐、孔等结构不处于剖切平面时，应将这些结构假想旋转到剖切平面上画出，如图 5-43 中轮辐的画法及图 5-44 中肋板和孔的画法。

127

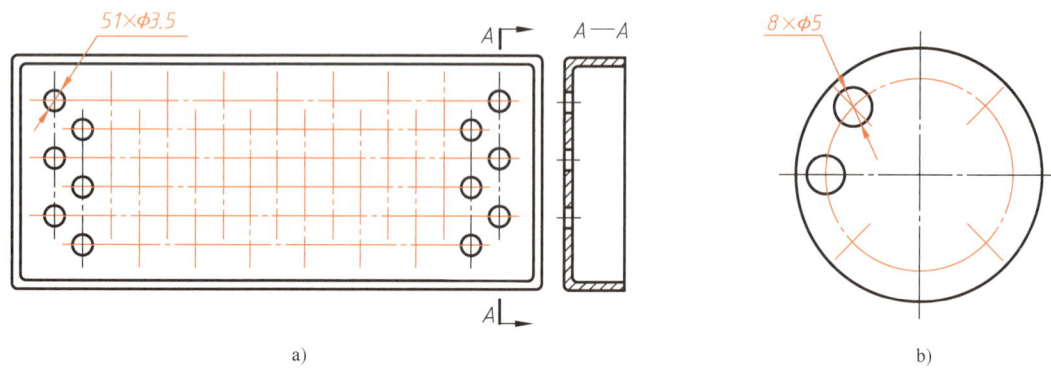

图 5-41　相同结构的简化画法（二）

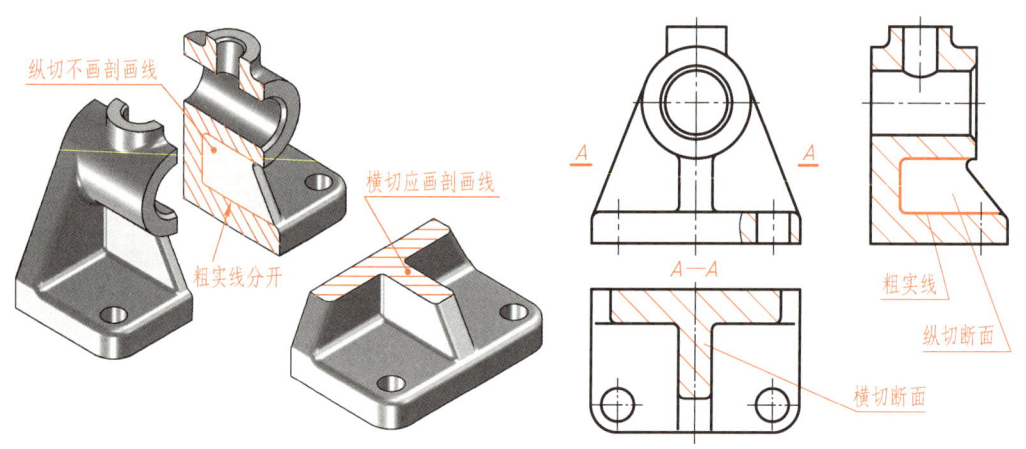

图 5-42　剖视图中肋板的表达方法

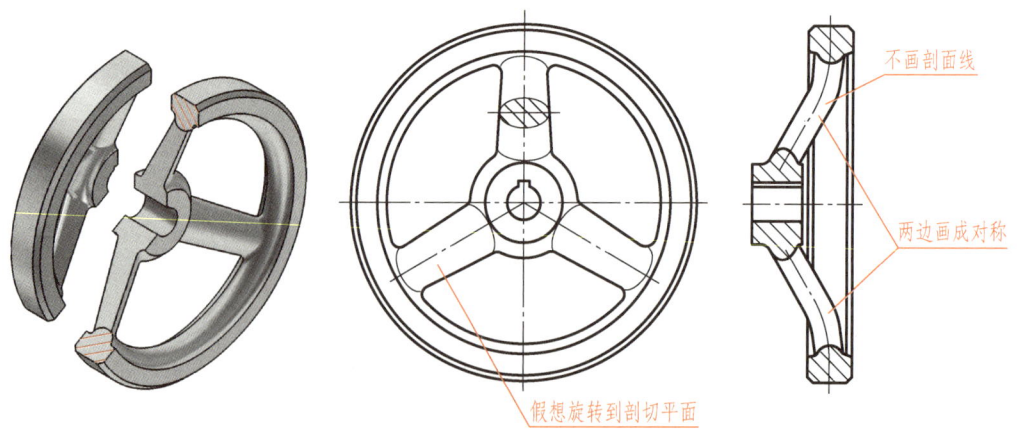

图 5-43　剖视图中轮辐的表达方法

3. 对称局部结构的简化画法

零件上对称结构的局部视图，可按图 5-45 所示的方法绘制。

第5章 机件的表达方法

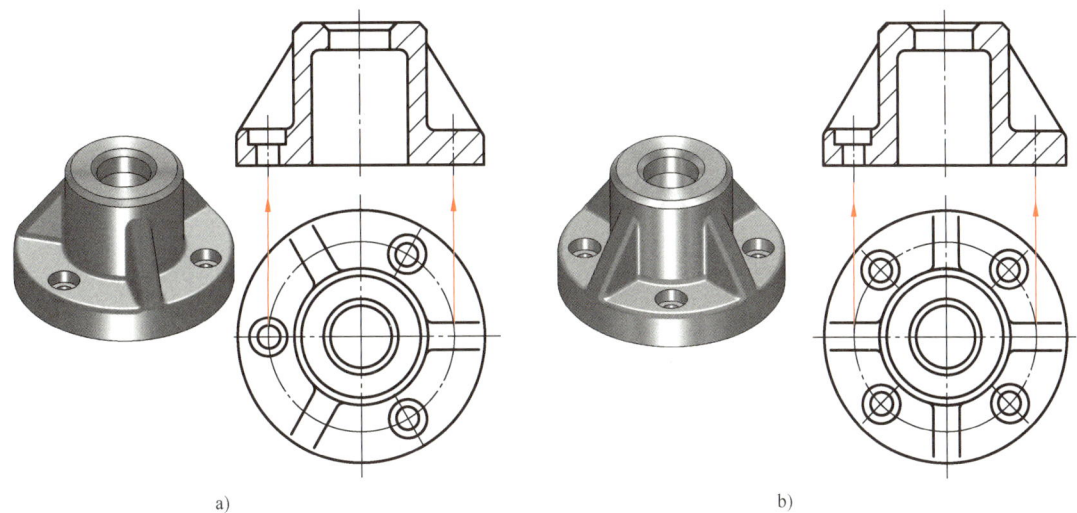

a)   b)

图 5-44 沿圆周分布的孔和肋板的表达方法

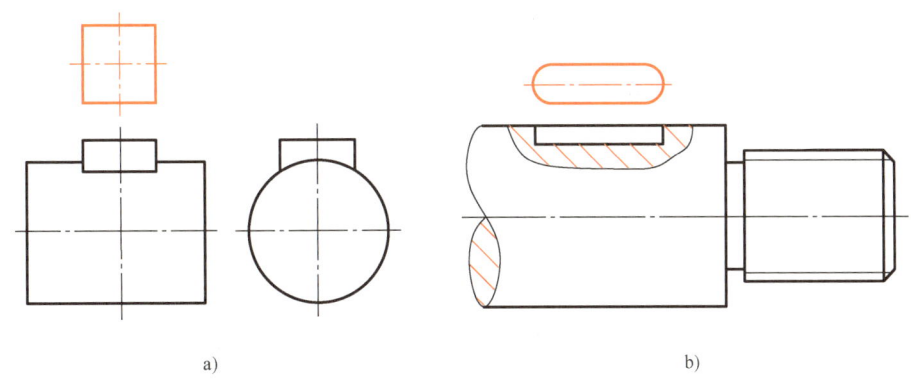

a)   b)

图 5-45 对称结构的局部视图表达

4. 交线的简化画法

在不致引起误解时，过渡线、相贯线允许简化，用直线或圆弧代替非圆曲线。当两圆柱回转直径相差较大时，可用直线代替相贯线，如图 5-46a 所示；正交圆柱的相贯线可用圆弧代替，如图 5-46b 所示。

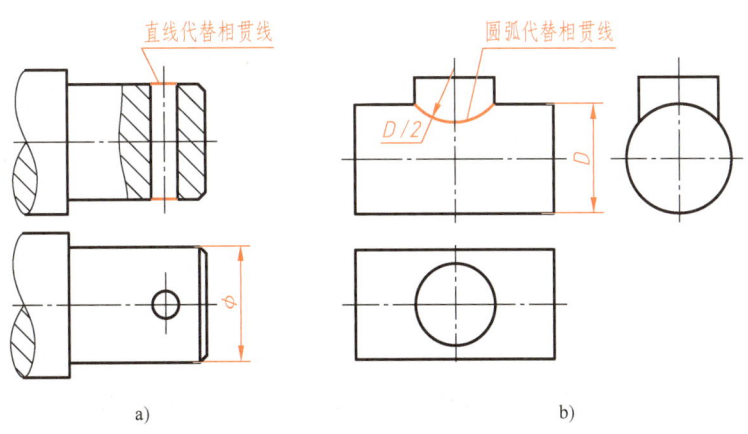

a)   b)

图 5-46 交线的简化画法

129

5. 较长机件的折断画法

较长的机件（轴、杆、型材、连杆等）沿长度方向的形状一致或按一定规律变化时，可假想折断开缩短绘制，但仍应按实际长度标注尺寸，如图5-47所示。断裂处的边界线一般用波浪线或双点划线绘制，如图5-47a、b所示，对于实心或空心圆柱也可按图5-47c、d绘制，对于较大的机件，断裂处可用双折线绘制。

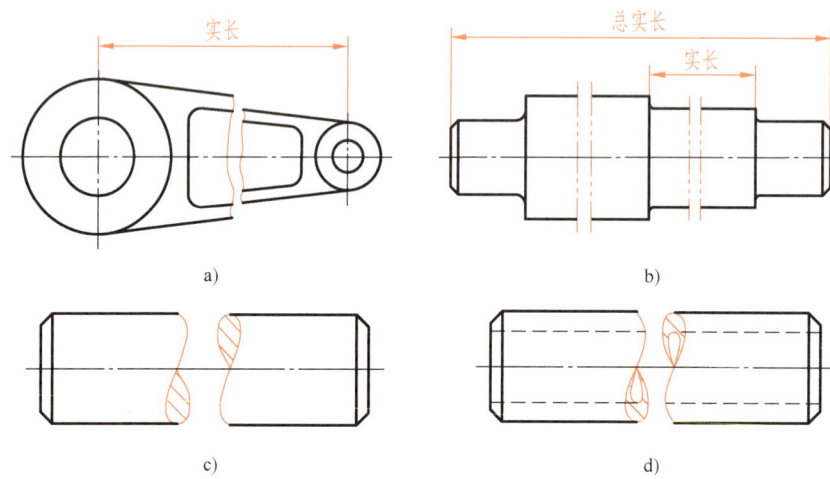

图5-47 较长机件的折断画法

6. 网状物、滚花的画法

网状物、编织物或机件上的滚花部分，可在轮廓线附近用粗实线示意画出，并在零件上或技术要求中注明这些结构的具体要求，如图5-48所示。

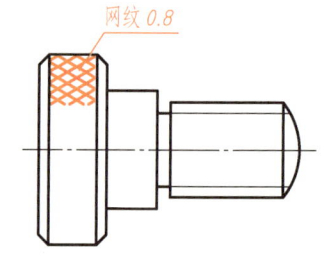

图5-48 零件上滚花的简化画法

7. 曲面上平面的表达方法

当曲面上的平面在图形中不能充分表达清楚时，可用平面符号（两条相交的细实线）表示，如图5-49所示。

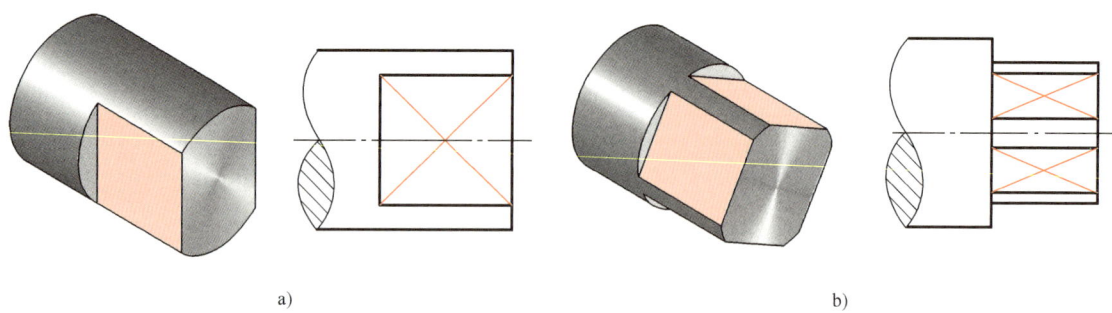

图5-49 曲面上平面的表达方法

8. 圆柱形凸缘上均布孔的表达方法

圆柱形凸缘上均匀分布在圆周上直径相同的孔，如圆柱形法兰和类似零件可按图5-50所示方法表达。

9. 斜度不大结构的表达方法

1）机件上斜度不大的结构，如在一个图形中已表达清楚时，其他图形可按小端画出，如图 5-51 所示。

2）与投影面倾斜角度小于或等于 30°的圆（圆弧），其投影可用圆（圆弧）代替椭圆（椭圆弧），如图 5-52 所示。

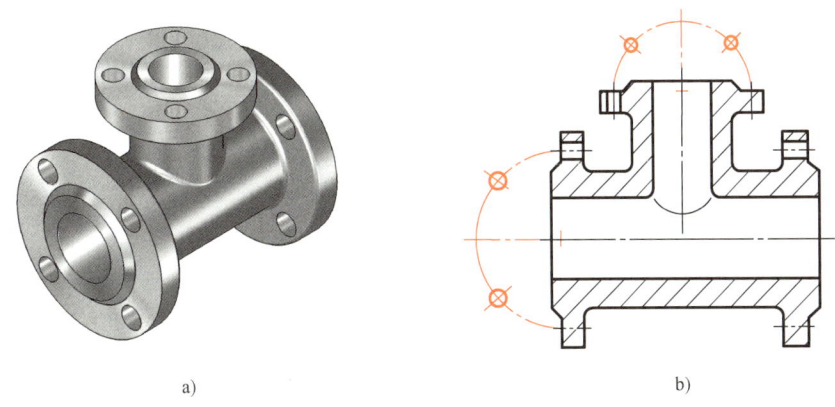

图 5-50　圆柱形凸缘上均布孔的表达

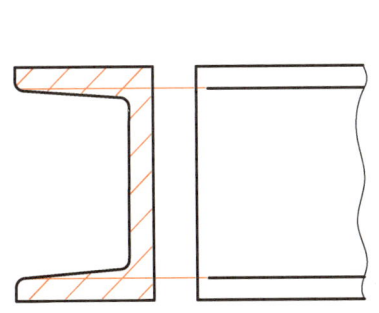

图 5-51　斜度的简化画法

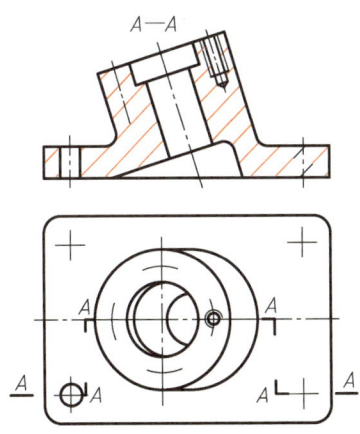

图 5-52　斜面上圆投影的简化画法

5.5　表达方法综合应用

实际应用中，应根据机件的结构特点，正确、灵活、综合地选择视图、剖视图和断面图以及简化画法等表达方法，将机件表达清楚。选择表达方案时，应首先考虑看图方便，各视图、剖视图或断面图等表达内容明确，在完整、清晰地表达机件各部分形状和相对位置的前提下，力求作图简便。下面以实例说明表达方案的选择。

[例 5-1]　选择合适的表达方案将图 5-53a 所示支架表达清楚。

形体分析：由图 5-53a 可知，该支架由上方水平方向的空心圆柱、下方倾斜的安装底板以及中间的"十字"形肋板三部分组成。

表达方案选择： 根据组合体视图的选用原则，主视图应尽量多地反映机件特征，因此图 5-53a 箭头所示应为主视图投射方向。因空心圆柱及底板上的安装孔在该方向均需剖切，而该主视图又不宜全剖，因此选用图 5-53b 所示局部剖切的主视图，这样不仅将机件三部分的上下、左右位置表达清楚，而且将空心圆柱的通孔和底板上的安装孔表达清楚。对于倾斜安装底板的真实形状，应选用局部的斜视图表达；"十字"形肋板显然需要断面图来表达。除此之外，还应增加局部的左视图，表达"十字"形肋板与空心圆柱的前后相对位置，而"十字"形肋板和安装底板的前后相对位置可在安装底板的局部视图中作表达，最终表达方案及视图配置如图 5-53b 所示。

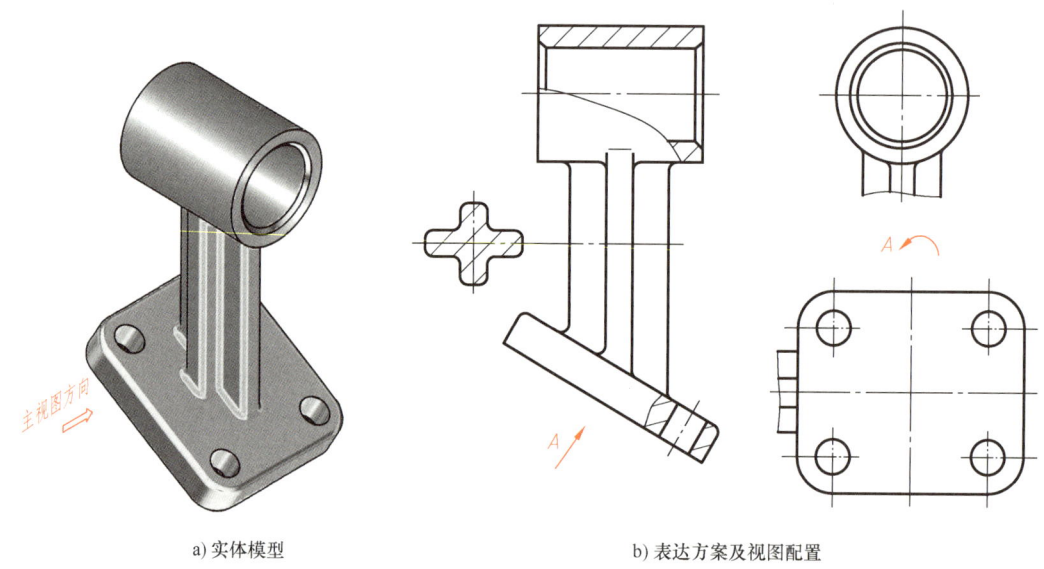

a) 实体模型 b) 表达方案及视图配置

图 5-53 表达方法综合应用（一）

[例 5-2] 选择合适的表达方案将图 5-54a 所示四通管表达清楚。

形体分析： 由图 5-54a 可知，该机件由主体部分空心圆柱 1、下连接板 2、上连接板 3、左边法兰及其连接部分 4、右前连接板及其连接部分 5 共五部分组成。

表达方案选择： 根据该机件的结构特征，要将五部分形体前后、上下、左右相对位置表达清楚，应画出主视图及俯视图。由于左右两边的形体 4、5 均有内孔需要表达，因此主视图和俯视图应采用剖视图表达。同时两个形体 4 和 5 正面投影的轮廓线处在两个相交的平面上，因此主视图采用图 5-54b 所示相交的剖切平面 A—A 进行剖切；两个形体 3 和 5 水平投影的轮廓线处在两个平行的水平面上，因此水平投影采用图 5-54b 所示两个平行的剖切平面 B—B 进行剖切。这样，5 个部分的相对位置、主体 1 及左右两部分内孔结构均表达清楚，而下连接板 2 及其安装孔的结构形状，通过简化画法也同时表达清楚。左边法兰板的形状通过简化画法表达；右边连接板 5 及上连接板 3 的形状均需通过局部视图来表达。上连接板的安装孔在主视图中作局部剖。最终表达方案及视图配置如图 5-54b 所示。

第5章 机件的表达方法

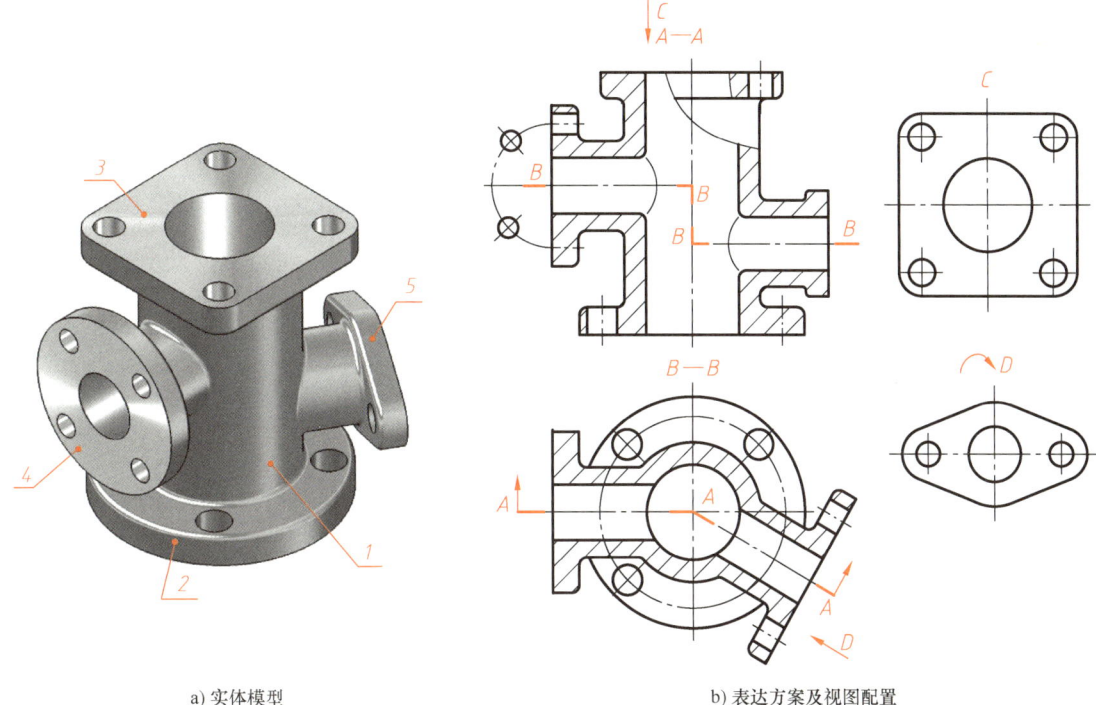

a) 实体模型   b) 表达方案及视图配置

图 5-54 表达方法综合应用（二）

5.6 第三角画法简介

目前，世界上有两种通用等效的图样画法，即第一角画法和第三角画法。我国标准 GB/T 14692—2008 中规定"应按第一角画法布置六个基本视图，必要时（如按合同规定）才允许使用第三角画法"。美国、日本等一些国家采用第三角画法。为适应国际技术交流，供读者在阅读国外有关资料时作参考，现将第三角画法简单介绍如下：

1. 第三角画法的概念

图 5-55 所示两个互相垂直的投影面，正立投影面和水平投影面，它们将空间分为 Ⅰ、Ⅱ、Ⅲ、Ⅳ 四个分角。把机件放在第一分角进行投影称为第一角画法；把机件放在第三分角进行投影称为第三角画法。

2. 第三角画法与第一角画法的区别

1) 采用第一角画法，是把机件放在投影面和观察者之间，而采用第三角画法则是把投影面放在机件和观察者之间，并假想投影面是透明的，如图 5-56a 所示。由前向后投影得到主视图，由上向下投影得到俯视图，由右向左投影得到右视图。

2) 将第三角画法的投影面展开时，规定 V 面不动，H 面向上翻转，同时 W 面向前翻转到与 V

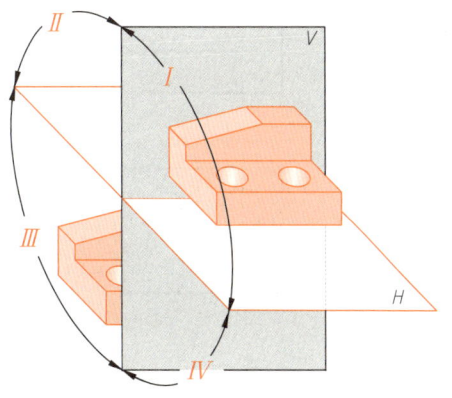

图 5-55 空间四个分角的形成

面重合，展开后的三视图配置如图 5-56b 所示。

在第三角投影中，同样有六个基本投影面，可以得到六个基本视图。由于观察者、投影面和机件三者的相对位置不同，由此引起视图位置的配置也不同。第三角画法的六个基本视图配置如图 5-57 所示，视图间的投影规律及特性与第一角画法一样。

若采用第三角投影，必须在图样中画出图 5-58 所示的第三角画法识别符号，该符号一般标注在所画图样的标题栏内或标题栏上方。若采用第一角画法，无须标注此符号。

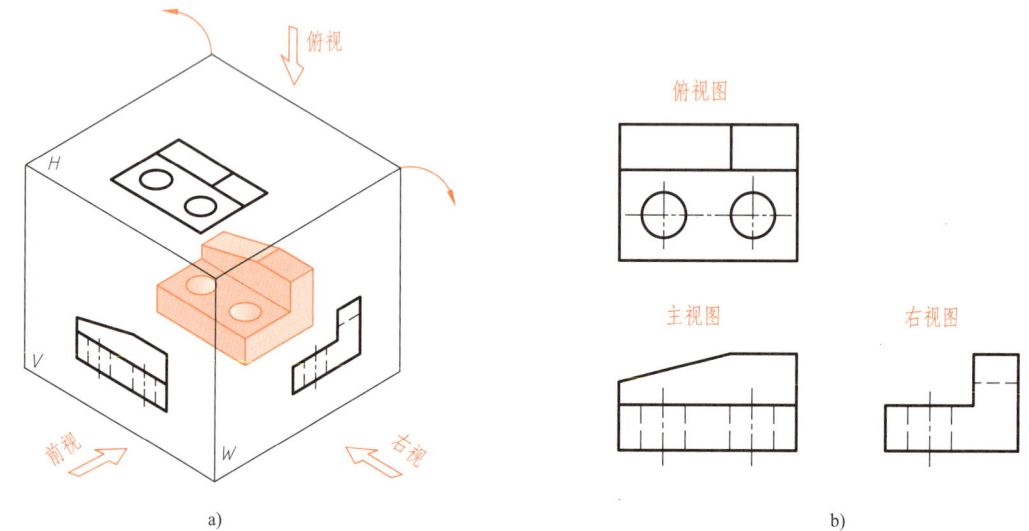

图 5-56 第三角投影图的形成

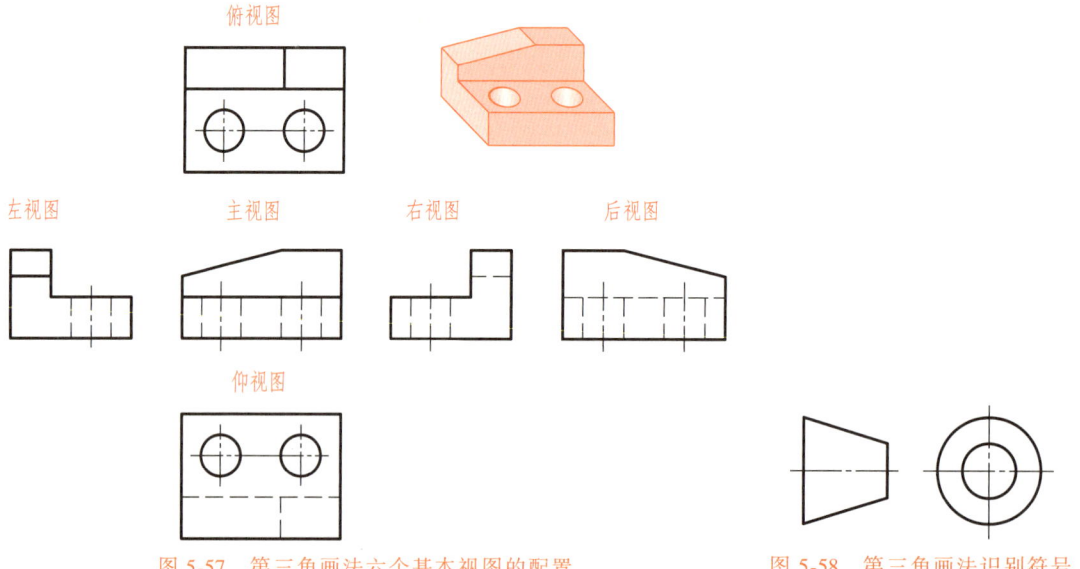

图 5-57 第三角画法六个基本视图的配置　　　图 5-58 第三角画法识别符号

第 6 章

标准件与常用件

在各种机械或设备中，常用到螺栓、螺钉、螺母、垫圈、键、销、轴承等零件。由于这些零件应用广泛，国家标准对它们的结构形式和尺寸作了统一规定，以便专业化大批量生产，用户需要时按规格外购即可，这类零件称为标准件。而有些常用零件，根据需要，国家标准只是将其部分尺寸参数标准化，如齿轮、弹簧等，这类零件习惯上称为常用件。

为了简化画图和便于选用，"机械制图"国家标准制定了它们的规定画法和标记规则。本章分别介绍这些标准件与常用件的基本知识、规定画法及标记方法等。

6.1 螺纹和螺纹紧固件

6.1.1 螺纹的基本知识

1. 螺纹的形成

图 6-1a、b 所示为在车床上车削螺纹的方法。当圆柱（或圆锥）形工件装夹在车床卡盘上并随主轴绕轴线作等速回转运动，车刀沿轴线方向作等速直线运动时，刀尖在工件上的运动轨迹便是一条圆柱螺旋线。当刀尖磨成一定形状且切入工件一定深度时，就在工件上加工出螺纹。在工件外表面上加工的螺纹称为外螺纹，内表面上加工的螺纹称为内螺纹。

此外，对于批量少，且直径小的螺纹通常用丝锥加工内螺纹（俗称"攻丝"，见图 6-1c），用板牙加工外螺纹（俗称"套扣"）；大批量生产则采用模具滚压等方法加工螺纹。

2. 螺纹的要素

（1）牙型　在通过螺纹轴线的剖面上，螺纹的轮廓形状称为螺纹的牙型，如图 6-2a 所示。常用的螺纹牙型有三角形、梯形、锯齿形、矩形等，如图 6-2b 所示。其中矩形螺纹尚未标准化，其余牙型的螺纹均为标准螺纹。

（2）直径　如图 6-3 所示，螺纹的直径有大径、小径和中径。

大径（d、D）：与外螺纹牙顶或内螺纹牙底相切的假想圆柱的直径称为大径。

小径（d_1、D_1）：与外螺纹牙底或内螺纹牙顶相切的假想圆柱的直径称为小径。

中径（d_2、D_2）：通过牙型沟槽的槽宽和牙厚相等处的假想圆柱的直径称为中径。

公称直径是代表螺纹尺寸大小的直径，一般指螺纹的大径，见附表 A-1。

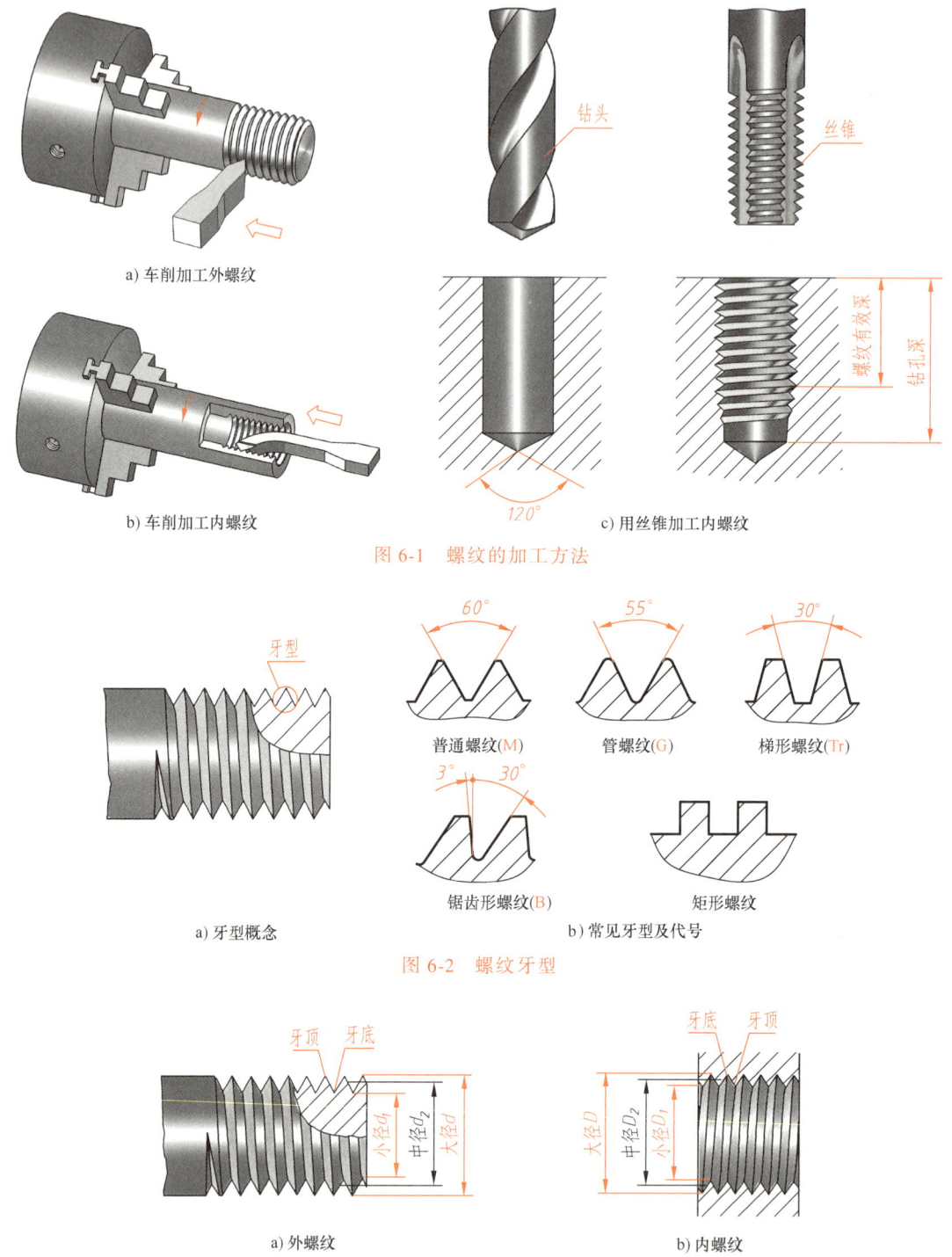

(3) 线数 n 螺纹有单线、多线之分。如图 6-4 所示，由一条螺旋线所形成的螺纹称为单线螺纹，由两条或两条以上、在轴向等距分布的螺旋线形成的螺纹称为双线或多线螺纹。

(4) 螺距 P 和导程 P_h 如图 6-4 所示，相邻两牙在中径线上对应两点之间的轴向距离称为螺距，用 P 表示。同一螺旋线上的相邻两牙在中径线上对应两点之间的轴向距离称为导程，用 P_h 表示。显然，导程、螺距及线数的关系为：$P_h = nP$。

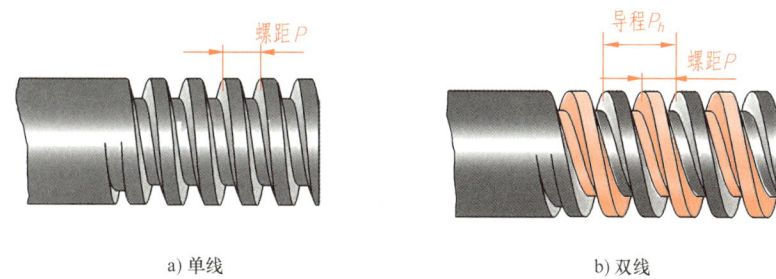

a) 单线　　　　　　　　　　　b) 双线

图 6-4　螺纹的线数、螺距和导程

（5）旋向　螺纹有左旋和右旋两种，判断方法如图 6-5 所示。实际应用中，一般使用右旋螺纹。

内外螺纹只有在上述五个要素完全相同时才能旋合。

3. 螺纹的结构

（1）螺纹的端部结构　为了防止螺纹端部损坏和便于安装，通常将螺纹的端部加工成锥形的倒角，如图 6-6 所示。

（2）螺纹收尾和退刀槽　车削螺纹的刀具快到螺纹终止处时要逐渐离开工件，因而螺纹

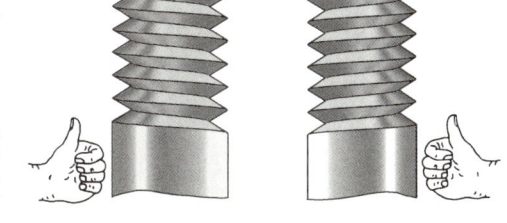

a) 左旋　　　　b) 右旋

图 6-5　螺纹旋向

终止处附近的牙型会逐渐变浅，形成不完整牙型，这一段螺纹称为螺纹收尾，如图 6-6a 所示。为了避免产生收尾和便于加工，通常在螺纹终止处预先加工出退刀槽，如图 6-6b 所示。

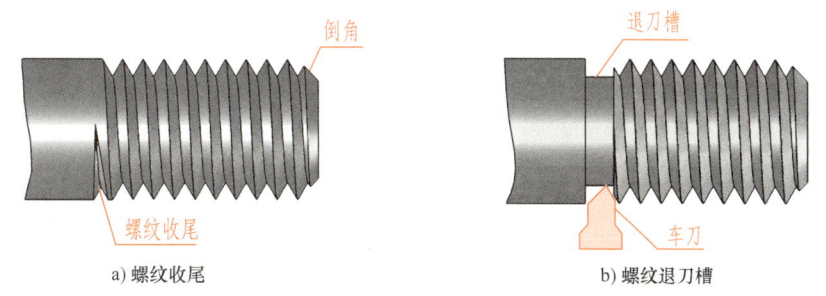

a) 螺纹收尾　　　　　　　　　　b) 螺纹退刀槽

图 6-6　常见螺纹的结构

螺纹按用途主要分为连接螺纹和传动螺纹。

（1）连接螺纹　用来连接零件，如普通螺纹和管螺纹。

（2）传动螺纹　用于传递动力和运动，如梯形螺纹和锯齿形螺纹等常用于机床的丝杠、螺旋压力机及螺旋千斤顶的丝杠等。

6.1.2　螺纹的规定画法

为了作图简便，国家标准《技术制图》GB/T 4459.1—1995 对螺纹和螺纹紧固件制定了

规定画法。

1. 外螺纹和内螺纹的规定画法

如图6-7a、图6-8a所示,螺纹的牙顶圆用粗实线表示,牙底圆用细实线表示,终止线用粗实线表示。在平行于螺纹轴线的投影中,一般应画出螺纹端部的倒角;在垂直于螺纹轴线的投影中,螺纹端部的倒角圆省略不画,同时表示牙底的细实线圆只画3/4圈。

如图6-7a所示,在投影为非圆的视图中,螺纹的牙顶(大径)用粗实线表示,牙底(小径,其大小约为大径的0.85倍)用细实线表示,螺纹的终止线用粗实线表示。应当注意的是,表示牙底的细实线应画入倒角内。在投影为圆的视图中,牙顶(大径)用粗实线圆表示,牙底(小径)用约3/4圈细实线圆表示,倒角圆省略不画。在螺纹的剖视图(或断面图)中,剖面线应画到粗实线,如图6-7b所示。

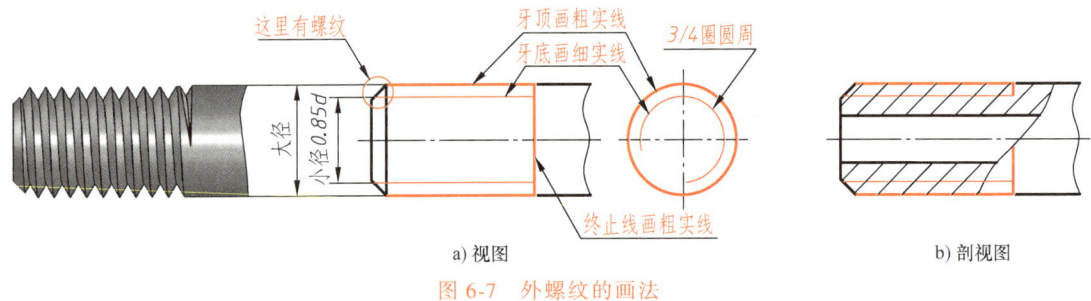

a) 视图　　　　　　　　　　　b) 剖视图

图6-7 外螺纹的画法

2. 内螺纹的画法

内螺纹在投影为非圆的视图中一般用剖视图表示,如图6-8a所示,螺纹的牙底(大径)用细实线表示,牙顶(小径)及螺纹的终止线均用粗实线表示,剖面线画到粗实线处。在投影为圆的视图中,牙顶(小径)用粗实线表示,牙底(大径)用约3/4圈细实线圆表示,倒角圆省略不画。

图6-8b所示为不通的螺纹孔(俗称盲孔)的画法,其钻孔深度比螺纹孔深度深$(0.3\sim0.5)D$,钻头头部形成的锥顶角应画成120°。

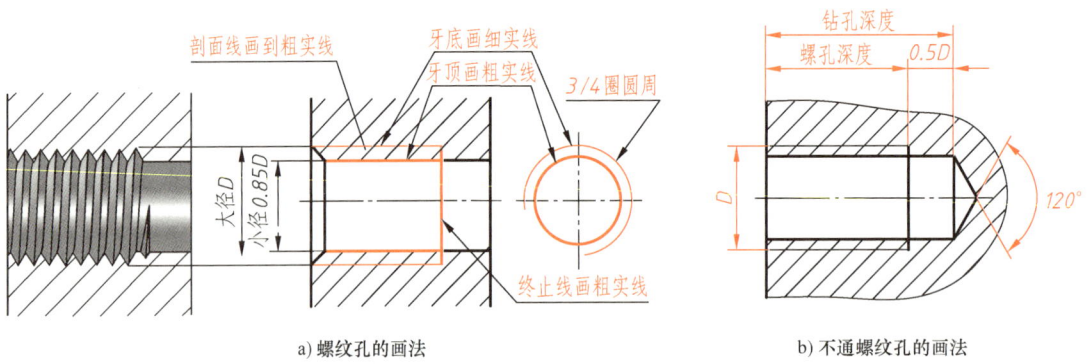

a) 螺纹孔的画法　　　　　　　　　b) 不通螺纹孔的画法

图6-8 内螺纹的画法

3. 内、外螺纹连接的画法

如图6-9所示,内、外螺纹旋合(连接)后,旋合部分按外螺纹的画法绘制,其余部分仍按各自的画法表示。应当注意的是,用剖视图表示投影为非圆的视图时,实心螺杆按不剖绘制，表示螺杆和螺纹孔大、小径的粗实线和细实线应分别对齐。

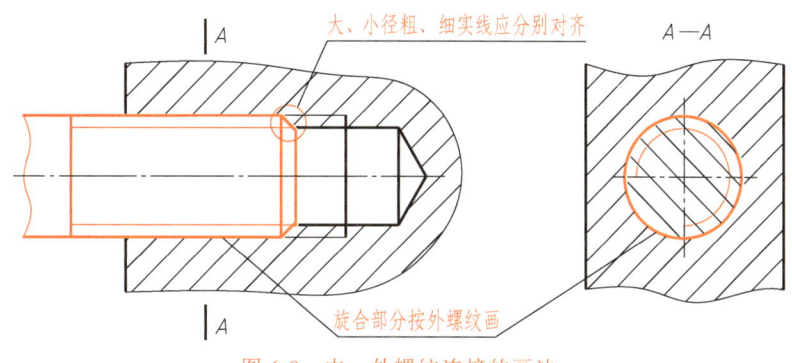

图 6-9 内、外螺纹连接的画法

4. 螺纹牙型的表示方法

当需要画出牙型或表示非标准螺纹（如矩形）的牙型时，可按图 6-10 所示的方法绘制。

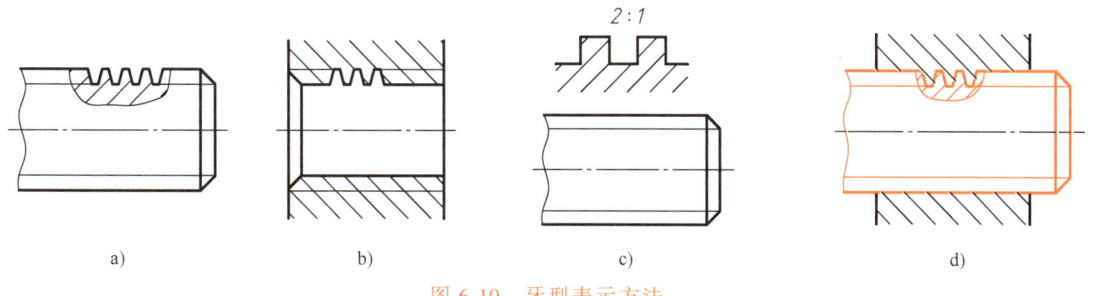

图 6-10 牙型表示方法

当表示螺纹的视图不可见时，所有图线均用虚线表示。

6.1.3 螺纹的标注

按规定画法画出的螺纹，只表示了螺纹的大径和小径，螺纹的牙型等其他要素则要通过标注才能确定。

1. 普通螺纹的标注

普通螺纹的标记格式为：

| 特征代号 | 公称直径 | ×螺距 | - | 公差带代号 | - | 旋合长度代号 | - | 旋向代号 |

各项内容说明如下：

1) 特征代号。表示螺纹牙型形状，普通螺纹牙型如图 6-2b 所示，代号为 M。

2) 公称直径。公称直径指螺纹的大径。

3) 螺距。单线普通螺纹按螺距大小分为粗牙和细牙（见附表 A-1），粗牙螺纹不标螺距。多线螺纹在此处应标注"Ph"导程 P 螺距数值。

4) 旋向代号。右旋不标旋向，左旋标注 LH。

5) 公差带代号。指中径和顶径的公差带代号，中径的公差带代号在前，两者相同时只标注一个。最常用的中等精度的普通螺纹（如公称直径≥1.6mm 的 6H、6g），可省略标注。

6) 旋合长度代号。指内、外螺纹旋合时，旋合部分螺纹的长度。中等长度代号为 N，较短为 S，较长为 L。中等长度代号 N 可省略标注。

标注示例见表 6-1。

表 6-1 普通螺纹标注示例

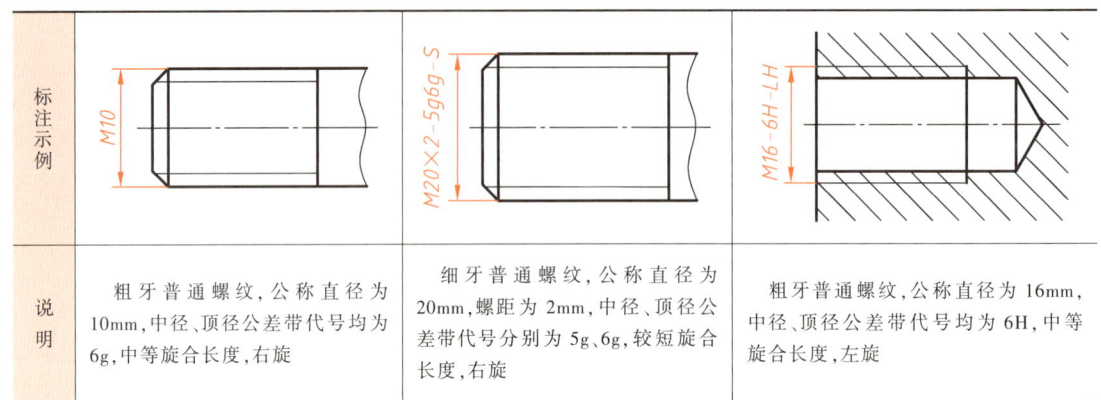

标注示例	粗牙普通螺纹，公称直径为 10mm，中径、顶径公差带代号均为 6g，中等旋合长度，右旋	细牙普通螺纹，公称直径为 20mm，螺距为 2mm，中径、顶径公差带代号分别为 5g、6g，较短旋合长度，右旋	粗牙普通螺纹，公称直径为 16mm，中径、顶径公差带代号均为 6H，中等旋合长度，左旋

2. 梯形螺纹、锯齿形螺纹的标注

梯形螺纹、锯齿形螺纹的标注格式为：

 特征代号 公称直径 × 螺距或导程（P 螺距） 旋向代号 - 公差带代号 - 旋合长度代号

各项内容说明如下：

1）特征代号。梯形、锯齿形螺纹牙型如图 6-2b 所示，代号分别为 Tr、B。

2）螺距或导程（P 螺距）。若为单线螺纹，直接标注螺距；若为多线螺纹，应标注导程，并在括号内标注螺距代号 P 及螺距数值。

3）公差带代号。梯形螺纹、锯齿形螺纹仅选择并标注中径的公差带代号。

其余内容与普通螺纹基本一致，标注示例见表 6-2。

表 6-2 梯形螺纹、锯齿形螺纹标注示例

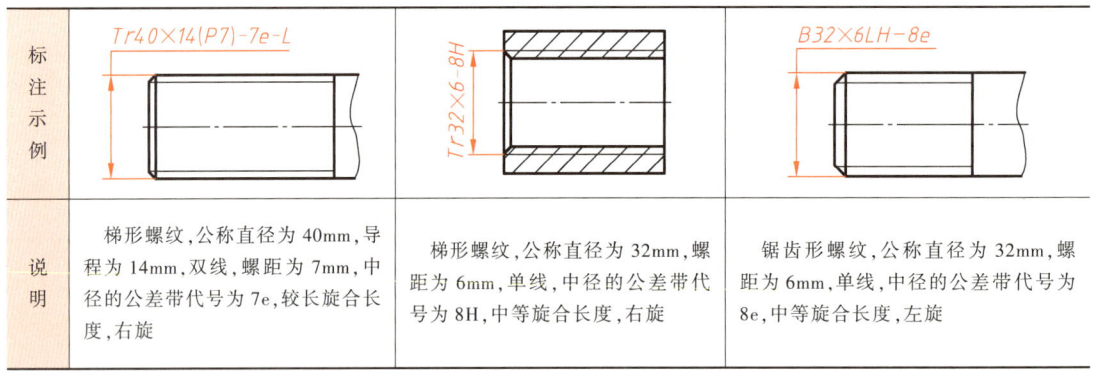

标注示例	梯形螺纹，公称直径为 40mm，导程为 14mm，双线，螺距为 7mm，中径的公差带代号为 7e，较长旋合长度，右旋	梯形螺纹，公称直径为 32mm，螺距为 6mm，单线，中径的公差带代号为 8H，中等旋合长度，右旋	锯齿形螺纹，公称直径为 32mm，螺距为 6mm，单线，中径的公差带代号为 8e，中等旋合长度，左旋

3. 管螺纹的标注

管螺纹的标注格式为：

 特征代号 尺寸代号 公差等级代号 - 旋向代号

各项内容说明如下：

1）特征代号。管螺纹牙型如图 6-2b 所示。55°非密封管螺纹代号为 G；55°密封管螺纹代号分别为：互相旋合的圆锥外螺纹为 R_1、内螺纹为 Rc，互相旋合的圆柱外螺纹为 R_2，内

螺纹为 Rp。

2) 尺寸代号。管螺纹的尺寸代号为管子的孔径，单位为英寸，其直径尺寸需查表确定。

3) 公差等级代号。55°密封管螺纹不需要标注公差等级。55°非密封管螺纹的内管螺纹公差等级只有一种，不必标注；外管螺纹公差等级有 A、B 两种，需要标注。

其余内容与普通螺纹基本一致，标注示例见表 6-3。

表 6-3 管螺纹标注示例

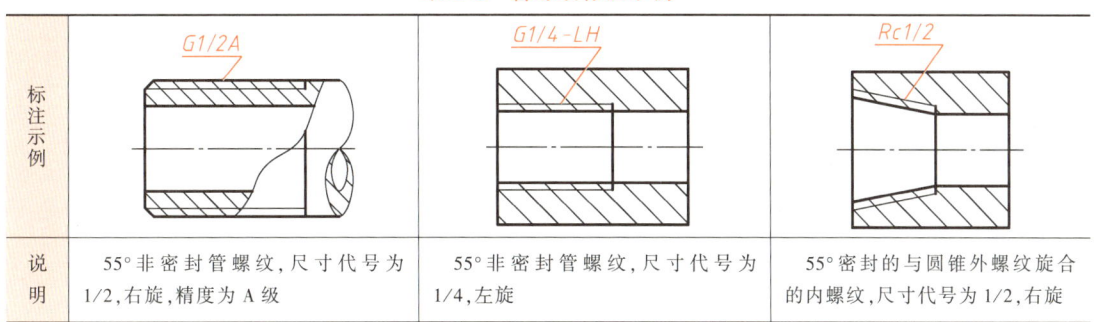

标注示例			
说明	55°非密封管螺纹，尺寸代号为 1/2，右旋，精度为 A 级	55°非密封管螺纹，尺寸代号为 1/4，左旋	55°密封的与圆锥外螺纹旋合的内螺纹，尺寸代号为 1/2，右旋

6.1.4 螺纹紧固件

利用内、外螺纹的旋紧作用，将两个或两个以上零件连接在一起的一组相关零件称为螺纹紧固件。螺纹紧固件均为标准件，常见有螺栓、螺钉、螺柱、螺母和垫圈等，如图 6-11 所示。

图 6-11 常用螺纹紧固件

1. 螺纹紧固件的标记

（1）标记的作用　标准件的种类很多，国家标准对其结构形状、尺寸、技术要求等都作了统一规定，并通过规定的标记格式来表示，如图 6-12 所示。因此，在机器设计中，选用标准件时，不必画出它们的零件图，只需写出标记，然后按标记采购即可。同样，根据标准件的标记，通过查阅相应国家标准，即可获知该标准件的类型、尺寸及技术要求等。三维设计中的标准件均需通过其标记进行选用。

(2) 标记的书写方法 国家标准中，所有标准件均有标记示例，如图 6-12 所示为"六角头螺栓-C 级（GB/T 5780—2016）"的结构形状及标记示例说明（见附表 B-1）。本书附表 B-1~附表 B-12 摘自国家标准的部分常用标准件。

从图 6-12 所示标记示例可以看出，选用的标准件类型为螺栓，其规格尺寸为 M10，公称长度为 60mm，则其标记应为：螺栓 GB/T 5780 M10×60。同样方法，通过其他附表中标准件的标记示例，即可确定出所选规格标准件的标记。

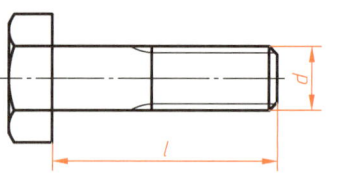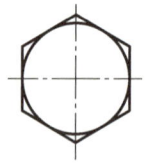

标记示例

螺纹规格 $d=12$，公称长度 $l=80$mm，性能等级为8级、表面氧化、A 级 六角头螺栓，其标记为：

螺栓 GB/T 5780 M12×80

图 6-12 六角头螺栓-C 级（GB/T 5780—2016）标记示例

(3) 注意问题 标准件的标记必须严格按照国家标准中规定的标记示例格式书写。

2. 螺纹紧固件的连接画法

螺纹紧固件是工程中应用最广泛的连接零件。对符合标准的螺纹紧固件，根据规定标记，就能通过国家标准查阅到其结构形状、尺寸等技术参数，因此，通常不需要画它的零件图，只需画它们的连接图。

如图 6-13 所示，画螺纹紧固件连接（装配）图时有以下基本规定：

1) 相邻两零件表面接触时画一条粗实线，不接触时画两条粗实线。

2) 在剖视图中，相邻两零件的剖面线方向应相反或方向相同但间隔不同。但同一零件在各剖视图中的剖面线方向和间隔应一致。

3) 当剖切平面通过螺纹紧固件（如螺栓、螺钉、螺柱、螺母、垫圈等）及实心零件（轴、球等）的轴线时，这些零件均按不剖绘制。

常见螺纹紧固件的连接方式有螺栓连接、螺柱连接和螺钉连接。

(1) 螺栓连接 如图 6-13a 所示，用螺栓、螺母和垫圈将两个（或以上）厚度不大并能钻出通孔的零件连接在一起，称为螺栓连接。螺栓连接时，先将螺栓杆穿过被连接件的通孔（通孔直径约为螺栓公称直径的 1.1 倍），然后套上垫圈，再用螺母旋紧。

1) 螺栓的选用。首先按受力大小确定螺栓的规格尺寸 d，如图 6-13a 所示，螺栓的公称长度 $l \geq l' = \delta_1 + \delta_2 + h + m + 0.3d$，$h$、$m$ 分别为垫圈及螺母的厚度，其尺寸可通过所选垫圈及螺母规格查阅国家标准（附表 B-6、附表 B-7）确定。计算出 l' 后，再根据所选螺栓的类型及规格尺寸，查阅国家标准（附表 B-1）确定出螺栓的标准规格长度 l。如选 $d=M12$，若计算出 $l'=76$mm，则应按 l 系列选择标准公称长度为 80mm，则选：螺栓 GB/T 5780 M12×80。

2) 螺栓连接图的画法。螺栓连接的三视图画法如图 6-13b 所示。三维设计中，由"设计库"按规格选择螺栓、垫圈、螺母并进行装配，由装配体即可生成图 6-13b 所示视图。二维设计中，为便于画图，一般采用简化画法，即省略螺栓头部和螺母的倒角及螺杆端部的倒角，同时螺栓、螺母、垫圈按比例尺寸画出。若螺栓的公称直径为 d，各部分的尺寸参数比例及画图注意问题如图 6-14a 所示，三视图的简化画法如图 6-14b 所示。

(2) 螺柱连接 当被连接件之一较厚，不便于或不允许钻成通孔时，可采用螺柱连接，如图 6-15a 所示，连接前，应先在较厚的零件上加工出螺孔，在另一零件上加工出通孔（直

第6章 标准件与常用件

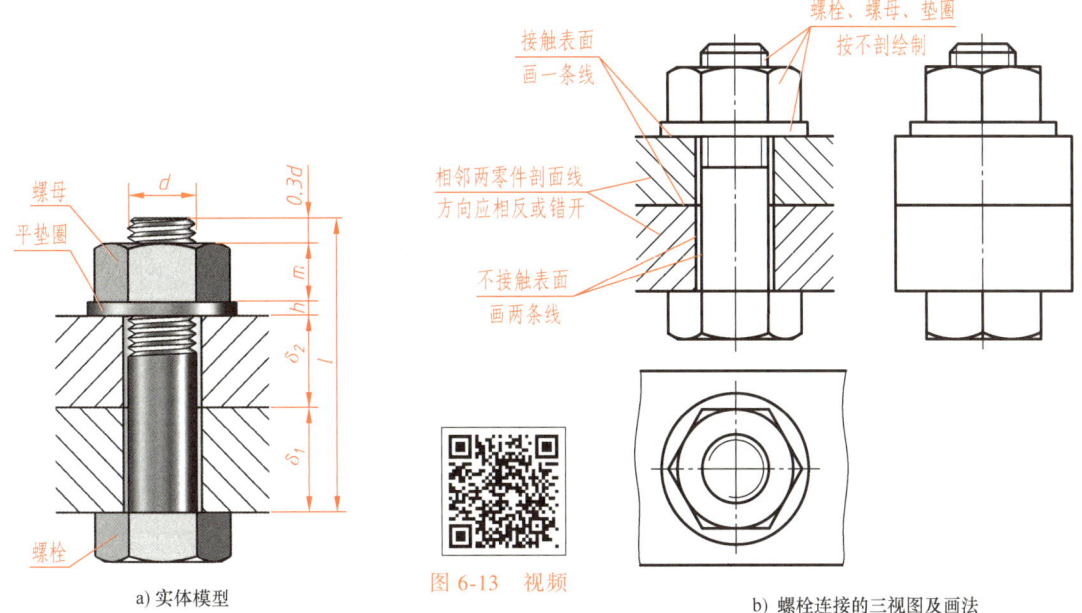

a) 实体模型　　图 6-13 视频　　b) 螺栓连接的三视图及画法

图 6-13　螺栓连接及其视图表达

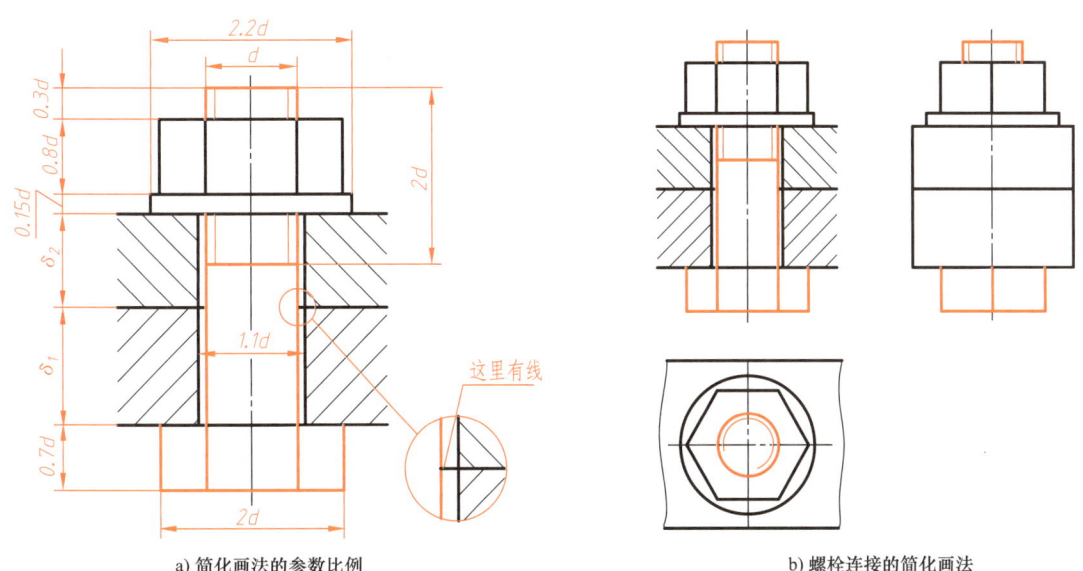

a) 简化画法的参数比例　　b) 螺栓连接的简化画法

图 6-14　螺栓连接的简化画法

径约为螺杆直径的 1.1 倍）。连接时，先将螺柱的一端（称旋入端）全部旋入螺孔内，然后在另一端（称紧固端）套上另一零件及垫圈，最后用螺母旋紧。螺柱连接适用于连接受力较大且经常拆卸的零件。

1）螺柱的选用。首先按受力大小确定螺柱的规格尺寸 d，如图 6-15a 所示，螺柱的公称长度 $l \geqslant l' = \delta + h + m + 0.3d$，$h$、$m$ 分别为弹簧垫圈及螺母的厚度，其尺寸可通过所选弹簧垫圈和螺母的类型及规格查阅国家标准（见附表 B-6、附表 B-7）确定。为保证连接强度，螺

柱的旋入端长度 b_m 由被旋入零件的材料确定（见表6-4）。计算出 l' 后，根据所选螺柱的标准代号再查阅国家标准（如附表B-2），确定出螺柱的标准公称长度 l，并由此确定出螺柱的标记。

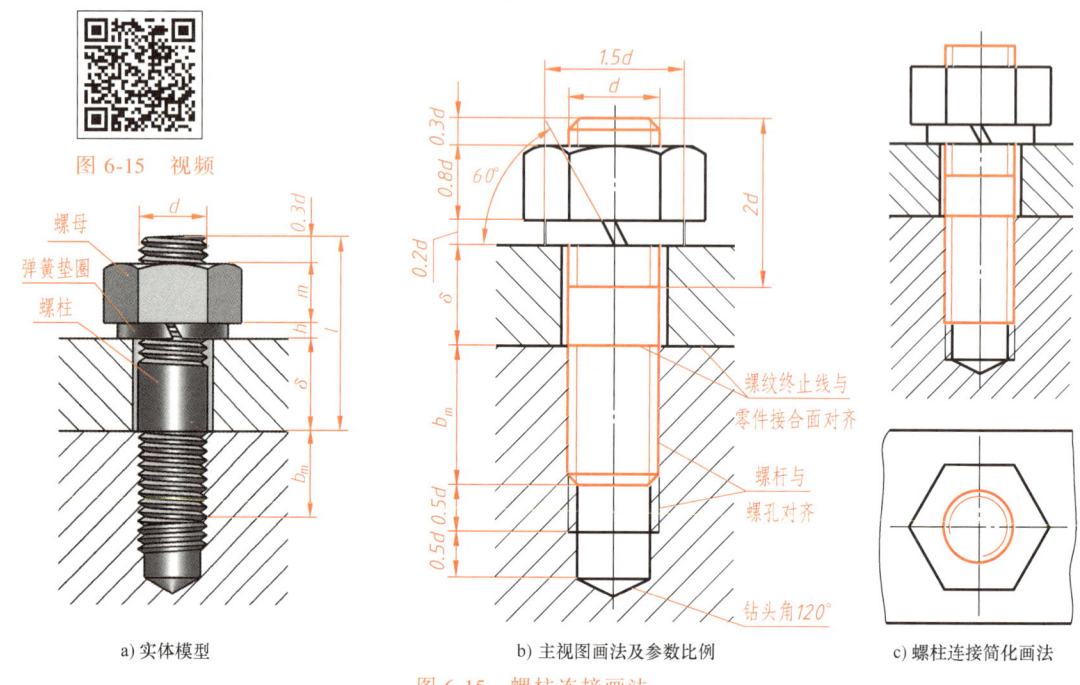

图6-15 视频

a) 实体模型　　b) 主视图画法及参数比例　　c) 螺柱连接简化画法

图6-15　螺柱连接画法

表6-4　螺柱旋入端长度

被旋入零件的材料	旋入端长度 b_m	螺柱对应标准号
钢或青铜	$b_m = d$	GB/T 897—1988
铸铁	$b_m = 1.25d$ 或 $b_m = 1.5d$	GB/T 898—1988 GB/T 899—1988
铝合金	$b_m = 2d$	GB/T 900—1988

2) 螺柱连接图的画法。螺柱连接的规定画法如图6-15b所示，旋入端的终止线应与两零件的结合面平齐，表示旋入端已拧紧。紧固端的画法与螺栓连接画法一致。若选用弹簧垫圈，其开槽方向为阻止螺母松动的方向。二维设计中，为便于画图，一般按图6-15b所示的参数比例进行绘制，并采用简化画法。对不通的螺纹孔，可以不画出钻孔深度，仅按螺纹部分的深度画出。图6-15c所示为螺柱连接的简化画法。

(3) 螺钉连接　如图6-16所示，螺钉连接是将螺钉穿过一被连接件的通孔，然后直接旋入另一被连接件的螺孔里，直至旋紧。螺钉连接适用于连接不经常拆卸且受力较小的零件。螺钉连接按用途分为连接螺钉和紧定螺钉两类。

1) 连接螺钉的选用。螺钉的一般连接方式如图6-16a所示，可选择多种头部形状的螺钉。当需要螺钉头部下沉时，一般选择图6-16b所示的沉头螺钉连接，对受力较大的重要场合，可选择图6-16c所示的沉孔方式连接，一般选择内六角圆柱头螺钉等。如图6-16所示，螺钉的公称长度 $l \geqslant l' = b_m + \delta$（或 $+h$），其中旋入长度 b_m 由被旋入零件的材料确定（见

表6-4)。最后按需要选择螺钉的标准代号,并按计算出的 l' 值查阅相关国家标准(如附表B-3、附表B-4等)确定螺钉的标准公称长度 l,并由此确定出螺钉的标记。

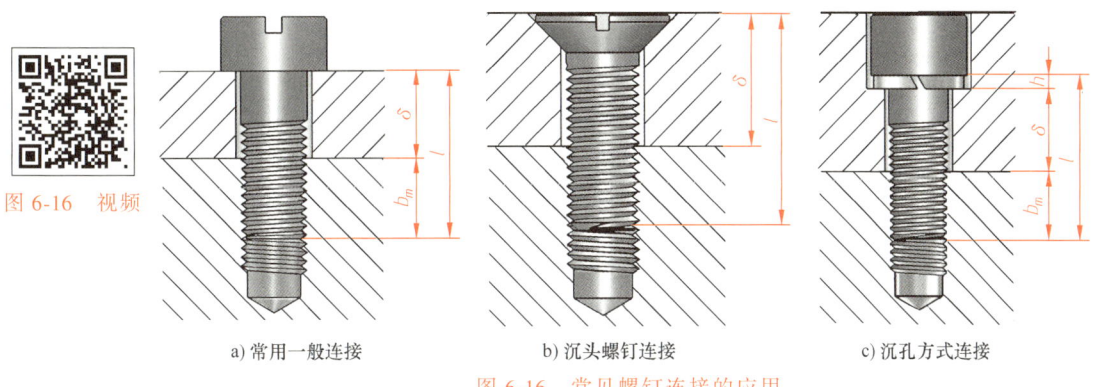

图 6-16 视频

a) 常用一般连接　　b) 沉头螺钉连接　　c) 沉孔方式连接

图 6-16　常见螺钉连接的应用

2) 螺钉连接的画法。如图6-16所示,为确保连接的可靠性,螺钉的螺纹长度应大于旋入长度,这是螺钉连接与螺柱连接主要的不同点,画图时也可以简化成全螺纹。图6-17a、b所示为常见螺钉连接的规定画法及有关参数比例,螺钉头部各结构尺寸可查附表B-3、附表B-4确定或采用比例画法,其中一字槽螺钉在投影为圆的视图上,应按与水平线倾斜45°画出,当螺钉头槽宽小于2mm时,可涂黑画出。图6-17c为常见螺钉连接的简化画法。

紧定螺钉(附表B-5)常用于固定两个零件以防止其相对运动。常见画法如图6-18所示。

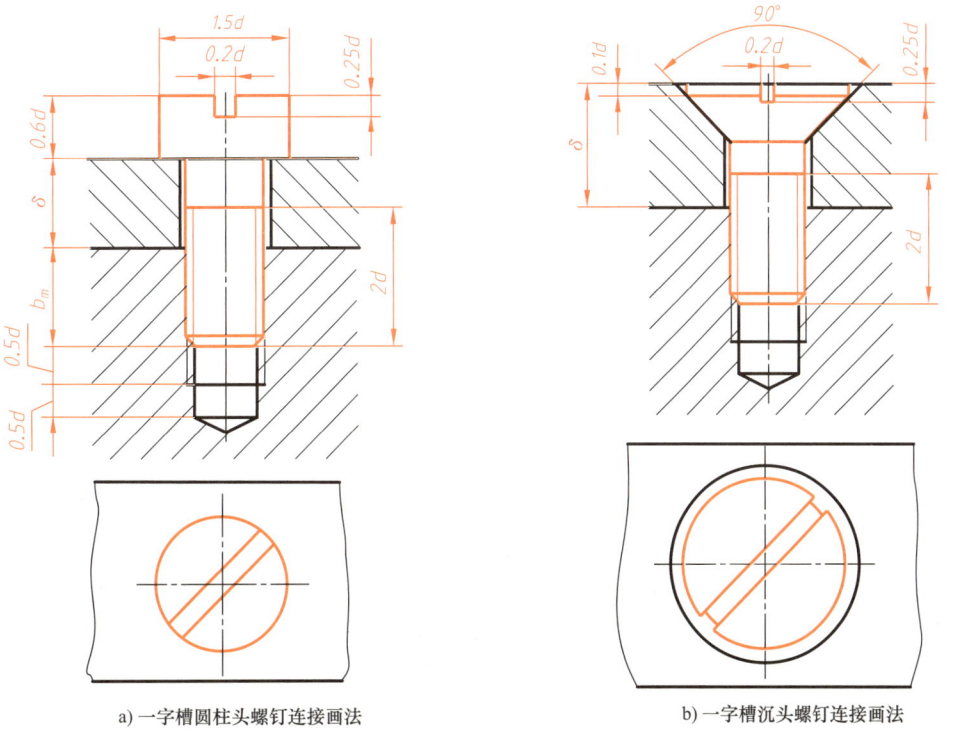

a) 一字槽圆柱头螺钉连接画法　　b) 一字槽沉头螺钉连接画法

图 6-17　常用螺钉连接的工程图形画法

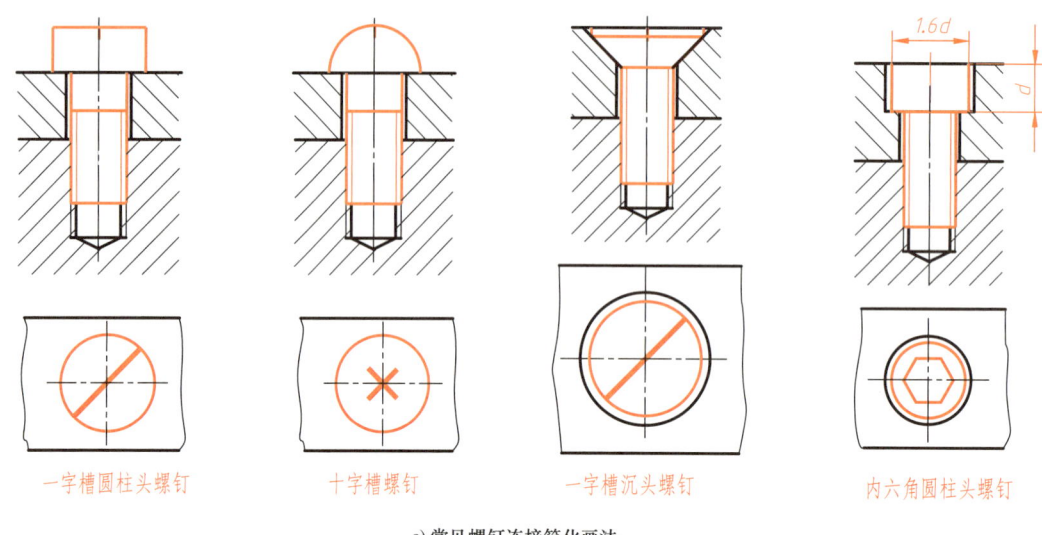

c) 常见螺钉连接简化画法

图 6-17 常用螺钉连接的工程图形画法（续）

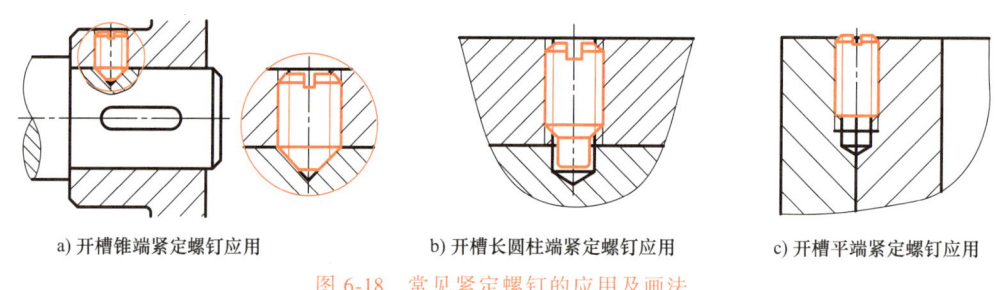

a) 开槽锥端紧定螺钉应用　　b) 开槽长圆柱端紧定螺钉应用　　c) 开槽平端紧定螺钉应用

图 6-18 常见紧定螺钉的应用及画法

6.2 键、销和滚动轴承

键、销和滚动轴承均为常用的标准件。

6.2.1 键及键联结

如图 6-19 所示，键是联结件，用于联结轴和轴上的传动件（如齿轮、带轮等），传递动力和转矩，实现轴和传动件的同步转动。采用图 6-19 所示键联结时，首先要在轴和轮毂内孔中加工出键槽。装配时，先将键嵌入轴的键槽内，再将轮毂上的键槽对准轴上的键，将轮子装在轴上。这样，轴和轮子便实现同步转动。

常用的键有普通平键、半圆键和钩头楔键，其中普通平键最为常见，它有 A 型（圆头）、B 型（平头）、C 型（半圆头）三种型式，如图 6-20 所示。

1. 键的标记

键是标准件，其规定的标记格式见附表 B-10 中的标记示例，如图 6-21 为 GB/T 1096—2003 圆头普通平键的标记示例。据此，在选定键的类型及尺寸后，即可确定键的标记。

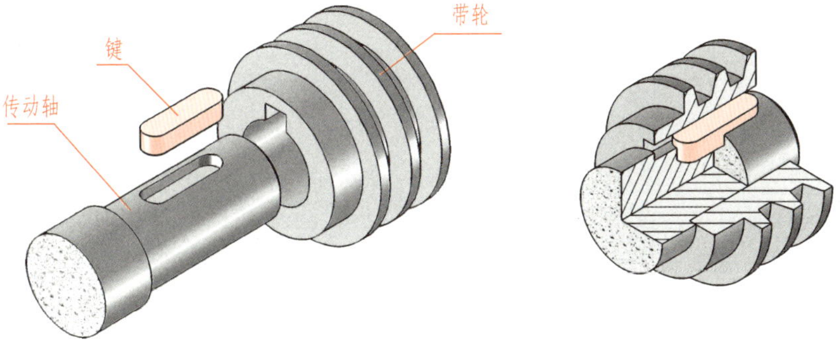

图 6-19 键及键联结

图 6-19 视频

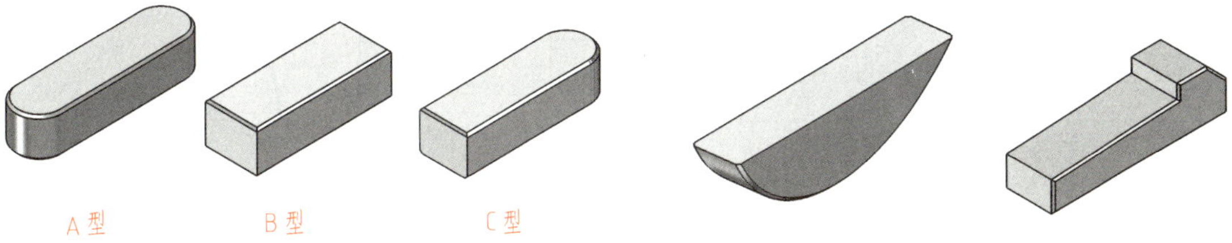

a) 普通平键　　b) 半圆键　　c) 钩头楔键

图 6-20 常用键的种类

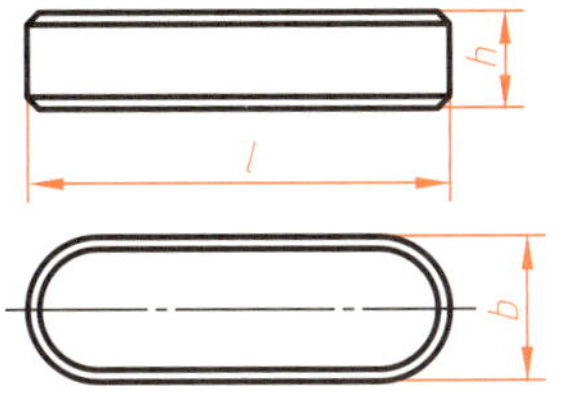

标记示例

圆头普通平键（A型），b=16mm，h=10mm，l=100mm，其标记为：GB/T 1096 键 16×10×100

图 6-21 键的标记示例

2. 普通平键联结

普通平键因传动精度高、受力性能好而被广泛应用于比较重要的机械传动中。

（1）键槽的画法和尺寸标注　键槽画法及尺寸注法如图 6-22 所示。其中键槽的宽度 b，轴和轮毂内的槽深 t_1 和 t_2 均可通过轴的公称直径查国家标准（参见附表 B-9）确定。键槽

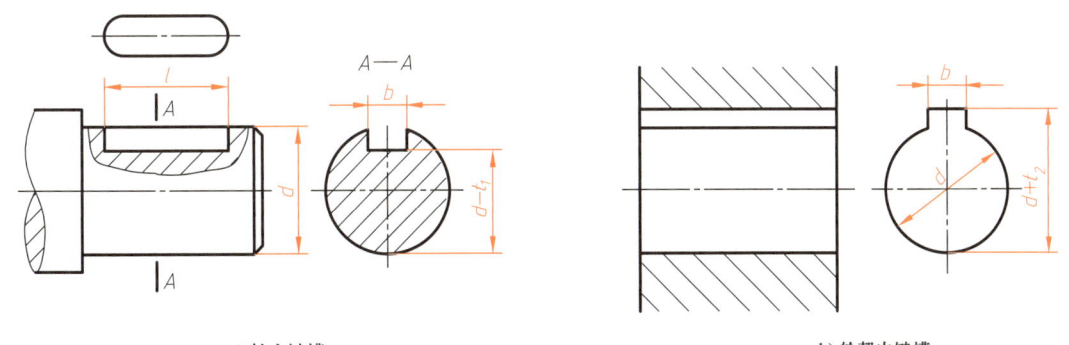

a) 轴上键槽　　　　　　　　　　　　　　b) 轮毂内键槽

图 6-22 键槽的视图表达和尺寸注法

的长度等于键的长度，其由受力大小等因素确定，然后再按国家标准（参见附表 B-10）选取。

（2）普通平键联结的画法　如图 6-23a 所示，键联结时，键的侧面与轴及轮毂内键槽的侧面接触，同时键的底面与轴上键槽的底面也接触，因此，视图中只画一条线。而键的顶面和轮毂键槽的底面不接触，所以，视图中应画两条线。键联结一般采用剖视图表示，如图 6-23b 所示。当键被纵向剖切时，按不剖绘制，即只画外形；当键被横向剖切时，则应画剖面线。为了将键和轴之间的装配关系表示清楚，一般对实心轴要进行局部剖。画图时还应特别注意，轮毂内的键槽应为通槽，键的上、下底面倒角不必画出。

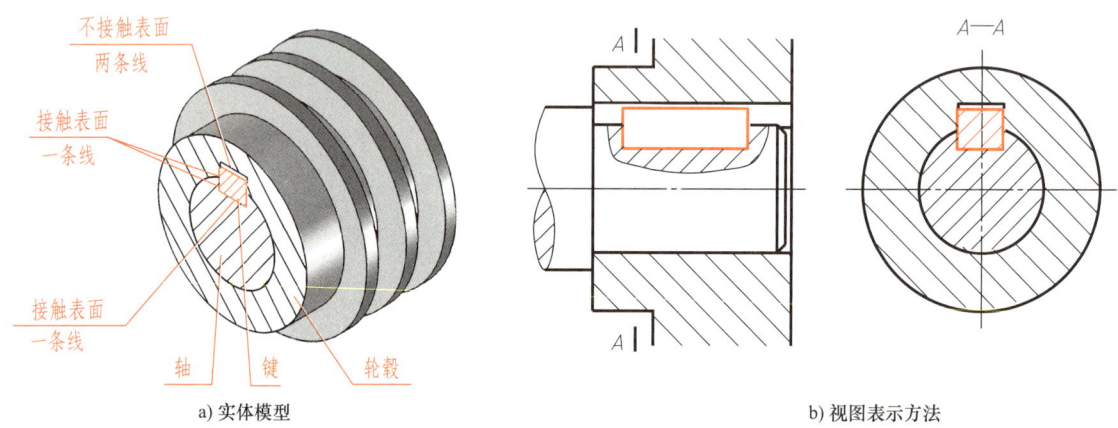

a) 实体模型　　　　　　　　　　　　　　b) 视图表示方法

图 6-23　普通平键联结的画法

3. 半圆键及钩头楔键联结

半圆键的主要特点是便于安装，一般用于精度要求不高的机械传动中，其视图画法与普通平键画法基本一致，如图 6-24 所示。钩头楔键一般安装于轴端，用于轴上零件的轴向定位，其顶面与轮毂键槽底面接触，应画一条线，而侧面与键槽两侧不接触，应画两条线，如图 6-25 所示。

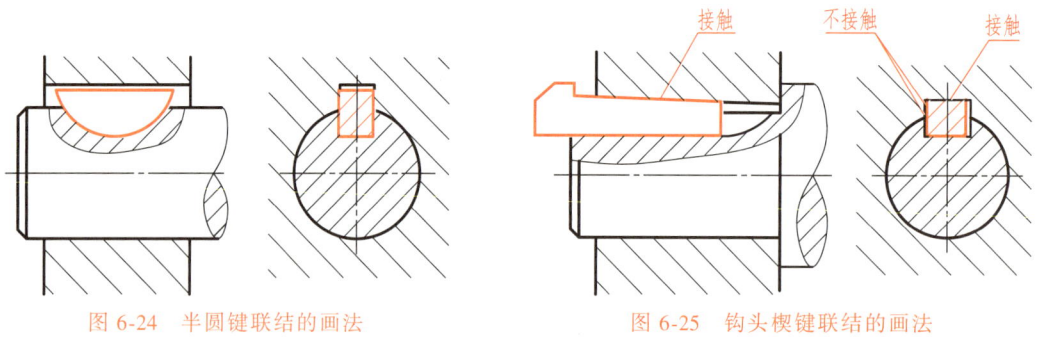

图 6-24　半圆键联结的画法　　　　　图 6-25　钩头楔键联结的画法

6.2.2　销及销连接

1. 销的作用和种类

销一般用于零件之间的连接或定位，如图 6-26 所示。常用的销有圆柱销、圆锥销和开口销，如图 6-27 所示。圆柱销一般用于不经常拆卸的地方，如图 6-26a 所示轴与轮毂之间的连接，实现轴与皮带轮同步转动；圆锥销便于装拆，主要用于零件之间的定位，如图6-26b所示；而开口销一般与六角开槽螺母配合使用，以防止螺母松脱。

2. 销的规定标记和销连接画法

销为标准件，与前述其他标准件一样，其标记可根据所选类型及规格尺寸，按照国家标准（见附表B-11）标记示例格式确定。图6-28所示为常见销连接的图形表示方法。当剖切平面通过销的轴线时，销按不剖绘制。无论是圆柱销还是圆锥销，在首次安装时，均是将其他零件固定到位，然后确定安装位置，再在连接的零件上同时加工销孔，所以，被连接件的销孔在视图中需标注"配作"二字，如图6-29所示。

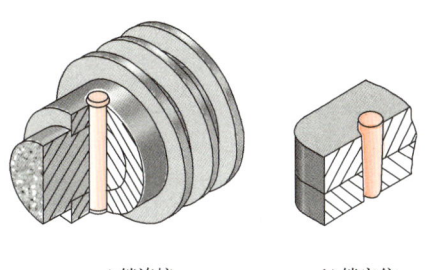

a) 销连接　　b) 销定位

图 6-26　销的作用

a) 圆柱销

b) 圆锥销

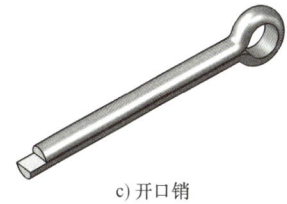

c) 开口销

图 6-27　销的种类

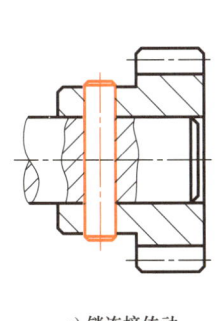

a) 销连接传动

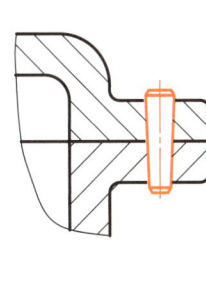

b) 销定位

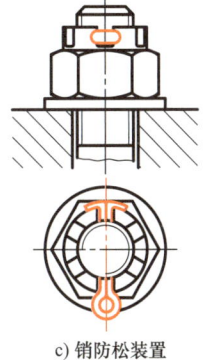

c) 销防松装置

图 6-28　常见销连接画法

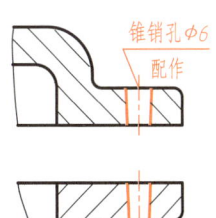

图 6-29　销孔的尺寸注法

6.2.3　滚动轴承

滚动轴承是用来支承轴或轮旋转的标准组件。因其摩擦阻力小、效率高、结构紧凑、使用和维护方便等优点，所以在机器中得到广泛应用。

1. 滚动轴承的结构及应用

滚动轴承的种类很多，但其结构一般都由外圈、内圈、滚动体和保持架四部分组成，如图6-30所示。使用时，一般内圈紧套在轴上，随轴转动，外圈紧装在轴承座孔内，固定不动。或内圈紧套在轴上，固定不动，外圈紧装于轮孔内，和轮子一起绕轴转动。保持架用来将滚动体分隔开。

2. 滚动轴承分类、代号及标记

（1）滚动轴承的分类　滚动轴承的种类很多，按所承受载荷的方向分为向心轴承、推力轴承和向心推力轴承，详见表6-6。

（2）滚动轴承的代号　国家标准规定用轴承代号表示滚动轴承的结构形状、尺寸大小、公差等级、技术性能等参数。滚动轴承的代号由基本代号、前置代号和后置代号构成。前置代号和后置代号是在轴承结构形状、尺寸及技术要求等有特殊要求时，才需要给出的补充标注。下面重点介绍基本代号。

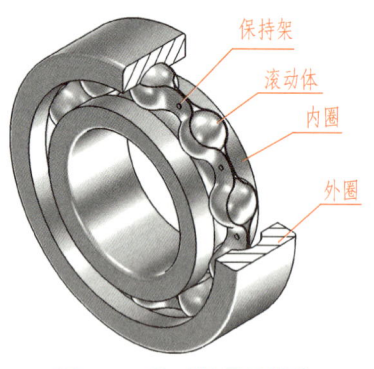

图 6-30　滚动轴承的结构

基本代号的标注格式为：轴承类型代号　尺寸系列代号　内径代号

1) 轴承类型代号。用数字或大写拉丁字母表示，见表6-5。如"6"表示深沟球轴承。

表 6-5　轴承类型代号

代号	轴承类型	代号	轴承类型
0	双列角接触球轴承	6	深沟球轴承
1	调心球轴承	7	角接触球轴承
2	调心滚子轴承和推力调心滚子轴承	8	推力圆柱滚子轴承
3	圆锥滚子轴承	N	圆柱滚子轴承（双列或多列用字母 NN 表示）
4	双列深沟球轴承	U	外球面球轴承
5	推力球轴承	QJ	四点接触球轴承

2) 尺寸系列代号。为适应不同的受力情况，在内径相同时，有各种不同的外径及宽度尺寸，它们构成一定的系列，称为尺寸系列，一般用两位数字表示。如"01"为特轻系列，"02"为轻系列等。（除圆锥滚子轴承，其余宽度系列代号中"0"均省略）

3) 内径代号。内径代号表示滚动轴承的公称内径，一般由两位数字表示。当代号数字为00、01、02、03时，分别代表轴承内径为10mm、12mm、15mm、17mm；当代号为04～99时（22、28、32除外），代号数字乘以"5"，即为轴承内径。代号22、28、32或大于500的数字，代表轴承内径的实际尺寸。

综上所述可知，"02"系列的深沟球轴承，若内径为40mm，则其代号为：6 2 0 8；"23"系列的圆锥滚子轴承，若内径为70mm，则其代号为：3 2 3 1 4。

（3）滚动轴承的标记示例　滚动轴承的标记格式为：名称　轴承代号　国家标准代号如轴承的代号为6208，其标记为：轴承 6208　GB/T 276—2013。

3. 滚动轴承的画法

滚动轴承是标准件，不必画零件图，在装配图中的画法见表6-6。其中包括通用画法、特征画法和规定画法。为了清晰表达零件之间的装配关系，装配图一般采用规定画法。画轴承的装配图时，应注意轴承的装拆，即轴肩尺寸应小于轴承内圈的外径，孔肩尺寸应大于轴承外圈的内径。同时注意轴承的轴向定位，轴承两侧需有轴（孔）肩、端盖或其他零件将其定位。常用轴承在装配图中的安装画法如图6-31所示。

表 6-6　轴承类型及其画法

轴承类型和标准代号	通用画法	特征画法	规定画法
深沟球轴承 GB/T 276—2013　　主要用于承受径向载荷			
圆锥滚子轴承 GB/T 297—2015　　同时承受径向和轴向载荷			
推力球轴承 GB/T 301—2015　　主要用于承受轴向载荷			

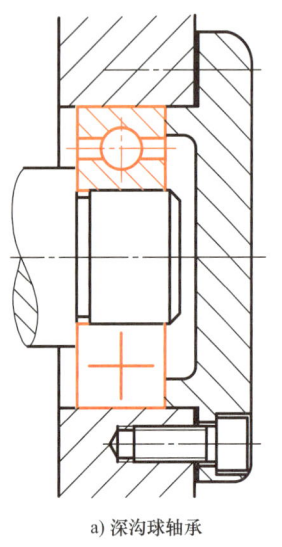
a) 深沟球轴承

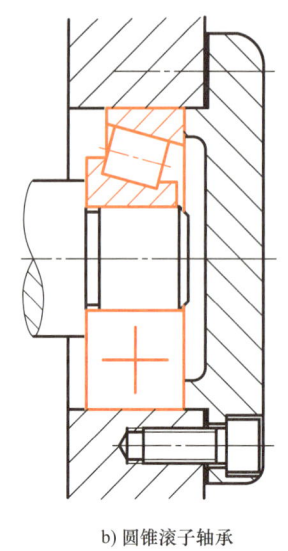
b) 圆锥滚子轴承

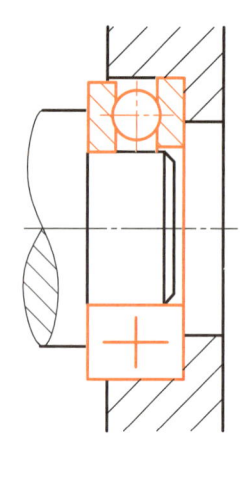
c) 推力球轴承

图 6-31　常用轴承的安装画法

6.3　齿轮

齿轮是一种传动件，在机器中可用来传递动力、变换速度或改变运动方向等。

常见的齿轮有：用于两平行轴之间传动的圆柱齿轮（有直齿、斜齿、人字齿之分）；用于两相交轴之间传动的锥齿轮以及用于两交叉轴之间传动的蜗轮、蜗杆等，如图 6-32 所示。本节将以标准直齿圆柱齿轮为例，介绍齿轮各部分的名称、参数、尺寸关系及画法等。

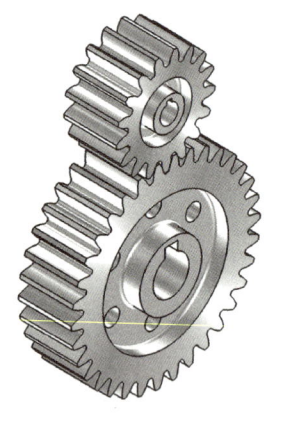
a) 圆柱齿轮

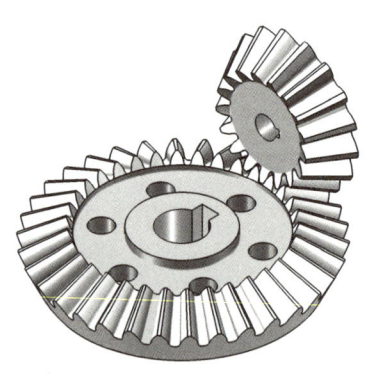
b) 锥齿轮

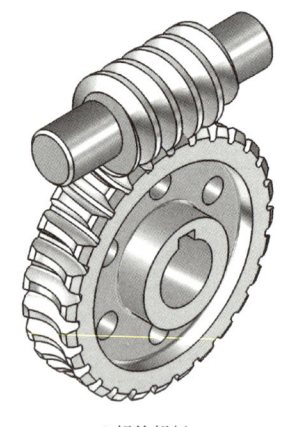
c) 蜗轮蜗杆

图 6-32　常见齿轮传动

6.3.1　标准直齿圆柱齿轮各部分名称及尺寸

如图 6-33 所示，直齿圆柱齿轮各部分名称、参数及尺寸有：
（1）齿顶圆直径 d_a　通过轮齿顶部的圆直径。

(2)齿根圆直径 d_f　通过轮齿根部的圆直径。

(3)分度圆及其直径 d　分度圆为齿顶圆与齿根圆之间的一个假想圆,该圆上的轮齿厚度 s 等于齿槽宽 e。一对正确安装的标准齿轮在啮合时,它们的分度圆相切。

(4)齿距 p　分度圆上相邻两齿对应点之间的弧长。

(5)齿高 h　齿顶圆与齿根圆之间的径向距离。

齿顶高 h_a　齿顶圆与分度圆之间的径向距离。

齿根高 h_f　齿根圆与分度圆之间的径向距离。

(6)中心距 a　两啮合齿轮轴线之间的距离。

(7)模数 m　若齿轮的齿数为 z,根据齿距的定义,齿轮的分度圆周长为:$\pi d = pz$

即　　　　　　　　$d = pz/\pi$,令 $m = p/\pi$,则 $d = mz$。

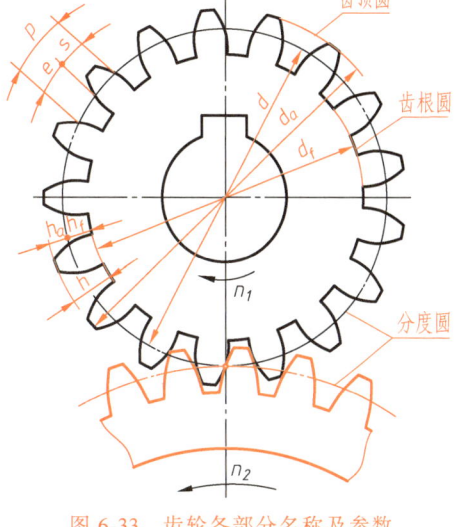

图 6-33　齿轮各部分名称及参数

模数 m 是齿轮设计加工中非常重要的参数。由 $m = p/\pi$ 可以看出,模数的单位为 mm,模数越大,轮齿就越大(厚),即模数的大小反映轮齿的大小或厚度。由于齿轮加工需要专用的机床和刀具,为了便于设计、制造,国家标准对模数做了统一规定,见表 6-7。

表 6-7　标准模数(GB/T 1357—2008)　　　　　　　　　　(单位:mm)

第一系列	1,1.25,1.5,2,2.5,3,4,5,6,8,10,12,16,20,25,32,40,50
第二系列	1.125,1.375,1.75,2.25,2.75,3.5,4.5,5.5,(6.5),7,9,(11),14,18,22,28,36,45

注:优先选用第一系列,其次选用第二系列,括号内模数尽可能不选用。

设计齿轮时,先要确定模数 m 和齿数 z,对标准直齿圆柱齿轮,其他有关尺寸都可以根据这两个基本参数按照表 6-8 中的计算公式算出。

表 6-8　标准渐开线直齿圆柱齿轮各部分尺寸计算公式

基本参数:模数 m　齿数 z		
名称	代号	计算公式
分度圆直径	d	$d = mz$
齿顶高	h_a	$h_a = m$
齿根高	h_f	$h_f = 1.25m$
齿顶圆直径	d_a	$d_a = mz + 2m$
齿根圆直径	d_f	$d_f = mz - 2.5m$
齿距	p	$p = m\pi$
中心距	a	$a = 1/2(d_1 + d_2) = 1/2m(z_1 + z_2)$

6.3.2 圆柱齿轮的规定画法

1. 单个圆柱齿轮的画法

齿轮一般用两个视图表示，轴线取水平方向。国家标准《机械制图》规定，齿轮的轮齿部分采用规定画法绘制，其他部分按实际形状的投影绘制，如图 6-34 所示。其中沿轴线剖切的剖视图可假想为过齿槽剖切，因此，齿顶线、齿根线均用粗实线绘制。

常见直齿圆柱齿轮的零件图如图 6-35 所示，图中不但要表示齿轮的形状和尺寸，还要

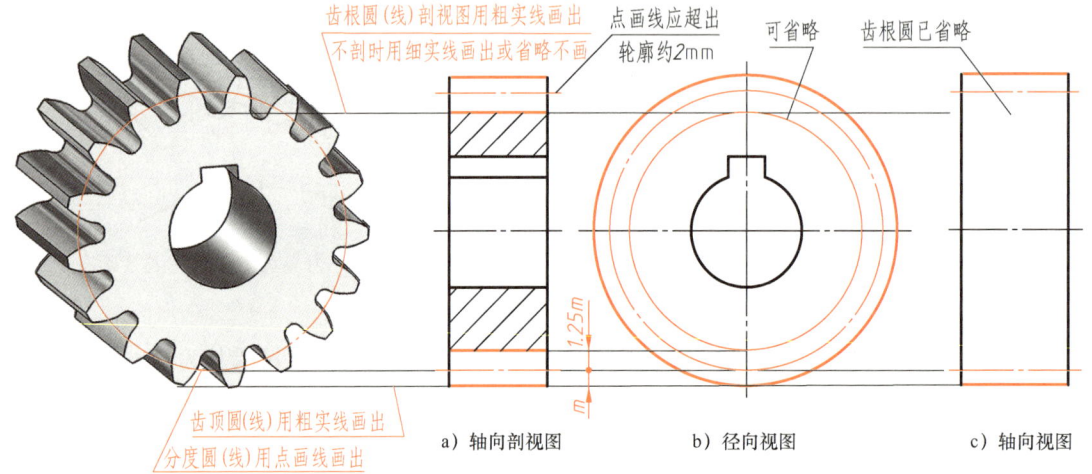

图 6-34 直齿圆柱齿轮的规定画法

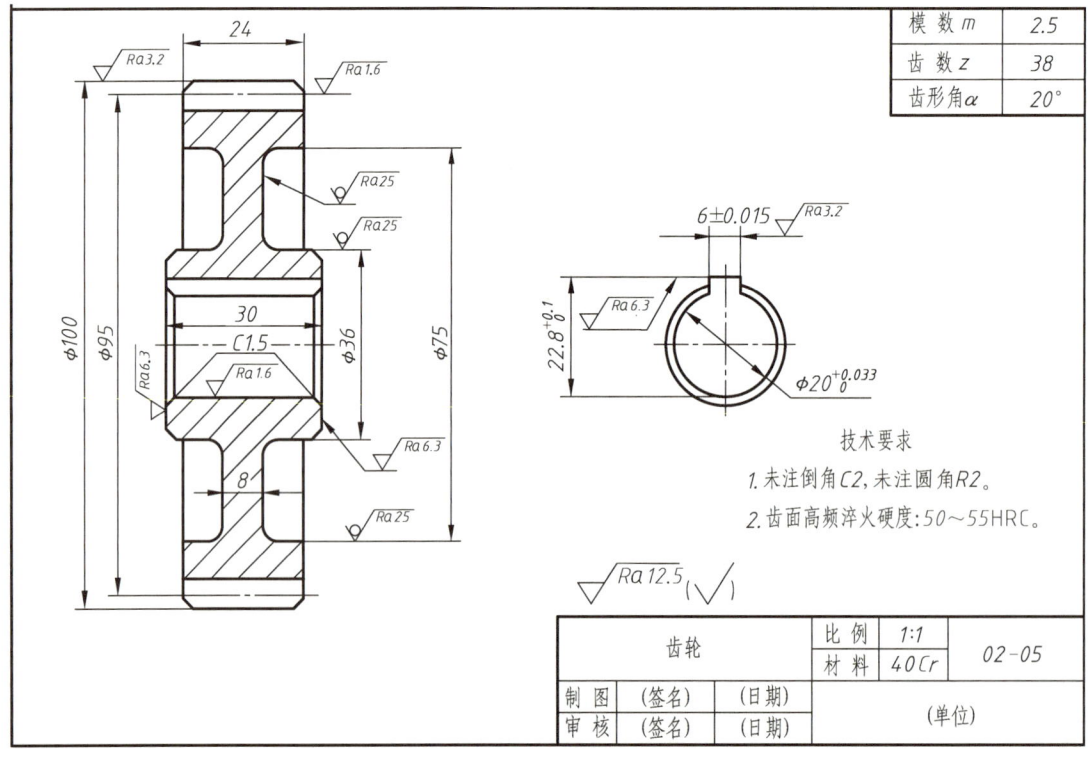

图 6-35 直齿圆柱齿轮零件图

表示加工齿轮所需的基本参数和技术要求等内容。

2. 两圆柱齿轮啮合的画法

两个圆柱齿轮啮合的必要条件是模数 m 相等，分度圆相切。齿轮啮合一般用两个视图表示。在投影为圆的视图中，两个齿轮可以像单个齿轮画法一样，完整画出（两个分度圆相切），如图 6-36a 所示，也可以将公共部分的齿顶圆省略，如图 6-36b 所示。在投影为非圆的投影中，一般按图 6-36a 所示的剖视图表示两个齿轮的啮合关系，此时，两个齿轮的分度线重合为一条点画线。在画啮合处公共区域的剖视图时，一个齿轮的轮齿按可见用粗实线绘制，另一个齿轮的轮齿被遮挡部分按不可见用虚线画出（或省略不画），各图线位置对应关系详见图 6-37 所示，其中一个齿轮的齿顶线到另一个齿轮的齿根线之间应有 $0.25m$ 的间隙。当非圆投影不剖时，图形按图 6-36b 所示画出。

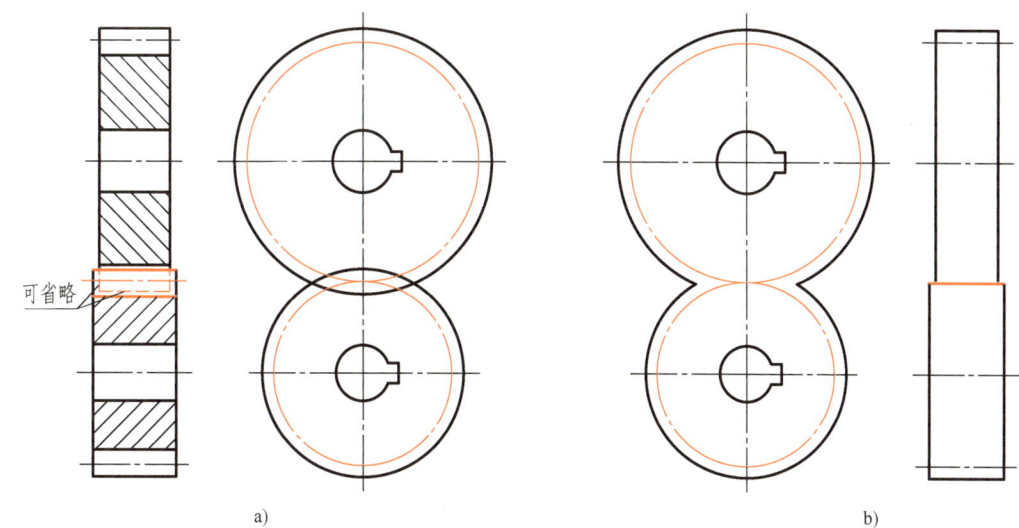

图 6-36 直齿圆柱齿轮啮合的规定画法

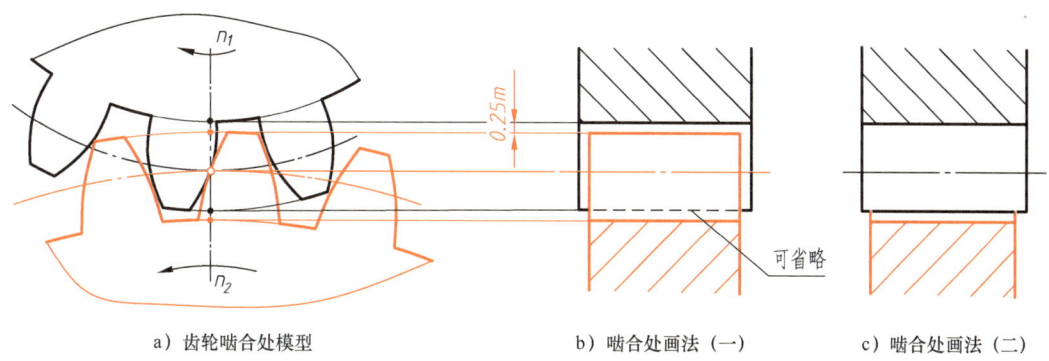

a）齿轮啮合处模型　　b）啮合处画法（一）　　c）啮合处画法（二）

图 6-37 齿轮啮合区域的投影作图

3. 齿轮齿条的啮合画法

齿条可以看成直径无穷大的齿轮。如图 6-38a 所示，这时的齿顶圆、齿根圆、分度圆和齿廓都是直线。当齿轮与齿条啮合时，齿轮作回转运动，齿条则作直线运动，从而实现回转运动与直线运动的转换。齿条的模数和其啮合的齿轮的模数相同，齿轮齿条啮合的画法与两圆柱齿轮啮合的画法相同，如图 6-38b 所示。

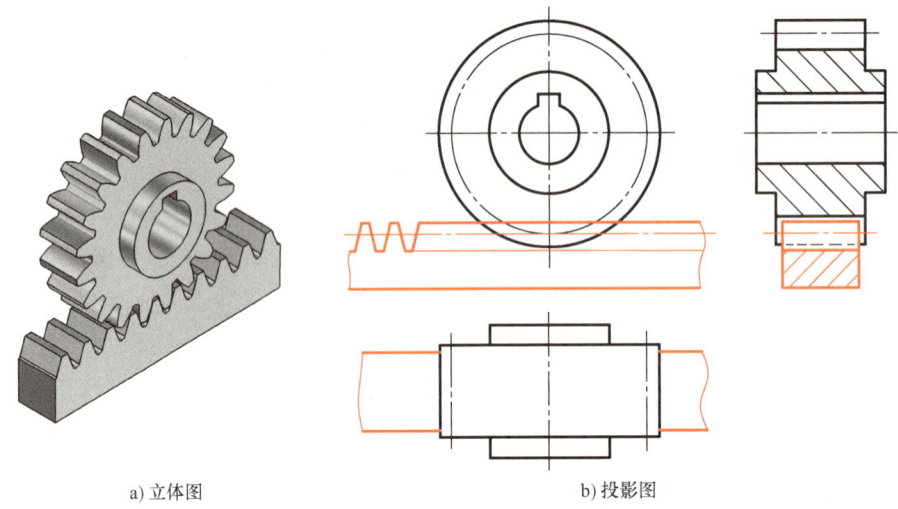

a) 立体图　　　　　　　　　　　　b) 投影图

图 6-38　齿轮齿条啮合的画法

6.4　弹簧

弹簧是一种储能元件，它具有在外力作用下产生变形，当外力撤除后能迅速恢复原形的特性。弹簧形式多样，用途广泛，在机器中常用于减震、缓冲、夹紧、测力、储能、复位等。弹簧的种类很多，常见弹簧如图 6-39 所示。其中螺旋弹簧应用最广，它分为压缩弹簧、拉伸弹簧和扭转弹簧。在此，我们仅介绍圆柱螺旋压缩弹簧的相关知识及其画法，其他类型的弹簧可参阅相关标准。

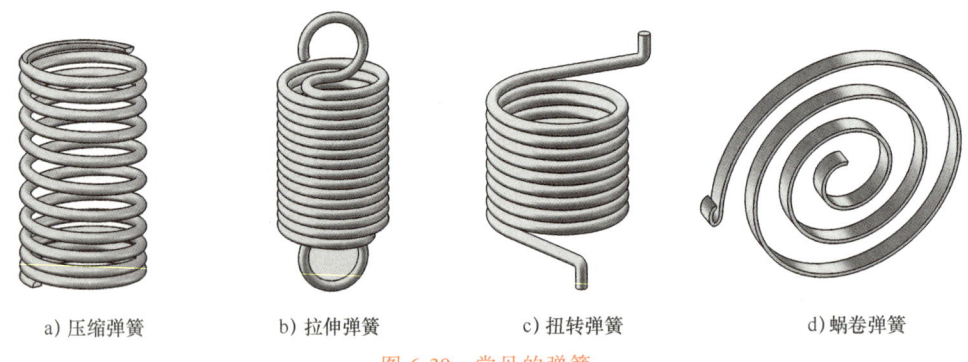

a) 压缩弹簧　　　b) 拉伸弹簧　　　c) 扭转弹簧　　　d) 蜗卷弹簧

图 6-39　常见的弹簧

6.4.1　圆柱螺旋压缩弹簧的参数

圆柱螺旋压缩弹簧如图 6-40 所示，其主要参数有：
(1) 材料直径 d　指制造弹簧的钢丝直径，该直径为标准直径。
(2) 弹簧外径 D_2　弹簧的最大直径。
(3) 弹簧内径 D_1　弹簧的最小直径。

(4) 弹簧中径 D 弹簧外径和内径的平均直径。

(5) 弹簧节距 t 除支承圈外相邻两圈的轴向距离。

(6) 支承圈数 n_2、有效圈数 n、总圈数 n_1 为使弹簧工作平稳且受力均匀，将两端弹簧并紧磨平，以起支承作用，这部分称为支承圈。两端支承圈数之和称为支承圈数。支承圈数有 1.5 圈、2 圈、2.5 圈三种。除支承圈外，自由状态下保持相等节距的圈数称为有效圈数。有效圈数与支承圈数之和为总圈数。

(7) 自由高度 H_0 弹簧没有负荷时的高度。

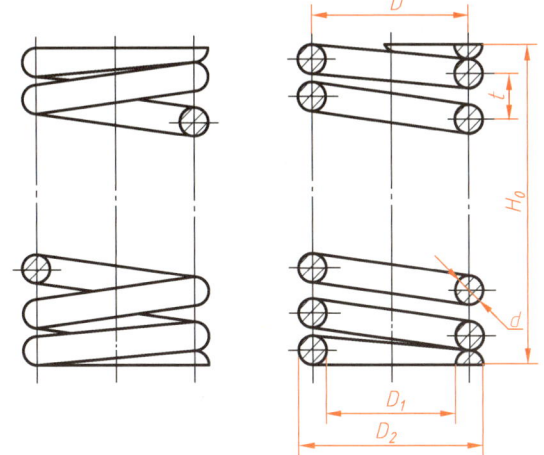

图 6-40 圆柱螺旋压缩弹簧的参数及画法

$$H_0 = nt + (n_2 - 0.5)d$$

(8) 展开长度 L 用于制造弹簧的钢丝长度。

$$L \approx n_1 \sqrt{(\pi D_2)^2 + t^2}$$

6.4.2 圆柱螺旋弹簧的规定画法（GB/T 4459.4—2003）

1) 螺旋弹簧既可以画成视图，也可以画成剖视图，如图 6-40 所示。在平行于轴线的视图中，各圈的轮廓线均画成直线。

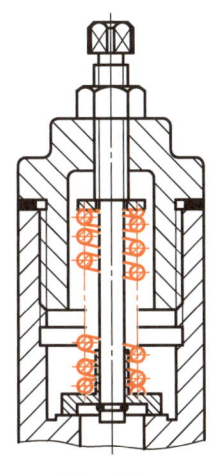
a) 弹簧后结构不画

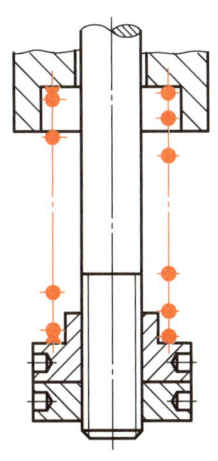
b) 小尺寸弹簧断面涂黑

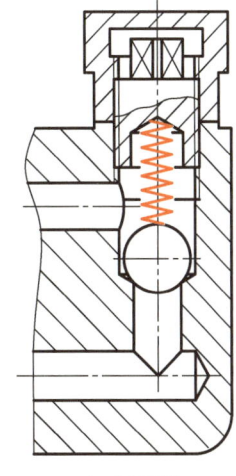
c) 示意画法

图 6-41 装配图中的弹簧画法

2) 螺旋弹簧均可按右旋绘制，但左旋螺旋弹簧不论画成左旋或右旋，一律要在"技术要求"中注出旋向。

3）当弹簧有效圈数多于四圈时，可以只画其两端的 1~2 圈（不包括支承圈），中间部分只画表示中径线的点画线且总高度可缩短。螺旋压缩弹簧的支承圈要并紧并磨平，无论圈数多少，其实际支承圈数应在"技术要求"中用文字说明。

4）在装配图中，被弹簧挡住部分的结构一般不画，可见部分应从弹簧的外轮廓线或弹簧钢丝剖面的中心线画起，如图 6-41a 所示；螺旋弹簧被剖切时，若弹簧钢丝直径≤2mm，其断面可涂黑表示（见图 6-41b），或采用图 6-41c 所示的示意画法。

第 7 章

零件图

任何机器（或部件）都是由若干零件按一定的装配关系和技术要求装配而成，如图 7-1a 所示齿轮泵，是机床中的供油装置，由泵体、主动轴、从动轴、泵盖等零件装配而

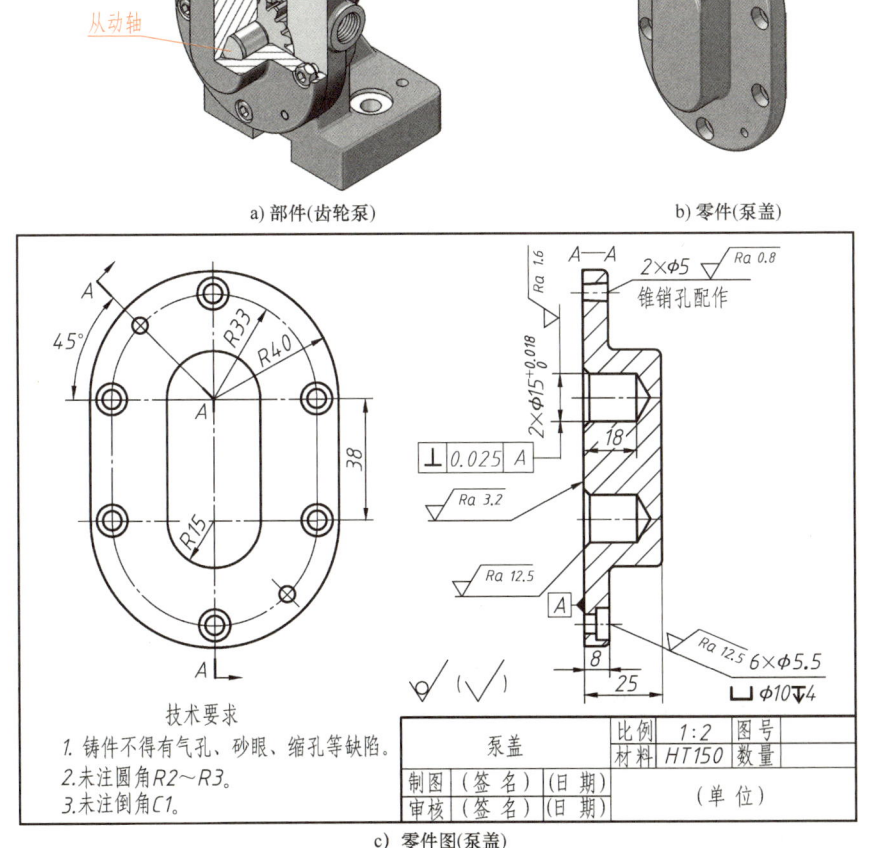

图 7-1 零件图的概念

成。用来表示零件的结构形状、尺寸大小及技术要求的图样称为零件图，如图 7-1c 为图 7-1b 所示齿轮泵泵盖的零件图。它是加工制造和检验零件的依据，是生产中重要的技术文件之一。

7.1 零件图的内容

如图 7-1c 泵盖零件图所示，一张完整的零件图包括以下四项内容：
1. 一组视图
使用视图、剖视图、断面图等表达方法将零件结构形状准确、完整、清晰地表达清楚。
2. 完整的尺寸
正确、完整、清晰、合理地标注出零件制造和检验时所需的全部尺寸。
3. 技术要求
用代号、数字或文字表示零件加工制造时所应达到的技术要求，主要包括表面结构、尺寸公差、几何公差以及零件加工中应注意的问题等。
4. 标题栏
说明零件的名称、材料、数量、比例、图号及相关设计人员的签名等。

7.2 零件图的视图选择

零件图的视图要能够准确、完整、清晰地表达零件的结构形状，力求画图简便，看图方便。要达到这个要求，关键在于分析零件的结构特点，恰当地选用视图、剖视图、断面图及其他各种表达方法。在选用表达方法时，还应考虑后续尺寸及技术要求的标注。若采用三维设计，在生成工程图时，建议同时生成轴测图，为读图提供方便。

7.2.1 主视图的选择

在表达零件的一组视图中，主视图最为重要，选择主视图应遵循以下原则：
1. 形体特征原则
主视图应尽量多地反映零件的形体特征，即以最能反映零件各部分结构形状和相互位置的视图作为主视图（参见本书 4.2.1 组合体的视图选择）。
2. 加工位置原则
主视图应尽量按零件在制造过程中，特别是在机械加工时的装夹位置画出，以便于图物对照进行加工和测量。
3. 工作位置原则
当零件的加工面多，加工时的装夹位置各不相同时，主视图应按零件在机器或部件中的工作位置画出，以便于与装配图对照。

7.2.2 其他视图的选择

主视图确定后，再按完整、清晰表达零件各部分结构形状和相互位置的要求，针对零件结构的具体情况，选择其他视图。在此，应考虑零件还有哪些结构形状未表达清楚，优先选用基本视图,并根据零件内部形状,采取适当的剖视图或断面图。对尚未表示清楚的局部形状,可选择必要的局部视图、局部放大图等,使其侧重表达零件的某些结构形状。如图7-2a所示减速器箱体,其主体为箱体结构,另外有不同的轴孔、凸台以及安装底板等结构,考虑到后续尺寸及技术要求标注,可采用图7-2b所示的表达方案。

零件的结构不同,其视图选择方法会有很大区别。不同零件的视图选择详见本章7.6典型零件的零件图分析。

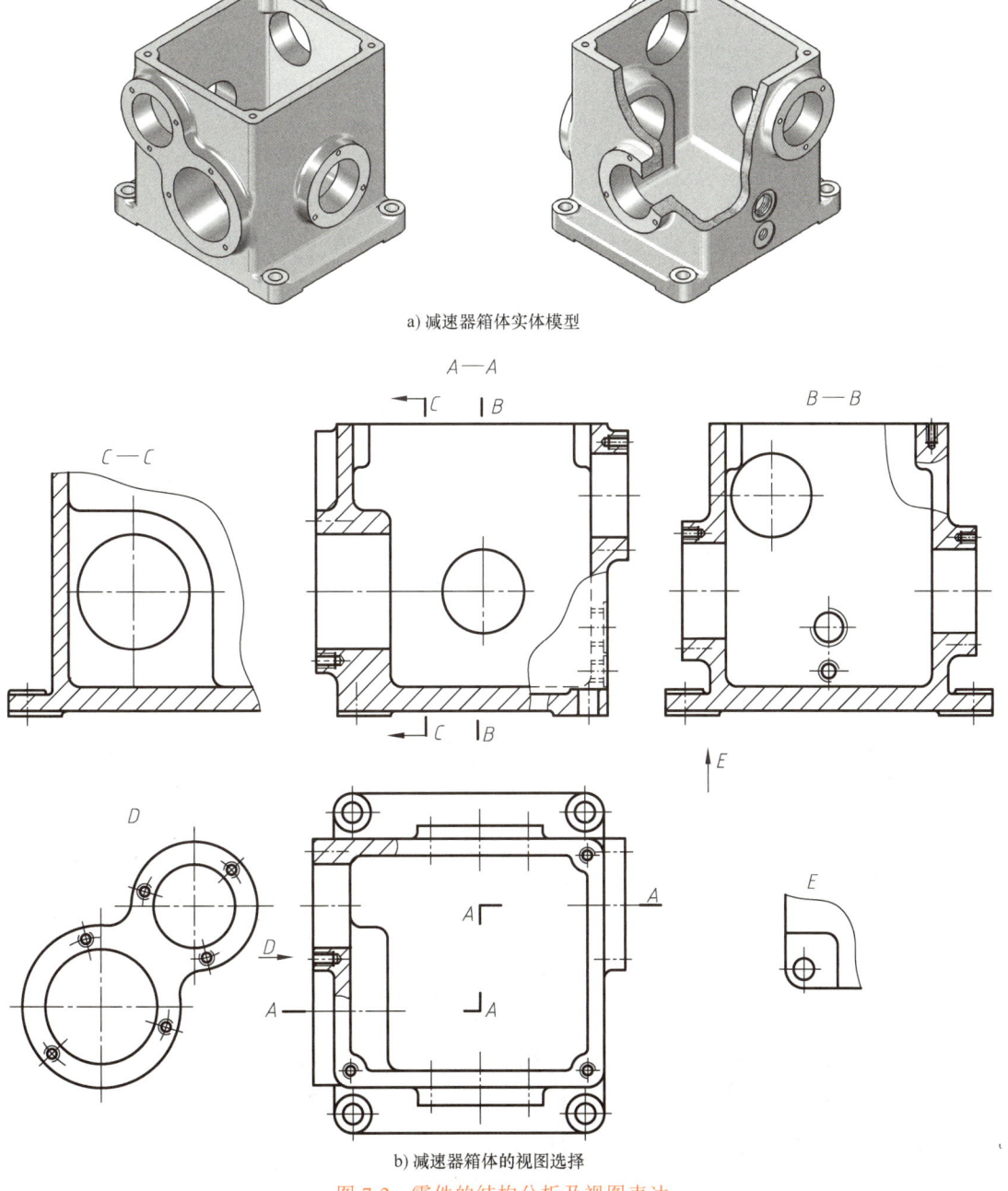

a) 减速器箱体实体模型

b) 减速器箱体的视图选择

图7-2 零件的结构分析及视图表达

7.3 零件图的尺寸标注

零件图的视图用来表达零件的结构形状，而零件的大小则由图中的尺寸来确定。零件图的尺寸注法，关系到零件的加工制造方法和质量，因此，标注零件图的尺寸时，力求做到完整、清晰、合理。

对完整和清晰的要求，在组合体尺寸标注中已经讨论过，这里不再重复。所谓合理是指标注的尺寸既符合零件的设计要求，又便于加工、测量和检验。因此，必须具备一定的零件设计和工艺知识，而这些知识将通过后续课程（如机械设计、机械制造工艺学等专业课程）的学习和参加生产实践来掌握。本节主要介绍如何合理标注尺寸的基本知识。

7.3.1 尺寸基准的种类和选择

度量尺寸的参考要素称为尺寸基准。基准的确定直接影响零件的加工工艺及制造精度，因此，本节在前述组合体尺寸基准选择的基础上，进一步介绍零件图的尺寸基准选择。

任何零件都有长、宽、高三个方向的尺寸基准，一般常选择零件结构的对称中心面、回转中心线、重要的安装底面或端面作为尺寸基准。尺寸基准分为设计基准和工艺基准。

1. 设计基准

由设计要求确定零件在机器或机构中的位置而使用的基准称为设计基准。如图 7-1a 所示齿轮泵，其泵体与泵盖的接触表面，就是泵体及泵盖长度方向的设计基准（图 7-1c 所示基准 A）。图 7-3 中轴承轴向定位的轴肩为该轴的轴向设计基准，轴线为径向设计基准。而图 7-4 所示轴承座的底面、长度和宽度方向的对称中心线，确定轴承座的安装位置，因此均为设计基准。除此之外，尺寸 $\phi20H8$ 轴线确定轴承孔中轴的安装高度，因此也是设计基准。

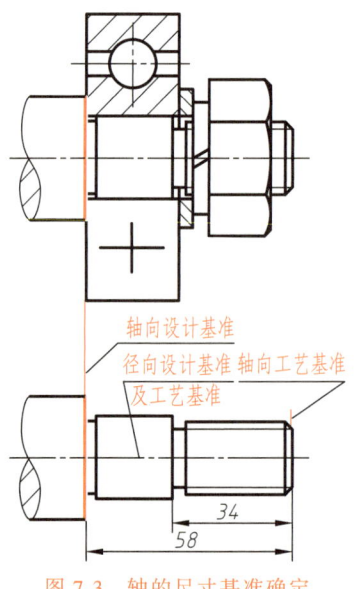

图 7-3 轴的尺寸基准确定

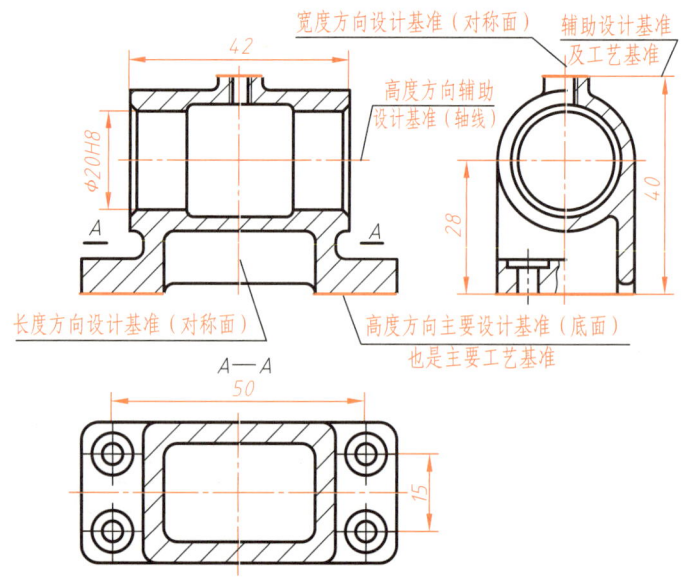

图 7-4 轴承座的尺寸基准确定

2. 工艺基准

为保证零件制造精度，在加工和测量时所选定的基准称为工艺基准。如图 7-3 中的轴线及端面为工艺基准，其中轴线既是径向尺寸设计基准又是测量的工艺基准。图 7-4 中的底面也是高度方向尺寸测量的工艺基准。

在标注尺寸时，尽量使设计基准与工艺基准重合，以减少累积误差，同时满足设计需要和工艺需要。如图 7-4 所示轴承座底面，对主体结构而言既是设计基准，又是工艺基准。

当一个方向有几个尺寸基准时，根据其作用的重要性，分为主要基准和辅助基准。辅助基准和主要基准之间必须有直接的尺寸联系，如图 7-4 中高度方向的尺寸 28、40。

7.3.2 合理标注尺寸应注意的问题

1. 重要尺寸要直接注出

所谓重要尺寸是指零件上有配合要求或影响零件质量和保证机器（或部件）性能的尺寸，以及零件各部分之间的相对位置尺寸，这些尺寸一般加工要求较高，直接标注出来，便于在加工时得到保证，如图 7-4 中所标注的尺寸。

2. 标注尺寸要尽量符合零件的加工顺序

按零件加工顺序标注尺寸，有利于保证加工精度，为加工过程带来便利。图 7-5a 为常见轴的端部带有螺纹及退刀槽时的加工顺序。该加工过程中直接用到的轴向尺寸应为图 7-5b 所示，而其余两种尺寸注法不符合加工顺序，不便加工。

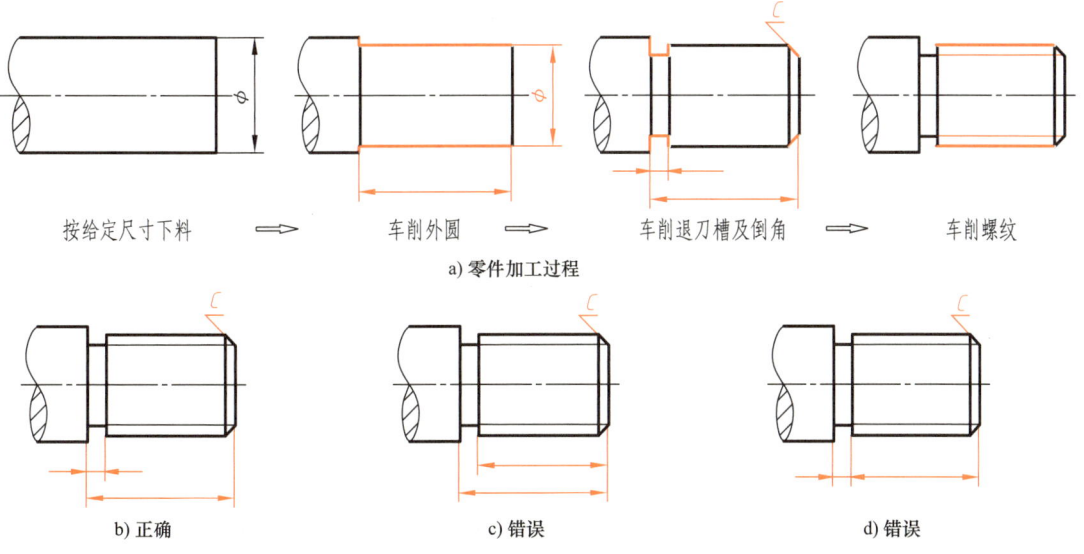

图 7-5 加工顺序与尺寸标注的关系

3. 尺寸标注要便于测量

尺寸标注应便于测量，并尽量使用通用量具，如图 7-6 所示。

4. 避免封闭尺寸链

封闭尺寸链是指首尾相接成封闭的一组尺寸，每个尺寸是尺寸链的一环。如图 7-7a 所示，尺寸 a、b、c、d 即构成封闭尺寸链。封闭尺寸链上各段尺寸精确度会相互影响，加工时很难同时保证。因此，一般在尺寸链中选择不重要（精度要求最低）的一环不注尺寸，将各段尺寸的加工误差最后均累积在该环上，称为开口环，如图 7-7b 所示。有时，为了作为设计和加工时的参考，把开口环尺寸加上括号标注出来，称为"参考尺寸"，如图 7-7c 所示。

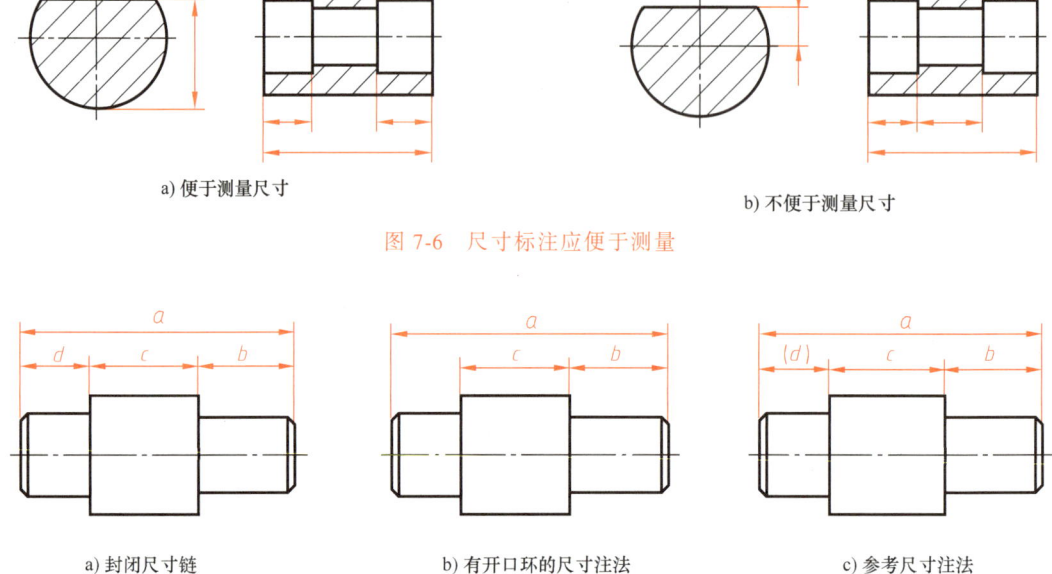

a) 便于测量尺寸　　　　　　　　　　　　　b) 不便于测量尺寸

图 7-6　尺寸标注应便于测量

a) 封闭尺寸链　　　　b) 有开口环的尺寸注法　　　　c) 参考尺寸注法

图 7-7　避免标注成封闭尺寸链

5. 标准结构的尺寸应按规定标注

对零件图上的标准结构（如键槽、圆角、倒角、退刀槽或越程槽等），其尺寸应按标准规定进行标注。

7.4　零件图中的技术要求

为了保证零件的质量及工作性能，零件图中还必须标注制造零件时应达到的技术要求，其中包括零件的表面结构、尺寸公差、几何公差以及零件的材料热处理要求等，通常用符号、代号、标记及文字说明注写在零件图上。

7.4.1　零件的表面结构及其注法

表面结构是指零件表面的几何形态。经过加工的零件表面看起来很光滑，但借助于放大装置可见其表面高低不平的状况。图 7-8 所示为零件表面在显微镜下呈现的景象。这种误差称为表面结构误差。

零件的实际表面轮廓由粗糙度轮廓（R 轮廓）、波纹度轮廓（W 轮廓）和原始轮廓（P 轮廓）构成。

1. 表面粗糙度的基本概念

表面结构的评定参数中最常用的是粗糙度轮廓参

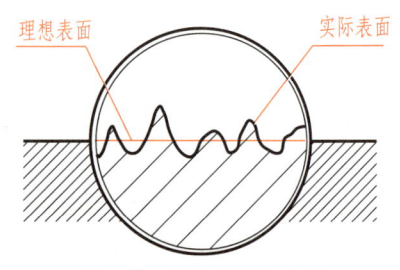

图 7-8　零件表面放大图

数。为了科学地评定零件表面质量，国家标准规定用两个参数作为判断零件表面粗糙度的依据，它们是：轮廓算术平均偏差 Ra 和轮廓最大高度 Rz。

（1）粗糙度轮廓算术平均偏差 Ra　如图7-9所示，在一个取样长度 l_r 内，轮廓偏距（在测量方向上轮廓线上的点与基准线之间的距离）绝对值的算术平均值。用算式表示为：

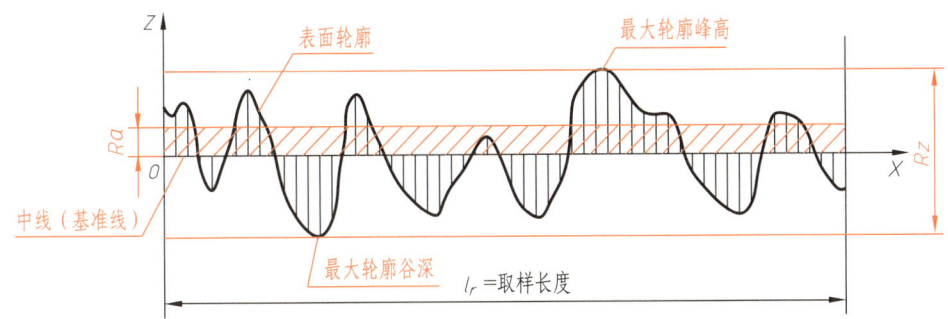

图7-9　粗糙度轮廓算术平均偏差 Ra、轮廓最大高度 Rz

$$Ra = \frac{1}{l_r} \int_0^{l_r} |Z(x)| \mathrm{d}x \text{ 或近似表示为：} Ra = \frac{1}{n} \sum_{i=1}^{n} |Z_i|$$

式中：$Z(x)$——轮廓偏距差；

　　　l_r——取样长度；

　　　n——取样数；

　　　Z_i——第 i 点的轮廓偏距差。

粗糙度轮廓算术平均偏差 Ra 是目前各国普遍采用的一个评定参数。Ra 第一系列（优先选用）参数值见表7-1，数值越小，零件被加工表面越光滑，表面质量也越高，但加工成本也越高。Ra 常用数值的表面特征、加工方法及应用实例见表7-2。

表7-1　粗糙度轮廓算术平均偏差 Ra 数值表（摘自 GB/T 1031—2009）

（单位：μm）

Ra 第一系列	0.012, 0.025, 0.050, 0.100, 0.2, 0.4, 0.8, 1.6, 3.2, 6.3, 12.5, 25, 50, 100

（2）粗糙度轮廓最大高度 Rz　在一个取样长度 l_r 内，轮廓峰顶线与轮廓谷底线之间的距离。

2. 表面粗糙度参数 Ra 的选用

Ra 参数值的选用原则是：在满足零件表面使用功能的前提下，考虑经济合理性，尽量选用较大的粗糙度参数值，以降低生产成本。具体选用时可参照生产中的实例或表7-2，用类比法确定，同时应注意下列问题：

1）同一零件上接触表面应比非接触表面的粗糙度参数值小。

2）摩擦表面应比非摩擦表面的粗糙度参数值小。

3）配合性质要求高，其表面粗糙度参数值应小。同一公差等级，小尺寸比大尺寸、轴比孔的表面粗糙度参数值应小。

4）运动速度越高、单位压力越大和承受交变载荷处的表面，其粗糙度参数值应越小。

表 7-2 粗糙度轮廓算术平均偏差 Ra 常用数值的表面特征及应用

$Ra/\mu m$	表面特征	主要加工方法	应用举例
50 25	明显可见刀痕	粗车、粗铣、粗刨、钻、粗纹锉刀和粗砂轮加工	很粗糙的加工表面,用于不接触的次要表面
12.5	可见刀痕	粗车、刨、立铣平铣、钻	不接触表面。如螺栓通孔、倒角、油孔,以及轴、套、盖、支架、箱体等零件的不接触端面
6.3	可见加工痕迹	精车、精铣、精刨、铰、镗、粗磨等	没有相对运动的接触面。如轴、套、盖、支架、箱体的接触表面,键槽的底面,齿轮的非工作面,轴上不安装轴承、齿轮的非配合面
3.2	微见加工痕迹		较重要的接触面。如盖、支架、箱体等零件的端面,重要轴肩的端面,键槽侧面;传动零件的配合面,如低、中速轴承孔、支架孔、衬套孔、带轮轴孔等
1.6	看不见加工痕迹		较重要的配合面。如滚动轴承座孔,较精密齿轮的轴孔,拨叉工作面;一般齿轮工作面,皮带轮工作面;传动零件配合部位的低、中速轴颈表面等
0.8	可辨加工痕迹方向	精车、精铰、精拉、精镗、精磨等	要求很好的配合面。如与滚动轴承配合的轴颈表面,销孔;较精密齿轮的工作面及轴孔相配的轴颈表面,滑动导轨工作面
0.4	微辨加工痕迹方向		重要的配合面。高速轴颈及轴衬表面,高精度的齿轮工作面,传动丝杆工作面,曲轴、凸轮轴工作轴颈
0.2	不可辨加工痕迹方向		承受反复应力的重要工作表面,如机床主轴、活塞等

3. 表面结构要求的标注

国家标准 GB/T 131—2006《产品技术规范(GPS) 技术文件中表面结构的表示法》规定了表面结构的符号、代号及其在图样上的注法。

(1) 表面结构符号 各种表面结构符号及其含义见表 7-3,符号画法如图 7-10 所示。

表 7-3 表面结构符号及含义

符号名称	符号	含义及说明
基本图形符号 (简称基本符号)	 ∨	对表面结构有要求的图形符号。仅用于简化代号标注,没有补充说明时不能单独使用
扩展图形符号 (简称扩展符号)	 ∀	对表面结构有指定要求(去除材料)的图形符号。在基本符号上加一短横,表示指定表面是用去除材料的方法获得,如通过切削加工(车、铣、钻、磨、剪切、抛光、腐蚀、电火花加工等)得到的表面
	 ∨(加圆圈)	对表面结构有指定要求(不去除材料)的图形符号。在基本符号上加一个圆圈,表示指定表面是用不去除材料的方法获得,如铸、锻、冲压、热轧、冷轧、粉末冶金等

符号名称	符号	含义及说明
完整图形符号（简称完整符号）		对基本符号或扩展符号扩充后的图形符号。在上述所示图形符号的长边上加一横线，用于对表面结构有补充要求的标注
		在完整图形符号上加一圆圈。表示某个视图上构成封闭轮廓的各表面有相同的表面结构要求

$H_1 \approx 1.4h$，$H_2 = 2H_1$，$d' = 1/10h$，h 为字体高度

图 7-10 表面结构符号画法

（2）表面结构代号 由完整的表面结构符号、参数代号（如 Ra、Rz）和参数值（极限值）组成，各代号及参数标注位置如图 7-11 所示。图中各位置所应标注的代号或参数如下：

位置 a——注写结构参数代号（如 Ra）及其极限值等，如 $Ra\ 6.3$。

位置 a 和 b——注写两个或多个表面结构要求。

位置 c——注写加工方法、表面处理、涂层或其他加工工艺要求等。

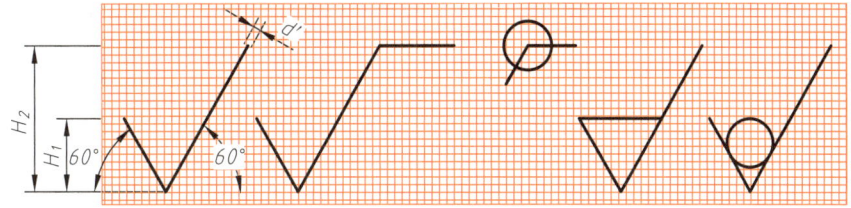

图 7-11 表面结构代号的注写

位置 d——注写所要求的表面纹理和纹理方向，如图 7-12 所示。

位置 e——注写所要求的加工余量（mm）。

图 7-12 表面纹理形状、标注代号及其标注示例

表面结构代号中各项规定在代号中的标注格式示例及所代表的含义见表 7-4。

表 7-4 表面结构代号中的各项规定在代号中的标注格式示例及含义

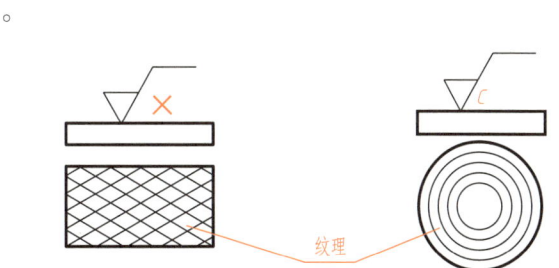

符号	含义说明	符号	含义说明
$\sqrt{Ra\ 3.2}$	表示用去除材料的方法获得的表面，单向上限值，Ra 的上限值为 $3.2\mu m$	$\sqrt{Rz\ 3.2}$	表示用不去除材料的方法获得的表面，单向上限值，Rz 的上限值为 $3.2\mu m$

(续)

符号	含义说明	符号	含义说明
∇Ra 12.5	表示用不去除材料的方法获得的表面，单向上限值，Ra 的上限值为 12.5μm	∇Ra max 0.4	表示用去除材料的方法获得的表面，单向上限值，Ra 的上限最大值为 0.4μm
∇U Ra 0.8 L Ra 3.2	表示用去除材料的方法获得的表面，双向极限值，Ra 的上限值为 0.8μm，下限值为 3.2μm	∇铣 Ra 3.2 ⊥	表示用去除材料的方法获得的表面。采用铣削加工。单向上限值，Ra 上限值为 3.2μm，加工纹理应垂直于标注符号的视图所在的投影面

(3) 表面结构要求的标注　即将表面结构代号标注到零件图中，基本方法如下：

1) 如图 7-13a、b 所示，表面结构的注写和读取方向与尺寸的注写和读取方向一致。一般应标注在零件的可见轮廓线、尺寸界线及其延长线上。必要时，用带箭头或黑点的指引线引出标注。标注符号或引线箭头应从材料外指向并接触零件表面。

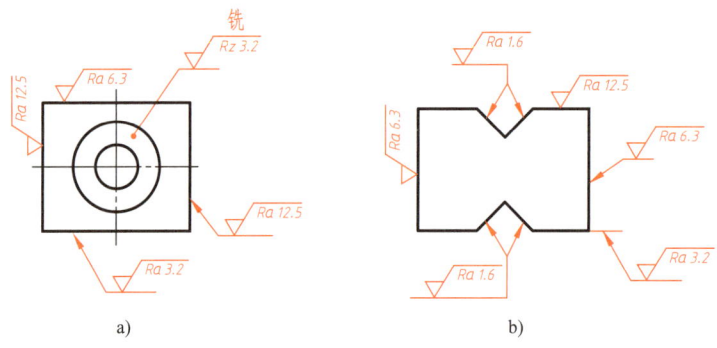

图 7-13　表面粗糙度标注方法（一）

2) 表面结构要求可以标注在形位公差框格的上方。在不致引起误解时，也可以标注在尺寸线上，如图 7-14 所示。

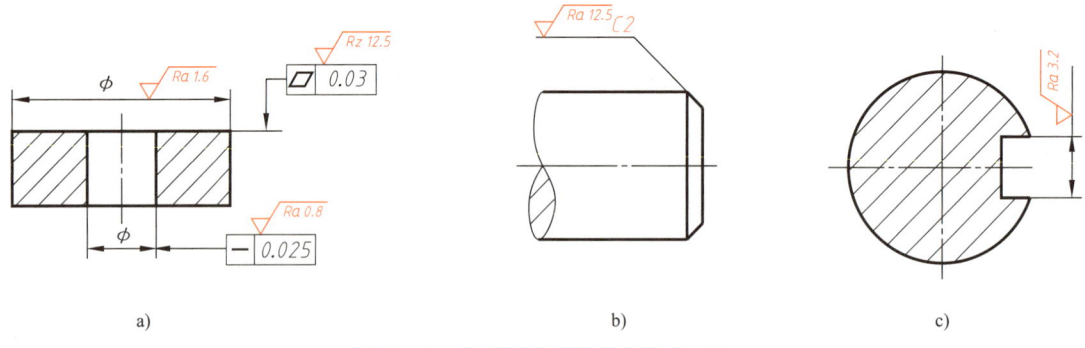

图 7-14　表面粗糙度标注方法（二）

3) 零件的每个表面都要标注表面结构要求，但每一表面一般只标注一次，并尽可能标注在相应的尺寸及其公差所在的视图上，以便加工时能同时读取这些参数，如图 7-15 所示。

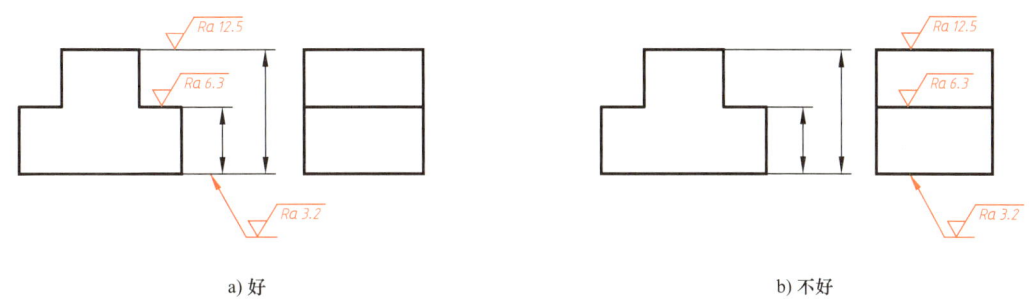

图 7-15　表面粗糙度标注方法（三）

4）圆柱和棱柱的表面结构代号一般只标注一次，如图 7-16a 所示。如果棱柱的表面有不同的结构要求，则应分别单独标注，如图 7-16b 所示。

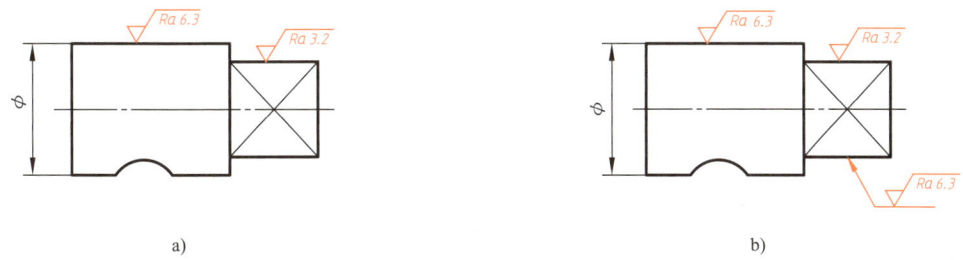

图 7-16　表面粗糙度标注方法（四）

5）简化标注。当零件全部表面结构要求相同时，可将其表面结构要求统一标注在图样的标题栏附近，如图 7-17a 所示；当零件的多数表面结构要求相同时，可将其统一标注在图样的标题栏附近，并且在表面结构要求符号后的圆括号内加注任何其他标注的基本符号（图 7-17b）或加注不同的表面结构要求（图 7-17c）。在图纸空间有限时，对表面结构要求相同的表面，在标题栏附近，可用带字母的完整符号，以等式的形式，进行简化标注，如图 7-18a 所示；或用基本符号、扩展符号，以等式的形式进行简化标注，如图 7-18b 所示。

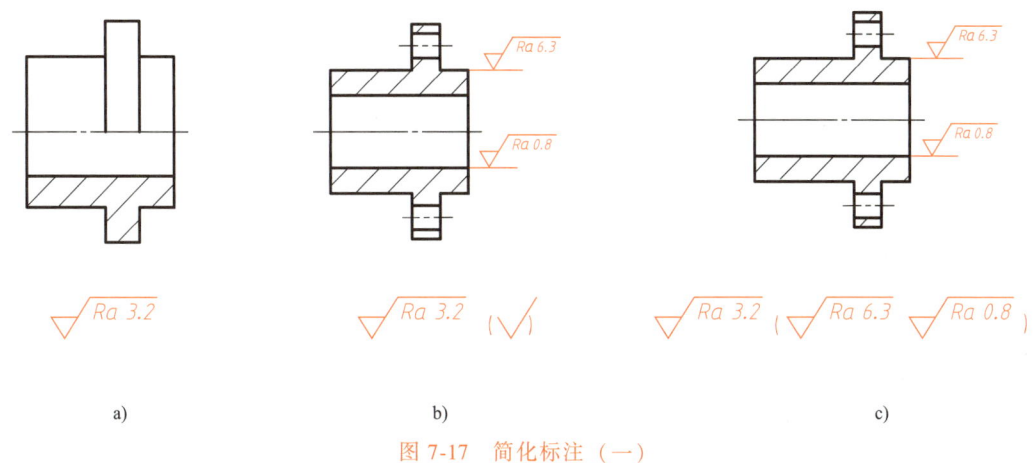

图 7-17　简化标注（一）

6）齿轮在没有画出齿形时，其工作表面的表面粗糙度可按图 7-19a 所示形式标注。当螺纹没有画出牙型时，其工作表面的表面结构要求可按图 7-19b 所示形式标注。

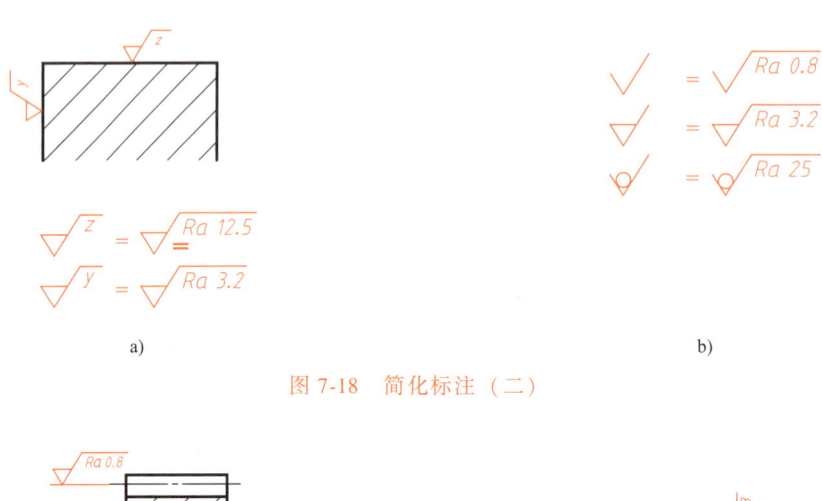

a)　　　　　　　　　　　　b)

图 7-18　简化标注（二）

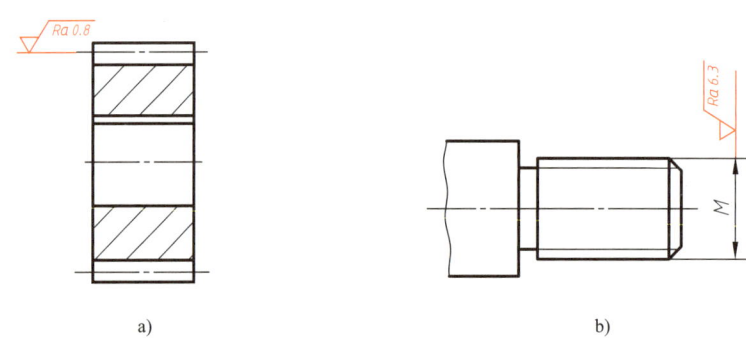

a)　　　　　　　　　　　　b)

图 7-19　齿轮及螺纹表面的粗糙度标注

7.4.2　极限与配合

极限与配合是零件图和装配图中的一项重要技术要求，也是评定产品质量的重要技术指标之一。

1. 互换性

所谓互换性，是指在大批量生产的条件下，相同规格的零件或部件，可以不经挑选、修配即可装配成满足预定使用性能要求的部件或机器。为了使零件具有互换性，就必须将零件的尺寸误差限制在一个合理的范围内。因此，在工程图样上，对有配合要求的尺寸，需要限制它们的尺寸误差。下面介绍国家标准《极限与配合》（GB/T 1800.1—2020、GB/T 1800.2—2020、GB/T 1801—2020）的基本内容以及在图样上的标注方法。

2. 极限与配合的有关术语及其定义

现以图 7-20 所标注的孔与轴的尺寸公差及示意图为例介绍有关极限与配合的术语及其定义。

（1）公称尺寸　由图样规范确定的理想要素的尺寸，如图 7-20a、b 中的尺寸 $\phi 50$。

（2）实际尺寸　零件加工完成后测量所获得的尺寸。

（3）极限尺寸　允许实际尺寸变化的两个极限值，分别称为上、下极限尺寸。

上极限尺寸是两个极限尺寸中较大的一个，下极限尺寸是两个极限尺寸中较小的一个。

图 7-20 中，孔 $\begin{cases}\text{上极限尺寸：} \phi 50.039\\ \text{下极限尺寸：} \phi 50.000\end{cases}$　轴 $\begin{cases}\text{上极限尺寸：} \phi 49.975\\ \text{下极限尺寸：} \phi 49.950\end{cases}$

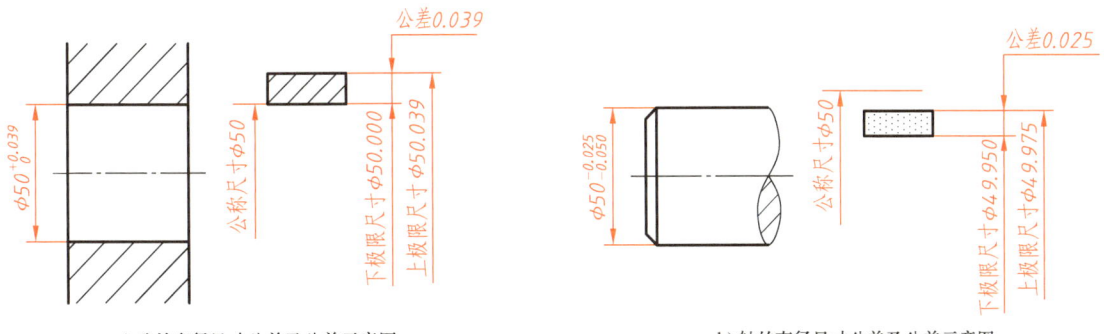

图 7-20 孔与轴的尺寸及公差示意图

实际尺寸在两个极限尺寸之间则为合格尺寸，否则为不合格。

（4）尺寸偏差（简称偏差）　某一极限尺寸减去其公称尺寸所得的代数差，分别称为上极限偏差和下极限偏差。孔的上极限偏差用"ES"表示，下极限偏差用"EI"表示；轴的上极限偏差用"es"表示，下极限偏差用"ei"表示。上、下极限偏差统称为极限偏差，可以是正值、负值或零。

上极限偏差 $ES(es)$ = 上极限尺寸 - 公称尺寸；下极限偏差 $EI(ei)$ = 下极限尺寸 - 公称尺寸。

图 7-20 中，孔 $\begin{cases} ES = 50.039 - 50 = 0.039 \\ EI = 50 - 50 = 0 \end{cases}$ 轴 $\begin{cases} es = 49.975 - 50 = -0.025 \\ ei = 49.950 - 50 = -0.050 \end{cases}$

（5）尺寸公差（简称公差）　允许尺寸的变动量。

公差 = 上极限尺寸 - 下极限尺寸 = 上极限偏差 - 下极限偏差。

图 7-20 中，孔的尺寸公差 = 50.039 - 50 = 0.039 - 0 = 0.039；

轴的尺寸公差 = 49.975 - 49.950 = -0.025 - (-0.050) = 0.025。

（6）公差带图　常用公差带图形象地表示公称尺寸、上、下极限偏差和尺寸公差之间的关系，如图 7-21 为图 7-20 中孔和轴的公差带图，它由代表上极限偏差和下极限偏差或上极限尺寸和下极限尺寸的两条直线所限定的一个区域确定，该区域称为公差带。在图中通常不画出具体的孔和轴，只是将它们的公差带放大画出以便于分析。

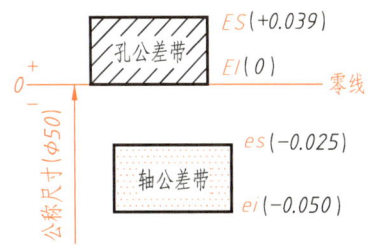

图 7-21 孔、轴公差带图

在公差带图中，零线是表示公称尺寸的一条基准直线，正偏差位于零线上方，负偏差位于零线下方。

由图 7-21 可见，公差带由公差大小和其相对零线的位置确定。其中公差的大小由标准公差确定，公差带相对于零线的位置由基本偏差确定。国家标准规定了这两个要素的标准，即标准公差系列和基本偏差系列。

（7）标准公差　标准公差是由国家标准规定的、用以确定公差带大小的一系列标准数值，用代号 IT（ISO Tolerance）表示。它的大小与公称尺寸和公差等级有关。国家标准规定公差等级分为 20 个等级，即 IT01、IT0、IT1～IT18，阿拉伯数字表示公差等级，从 IT01 至 IT18 公差等级依次降低。

在国家标准《极限与配合》GB/T 1800.2—2020 标准公差数值中给出了各级标准公差数值，见附录 C 附表 C-1，由表中可知，公称尺寸相同时，公差等级愈高，标准公差数值愈小，尺寸的精确度愈高；当公差等级相同时，公称尺寸愈大，标准公差数值愈大。

（8）基本偏差　基本偏差是国家标准规定的，用以确定公差带相对于零线位置的上极限偏差或下极限偏差，一般指靠近零线的那个偏差。

国家标准分别对孔和轴各规定了 28 个基本偏差，其代号用拉丁字母表示，大写字母表示孔，小写字母表示轴，如图 7-22 所示。

从图中可以看出：孔的基本偏差从 A~H 为下极限偏差，从 J~ZC 为上极限偏差；轴的基本偏差从 a~h 为上极限偏差，从 j~zc 为下极限偏差。基本偏差 JS 和 js 的公差带都对称分布于零线两侧，它们的基本偏差可以是上极限偏差（+IT/2）或下极限偏差（−IT/2）。

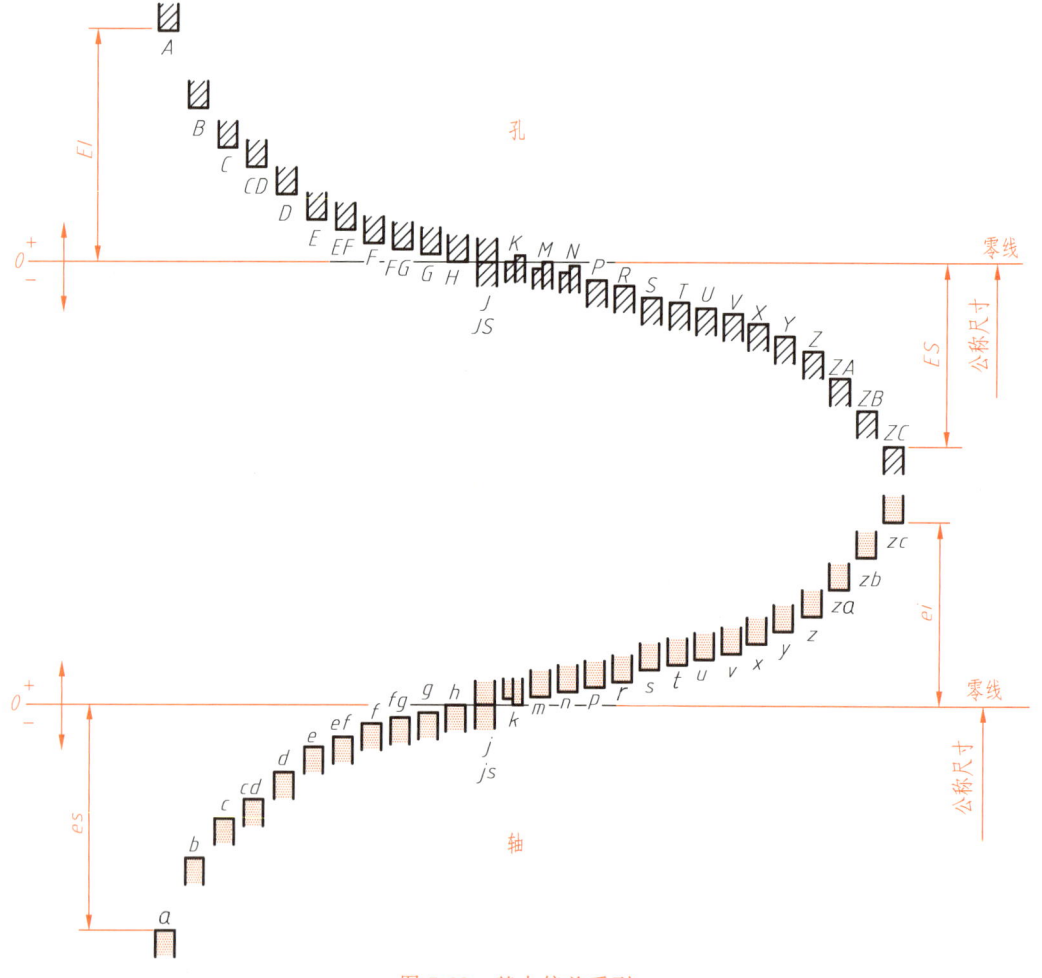

图 7-22　基本偏差系列

本书附表 C-2、附表 C-3 分别给出了轴和孔的基本偏差、极限偏差标准数值。通过公称尺寸、标准公差与基本偏差即可以查表得到相应的基本偏差与极限偏差数值。

（9）公差带代号　孔、轴的公差带代号由基本偏差代号和公差等级代号组成，注有公差的尺寸通常用公称尺寸和公差带代号表示，如图 7-23 所示。

图 7-23 工称尺寸及其公差带代号

对尺寸为 φ50H8 的孔，通过附表 C-3，查阅公称尺寸为 50mm，基本偏差代号为 H，标准公差等级为 IT8 的上、下极限偏差，可得数值 $^{+39}_{0}$，单位为 μm，即该尺寸的上、下极限偏差值分别为 +0.039mm 和 0mm，上、下极限尺寸为 50.039mm 和 50.000mm。同样方法，对尺寸为 φ50f7 的轴，通过查阅附表 C-2，可得到其上、下极限偏差数值及上、下极限尺寸。

3. 配合的种类及基准制

公称尺寸相同、相互结合的孔和轴公差带之间的关系称为配合。配合表述的是孔和轴结合时的松紧程度。

（1）配合种类　根据使用需要，国家标准将配合分为三类：

1）间隙配合。具有间隙（包括最小间隙等于零）的配合称为间隙配合。此时，孔的下极限尺寸大于（等于）轴的上极限尺寸，孔的公差带完全在轴的公差带之上，如图 7-24a 所示。

2）过盈配合。具有过盈（含最小过盈等于零）的配合称为过盈配合。此时，轴的下极限尺寸大于（等于）孔的上极限尺寸，孔的公差带完全在轴的公差带之下，如图 7-24b 所示。

3）过渡配合。对一批孔和轴而言，可能具有间隙也可能具有过盈的配合称为过渡配合，但间隙或过盈量都很小。此时，孔的公差带与轴的公差带互相交叠，如图 7-24c 所示。

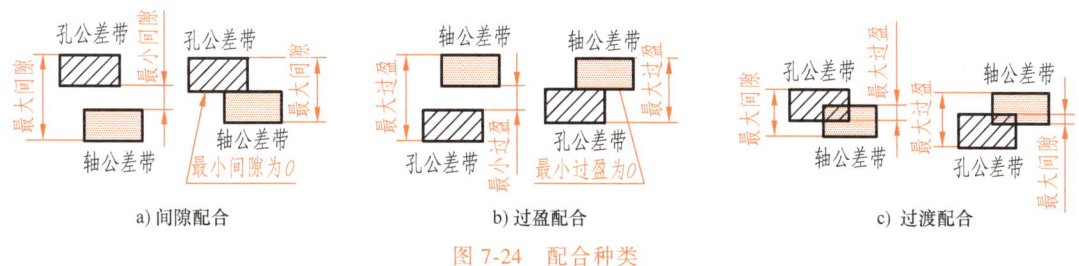

图 7-24　配合种类

（2）基准制　为了便于选择配合，国家标准规定了两种基准制，即基孔制和基轴制。

1）基孔制配合。基本偏差为一定的孔的公差带与不同基本偏差的轴的公差带组成各种配合的一种制度，如图 7-25 所示。基孔制的孔称为基准孔，其基本偏差为下极限偏差，代号为 H，偏差值为 0μm。

2）基轴制配合。基本偏差为一定的轴的公差带与不同基本偏差的孔的公差带组成各种配合的一种制度，如图 7-26 所示。基轴制的轴称为基准轴，其基本偏差为上极限偏差，代号为 h，偏差值为 0μm。

（3）优先常用配合　20 个标准公差等级和 28 种基本偏差可组成大量的配合。为便于选用，国家标准规定了优先和常用配合。附表 C-4、附表 C-5 为国家标准（GB/T 1801—2009）

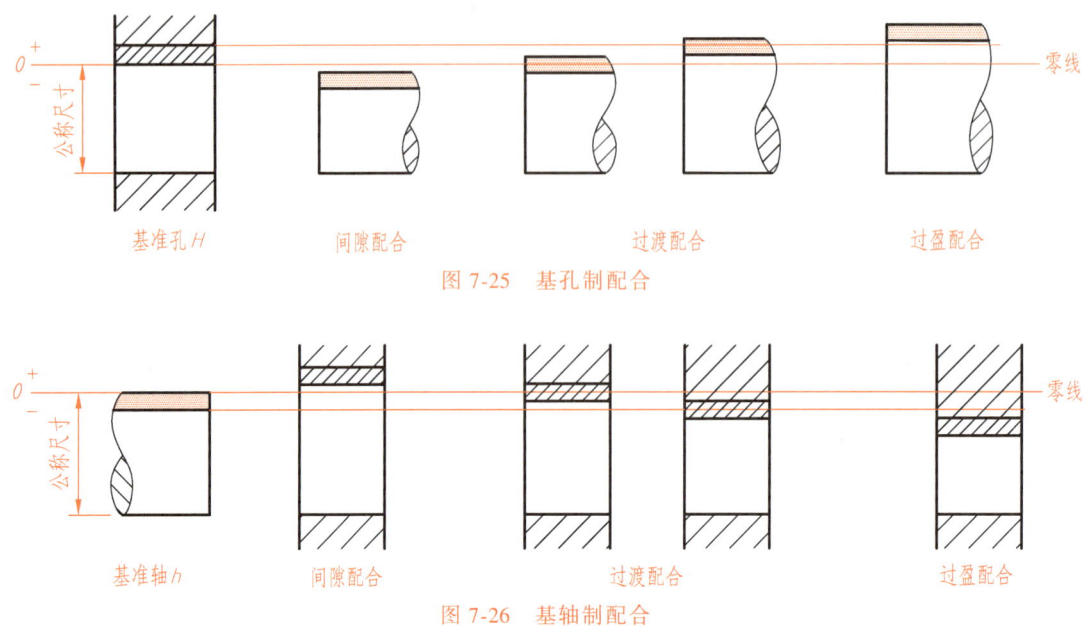

图 7-25 基孔制配合

图 7-26 基轴制配合

推荐的基孔制和基轴制优先常用配合。一般情况下采用优先配合就能够满足设计要求。

4. 极限与配合的标注

(1) 装配图中的标注方法　在装配图中，对有配合要求的部位应标注配合代号。标注示例如图 7-27a 所示，在公称尺寸后面采用分数形式，分子为孔的公差带代号，分母为轴的公差带代号。当标准件与一般零件（轴或孔）配合时，只标注与标准件有配合关系的零件相应尺寸的公差带代号，而不必标注标准件配合尺寸的公差带代号。如图 7-28 所示，由于轴承是标准件，其内孔直径按基孔制的孔设计制造，即它的基本偏差代号是 H；而其外径按基轴制的轴设计制造，即它的基本偏差代号是 h；而它们的精度等级与轴承精度相同，因此，在装配图中可以省略其标注，而只标注与它配合的轴径和轴承孔的配合代号，如图中的 $\phi30k6$ 和 $\phi62J7$。

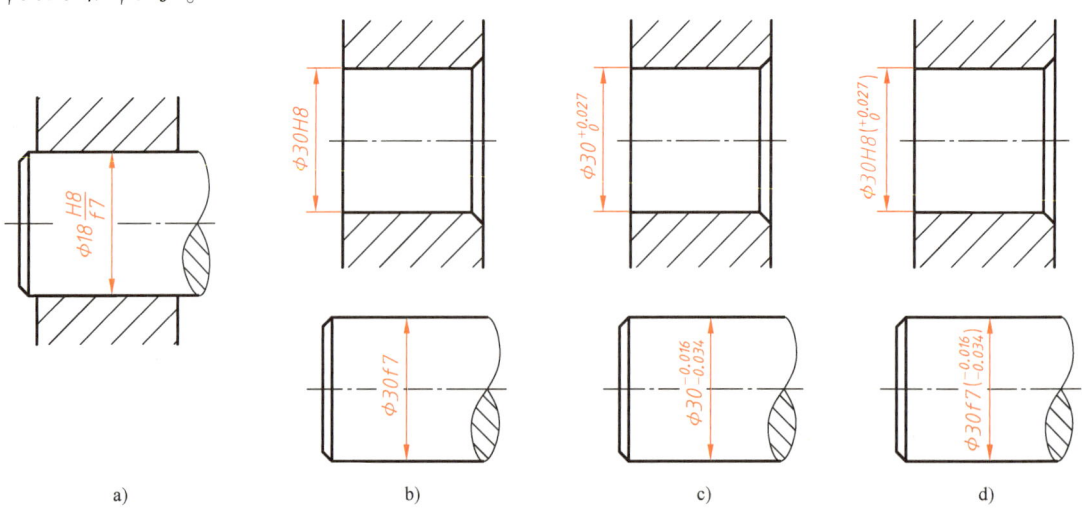

图 7-27 极限与配合代号在图形中的标注

（2）零件图中的标注方法　为满足装配图中的配合要求，零件图中必须标注相应的尺寸公差。标注公差有以下三种形式：

1）标注公差带代号。如图7-27b所示，这种注法便于采用专用量具检验零件，适用于大批量生产中。

2）标注极限偏差数值。如图7-27c所示，这种注法主要用于小批量或单件生产中。标注时应注意：

① 极限偏差数字比公称尺寸数字小一号，上极限偏差注在公称尺寸的右上方，下极限偏差应与公称尺寸注在同一条底线上。

② 上、下极限偏差前必须标出正、负号，数值的小数点要对齐，其后面的位数也相同。但当上极限偏差或下极限偏差为"零"时，可只标数字"0"，并与另一偏差的个位数对齐。

③ 如果上、下极限偏差数字相同而符号相反时，偏差只注写一个，并在公称尺寸与偏差间注出符号"±"，且两者数字高度应相同，如图7-29所示。

3）同时标注公差带代号和极限偏差。此时后者应加圆括号，如图7-27d所示。

上述标注方法可以依据具体情况选择。

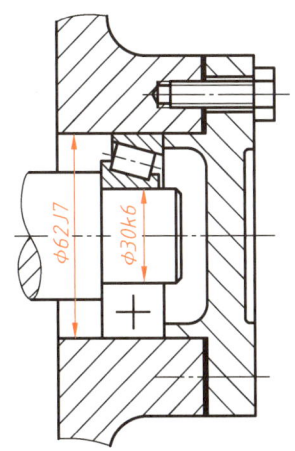

图7-28　标准件的配合注法

5. 极限与配合的选择

正确选用极限与配合，可在保证机器质量的前提下，降低加工成本，提高产品竞争力。极限与配合的选用通常应包括基准制、公差等级和配合等三个项目的选择。

（1）基准制的选择　一般情况下应优先选用基孔制，这样可限制加工孔所需用的定值刀具、量具的规格数量，有利于降低生产成本。基轴制配合通常仅用于结构设计中不适宜采用

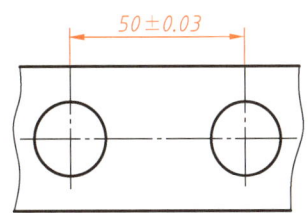

图7-29　上、下极限偏差相同的注法

基孔制配合的情况，如同一尺寸的轴与几个具有不同配合要求的孔组成的配合，如图7-30a所示。当与标准件配合时，应按照标准件确定基准制。如图7-30b所示，滚动轴承内孔是按基准孔设计的，故它与轴的配合应采用基孔制配合；而滚动轴承外圈是按基准轴设计制造的，故它与轴承孔的配合应采用基轴制配合。

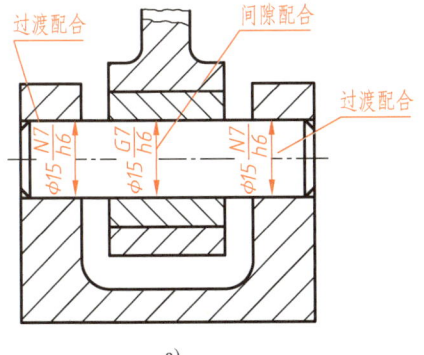

a)

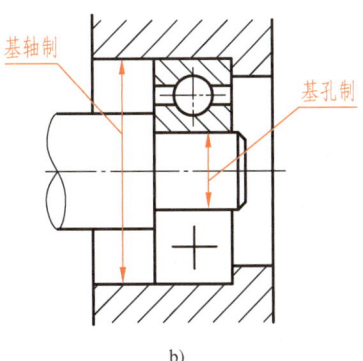

b)

图7-30　基轴制应用示例

（2）公差等级的选择　在保证设计和使用要求的前提下，应尽量选择比较低的公差等级，以减少加工制造成本。当公差等级高于IT8时，孔的公差等级应比轴降低一级。在公差等级较低时，通常选用公差等级相同的孔、轴相配合。

（3）配合的选择　首先按附表C-4、附表C-5选择优先公差带及优先配合，其次选择常用公差带及常用配合。如图7-30a所示，当零件之间具有相对转动或相对移动时，应选择间隙配合；当无外加紧固件（键、销或螺钉），只靠配合面的过盈来连接固定时，应选择过盈配合；当零件之间不要求相对运动，又不靠配合传力（如键联结处孔与轴的配合），但要求定位（定心）精度较高时，通常选择过渡配合。

7.4.3　几何公差的概念及其标注

在生产实践中，经过加工的零件不但会产生尺寸误差，零件的形状和位置也会产生误差。零件实际表面形状对理想表面形状的误差，称为形状误差。如图7-31中的小轴，轴线产生了直线度误差（图中双点画线所示）；零件各表面之间、轴线之间或表面与轴线之间的实际位置对理想位置的误差，称为位置误差。如图7-32中的轴套，其左端面对轴线产生了垂直度误差。零件的上述误差通常是通过几何公差来控制的。

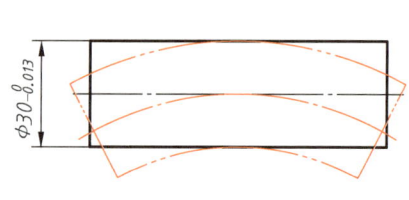

图7-31　小轴轴线的形状误差

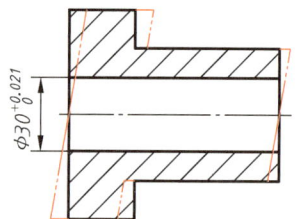

图7-32　轴套端面的位置误差

1. 几何公差的种类、几何特征及其符号

国家标准有关几何公差的定义见附表C-6（GB/T 1182—2018），其类型及特征符号见表7-5。

表7-5　几何公差的几何特征项目和符号

公差类型	几何特征	符号	有无基准	公差类型	几何特征	符号	有无基准
形状公差	直线度	⏤	无	方向公差	面轮廓度	⌒	有
	平面度	▱	无	位置公差	位置度	⊕	有
	圆度	○	无		同心度（用于中心点）	◎	有
	圆柱度	⌀	无		同轴度（用于轴线）	◎	有
	线轮廓度	⌒	无		对称度	═	有
	面轮廓度	⌒	无		线轮廓度	⌒	有
方向公差	平行度	∥	有		面轮廓度	⌒	有
	垂直度	⊥	有	跳动公差	圆跳动	↗	有
	倾斜度	∠	有		全跳动	↗↗	有
	线轮廓度	⌒	有				

2. 几何公差的标注

（1）几何公差标注的代号及基准符号　几何公差一般通过几何公差代号或几何公差代号与基准符号标注在零件图上。

1）几何公差标注代号。几何公差代号包括几何公差特征符号（见表7-5）、几何公差框格、指引线、基准符号、几何公差数值和其他有关符号等。如图7-33a所示，几何公差的框格和指引线用细实线画出。框格分为两格或多格，一般应水平或竖直放置。框格内的数字、字母和符号与图样中的尺寸数字高度相同。框格高度约为字体高度的两倍，长度可根据需要加长。标注几何公差时，按自左至右的顺序标注各项内容。

2）基准要素符号。基准符号的画法如图7-33b所示，将一个大写字母标注在基准方格内，并与一个涂黑或空白的三角形相连，以表示基准。同时在公差框格内注出基准的字母。基准方格高度与公差框格高度相同。不论基准符号的方向如何，方格内的字母都应水平书写。

图 7-33　几何公差标注代号及基准符号

（2）被测要素及基准要素的标注　被测要素是通过指引线与公差框格相连来表达的，指引线可引自框格的任意一侧，终端带一箭头，指向被测要素。基准是将基准符号的三角形直接放置在基准轮廓线或延长线上。

1）当被测要素为轮廓线或轮廓面时，指引线的箭头应指向该要素的轮廓线或其延长线，并明显地与尺寸线错开，如图7-34a所示；同样，当基准要素为轮廓线或轮廓面时，基准符号三角形应放置在该要素的轮廓线或其延长线上，并明显地与尺寸线错开，如图7-34b所示。

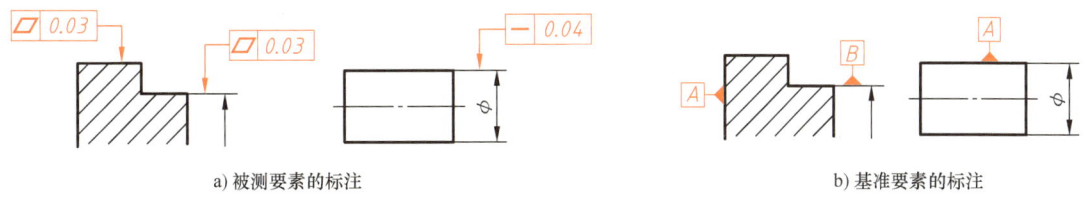

图 7-34　被测要素与基准要素标注示例一

2）当被测要素为中心线、中心面或中心点时，指引线的箭头应位于相应尺寸线的延长线上，即箭头与尺寸线对齐，如图7-35a所示；同样，当基准要素为中心线、中心面或中心点时，基准符号应放置在相应尺寸线的延长线上，即三角形与尺寸线对齐，如图7-35b所示。

3）单一要素做基准时，在几何公差框格中用一个大写字母表示，如图7-36a所示。当用两个要素建立公共基准时，在几何公差框格中用两个大写字母中间加连字符表示，如

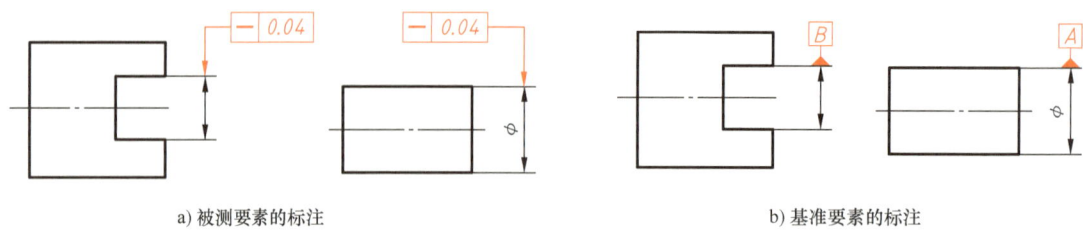

图 7-35　被测要素与基准要素标注示例二

图 7-36b 所示。方便时,也可以将代表基准符号的三角形与几何公差框格的另一端相连,如图 7-36c 所示。

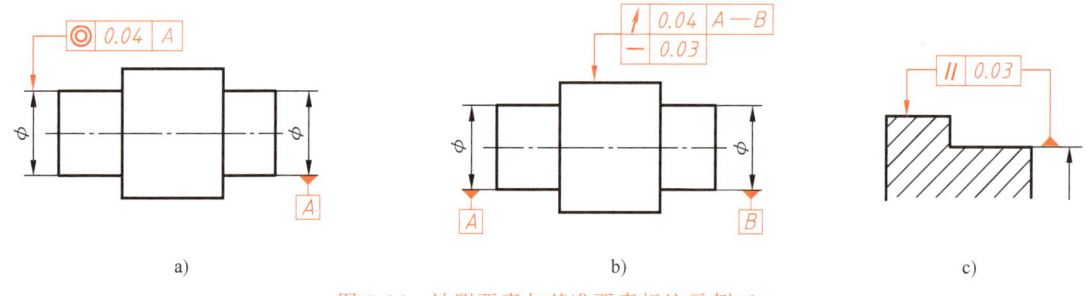

图 7-36　被测要素与基准要素标注示例三

（3）几何公差标注实例　图 7-37 是气门阀杆的几何公差标注实例,图中所标几何公差含义见图中文字说明。

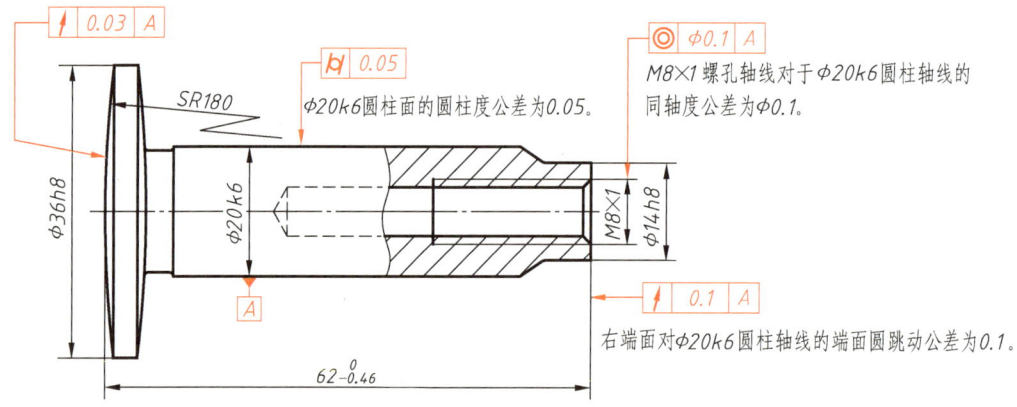

图 7-37　几何公差标注实例

7.4.4　零件图中的其他技术要求

零件的表面结构、尺寸公差及几何公差均以代号或符号的形式标注在零件图中,除此之外,不能或不便于在图形中直接标注的技术要求,如零件材料的强度、硬度、热处理工艺和铸件的铸造圆角以及零件制造过程中应注意的问题,均以文字的形式进行说明,一般放置在图纸的右下方合适位置,格式如图 7-1c、图 7-50、图 7-55 等所示。

7.5 零件上常见工艺结构的画法及尺寸注法

零件的结构形状,不仅要满足零件在机器中的使用要求,而且在零件制造时还要符合制造工艺。所以在设计和绘制零件图时,应考虑零件的加工工艺,在现有设备和工艺条件下能够方便地制造出零件。下面简要介绍零件的一些常见工艺结构及其图形画法和尺寸标注。

7.5.1 铸造零件的工艺结构及尺寸标注

在铸造零件时,一般先用木头等易成型的材料制成零件的模型,然后将模型置于型砂中,当型砂压紧后,取出模型,再在型腔内浇注金属液,待冷却后取出零件毛坯。对零件在机器装配中有接触的表面,还应进行切削加工,以达到零件的使用要求。

1. 起模斜度

为了便于起模,在模型的内、外壁沿起模方向做成适当的斜度,称为起模斜度,如图7-38a、b所示。由于起模斜度较小,一般在图中不必画出,也不必标注,如图7-38c所示。必要时,可在技术要求中用文字说明。

2. 铸造圆角

为了防止起模及浇注过程中转角处型砂脱落,以避免在冷却时,产生砂眼、缩孔及裂纹,故在铸件转角处设计成圆角,称为铸造圆角。画图时应注意,铸件毛坯面的转角处一般都应画铸造圆角,如图7-38c所示。圆角半径一般为铸件壁厚的0.2~0.4倍,其尺寸大小一般集中在零件图的技术要求中加以说明。当转角处有一个面加工后,圆角就被切去,此时转角处应画成尖角,如图7-38d、图7-1c所示。

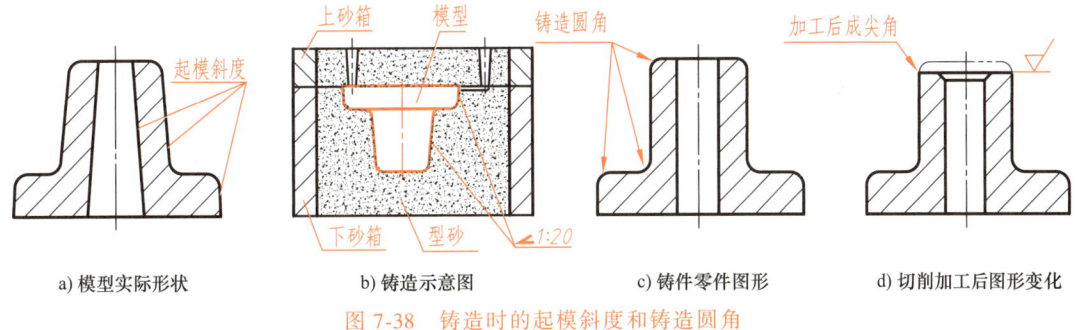

图 7-38 铸造时的起模斜度和铸造圆角

3. 铸件壁厚

铸件各部分壁厚应尽量均匀,以避免铸件在冷却过程中产生缩孔和裂纹,如图7-39a所示。当壁厚不同时可使壁厚逐渐变化,如图7-39c所示。

4. 过渡线画法

由于铸件表面相交处有铸造圆角,因此交线不很明显,为了区分不同表面,在原相交处仍画出交线,这种交线称为过渡线。过渡线用细实线画出,如图7-40、图7-41所示,其余画法与原有交线的画法基本相同,只是在表示时有细小差别。

1) 当两曲面轮廓线相交时,过渡线在圆角处不接触,应留有少量间隙,如图7-40a所示。当两曲面的轮廓线相切时,过渡线在切点附近应断开,如图7-40b所示。

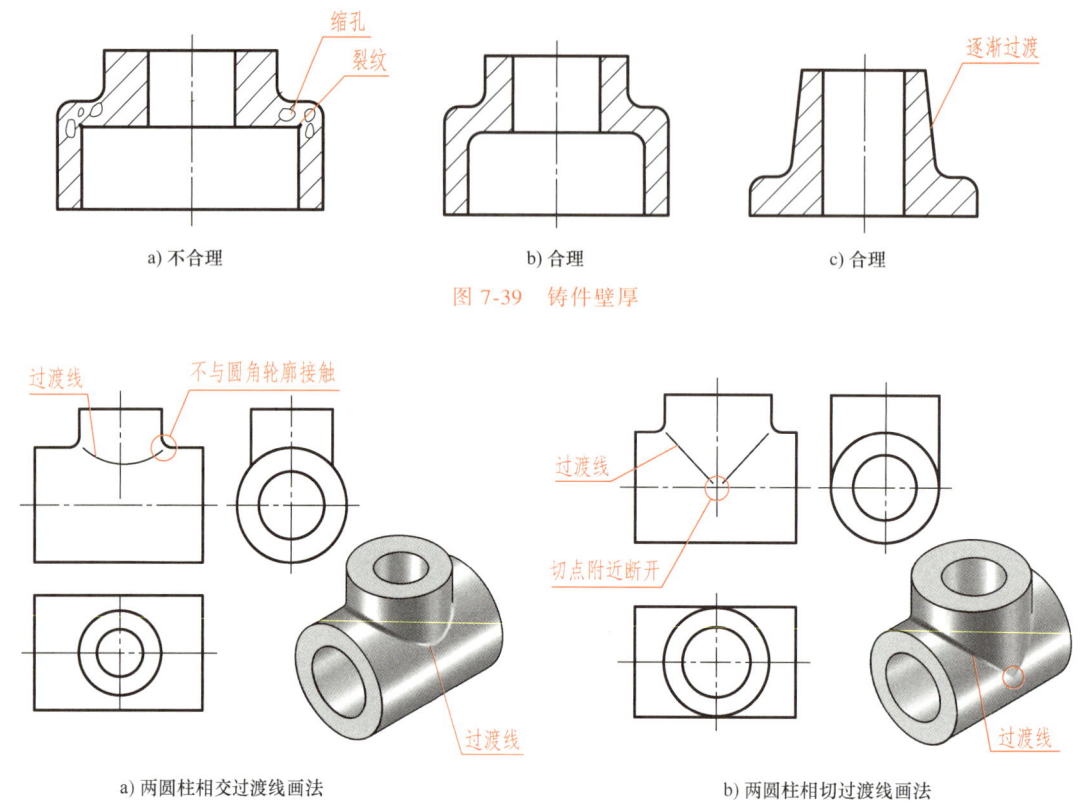

图 7-39 铸件壁厚

图 7-40 圆柱与圆柱相交及相切过渡线画法

2)在画平面与平面或平面与曲面的过渡线时应该在转角处断开。在很多铸件上通常设计有各种薄板,以加强零件的强度和刚度,这些薄板称为肋板。当零件上常见的肋板、连接板与平面或曲面相交且有圆角过渡时,过渡线的画法取决于肋板的断面形状及相交或相切的关系,如图 7-41 所示。

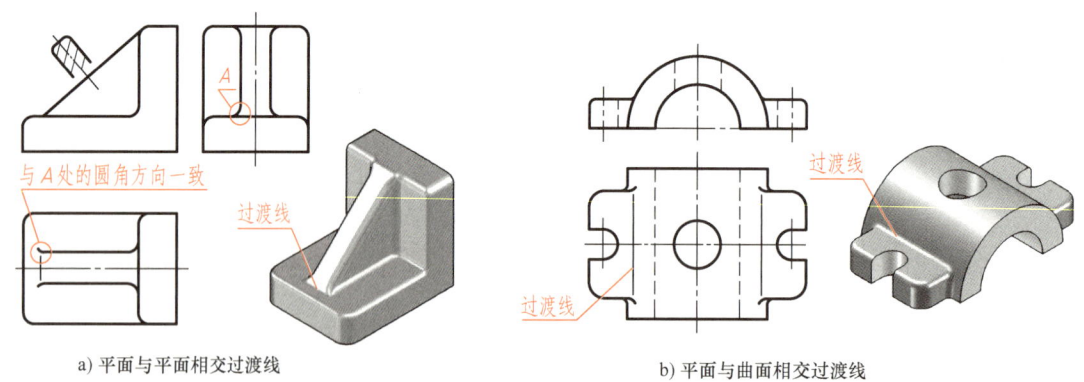

图 7-41 平面与平面及平面与曲面相交过渡线画法

5. 铸件的尺寸标注

对于铸件或锻件,应将毛面尺寸和加工面尺寸分开标注,它们之间一般仅标注一个联系尺寸。如图 7-42 所示,毛面之间用一组尺寸互相联系,只有一个尺寸 A 是这组尺寸与加工面的联系尺寸。另外，铸件的厚度一般应直接标注，如图中尺寸 B 为壁厚尺寸。

7.5.2 零件切削加工的工艺结构及尺寸标注

毛坯完成后，一般要对零件进行切削加工，常见的有车、铣、刨、磨、钻、镗等。常见机械加工对零件结构的要求有以下几种情况。

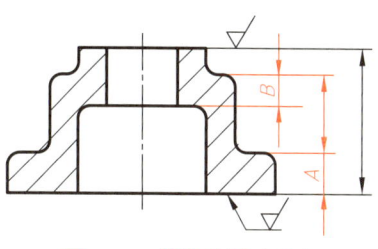

图 7-42 铸件的尺寸注法

1. 倒角与圆角

如图 7-43 所示，为了便于装配及去除零件的毛刺和锐边，一般将轴、孔的端部加工为倒角；为避免因应力集中产生裂纹，将轴（孔）的轴（孔）肩处加工成圆角，称为倒圆。常见倒角多为 45°，其尺寸标注如图 7-43a 所示，非 45°倒角的标注如图 7-43b 所示，圆角标注如图 7-43c 所示。重要倒角及圆角的尺寸应根据轴径或孔径由 GB/T 6403.4—2008（见附表 D-3）确定。对于图样中相同的倒角尺寸可在技术要求中统一注明，如"全部倒角为 C2"或"其余倒角为 C2"。同样，对于图样中相同的圆角尺寸，可在技术要求中统一注明"全部圆角为 R2"或"其余圆角 R2"。没有尺寸要求的倒角，可在图样上注明，如"锐边倒钝"等。

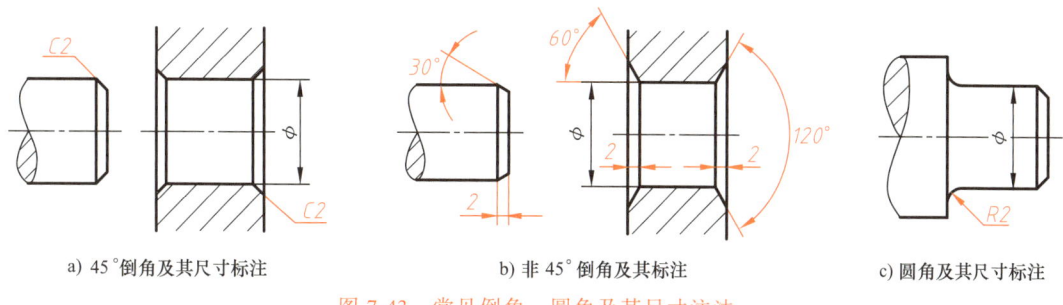

a) 45°倒角及其尺寸标注 b) 非 45°倒角及其标注 c) 圆角及其尺寸标注

图 7-43 常见倒角、圆角及其尺寸注法

2. 螺纹退刀槽和砂轮越程槽

在车削螺纹时，为了便于刀具退出，常在零件的待加工表面切削出退刀槽（见图 6-6b），退刀槽尺寸标注如图 7-44 所示。普通螺纹退刀槽的尺寸大小由 GB/T 3—1997（见附表 D-4）确定。必要时，需按 GB/T 3—1997 中的局部放大图表示退刀槽形状并标注尺寸。为了保证零件装配时能与相邻零件靠紧，常在需要磨削加工的轴（孔）肩处预先车削出砂轮越程槽，如图 7-44b 所示。砂轮越程槽的形式和尺寸可按 GB/T 6403.5—2008（见附

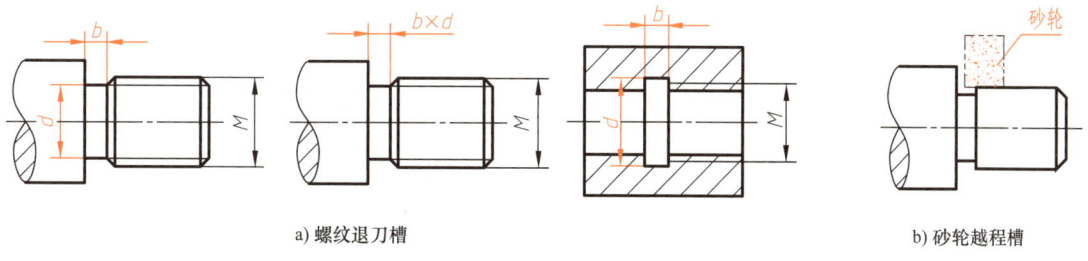

a) 螺纹退刀槽 b) 砂轮越程槽

图 7-44 螺纹退刀槽及砂轮越程槽

表 D-2）来选用。通常按 GB/T 6403.5—2008 中的局部放大图形表示砂轮越程槽的形状并标注尺寸。

3. 中心孔

在加工较长或精度较高的轴时，为了便于在车床、磨床上定位或便于维护修理，常在轴的两端预先加工出中心孔。中心孔的形式和尺寸为标准结构（详见有关国家标准）。中心孔有三种标准形式，如图 7-45a 所示。对于标准中心孔，在图样上不必画出详细结构，只需标注出其代号。如轴两端都要求加工出直径为 6 的 C 型中心孔，可按图 7-45b 所示样式标注。

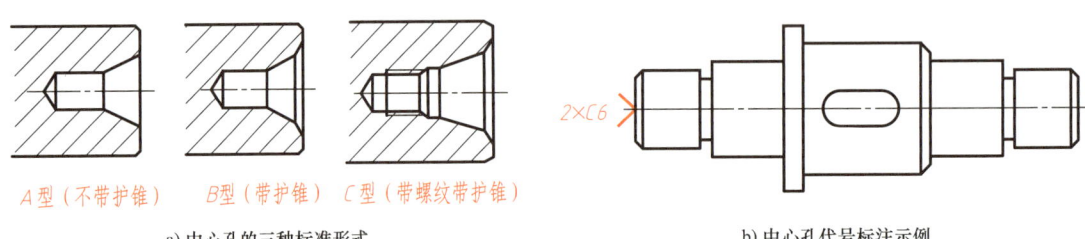

a) 中心孔的三种标准形式　　　　　　　　　b) 中心孔代号标注示例

图 7-45　中心孔的三种标准形式及标注方法

4. 钻孔

钻孔时，应尽量使孔的轴线垂直于零件表面，以保证钻孔准确和避免钻头折断。当零件表面是斜面或曲面时，应先把表面铣平或设计成与钻孔轴线垂直的凸台或凹坑，如图 7-46a 所示。在钻孔时，还应避免单边钻孔的情况，如图 7-46b 所示。

钻削加工的不通孔（俗称"盲孔"），在孔的底部有 120°的锥角（钻头角），钻孔深度不包括锥角，其尺寸不必标注，如图 7-47a 所示。同样，在钻削台阶孔时，孔的过渡处会出现 120°锥角的圆台，其尺寸也不必标注，如图 7-47b 所示。

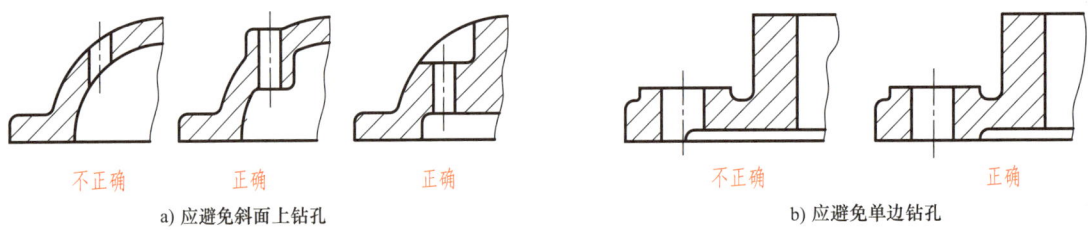

a) 应避免斜面上钻孔　　　　　　　　　b) 应避免单边钻孔

图 7-46　钻孔的结构形式

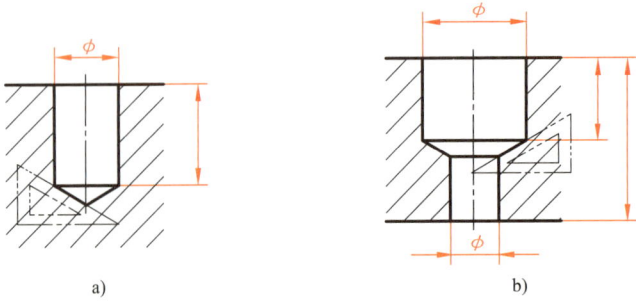

图 7-47　钻孔的尺寸注法

5. 减少加工面

铸件中,凡与其他零件接触的表面一般都要切削加工。为了保证零件表面接触良好并减少切削加工量,应尽量减少加工面积和接触面积。常用方法是将接触的端面设计成凸台或凹坑,如图 7-48a 所示。也可以在接触面上设计凹槽,以减少加工面积,如图 7-48b 所示。

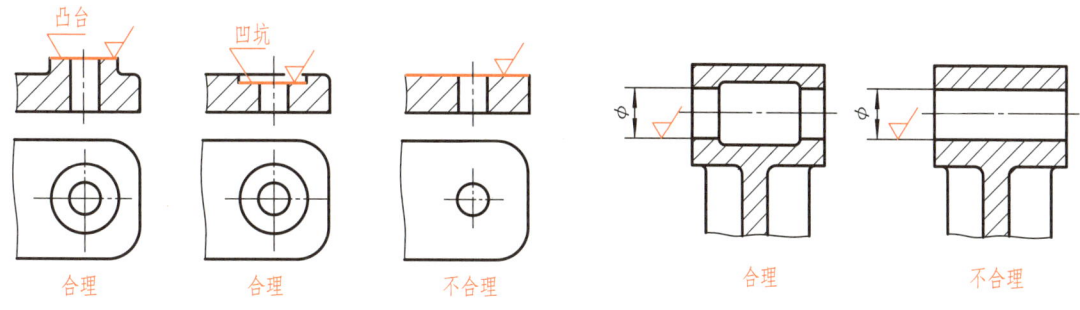

a) 通过凸台与凹坑减少加工面 b) 通过凹槽减少加工面

图 7-48 减少加工面常用方法

6. 零件上的其他工艺结构

零件上安装标准件的地方,其结构及尺寸应参阅有关标准件的结构及尺寸,以满足标准件的安装要求。本教材附表 D-1 为安装螺纹紧固件的通孔及沉孔的结构及尺寸,供读者选用。

7. 常见各种孔的尺寸注法

零件上常见孔的尺寸标注有一般普通注法和简化注法,见表 7-6,推荐使用简化注法。

表 7-6 常见各种孔的尺寸注法

结构类型		一般注法	简化注法	说 明
不通光孔		4×φ6 EQS,深 10	4×φ6↧10 EQS	↧深度符号 EQS 表示位置均匀分布 表示直径为 φ6,孔深为 10,均匀分布的 4 个孔
螺孔	通孔	3×M8	3×M8	表示公称直径为 M8 的 3 个螺孔
	不通孔	3×M8-7H	3×M8-7H↧12 孔↧16	表示公称直径为 M8 的 3 个螺孔,螺纹深度为 12,钻孔深度为 16,中径和顶径公差带代号为 7H

(续)

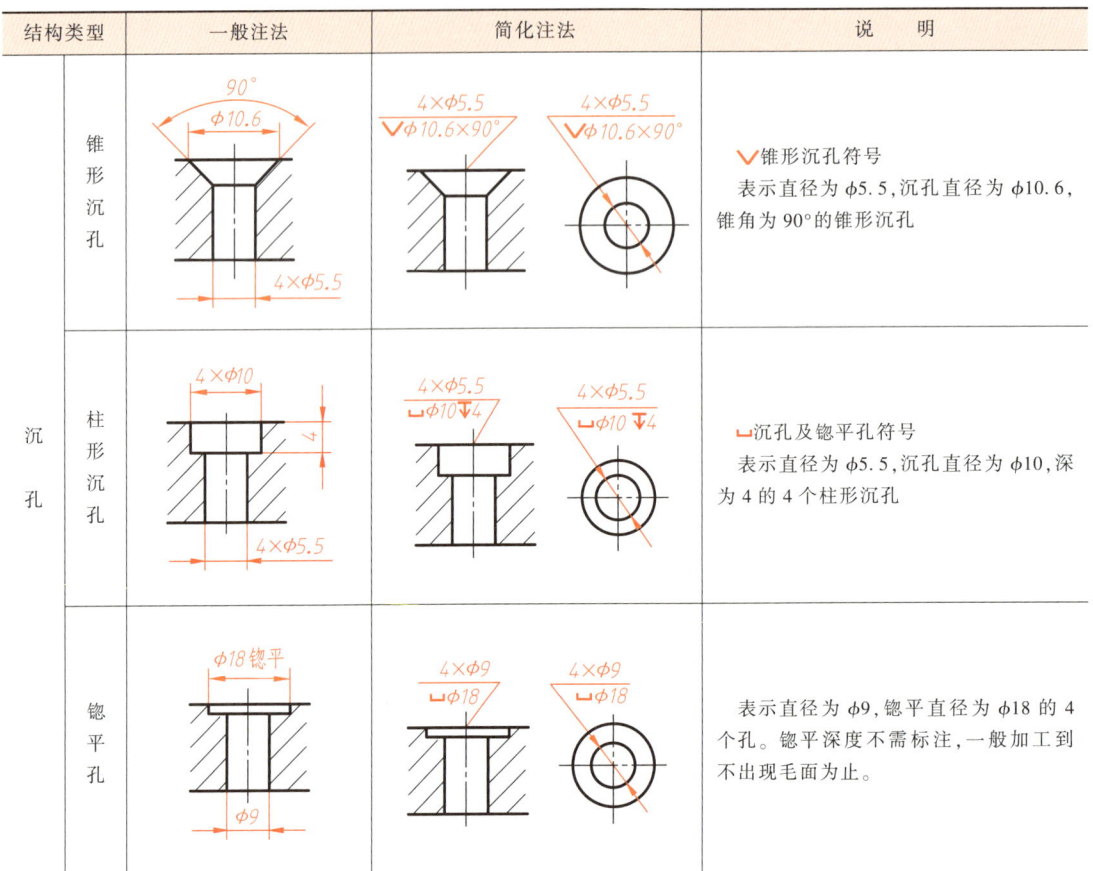

7.6 典型零件的零件图分析

由于零件在机器或部件中的作用不同,其结构形状也多种多样,各种零件的视图、尺寸及技术要求也明显不同。根据零件的作用和结构特点,通常将零件分为轴套类、轮盘类、叉架类和箱体类,下边将分析这些零件的结构特点、视图选择、尺寸及技术要求标注。

7.6.1 轴套类零件

轴套类零件是机器中最常见的零件,轴起支承传动零件和传递动力的作用,套一般是装在轴上,起轴向定位等作用。

1. 结构分析

如图 7-49 所示,轴套类零件一般为直径不等的同轴回转体。轴套类零件上常见结构有圆角、倒角、退刀槽、键槽、螺纹以及中心孔等。

2. 视图选择

根据零件视图的选择原则及轴套类零件结构特点,其视图选择原则如下:

1) 因轴套类零件主要加工工序是在车床上进行,因此主视图按加工位置选择,一般将

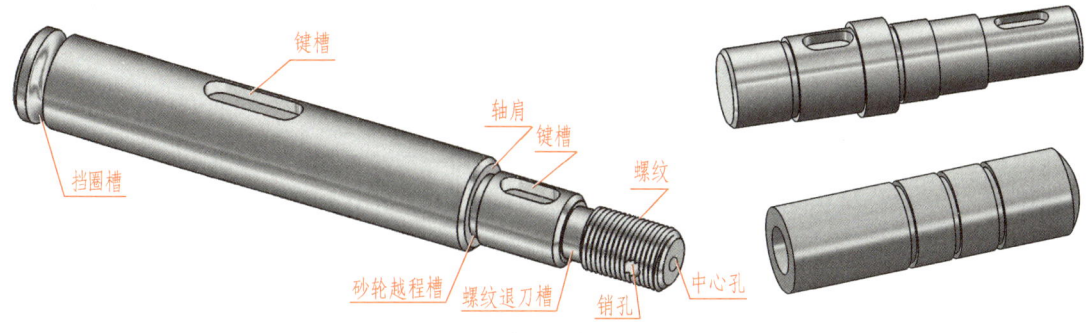

图 7-49 轴套类零件的结构分析

轴线水平放置,键槽朝向前方,并尽量将直径较小的一端放在右端,便于加工过程中图物对照。

2)用移出断面图表示键槽的深度及宽度(键槽实形已在主视图中表达清楚),以便键槽尺寸、技术要求的标注,如图 7-50 所示。

3)用局部放大图表示其他局部结构(如退刀槽、挡圈槽等),以便将局部结构表达清楚,同时有利于尺寸及技术要求的标注,如图 7-50 所示。

套一般是空心回转体,其主视图应为轴线水平放置的剖视图。其余表达与轴一致。

3. 尺寸标注

1)选择基准。由于轴套类零件各段回转体具有公共的轴线,因此轴线为径向尺寸的基准。长度方向通常以起定位作用的轴肩或重要端面为基准,如图 7-50 所示。

2)标注重要尺寸。如图 7-50 所示,重要尺寸包括有配合要求的尺寸、基准定位尺寸(如尺寸 40)、总长尺寸以及键槽、卡圈槽、退刀槽等结构的定形、定位尺寸,应直接标注。

3)按照便于加工和测量等原则标注其他所有尺寸。

4. 技术要求

轴的精度一般为 IT6~IT10,与轴承或传动件相配合的轴颈、键槽的宽度等,均需标注出公差,其公差带代号取决于配合要求。

轴的表面粗糙度 Ra 值一般为 $0.8\sim12.5\mu m$。其中,与轴承或传动件相配合的轴颈表面 Ra 值取 $0.8\sim1.6\mu m$,用于定位的轴肩端面及键槽的侧面 Ra 值取 $3.2\sim6.3\mu m$,倒角、退刀槽及不起定位作用的端面等不接触表面为 Ra 值取 $12.5\mu m$,如图 7-50 所示。

7.6.2 轮盘类零件

轮盘类零件通常分为盘盖类和轮类。常见盘盖类零件有法兰盘、端盖等,如图 7-51a 所示齿轮泵的泵盖。轮类零件有齿轮、带轮、手轮等,如图 7-51b 所示为一手轮。

1. 结构分析

轮盘类零件多为铸件,其基本形状是扁平的盘状,如图 7-51 所示。盘盖类零件上通常有起连接和定位作用的安装孔和销孔以及用于支承轴的轴孔和凸台,还有为满足其他要求的一些局部结构,如图 7-51a 所示。轮类零件一般由轮毂、轮辐(或辐板)和轮缘三部分组成,如图 7-51b 所示。轮毂部分通常为带有键槽的空心回转体,其内孔也可能是方孔;轮缘部分通常为环状回转体;轮辐用于连接轮毂与轮缘,其断面形状一般为圆形、椭圆形等。

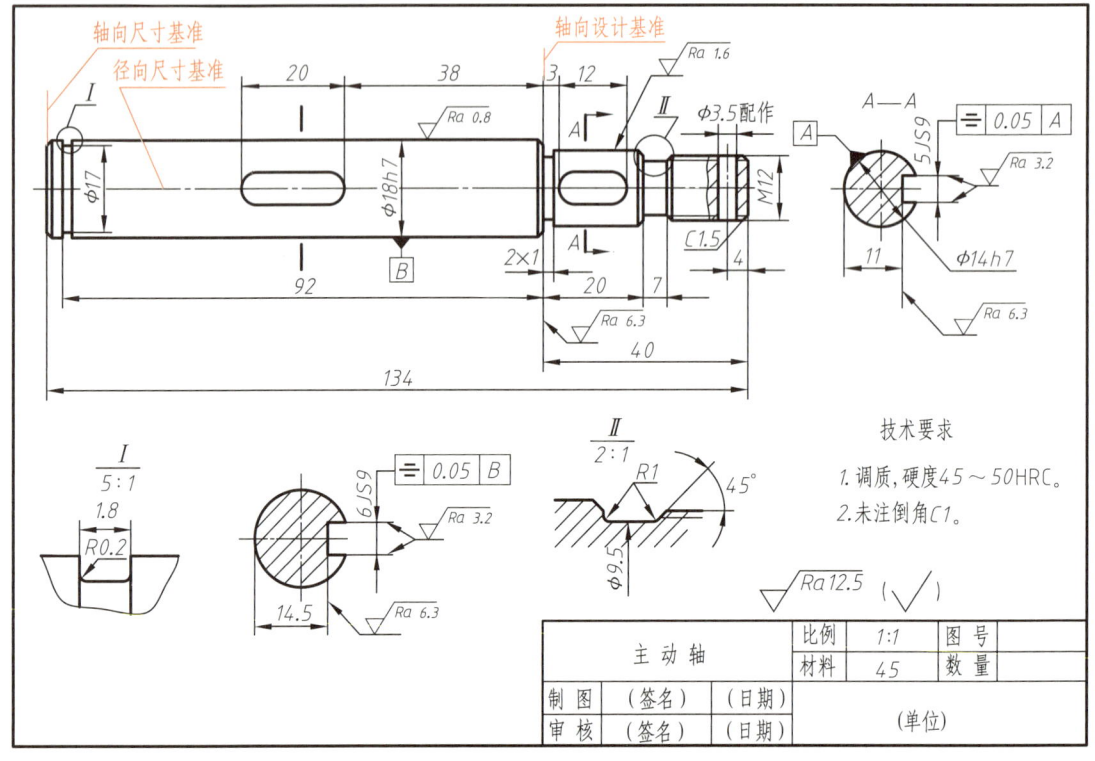

图 7-50 轴类零件的零件图示例（齿轮泵主动轴）

2. 视图选择

如图 7-52、图 7-53 所示，轮盘类零件一般需要两个基本视图。其中一个视图用来表示轮盘零件的外形轮廓以及相关孔的形状与相对位置，另一个视图用来表示轮盘零件厚度方向的结构形状。表示厚度的视图一般为剖视图，用来表示轮盘上孔的结构形状，其剖切平面位置的选择取决于轮盘的形状及轮盘上孔的位置，如图 7-1、图 7-52 所示。当轮盘类零件的主体为回转体时，主视图按加工位置放置，即将回转中心线水平放置，如图 6-35、图 7-53 所示。当其主体不是回转体时，一般用主视图表示其外形轮廓以及相关孔的形状与相对位置，如图 7-1c、图 7-52 所示。对轮类零件的轮辐，一般应用断面图表示其断面形状，如图 7-53 所示。

3. 尺寸标注

1）选择基准。轮盘类零件一般以主孔轴线作为表示其外形轮廓以及相关孔的形状与相对位置的尺寸基准，以切削加工的主要端面作为厚度方向的尺寸基准，如图 7-52 所示。

2）标注重要尺寸。零件中有配合要求的轴孔尺寸及分布在轴孔周围的安装孔的定形、定位尺寸，轮类零件中轮毂、轮缘和轮辐的相对位置尺寸，如图 7-52、图 7-53 中红色尺寸所示。

3）盘盖零件应再标注确定其外形轮廓的尺寸及厚度方向的尺寸，如图 7-52 所示。轮类零件一般应分别标注确定轮毂、轮缘和轮辐断面形状的尺寸，如图 7-53 所示。

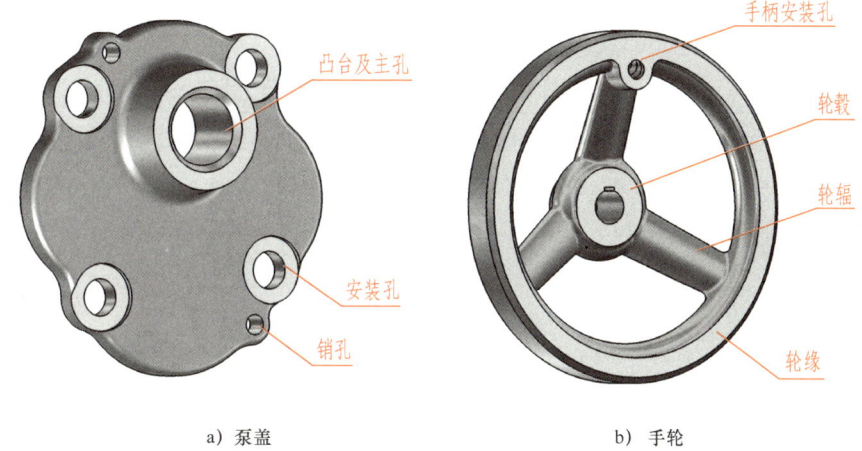

a) 泵盖　　　　　　　　b) 手轮

图 7-51　轮盘类零件

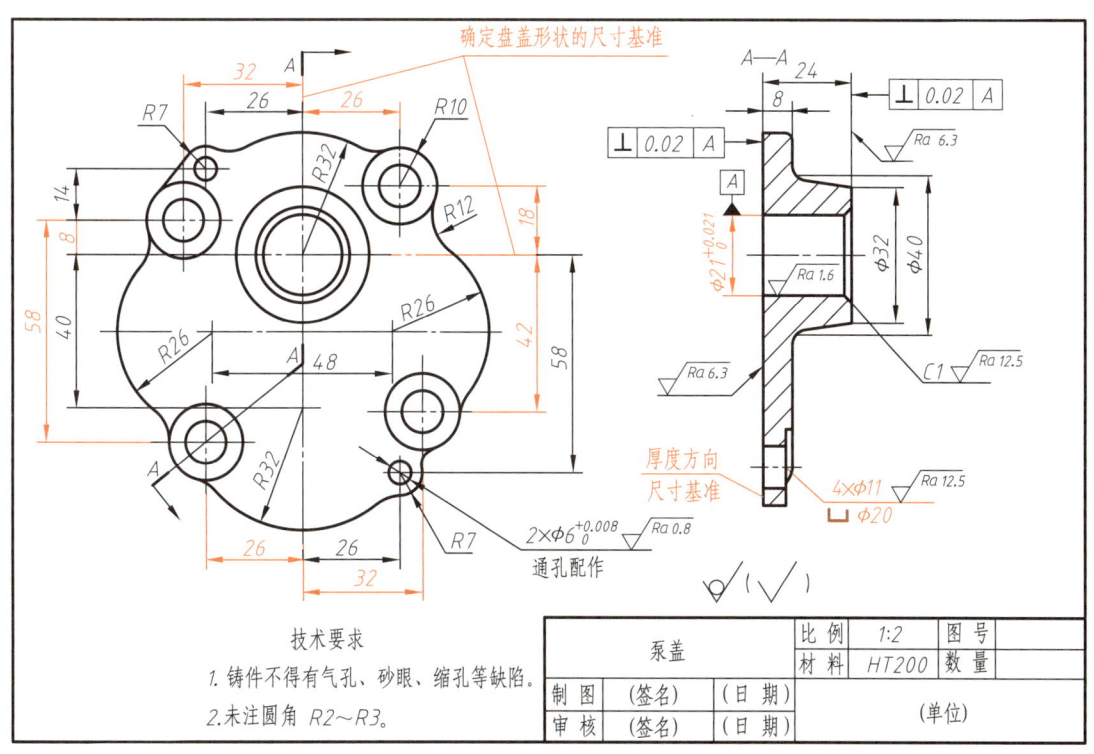

图 7-52　盘盖类零件图示例（泵盖零件图）

4. 技术要求

轮盘类零件有配合要求的表面一般为主孔，其公差带代号取决于装配要求。

轮盘类零件一般为铸件，需要加工的表面主要有主孔、端面、安装孔和销孔。对于表面粗糙度的选用：有配合的主孔一般为 $Ra\ 1.6\sim3.2$，端面为 $Ra\ 3.2\sim6.3$，安装孔为 $Ra\ 12.5$，有配合的销孔为 $Ra\ 0.8$，如图 7-52、图 7-53 所示。图 7-53 所示手轮的轮缘外径与端面为 $Ra\ 3.2$，主要是为了满足外表美观和使用要求。

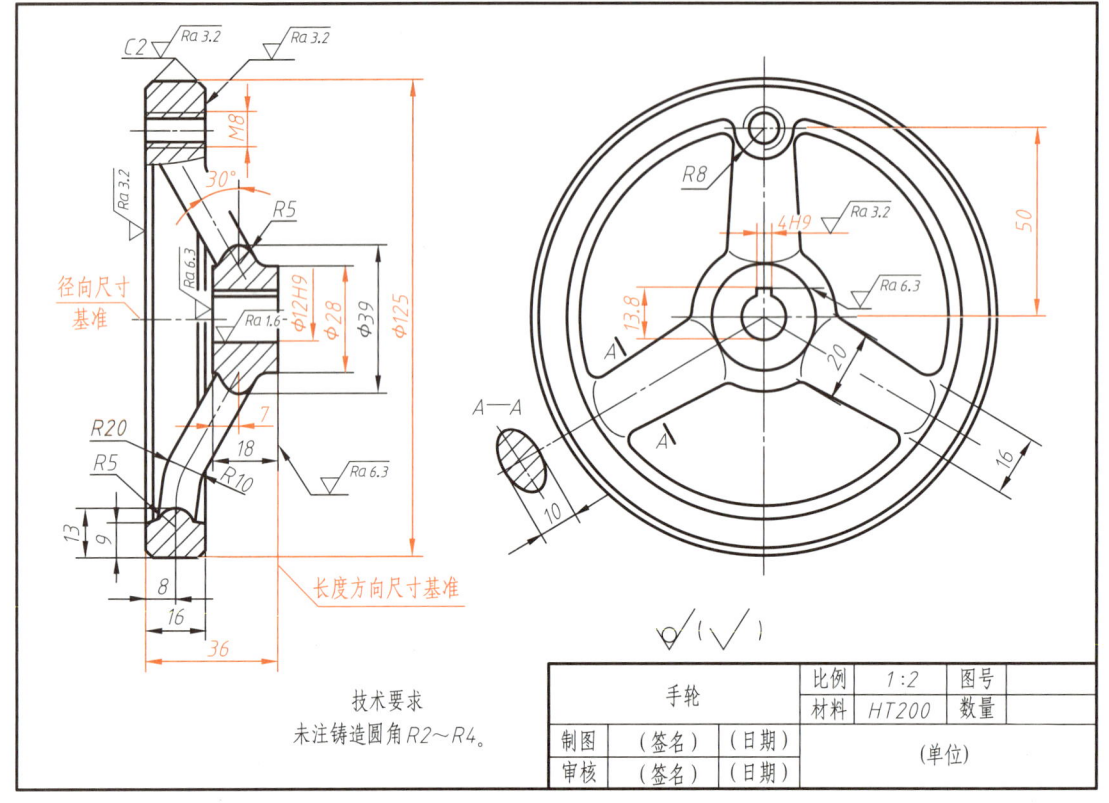

图 7-53 轮类零件图示例（手轮零件图）

7.6.3 叉架类零件

叉架类零件包括各种用途的拨叉、支架、连杆等。拨叉一般用来在机器的操纵机构中拨动传动件工作位置；支架主要起支承和连接作用；而连杆则主要用于传递动力和运动。

1. 叉架类零件的结构分析

叉架类零件多为铸件。一般由安装部分、工作部分和连接部分组成。其中安装部分通常有安装底板及安装孔；工作部分多为空心圆柱结构；连接部分一般为板状或杆状，经常是弯曲或倾斜的，其断面形状还可能是变化的，如图 7-54 所示。

2. 叉架类零件的视图选择

由于叉架类零件形状不规则，往往需要经过不同机床的切削加工，且加工位置也不同，因此，这类零件通常按其形体特征和工作位置选择主视图。要将各组成部分的相对位置表示清楚，叉架类零件一般至少需要选用两个基本视图，如图 7-55 所示。选择基本视图时，要注意尽量多地反映零件特征。对基本视图中未表达清楚的结构，再采用局部视图、局部剖视图、断面图等作进一步表示。对连接部分，一般需用断面图表达其断面形状，如图 7-55 所示。

3. 叉架类零件的尺寸标注

1）选择基准。叉架类零件一般以主孔轴线、安装面、运动时的工作面或对称平面为基准，如图 7-55 所示。

2）标注重要尺寸。叉架类零件的重要尺寸包括有配合要求的主孔尺寸和各部分之间的相对位置尺寸，必须直接标注，如图 7-55 中红色尺寸所示。

3）分别标注确定各部分形状的尺寸，如图 7-55 所示。

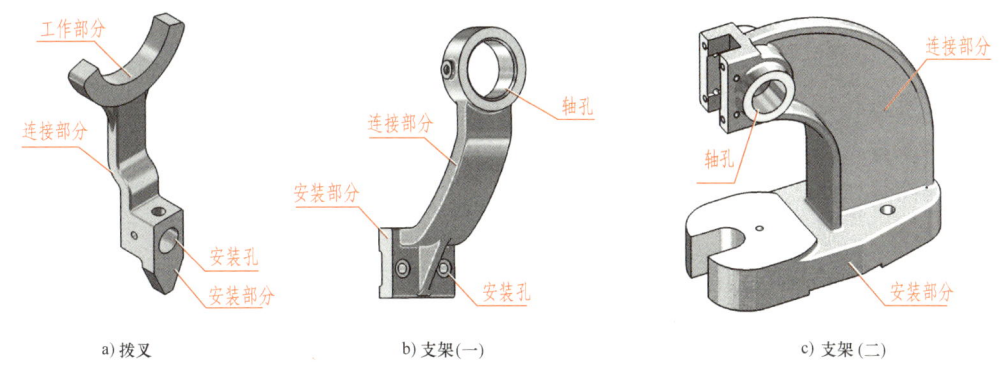

a) 拨叉   b) 支架（一）   c) 支架（二）

图 7-54 叉架类零件

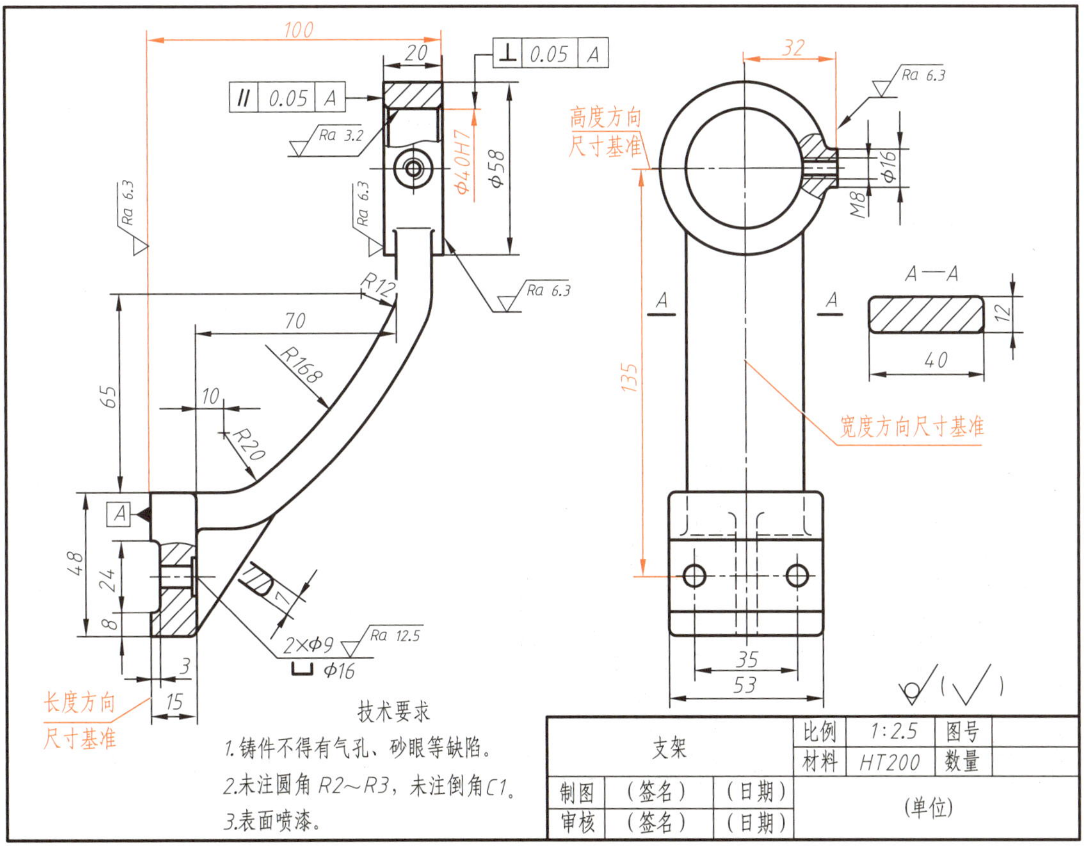

图 7-55 叉架零件图示例（支架零件图）

4. 叉架类零件的技术要求

叉架类零件有配合要求的表面一般为工作部分的轴孔,其公差带代号取决于装配要求。

叉架类零件需要加工的表面有支持部分的底板与安装孔、工作部分的轴孔与端面等。对于表面粗糙度的选用:有配合要求的轴孔一般为 Ra 1.6~3.2,端面为 Ra 3.2~6.3,安装孔为 Ra 12.5,如图 7-55 所示。

7.6.4 箱体类零件

箱体类零件包括各种泵体、阀体、减速器箱体、液压缸体以及其他各种用途的箱体等。这类零件一般都是机器或部件的主体零件,许多其他零件都要装在它的内部或外部。箱体类零件一般是铸件。

1. 结构分析

如图 7-56 所示,箱体类零件一般是空腔的壳体,起支承、包容其他零件的作用,具有内腔、箱壁、轴孔、凸台和肋板。为了使其他零件装在箱体上,以及将箱体安装到机座上,通常还有安装底板、法兰、安装孔和螺孔等结构;为了使箱体内的运动部件得到润滑以及使箱体密封,箱壁上常有供安装箱盖、轴承盖、油标、油塞等零件的凸台、凹坑、螺孔等结构。

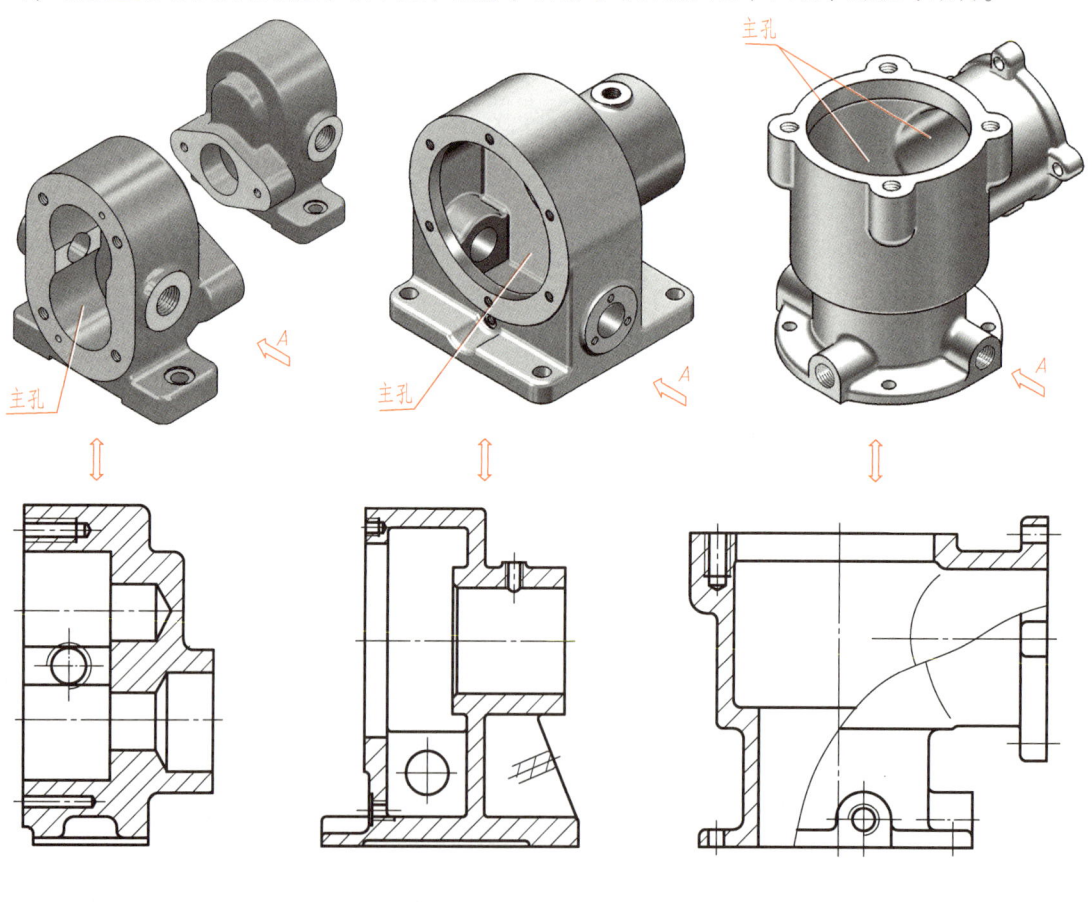

图 7-56 箱体类零件的结构特点及主视图选择

2. 视图选择

（1）主视图的选择　由于箱体类零件加工工序较多，装夹位置不固定，因此一般不便按加工位置选择主视图。为了使箱体零件图中各视图的位置与该零件在装配图中各视图的位置一致，便于看图和了解其装配情况，通常箱体的零件图按装配图中该箱体的视图位置选择。由于装配图的主视图一般表达部件的主要装配关系，而主要的装配关系一般集中在主轴（孔）上，因此，箱体类零件的主视图一般选择过主要轴孔轴线剖切的剖视图，其剖切方法及剖切平面位置依箱体的结构特点而定，如图 7-56a、b 为全剖视图，而图 7-56c 为局部剖视图。

（2）其他视图的选择　主视图确定后，再根据箱体的内外结构特点逐一选择其他方向必要的基本视图或剖视图。已经表达清楚的结构，不必重复表达。对于零件上的局部结构一般采用局部视图、局部剖视图和断面图等方法表达。如图 7-56a 所示齿轮泵泵体，在确定主视图后，因左侧端面及泵体内腔结构需要表示，所以左视图必不可少。根据泵体的结构特点，在左视图中将进（出）油孔、安装孔及安装底板中的凹槽作适当局部剖。在左视图确定后，箱体外形轮廓已表达清楚，因此，对右侧面的凸台形状用局部视图表达即可，而不必再画完整的右视图。在俯视图方向仅有安装底板形状需要表达，显然在仰视图方向用局部视图表达底板形状更为清晰，因此不必画俯视图。该零件的零件图表达如图 7-57 所示。

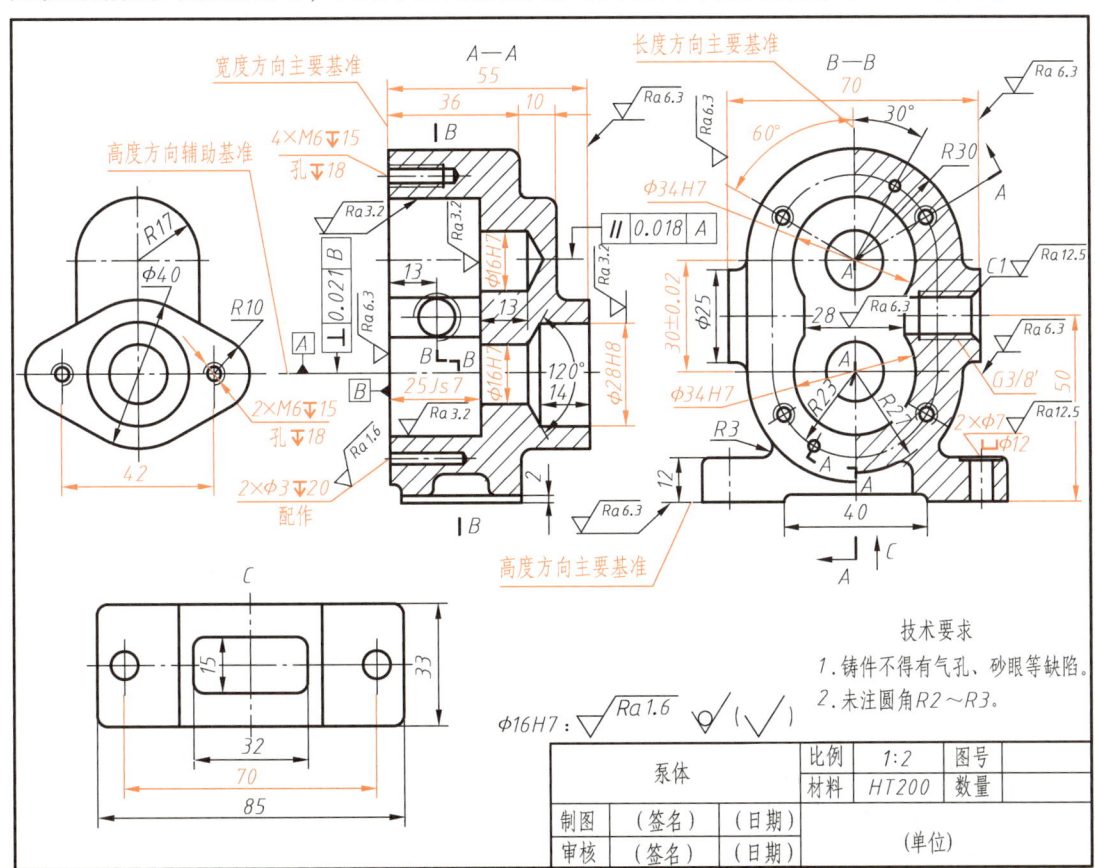

图 7-57　箱体类零件图示例（泵体零件图）

3. 尺寸标注

（1）选择基准　箱体类零件一般选择重要端面或底面、对称面、主孔轴线等为基准，如图 7-57 所示。

（2）标注重要尺寸　如图 7-57 中红颜色尺寸所示，箱体类零件的重要尺寸有：

1）主要轴孔的相对位置尺寸，一般是决定零件工作性能的重要尺寸，必须直接标出。

2）各形体间的相对位置尺寸，特别是各形体相对于主体的相对位置尺寸，应直接标注，这样有利于铸造时模型的制作。

3）所有在装配图中与其他零件有配合或安装关系的尺寸，需要直接标注。

（3）分别标注箱体各部分形体的形状尺寸

4. 箱体类零件的技术要求

箱体类零件多为铸件，一般需经时效处理，不能有气孔、缩孔和裂纹等铸造缺陷。

轴孔的孔径、孔距及与安装（或加工）面的距离均需标注公差，其公差带代号取决于装配要求。重要的轴孔还需标出圆度、同轴度、轴孔端面与轴线的垂直度或平行度等几何公差。

箱体类零件需要加工的表面主要有轴孔、安装底面、端面及安装孔等。对于表面粗糙度的选用：有配合要求的轴孔一般为 $Ra\ 0.8 \sim 3.2$，安装底面、端面为 $Ra\ 3.2 \sim 6.3$，安装孔为 $Ra\ 12.5$。

7.7　读零件图

读零件图，就是通过分析各个视图，想象零件的结构形状，分析零件的尺寸及各项技术要求等，最终了解零件的结构形状和制造要求。组合体的读图方法是读零件图的基础，同时还要根据零件的作用及有关工艺知识，对零件进行结构分析，以加深对零件的理解。现以图 7-58 所示的减速器箱体为例，说明读零件图的方法和步骤。

1. 概括了解

从标题栏了解零件的名称、材料、比例等，大致了解零件的作用。如从图 7-58 的标题栏可知，该零件名称为箱体，材料为铸铁，牌号 HT150，图样比例为 1：3。

2. 分析、确定零件的结构形状

（1）分析视图　根据视图的标注、投影关系及其反映形体特征的情况，找出主视图和其他基本视图、局部视图等，然后了解各视图间的相互关系及所表达的内容，对剖视图应找出剖切平面的位置和投影方向。

图 7-58 所示箱体零件图，采用了三个基本视图和三个局部视图，通过分析视图可知：

主视图 $A—A$ 为全剖视图，在俯视图可见其剖切平面位置，该视图表达了箱体沿水平轴线的正平面剖切后的内部结构。

左视图 $B—B$ 为全剖视图，在主视图可见其剖切平面位置，该视图表达了箱体沿铅垂轴线的侧平面剖切后的内部结构。

俯视图是表达外形的基本视图。

除上述三个基本视图外，对于 $C—C$ 剖视图，在 $B—B$ 剖视图中可见其剖切平面位置，该剖视图表达了底板和肋板的结构形状。D 向、E 向局部视图，分别表达了箱体两侧凸缘、

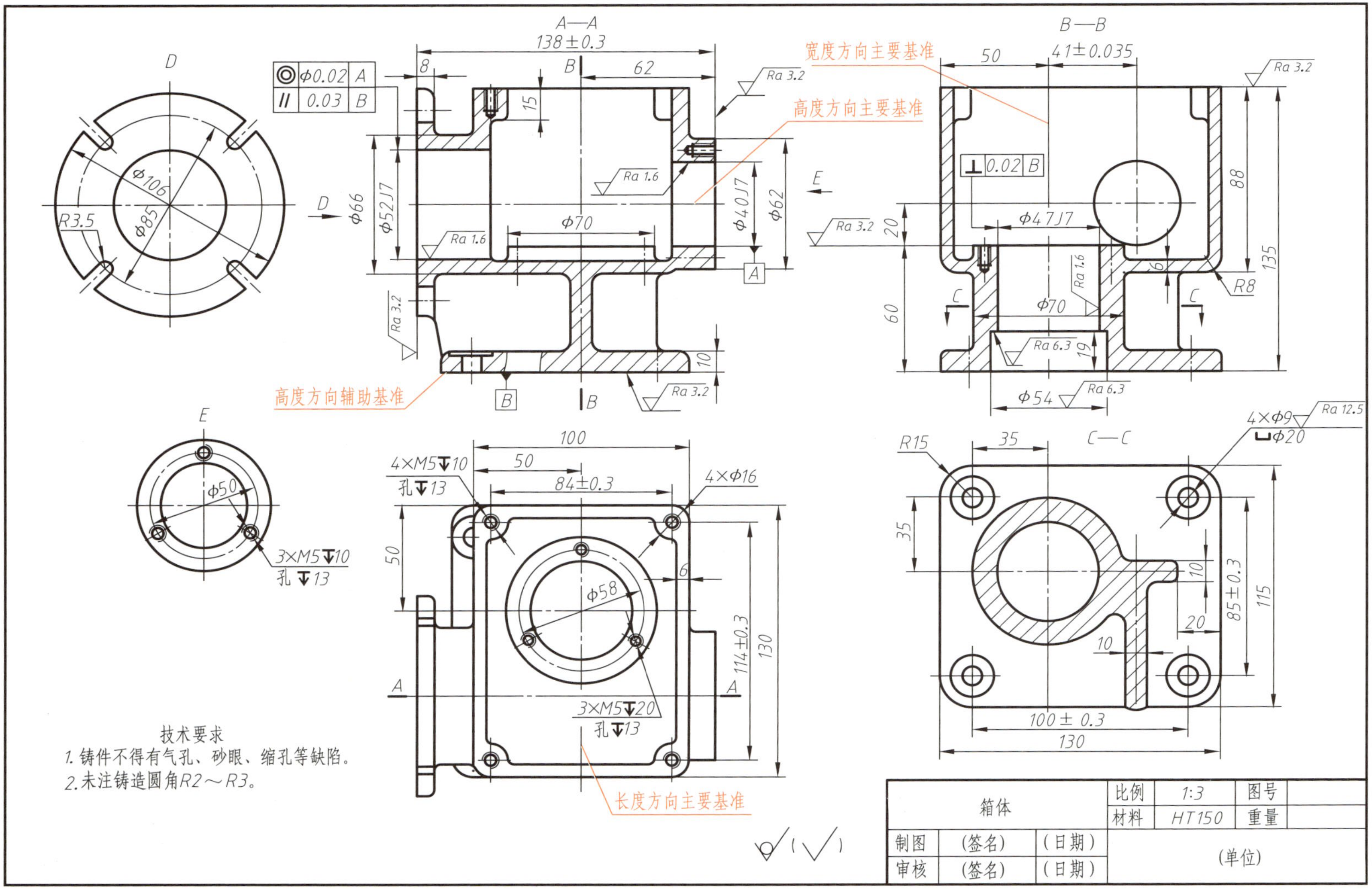

图 7-58 蜗轮减速器箱体零件图

凸台的形状。

（2）分析结构形状　将反映零件特征的视图，分解为几个部分，找出每一部分在各视图中的投影图形，把这些图形联系起来，然后用形体分析法进行形体分析，想象出其结构形状，再根据各部分之间的相对位置关系，综合想象出零件的整体结构形状。

在想象零件形状时，先初步想象出大体形状，然后再分析局部结构，最后将零件整体结构分析清楚。如图 7-58 所示零件图，初步想象零件形状如图 7-59a 所示。再通过主视图及 D 向、E 向局部视图看清箱体两侧的凸缘、凸台形状，进一步想象形状如图 7-59b 所示。最后分析清楚螺孔、安装孔、肋板等其余局部结构，构思出机件的最终完整结构如图 7-59c 所示。

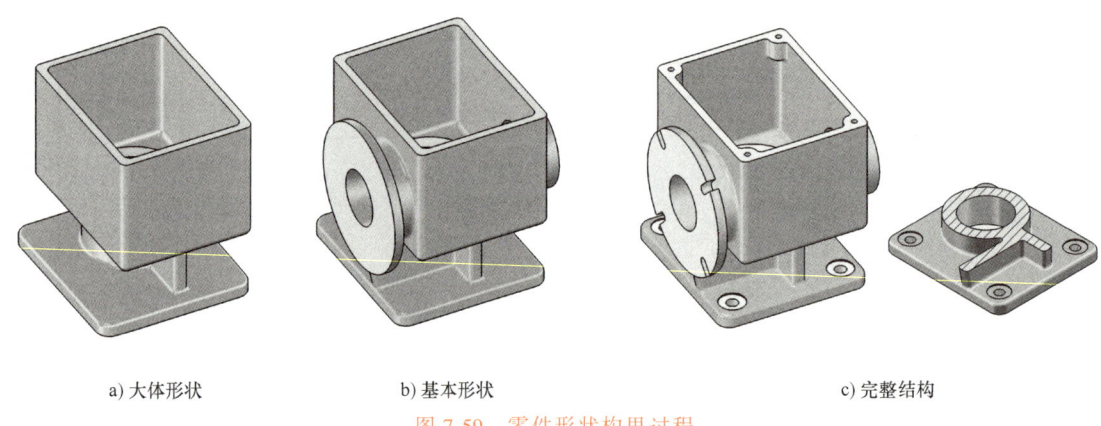

a) 大体形状　　　　　b) 基本形状　　　　　c) 完整结构

图 7-59　零件形状构思过程

3. 尺寸及技术要求分析

首先应分析长、宽、高三个方向的尺寸基准，然后运用形体结构分析，仔细分析各部分的定形尺寸和定位尺寸，再通过技术要求了解零件的尺寸公差、几何公差、表面粗糙度等，找出零件的主要加工表面。图 7-58 所示箱体零件的尺寸及技术要求，分析如下：

尺寸基准　分析箱体各方向所采用的基准如图 7-58 中所示。

主要尺寸　箱体轴承孔直径及有关轴向尺寸（如尺寸 $\phi 52J7$、$\phi 40J7$ 和尺寸 138 ± 0.3 等以及轴承孔中心距 41 ± 0.035）和轴线与安装面的距离或中心高（如尺寸 60、20 等）均属箱体的重要的定位尺寸。

其中 $\phi 47J7$、$\phi 52J7$、$\phi 40J7$ 轴孔的表面粗糙度为 $Ra\ 1.6$，底面粗糙度为 $Ra\ 3.2$，且这些尺寸之间均有几何公差要求，因此是最为重要的加工表面。

另外，还有一些尺寸，如腔体与垂直方向主孔之间的位置尺寸 50、腔体尺寸 $100\times130\times88$、壁厚 6 等都比较重要。

在图样标题栏附近标注"$\sqrt{\ }$（$\sqrt{\ }$）"，表明箱体的其余表面不需进行切削加工。

在技术要求中，注明箱体毛坯铸造时需经时效处理以及对铸件的缺陷要求和圆角大小等。

通过对零件的结构形状、尺寸及技术要求分析，对零件有全面认识，以便后续制定零件的制造加工工艺，达到读图的目的。

第 8 章 装配图

装配图是表示机器或部件的图样，它表达机器或部件的工作原理、零件之间的装配关系以及零件的主要结构形状，是设计零件和绘制零件图的主要依据，也是产品装配、调试安装、维修等环节中的主要技术文件。

8.1 装配图的内容

图 8-1 所示是蝶阀的实体模型。当推、拉齿杆时，齿杆带动相啮合的齿轮旋转，齿轮旋转时，又带动阀杆和铆接在阀杆上的阀门转动，阀门的转动可以调节阀体孔径的通流面积，从而实现流量的调整。

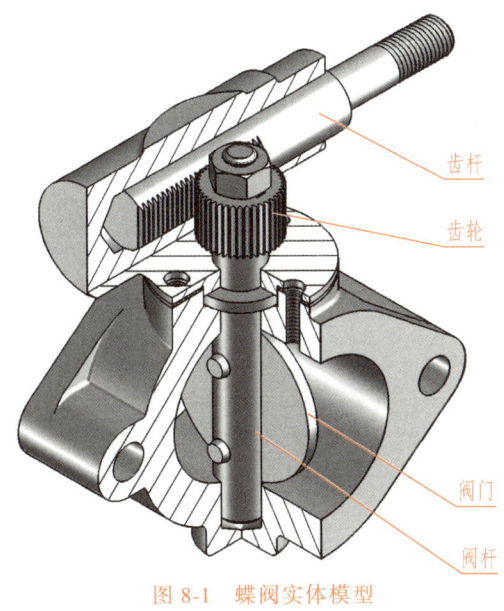

图 8-1 视频

图 8-1 蝶阀实体模型

图 8-2 为图 8-1 所示蝶阀的装配图。从图中可以看出，一张完整的装配图应包括以下四项内容：

（1）一组视图　表达机器或部件的工作原理、零件之间的装配关系和零件的主要结构现状。

（2）一组必要的尺寸　在装配、检验、安装、使用机器时所需要的一些重要尺寸。

（3）技术要求　说明机器或部件在装配、调试、检验、使用或维护等方面的要求。

（4）零件序号、明细栏和标题栏　为了便于生产的组织和管理，对组成该机器的各零、部件按既定格式编号，并在零件明细栏中列出其名称、数量、材料等内容。标题栏内填写机器或部件的名称等。

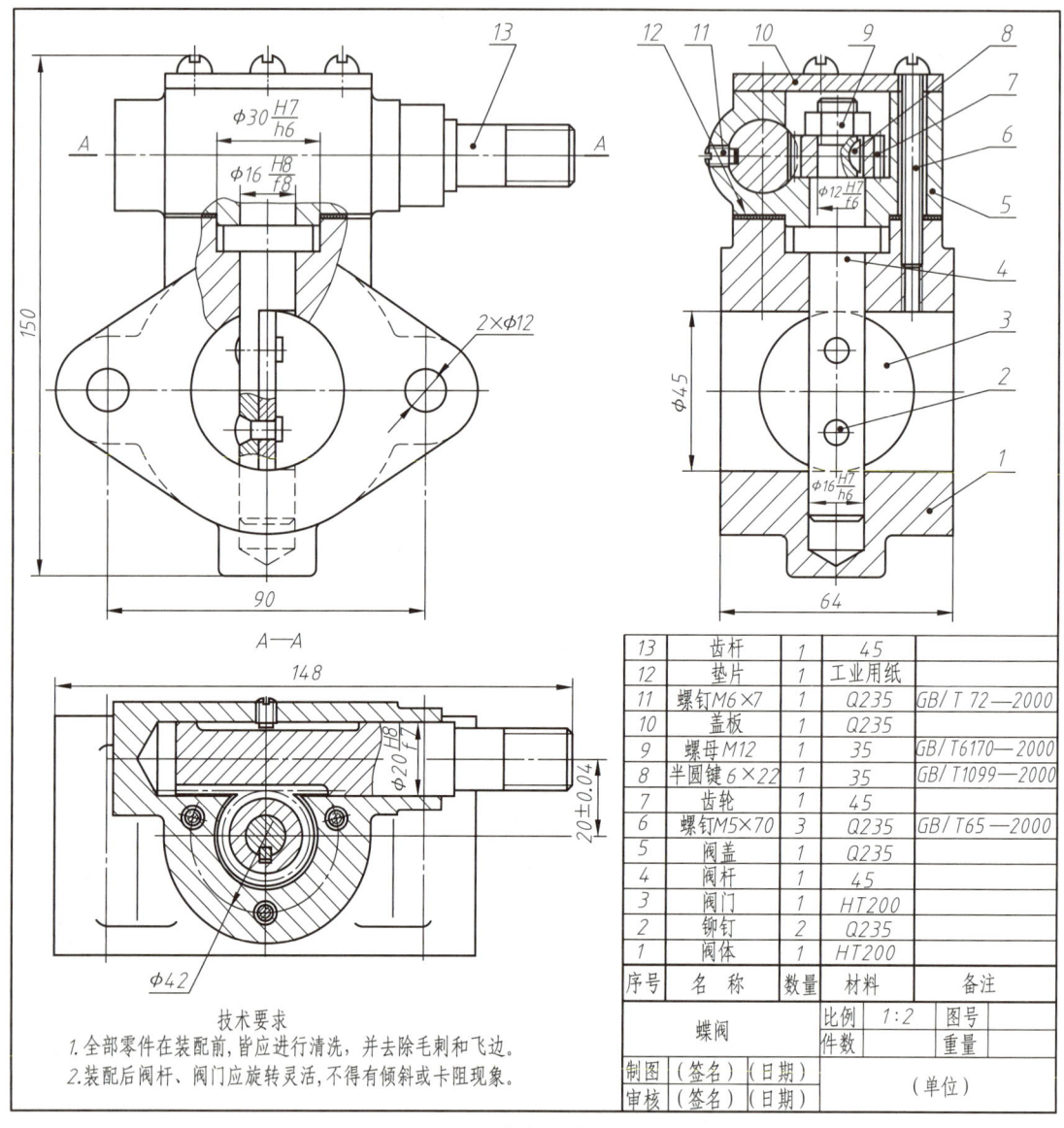

图 8-2　蝶阀的装配图

8.2　装配图的表达方法

零件图中的各种表达方法（视图、剖视图、断面图等）同样适用于装配图，但装配图和零件图表达的侧重点不同，其主要用来表达装配体的工作原理、零件之间的装配关系及零件的主要结构形状。针对这一特点，国家标准中装配图的画法有规定画法和特殊画法。

8.2.1 装配图的规定画法

如图 8-3a 所示，装配图的规定画法如下：

1）相邻零件的接触表面或配合表面只画一条轮廓线，不接触表面应画两条轮廓线。即使间隙很小，也应画两条线。

2）当两个或两个以上金属零件互相邻接时，剖面线的倾斜方向应相反，或方向相同但间隔不等，以示区别。

3）同一零件在各个视图中的剖面线方向和间隔必须相同。对于断面厚度在 2mm 以下的图形，允许以涂黑来代替剖面符号。

4）对于紧固件（如螺钉、螺栓、螺母、垫圈等）和实心件（如键、销、轴和球等），当剖切平面通过它们的对称平面或轴线时，这些零件均按不剖绘制。

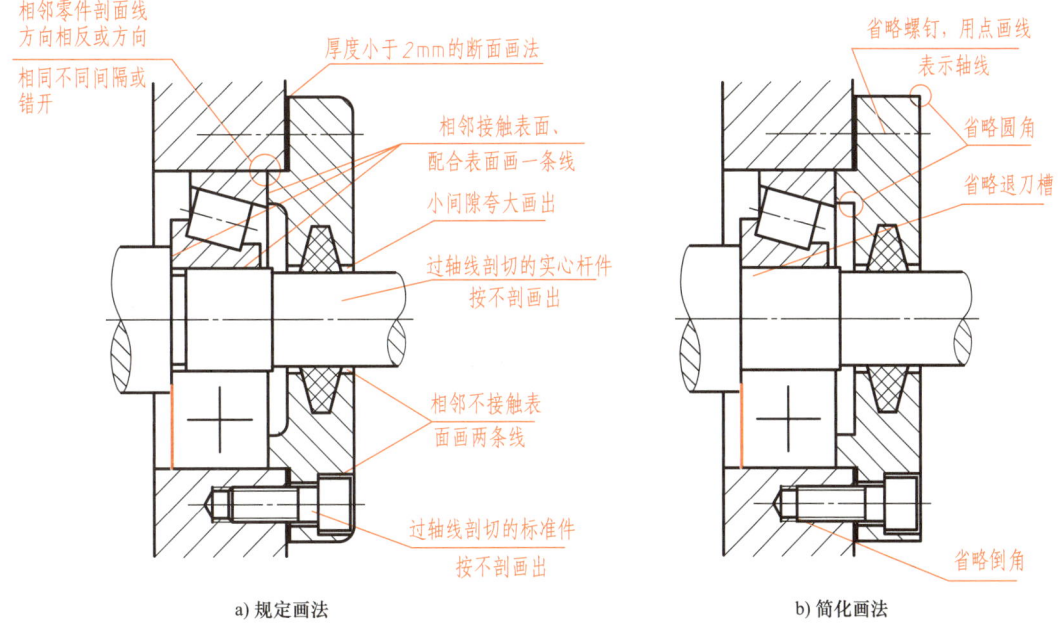

a) 规定画法　　　　　　　　b) 简化画法

图 8-3　装配图的规定画法和简化画法

8.2.2 装配图的特殊画法

1. 简化画法

1）零件的工艺结构如圆角、倒角、退刀槽等，在装配图中可以省略不画，如图 8-3b 所示。

2）画装配图时，对于紧固件等若干相同的零件组，若按一定规律排列，可详细地画出其中的一组或几组，其余各组用点画线画出其装配位置即可。如图 8-3 中轴承端盖上螺钉的画法。

2. 拆卸画法

为了清楚地表达机器或部件被某些零件遮挡的内部结构或装配关系，可假想将这些遮挡零件拆卸后再绘制要表达的部分。这时，在视图上方应加注"拆去××（零件名）等"，如图8-4所示。

3. 沿零件结合面的剖切画法

为了表示机器或部件内部结构，可假想沿着某些零件的结合面剖切，此时零件的结合面不画剖面线，而其他被剖切到的零件一般都应画剖面线，如图8-5a所示。

4. 假想画法

1）为了表示与本部件有装配或传动关系但结构上又不属于该部件的其他相邻零、部件的位置时，可以用双点画线画出该相邻零、部件的主要轮廓，如图8-5b所示。

2）在装配图中，为了表示运动零、部件的运动范围、极限位置或特定位置，可在一个极限位置（或特定位置）上画出该零、部件的轮廓形状，在其他极限位置（或特定位置）上用双点画线画出其主要轮廓，如图8-6所示。

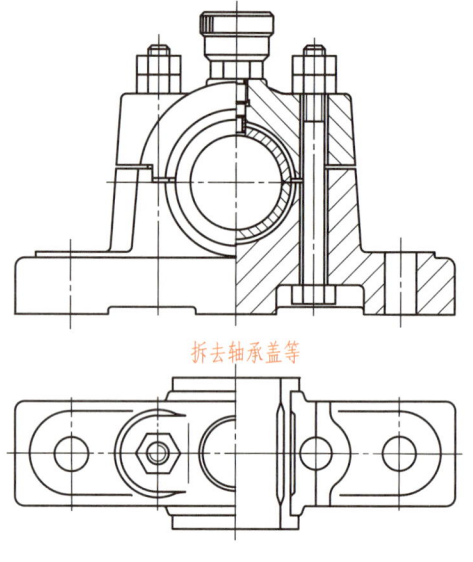

图8-4 滑动轴承的拆卸画法

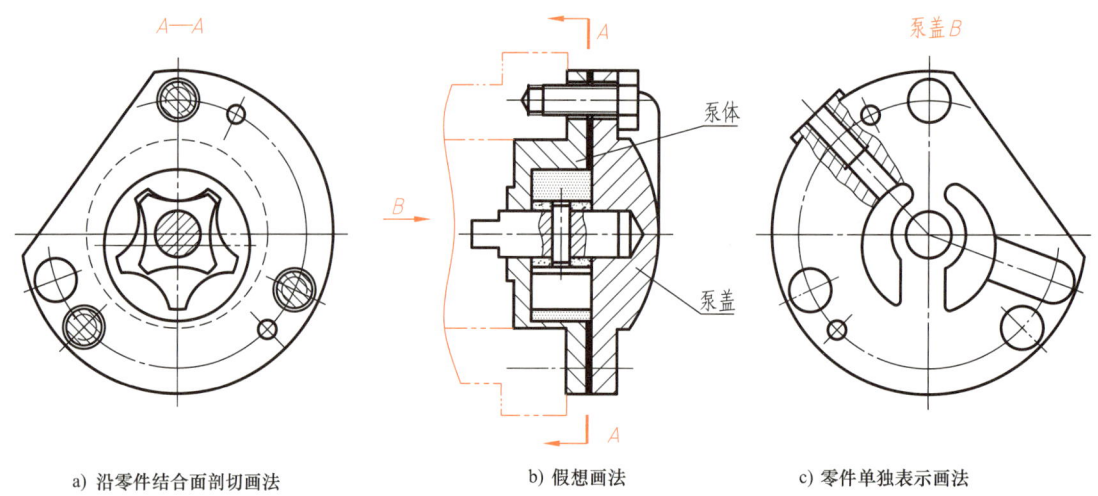

a) 沿零件结合面剖切画法　　b) 假想画法　　c) 零件单独表示画法

图8-5 装配图中的特殊表达方法

5. 单独表示某个零件

在装配图中，必要时可以单独画出某一零件的视图，但必须在所画视图的上方注出该零件的名称及视图名称，并在相应视图中标注出投影方向，如图8-5c所示。

6. 展开画法

在装配图中，为了表达传动机构的传动路线和装配关系，可以假想地按传动顺序沿各轴线剖切，然后展开在同一个平面上画出其剖视图，此时，应在剖视图上方加注"×—×展开"字样，如图8-6所示。

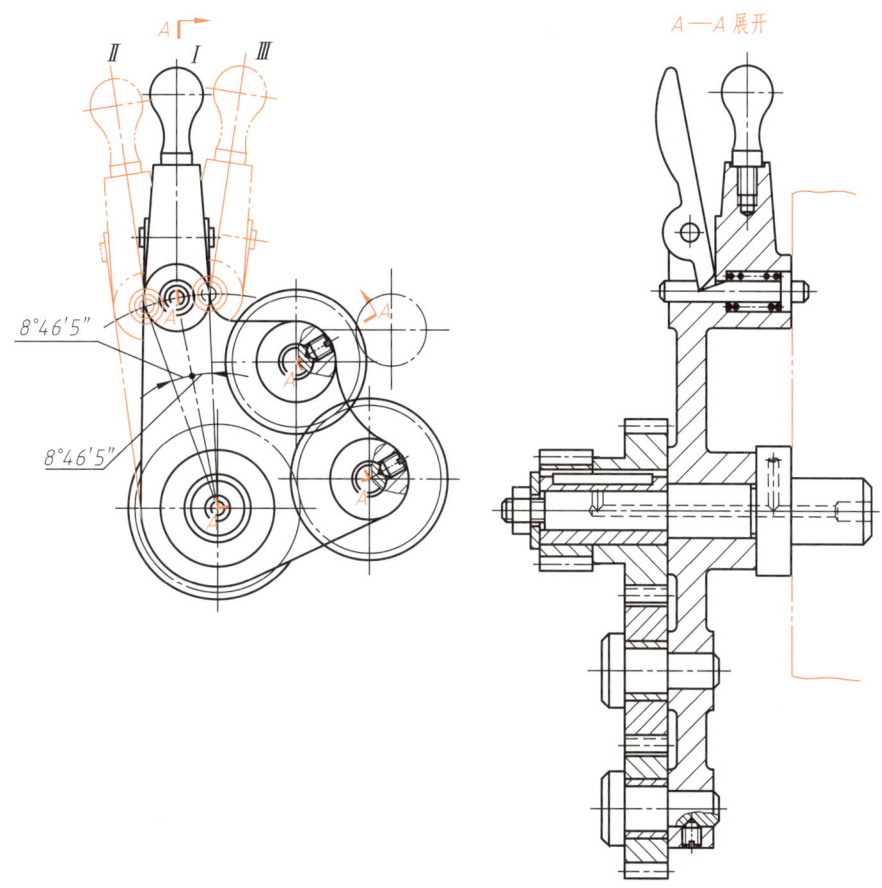

图 8-6 装配图中的假想画法和展开画法

7. 夸大画法

在装配图中,当绘制直径很小的圆或厚度很薄的零件以及斜度、锥度或间隙都很小的轮廓线时,可不按原绘图比例绘制,允许适当夸大画出,如图 8-3a 所示。

8.3 装配图中的尺寸标注和技术要求

8.3.1 装配图中的尺寸标注

装配图不同于零件图,它不是用来加工制造零件的,所以不必标注每个零件的尺寸,只标注与装配、安装及应用有关的尺寸,这些尺寸按其作用不同,可分为以下几类:

1. 规格尺寸(性能尺寸)

表示机器或部件规格和性能的尺寸。如图 8-2 中影响流体流量的阀体孔径尺寸 $\phi 45$,它既是构成产品系列的规格尺寸,也是用户了解和选用机器或部件的重要依据。

2. 配合尺寸

表示两个零件配合性质的尺寸。在装配图中,凡是有配合要求的地方,必须标注配合尺寸,它是确定零件装配方法和制订装配工艺的依据,同时便于由装配图拆画零件图。如图

8-2 中的阀盖与阀体的配合尺寸 $\phi30H7/h6$、阀盖孔与齿杆的配合尺寸 $\phi20H8/f7$ 等。

3. 安装尺寸

将机器或部件安装到机架、地基或其他机器上所需的安装尺寸，如图 8-2 中的安装孔尺寸 $2\times\phi12$ 及其定位尺寸 90。

4. 外形尺寸

表示机器或部件外形轮廓总长、总宽和总高的尺寸，如图 8-2 中的长、宽、高尺寸 148、64、150 等。它既为机器或部件的包装、运输提供相关信息，也是用户安装机器、车间布置、厂房设计等的依据。

5. 其他重要尺寸

指设计时需要保证而又未包括在上述四种尺寸之中的重要尺寸。这类尺寸是在设计中经过计算而确定（如图 8-2 中齿轮轴与齿杆轴的中心距尺寸 20 ± 0.04）或根据结构设计及定位要求而选定的（如图 8-19 中单向阀轴线与凸轮轴线的距离尺寸 90）。这类尺寸是相关零件结构设计计算的依据。

上述各类尺寸，主要是按照它们的功能和作用划分的，不需要在每张装配图上全部注出，如图 8-2 所示。实际应用中，有的尺寸往往同时具有几种不同的作用。

8.3.2 装配图中的技术要求

装配图中的技术要求主要围绕以下几个方面来拟定：

1. 装配工艺技术要求

指对装配过程中的装配方法，装配后零、部件的相互接触状况或零件间的位置调整要求以及检查方法等的说明，如图 8-2 所示。

2. 产品试验和检验要求

规定了产品装配完成后所要进行的性能检验和测试的条件、方法以及应达到的主要技术性能指标等。如图 8-19 中技术要求的第 3 项。

3. 产品使用和保养说明

对机器或部件在包装、运输、安装以及使用过程中所提出的注意事项，如图 8-23 所示。技术要求项目一般以文字形式逐项注写在明细栏的上方或图样下方某空白处。

8.4 装配图的零件序号及标题栏、明细栏

为了方便阅读装配图，便于组织生产和图样管理，装配图中需要对所有零、部件进行编号，同时要编制相应的明细栏。

8.4.1 序号的编排

1. 零件序号的编排方法

如图 8-7a 所示，装配图中的序号由横线（或圆圈）、指引线、圆点和序号（数字）四部分组成，序号的编排有三种形式，其中第一种最为常用。其标注的方法是：在所要标注零件的可见轮廓（或剖面）内先画一个圆点（直径约为粗实线宽度），然后引出指引线，在指引线的末端画水平线（或圆圈），将零件的序号注写在水平横线上或圆圈内。其中横线（或

圆圈）与指引线均用细实线画出，序号字体应比装配图中的尺寸数字大一号或二号。若零件很薄或其剖面涂黑致使指引线端部不便画圆点时，可在指引线末端画箭头并指向该零件的轮廓，如图 8-7b 所示。

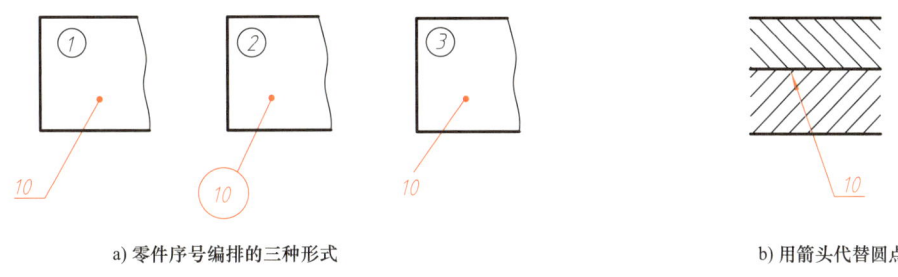

a) 零件序号编排的三种形式　　　　　　　　b) 用箭头代替圆点

图 8-7　零件序号的编排形式

2. 编排零件序号应遵循的规定

1）同一装配图上序号编排形式应一致。

2）装配图中的所有零件都必须进行编号，完全相同的零、部件只编一个序号，且只标注一次，并在明细栏的"数量"一栏中填写其总数量。

3）指引线之间不能相交，在通过剖面区域时不能与剖面线平行，必要时可将指引线画成折线，但只允许曲折一次。

4）一组相关标准件（如紧固件）或者装配关系清楚的零件组，可以采用一个公共指引线，如图 8-8 所示。

5）零件的序号应以顺时针或逆时针方向按顺序连续编写，并在水平或垂直方向上对齐排列，如图 8-2、图 8-8 所示。

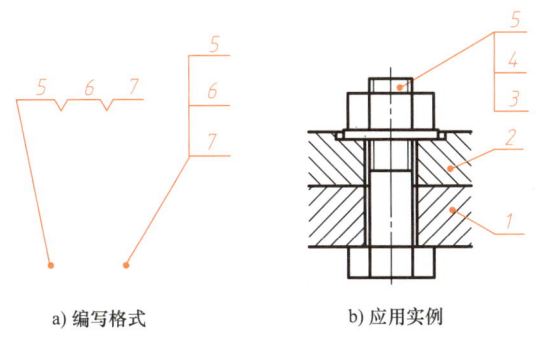

a) 编写格式　　　　b) 应用实例

图 8-8　一组相关零件序号的编排形式

8.4.2　标题栏和明细栏

装配图中的明细栏用以表达组成该机器或部件的所有零部件的名称、数量、材料、标准件规格尺寸及代号等有关信息。标题栏用来填写装配图的名称、比例及相关责任人签名等。

明细栏的内容一般在零件序号编写完成后再填写，其格式和内容由国家标准《技术制图　明细栏》（GB/T 10609.2—2009）规定。教材或作业中常采用图 8-9 所示的简化标题栏和明细栏，其图号栏一般填写零件图纸编号，备注栏中填写如齿轮模数、齿数等参数或标准件的国家标准代号及其他有关信息。

明细栏应画在与标题栏相连的上方，序号填写应自下而上按顺序依次填入，这样当增加零件时可继续向上画格补写相关信息。当地方不够时，可将明细栏的剩余部分移在紧靠标题栏的左侧位置，如图8-2、图8-9所示。

3	螺钉M5×12	4	Q235	GB/T 68—2000
2	齿轮轴	1	45	m=2, z=15
1	泵体	1	HT200	
序号	名　　称	数量	材料	备　　注

图8-9　简化装配图标题栏、明细栏格式示例

8.5　常见装配结构

为了使机器或部件装配后达到设计性能要求，并且便于调整和装拆，在设计和绘制装配图时，必须考虑零件的装配结构及其合理性。

8.5.1　接触面与配合面的合理结构

1）两个零件接触时，在同一方向上只能有一对接触面或配合面，否则会给加工和装配带来不便，如图8-10所示。

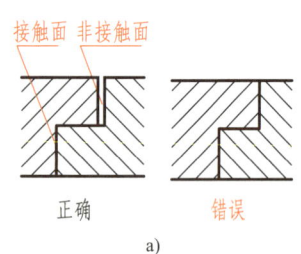
a)

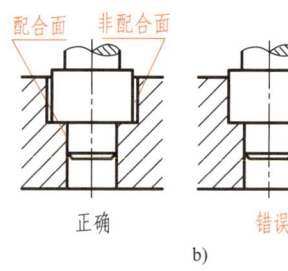
b)

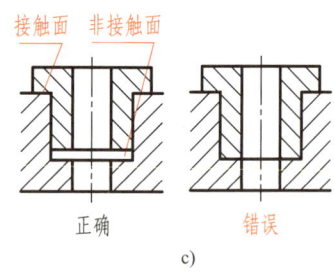
c)

图8-10　接触面与配合面结构（一）

2）为了使轴和孔在配合面和轴肩端面两个方向都能接触良好，轴和孔上设计的倒角、圆角、退刀槽等结构应查阅相关标准，合理匹配尺寸大小。如图8-11a中孔的倒角和轴的圆角相配，应使 $c>r$，或采用图8-11b所示的形式。若 $c<r$，则轴肩与端面不能接触，影响零件的轴向位置，如图8-11c所示。

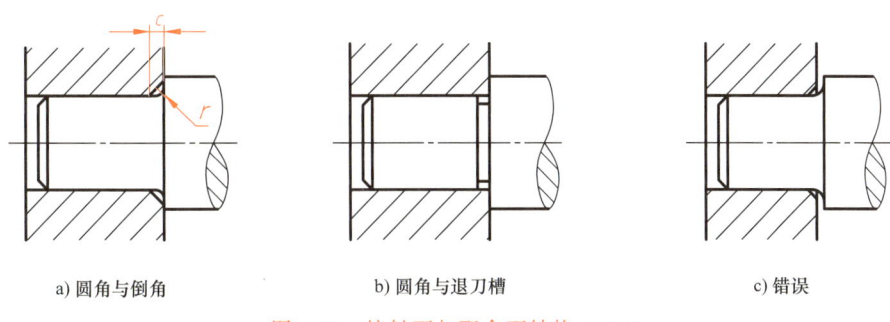

a) 圆角与倒角　　　b) 圆角与退刀槽　　　c) 错误

图 8-11　接触面与配合面结构（二）

8.5.2　便于零件装拆的结构

1) 为了便于零件安装和拆装，设计时必须留出工具的活动空间和零件的装拆空间，如图 8-12 所示。

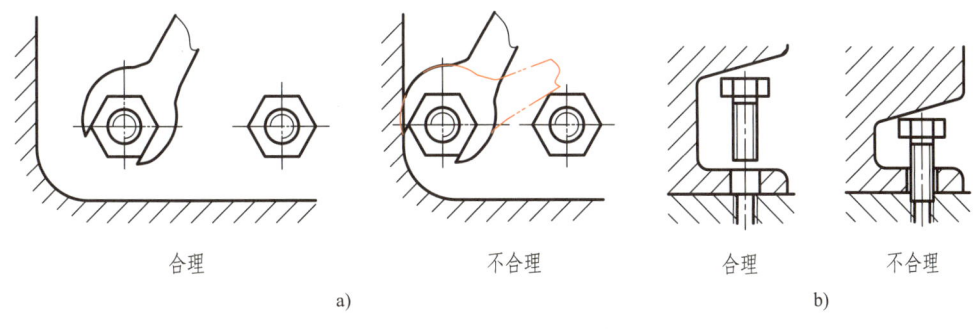

合理　　　　　　　不合理　　　　　　　合理　　　不合理
a)　　　　　　　　　　　　　　　　　　　b)

图 8-12　便于零件装拆的结构

2) 由于滚动轴承的内圈与轴、外圈与轴承座孔通常为过渡配合，拆卸轴承需要使用工具。所以这两种定位形式都要考虑留出拆卸时工具的施力点，如图 8-13（施力点在内圈）、图 8-14（施力点在外圈）所示。

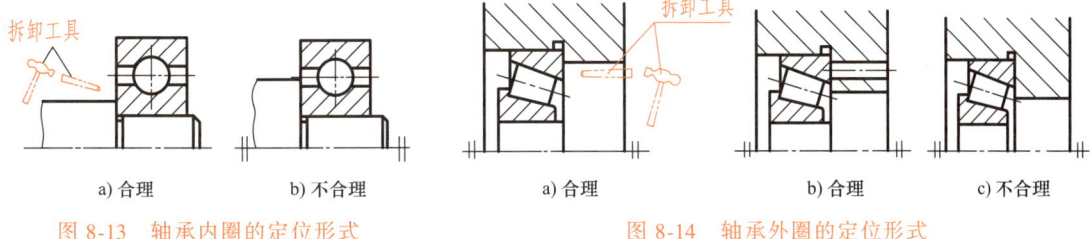

a) 合理　　b) 不合理　　　　a) 合理　　　b) 合理　　　c) 不合理

图 8-13　轴承内圈的定位形式　　　图 8-14　轴承外圈的定位形式

8.5.3　常见轴系零件的定位及固定结构

1) 为防止工作时轴上零件产生轴向窜动，一般情况下，轴系零件之间在轴线方向应完全定位，不得有轴向间隙，如图 8-15a 所示，配合轴段的长度尺寸 L_2 应小于孔的长度 L_1。

2) 常见轴上零件的固定结构。除一般常见的轴肩、轴套定位外，通常有图 8-16a 所示的螺母和轴端螺纹固定、图 8-16b 所示的轴用弹簧挡圈固定以及图 8-16c 所示的轴端挡圈和

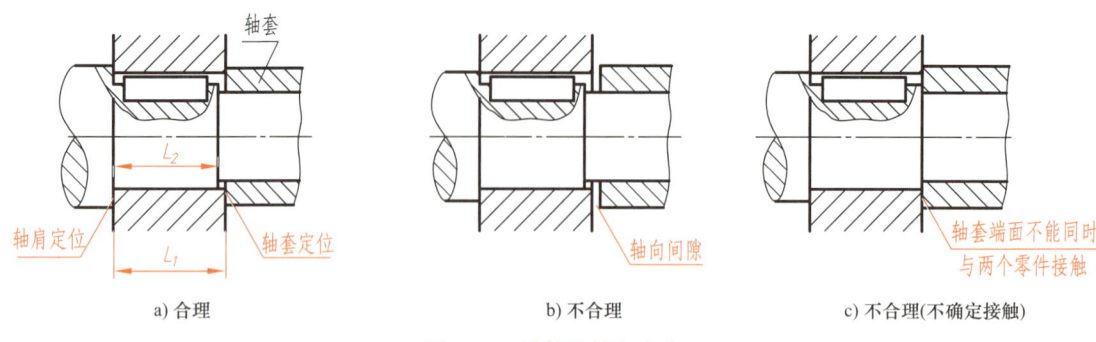

图 8-15 零件的轴向定位

螺钉固定等。弹性挡圈和轴端挡圈都是标准件,适用于轴向力不大的情况,其形状和规格尺寸等参数可从相关标准中查到。

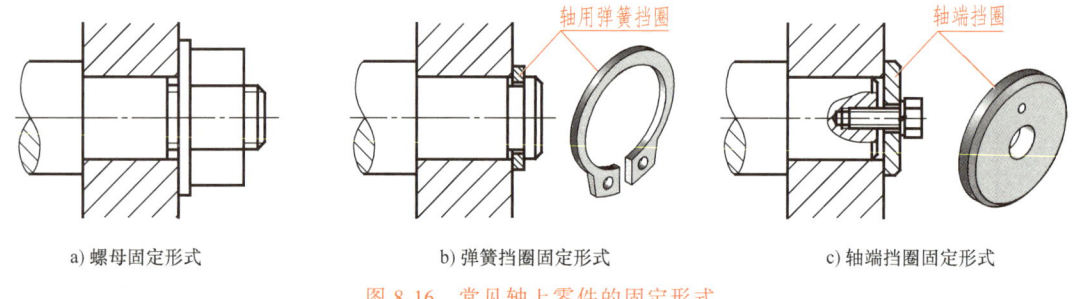

图 8-16 常见轴上零件的固定形式

8.5.4 密封与防漏结构

为了防止机器内部油液外泄或外部灰尘、杂质由轴孔间隙等处侵入机器内部,通常在这些部位设计有密封、防漏、防尘结构,常见密封装置如图 8-17 所示。在图 8-17a 中,通过旋紧螺母,使密封填料受压变形以消除阀杆与阀体之间的间隙;图 8-17b 中,可通盖与轴之间采用毡圈油封密封,而与孔之间采用配合面及孔槽结构密封。其中毡封圈为标准件,其孔槽结构和规格尺寸等参数可从相关标准(见附表 B-14)中查到。画图时,填料或毡圈均为压紧时的密封状态。

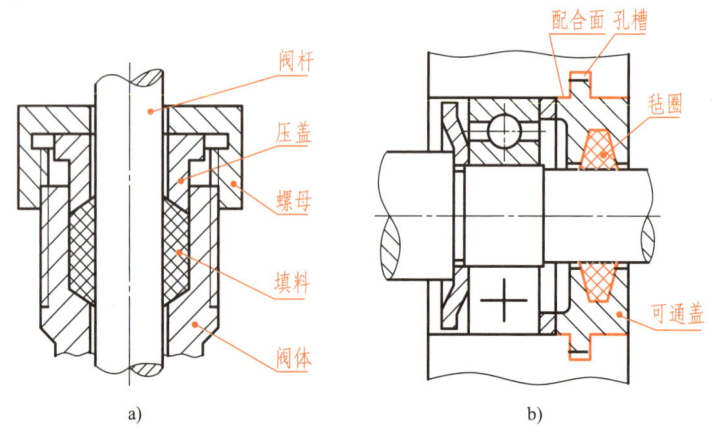

图 8-17 常见密封与防漏结构

8.6 画装配图的步骤及方法

设计一部机器或部件时,设计者首先根据实际要求或用途设计工作原理简图,再由简图进行设计计算,并画出总装配图和各部件的装配图,然后由装配图拆画零件图。部件测绘时,首先根据实际零件画出零件图,再根据零件图画出装配图。本节以图8-18所示的柱塞泵为例,按部件测绘要求来说明画装配图的方法与步骤。

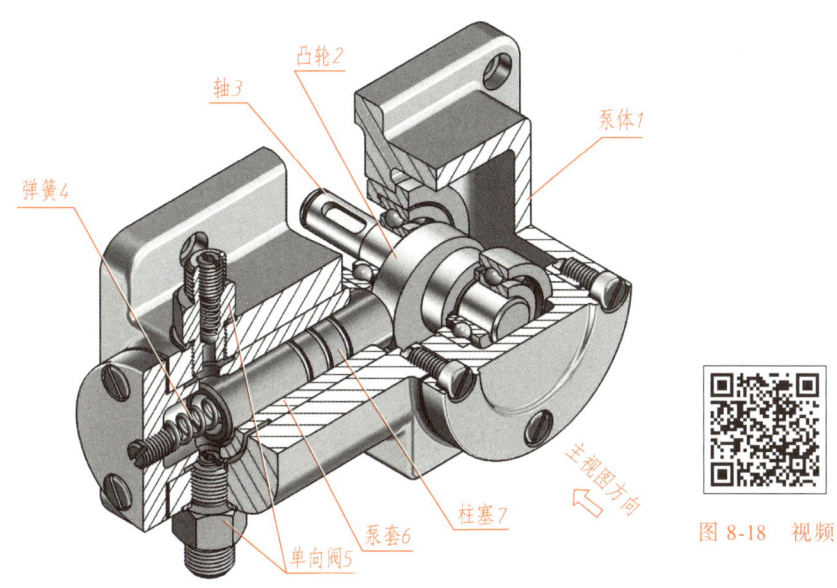

图 8-18 柱塞泵实体模型

图 8-18 视频

8.6.1 了解机器的工作原理及装配关系

画装配图之前,对所画对象要有充分了解,弄清机器的用途、工作原理、零件之间的装配关系、连接方式和相对位置等,然后开始画图。图8-18所示柱塞泵为机床中的供油装置,当轴3带动凸轮2旋转时,在弹簧4的作用下,柱塞7在泵套6内左右往复运动。当柱塞往复运动时,泵套左侧内腔的容积会不断地发生变化,从而使内腔中的压力也随之不断地变化。当内腔的压力小于外界压力时,油液通过连接在内腔下方的单向阀进入泵套内腔。当内腔压力大于外界压力时,油液通过连接在内腔上方的另一单向阀排出。泵套通过螺钉连接固定在泵体左侧孔内,带动凸轮转动的轴通过轴承及轴承套、衬盖等零件安装在泵体右侧孔内。

8.6.2 确定表达方案

1. 主视图的选择

装配图的主视图选择一般应遵循以下原则:
1) 机器或部件应尽可能按其工作位置放置。
2) 主视图应尽量多地表达机器或部件的工作原理、装配关系、传动路线以及主要零件的结构特征。

2. 其他视图的选择

其他视图的选择应遵循以下原则：

1）应以补充主视图表达上的不足，并考虑机器或部件外形表达的需要来选择。在表达清楚的前提下，视图的数量应尽量减少。

2）装配图上并不要求将每一个零件的结构形状都表达清楚，但是对工作原理或装配关系的表达有重要作用的零件结构一般应表达清楚，必要时可单独画出其视图。

3）装配图的视图选择还要考虑机器或部件的安装尺寸和用户接口尺寸的表达需要，同时还应使每种零件都能在视图中看到以便编排序号。

根据以上原则，图 8-18 所示柱塞泵的主视图方向按工作位置选择，如图 8-19 所示。为了表达柱塞泵的工作原理，泵体、泵套、柱塞等零件的装配关系及结构形状，主视图采用局部剖视图表达；为了表达凸轮安装轴及其轴系零件的装配关系，并进一步表达泵体的结构形状，俯视图亦采用局部剖视图表达；为了将泵体、泵盖、油杯等零件的形状及位置表示清楚，还需画出左视图；为了将单向阀的工作原理及装配关系表达清楚，对其单独采用放大的 A—A 剖视图表示。

8.6.3 画装配图

装配图的画图顺序一般为：画视图⇨标注尺寸⇨标注零件序号⇨编写明细栏⇨书写技术要求⇨填写标题栏。

若采用三维设计，应在确保装配体中零件完整、没有干涉的情况下，按照事先选择的表达方案生成必要的视图，然后按照上述顺序作进一步标注。对视图中不符合国家标准规定的要素一般还要作进一步编辑。必要时，在完成图形及各种标注后，可将图形存为二维软件对应的文件格式，如 AutoCAD 的"*.dwg"文件，然后在二维软件中再进一步编辑。

若采用计算机二维绘图或手工绘图，画图时应注意以下问题：

1）若采用二维计算机绘图，为便于图形绘制，一般选用绘图比例为 1∶1。待图形及各种标注完成后，再选用合适的图幅；若采用手工绘图，应根据事先选择的表达方案，考虑零件序号、尺寸、明细栏和技术要求所需的位置，选择合适的图幅，合理布置各视图的位置。

采用计算机绘图时，应事先设置好图层，将不同的线型放置在不同的图层中，以便修改图线的粗细及线型，满足不同图幅对各种线型的要求。在手工绘图时，一般应在完成所有图形及标注并确保无误后，方可加粗可见轮廓线。

2）绘制视图时，应先画出各视图的主要轴线、中心线及基准线，再画出起定位作用零件的主要轮廓线，这样可保证零件间的位置关系准确。如图 8-20 所示为柱塞泵各视图中的主要轴线、中心线及起定位作用的泵体主要轮廓线。

3）一般应按装配顺序及装配关系，依次画出各零件与工作原理及装配关系相关的主要轮廓线。如图 8-21 所示，应先画右侧偏心轮安装轴及其轴系相关零件的主要轮廓线，再画左侧泵套、柱塞等零件的主要轮廓线。在将部件的工作原理、装配关系表达完整后，再补充画出各处细节图形，如螺纹连接件、弹簧等图形，并将有关零件的结构形状表达完整，如图 8-22 所示。在确保图形表达无误后，再画出图形中必要的圆角（计算机绘图中用圆角命令，手工绘图时用徒手画出），然后填充剖面线，结果如图 8-19 所示。

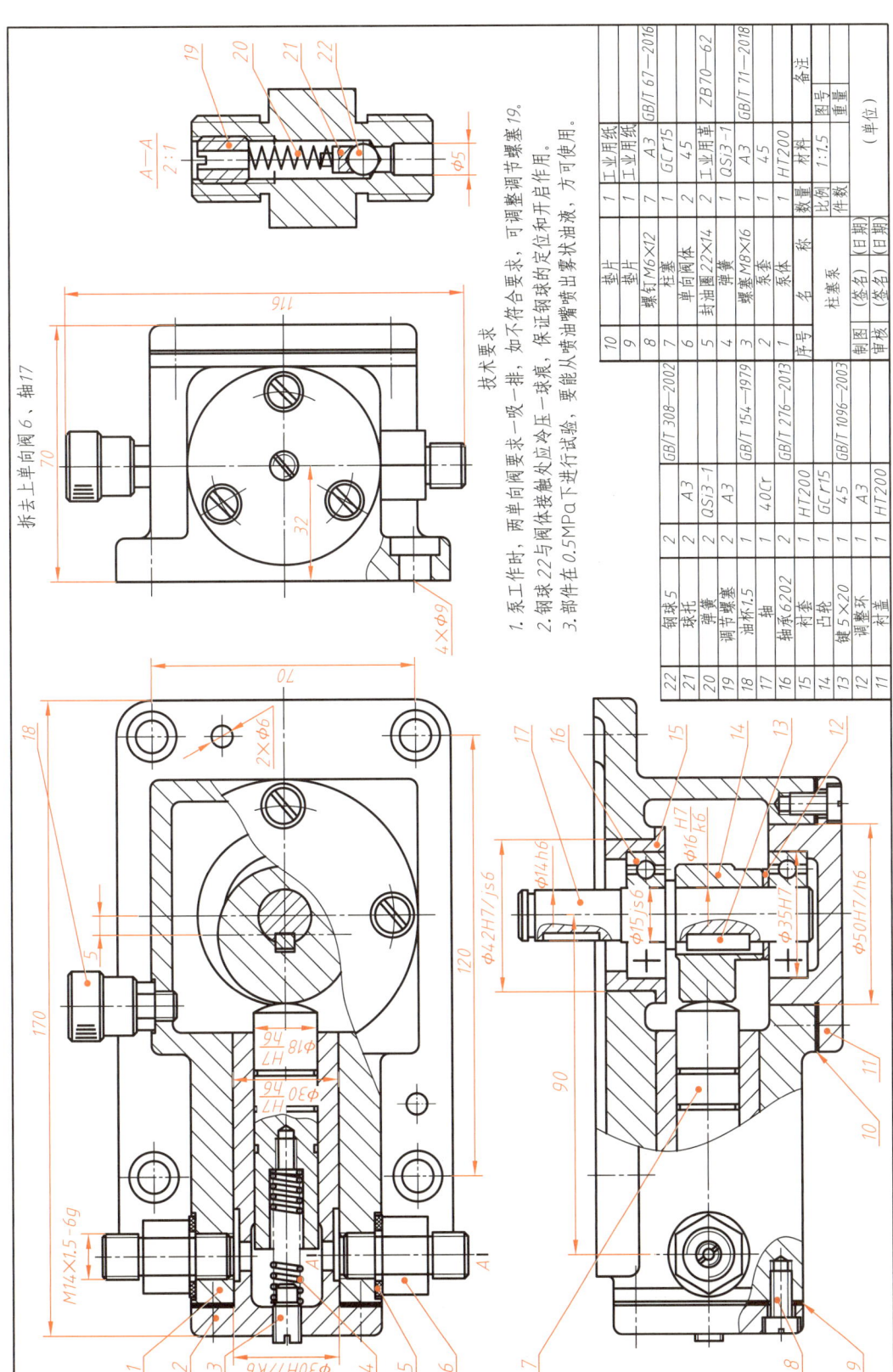

图 8-19 卧式柱塞泵装配图

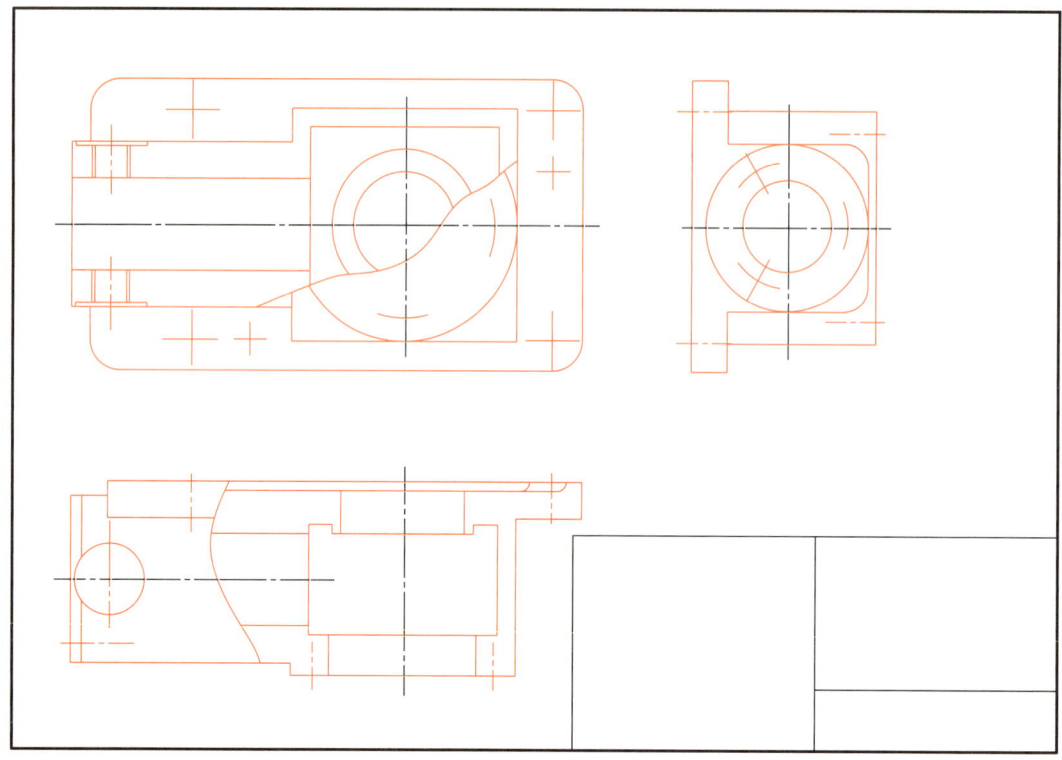

图 8-20 装配图画法及步骤（一）

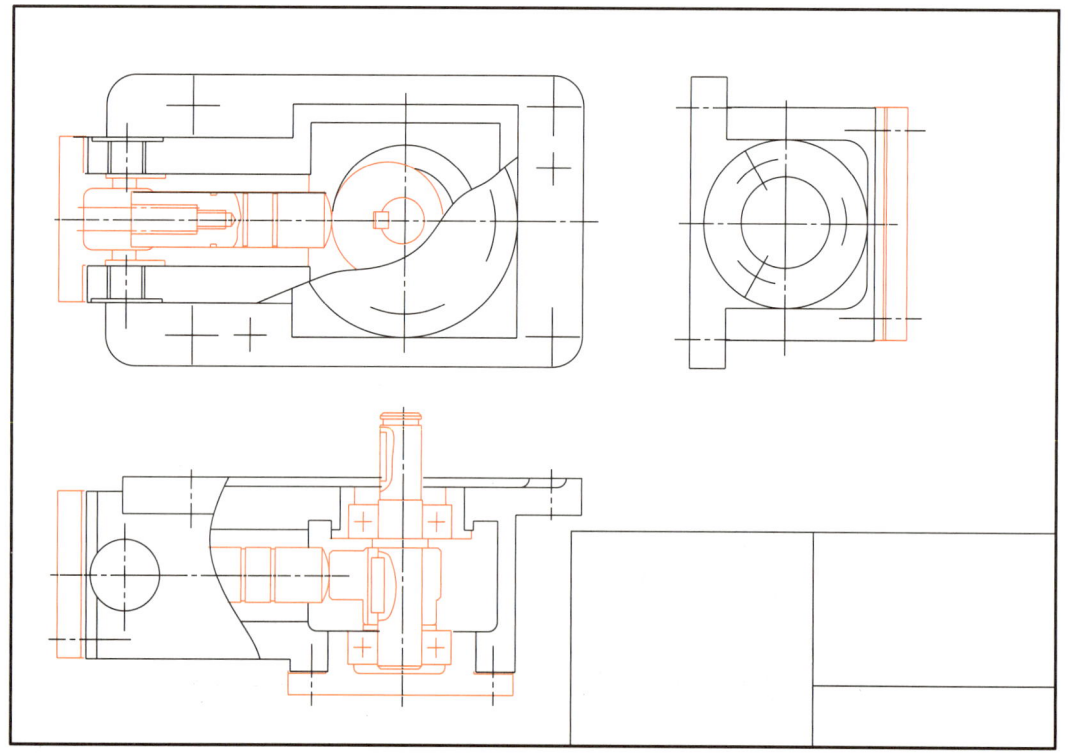

图 8-21 装配图画法及步骤（二）

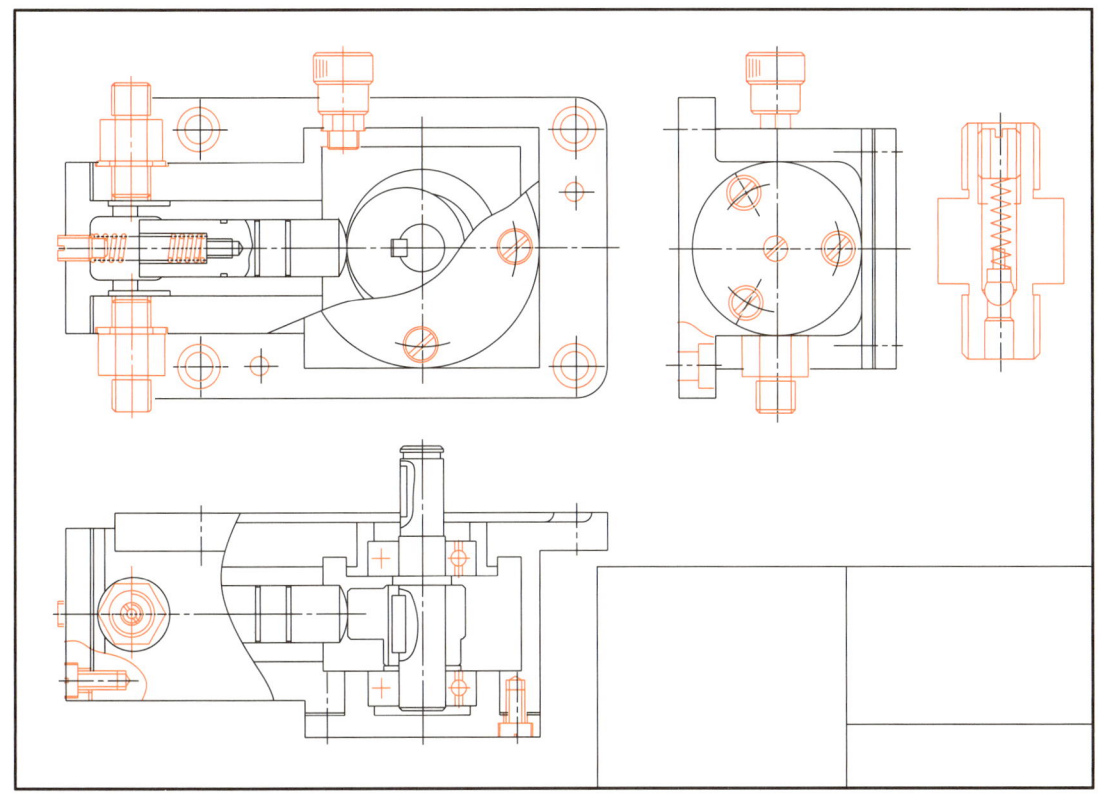

图 8-22 装配图画法及步骤（三）

4）在画剖视图时，由于内部零件挡住了外部零件，故由内向外画，以避免画出多余图线后再擦除。如图 8-21 中，应先画凸轮安装轴，然后再画轴上安装的其他零件。

5）手工绘图时，对相同零件或结构可以采用适当的简化画法，用计算机绘图时可使用复制、径向等命令尽量将图形画完整。

8.7 读装配图及拆画零件图

在产品的设计、装配、检验、使用、维修及技术交流中，均需要阅读装配图。如在安装机器时，要按装配图来装配零件；在设计过程中，要按照装配图设计和绘制零件图；在技术交流时，要参阅装配图来了解部件或机器的工作原理及性能等。因此，识读装配图是工程技术人员必须具备的能力。

读装配图的目的和要求：
1）了解部件或机器的工作原理和使用性能。
2）了解零件之间的相对位置、装配关系及装拆顺序。
3）了解零件的作用及结构形状。

8.7.1 读装配图的方法和步骤

图 8-23 所示为仪表车床尾架的装配图，现以该装配图为例，介绍阅读装配图以及由装配图拆画零件图的方法和步骤。

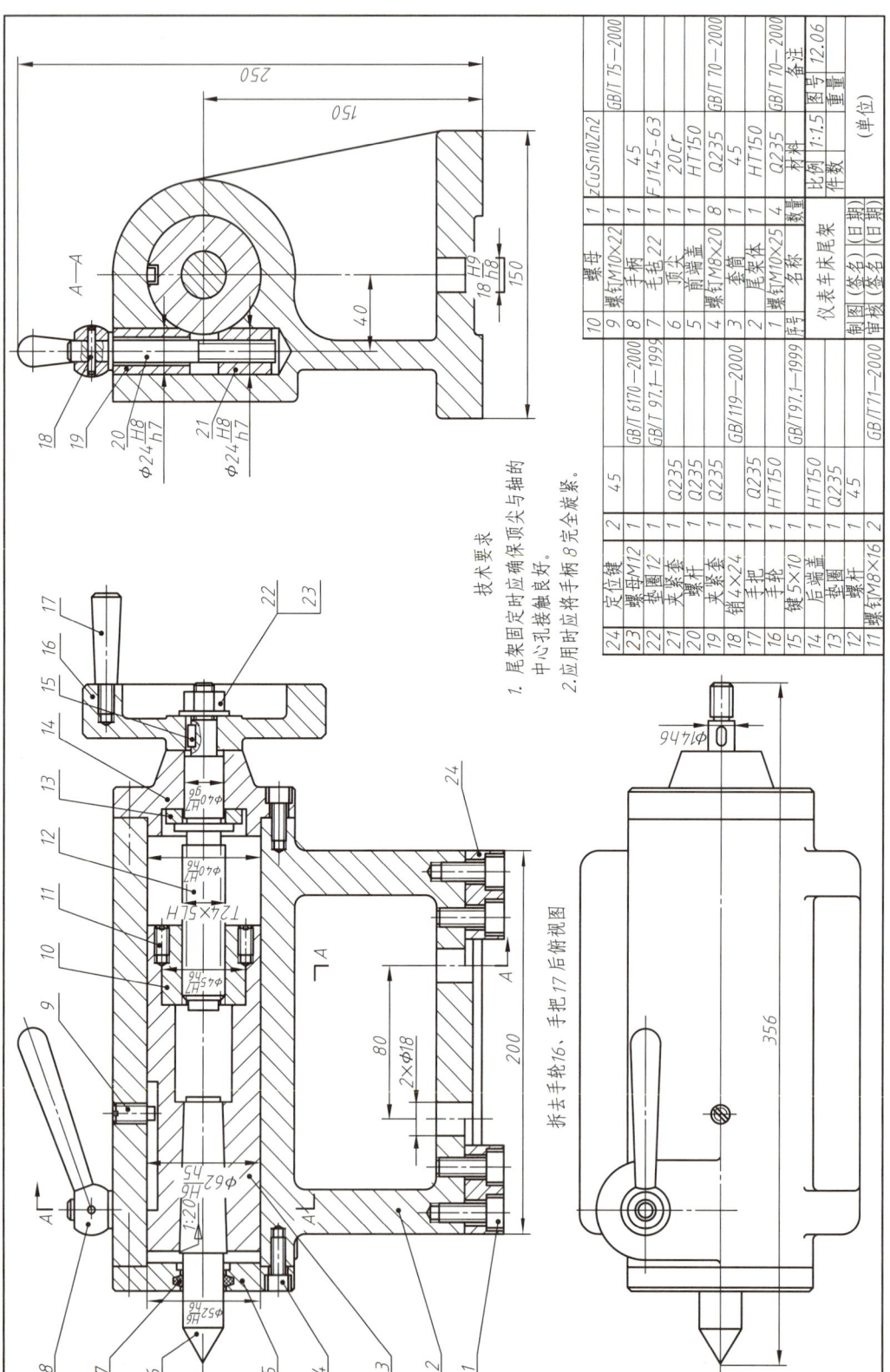

图 8-23 仪表车床尾架装配图

1. 概括了解

1）从标题栏及技术要求说明中，了解机器或部件的名称、用途等。
2）从明细栏及零件序号，了解零件的名称、数量及所在位置。
3）分析视图，了解各视图、剖视图、断面图等之间的相互关系及所表达的意图。

仪表车床尾架是仪表车床的配套装置，用于加工轴类零件时顶紧零件，共有24个零件，其中有8个标准件。根据零件的序号和名称，可在图中找出各自的位置。

主视图采用全剖视图，表达了仪表车床尾架的工作原理及零件之间的主要装配关系；左视图采用A—A全剖视图，表达了仪表车床尾架中锁紧部分的装配关系、定位键与底板之间的装配关系以及尾架体的结构形状；俯视图主要用来表达尾架体的外部结构形状。

2. 分析工作原理和装配关系

仪表车床尾架的装配关系及工作原理分析如下：

手轮16与手把17为螺纹连接，与螺杆12之间使用键联结，并采用螺母23固定；顶尖6装在套筒3内；螺母10用两个螺钉11与套筒3固定；套筒与尾架体2之间为间隙配合，螺钉9用来限制套筒转动及移动的行程。手柄8与螺杆20为销连接，螺杆20与夹紧套21为螺纹连接。定位键24通过螺钉1固定在尾架体2底板的键槽内。

当用手把17使手轮16旋转时，通过键15带动螺杆12转动，与螺杆旋合的螺母10则左右移动，同螺母10固定连接一起的套筒3也随之在尾架体2内移动，并带动顶尖6轴向移动来顶紧或松开工件。顶尖位置调整好后，旋转手柄8，通过连接销18带动螺杆20转动，使夹紧套21移动，并与夹紧套19将套筒3锁紧，把顶尖固定在调整好的位置上。

定位键24嵌入床身的T型槽内，可使尾架沿纵向滑动来调整顶尖与床头箱的距离，以适应不同长度的零件。最后通过$2×\phi18$两个安装孔，用螺栓将尾架锁紧在床身上。

3. 分析零件，看懂零件结构

分析零件结构，首先要会正确地区分零件。区分零件的方法是依靠不同方向或间隔的剖面线以及各视图之间的投影关系进行判别（详见8.7.2）。再结合零件在装配图中的装配关系及作用，按投影关系综合分析零件的结构形状（详见8.7.2）。分析过程中，一般应从主要零件入手，再看次要零件。

4. 综合归纳想整体

通过看懂零件的结构形状，进一步了解部件的总体结构及装配关系，如图8-24所示为看懂零件结构后了解的仪表车床尾架的总体结构及装配关系。然后再结合装配图中的尺寸及技术要求等，对整个部件的装配工艺、技术性能等作进一步研究。

8.7.2 由装配图拆画零件图

在产品开发中，当按需求设计出装配图后，紧接着要画出有关零件的零件图。这些零件要按照部件对零件的要求由装配图拆画而成。

仪表车床尾架中的尾架体为其主要零件，本节以图8-23所示仪表车床尾架的装配图拆画出尾架体2的零件图为例，讲述由装配图拆画零件图的方法及过程。

1. 将零件分类，明确拆画对象

拆画零件图前首先要认真分析和阅读装配图，并将所有零件分为以下三类：
（1）标准件 如紧固件、轴承、键等，此类零件需确定其规格型号、标准代号及数量等，不需拆画零件图。

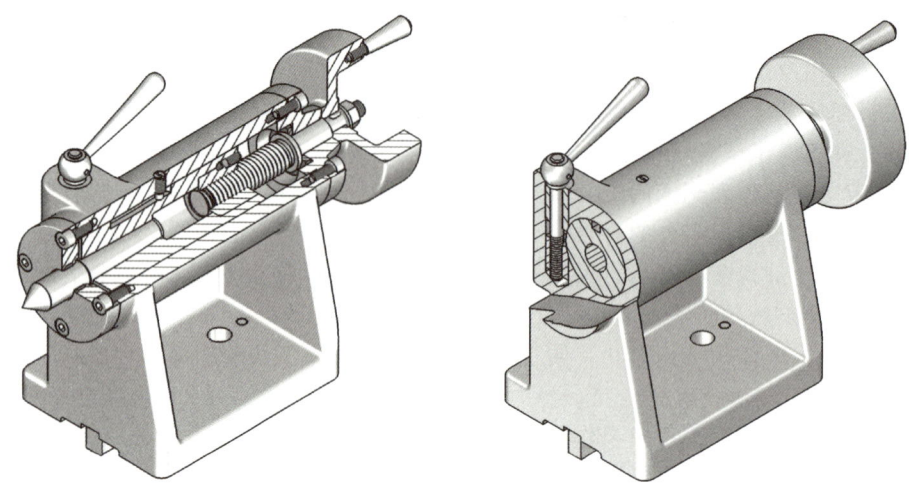

图 8-24　构思部件（仪表车床尾架）的结构形状及装配关系

（2）常用件　如齿轮、弹簧等，此类零件应先由装配图确认其设计参数，如齿轮的齿数、模数等，然后计算其主要结构尺寸，最后确定其他结构形状并画零件图。

（3）一般件　除标准件和常用件之外的所有零件，如图 8-23 所示仪表车床尾架中的尾架体 2 等。一般件需要拆画出其零件图。

2. 分离零件（二维设计中）

读懂装配图后，将所要拆画的零件从装配图中分离出来。分离零件的方法如下：

1）根据零件序号和指引线所指部位确定出所要拆画零件在装配图中的视图位置。

2）根据投影关系、剖面线的方向和间隔，找到所要拆画零件在其他视图上的投影。

3）假想将所要拆画零件的视图从装配图中分离出来。

由图 8-23 所示的仪表车床尾架装配图中分离出尾架体 2 的视图如图 8-25 所示。

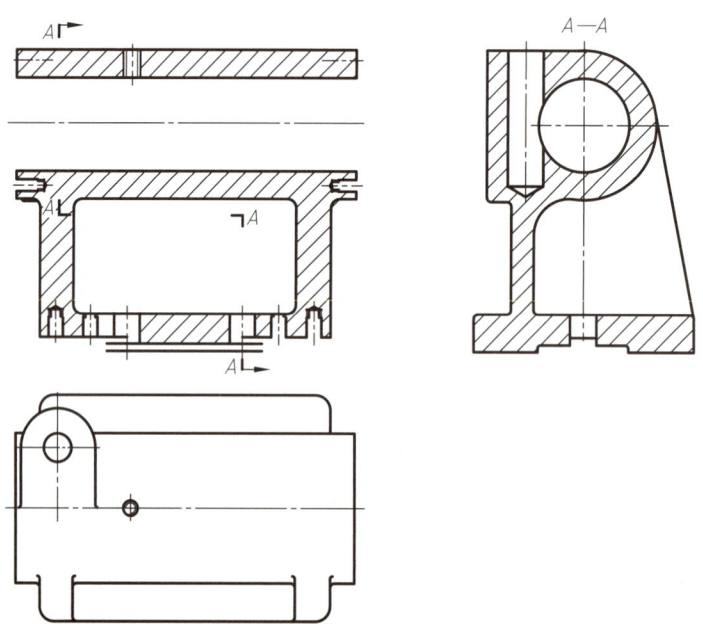

图 8-25　由装配图分离出零件的不完整视图

3. 构思零件的结构形状（二维设计中）

1）根据从装配图中假想分离出来的不完整视图，初步确定零件的大致结构形状。如由图 8-25 可构思出尾架体的大致结构形状如图 8-26a 所示。

2）根据零件在装配图中的作用和功能、相邻零件的装配关系及结构形状的一致性，以及零件结构的对称性等特征，进一步分析该零件各处的详细结构。如由图 8-23 中尾架体 2 在装配图中的作用和功能、与相邻零件（如螺钉、定位键、套筒等）的装配关系及结构形状的一致性，进一步分析尾架体的详细结构形状（如两端分别沿圆周均布的四个螺纹孔、底板上安装定位键的键槽及螺钉孔等结构形状），构思其实体形状如图 8-26b 所示。

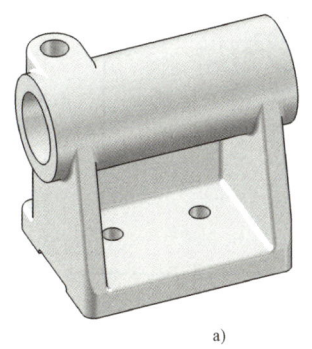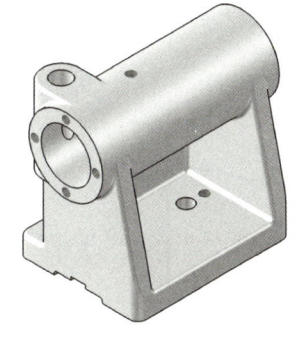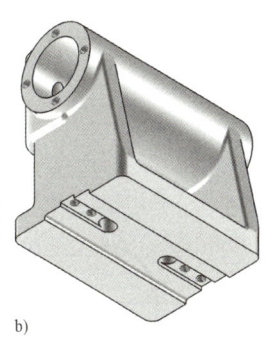

图 8-26 构思零件的结构形状

4. 拟定零件图表达方案

装配图与零件图表达零件的侧重点不同，前者注重于装配关系，而后者注重于结构形状。因此，在拆画零件图时，不能简单地照搬装配图的表达方案，而应根据本教材 7.2（零件图的视图选择）及 7.6（典型零件的零件图分析）拟定表达方案。如根据图 8-26 所示尾架体的结构形状，按照箱体类零件的视图选择原则，确定该尾架体的表达方案如图 8-27 所示。

5. 补充及完善零件的结构形状

1）在绘制零件图过程中，对其在装配图中表达不清楚的结构，需要对该零件的作用及其与相关零件装配关系作进一步分析，然后将其补充表达清楚，如图 8-27 中用 C 向局部视图表达尾架体底板的结构形状等。

2）对在装配图中简化或省略的工艺结构，如倒角、铸造圆角、螺纹退刀槽、砂轮越程槽等结构，在零件图中均应完整地表达清楚，如图 8-27 中的倒角及铸造圆角。

6. 标注尺寸

装配图中虽然只标注了前述的五种尺寸，但各零件结构形状及大小都是经过设计人员的慎重考虑和计算后确定，并按照装配图的画图比例准确画出的。因此，拆画零件图时，各零件的尺寸应按以下原则处理：

（1）抄　凡在装配图中标注出的尺寸，在拆画零件图时，应照抄上去。其中配合代号应按轴、孔的公差带代号拆开分别标注在各自的零件图上（或查表标注出其上、下偏差）。

（2）算　由装配图给出的参数计算确定尺寸。如齿轮的有关尺寸应从装配图中给定的齿数和模数进行计算，然后按照计算结果及公差要求标注在零件图上。

（3）查　零件上的某些工艺结构尺寸，如倒角、圆角、退刀槽和砂轮越程槽等，应查阅相关标准手册确定后标注；与标准件相连接或配合的尺寸，如零件上的螺纹孔尺寸、键槽尺寸、与轴承外圈配合的孔径尺寸及与轴承内圈配合的轴径尺寸等，应根据装配图中给定的这些标准件的公称尺寸或标准代号，查阅相关手册确定。

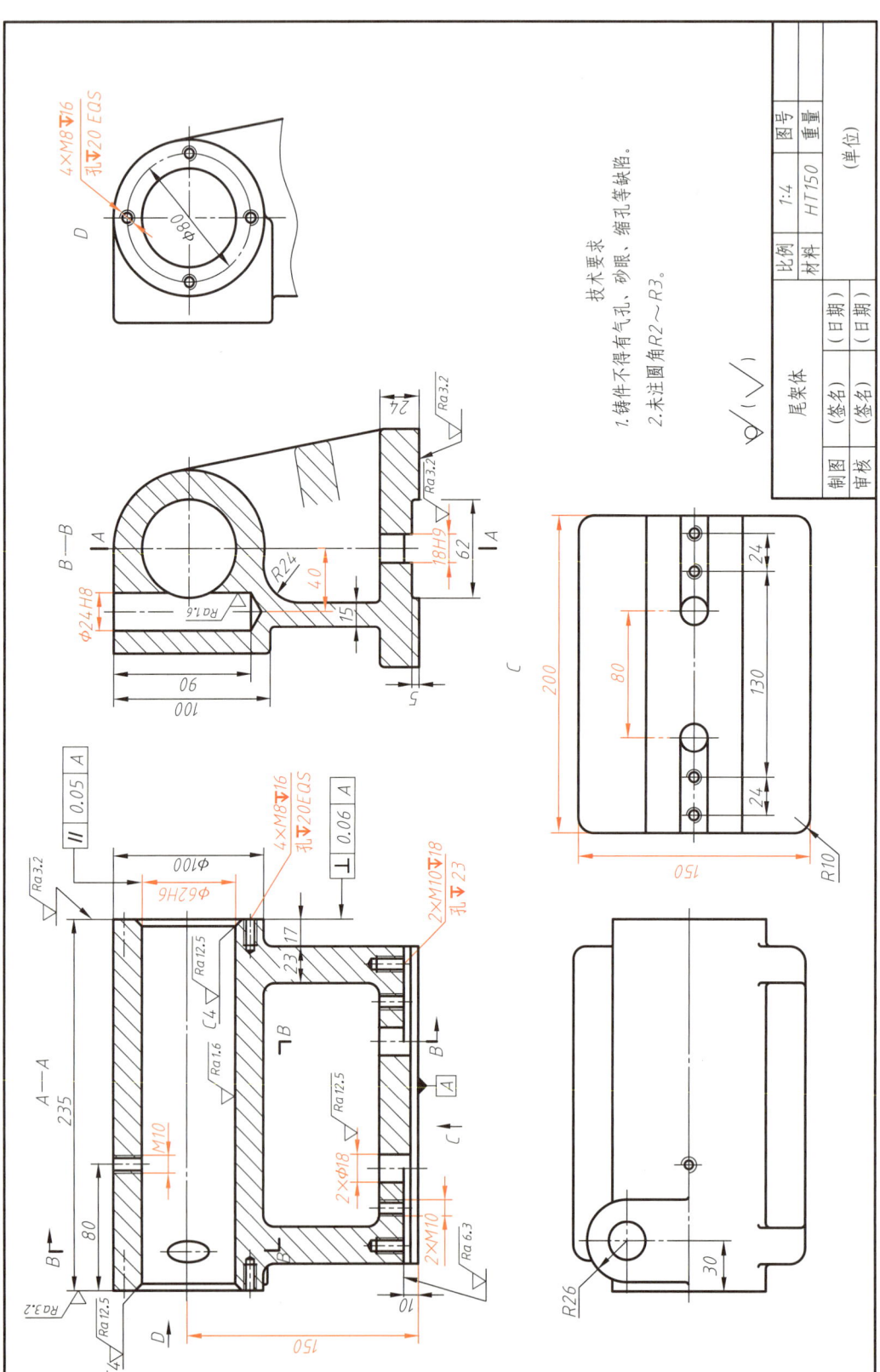

图 8-27 尾架体零件图

从图8-23尾架装配图中通过抄、算、查得到尾架体2的有关尺寸,如图8-27中红色尺寸所示,标注时应特别注意其准确性。

(4) 量 其余尺寸应从装配图中按比例直接量取,圆整后标注在零件图上。这些尺寸应特别注意其完整性,如图8-27中黑色尺寸所示。

标注尺寸时还应注意:有装配关系的相邻零件,其相关尺寸应一致,如图8-23中,前端盖5与后端盖14安装螺钉的沉孔定位尺寸应分别与尾架体空心圆柱左、右端面处的螺孔定位尺寸一致。

7. 拟定技术要求

1) 零件表面结构参数 Ra 值的确定。零件图上各表面参数 Ra 值的大小是根据其功用而确定的。Ra 值的选择和标注见7.4(零件的技术要求)和7.6(典型零件的零件图分析)中的有关内容。如图8-27所示,尾架体与套筒3的相配合的圆柱面 Ra 为 $1.6\mu m$,与端盖、定位键(无配合)等的接触表面 Ra 为 $3.2\mu m$ 或 $6.3\mu m$,倒角、螺栓孔不接触表面的 Ra 为 $12.5\mu m$。

2) 零件几何公差的确定。对零件的功能和装配精度有重要影响的结构形状和位置,应标注相应的几何公差。如图8-27中 $\phi 62H6$ 圆柱孔轴线与安装底面的平行度要求等。

3) 其他技术要求的确定见7.4.4(零件图中的其他技术要求),如图8-27所示。

8. 填写标题栏

按装配图明细栏中的零件名称、材料、数量填写零件图标题栏中的相关内容,如图8-23、图8-27所示。

图8-27为通过以上步骤由图8-23所示的尾架装配图拆画出的完整的尾架体零件图。

8.8 零部件测绘方法简介

测绘,即测量和绘图。是对现有零部件进行测量、分析并绘制出其装配图和零件图。

8.8.1 测绘的分类

根据测绘的目的不同,测绘分为修配测绘和仿制测绘。

(1) 修配测绘 测绘的目的是修配零件。当机器因零部件损坏而不能正常工作,并且又无图样可查时,需要对有关零件进行测绘。由于修配测绘的对象已经磨损或破坏,所以从实物上测得的数据只能作为参考。

(2) 仿制测绘 测绘的目的是仿造现有的机器。仿制测绘通常是按照样机基本不变地进行仿制,因此测绘应忠于原机,测绘过程和记录应尽量详细。

8.8.2 测绘的一般步骤

1. 前期准备工作

主要包括了解测绘对象、提出拆卸方案,并准备各种工具和量具。

2. 对测绘体进行拆卸、记录、分组

在此过程中,需要对零件作全面地分析。通过观察实物及查阅相关资料,了解部件的用途、工作原理及各零件在机器中的作用、功能和它们之间的装配关系。并进一步画出测绘体的装配示意图,如图8-28b为图8-28a所示部件的装配示意图。

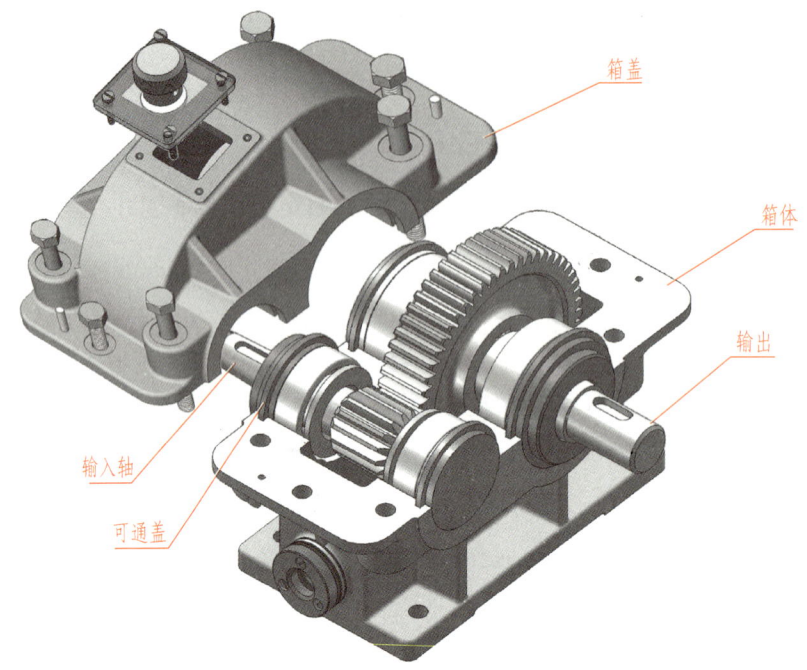

a) 测绘体(圆柱齿轮减速器)

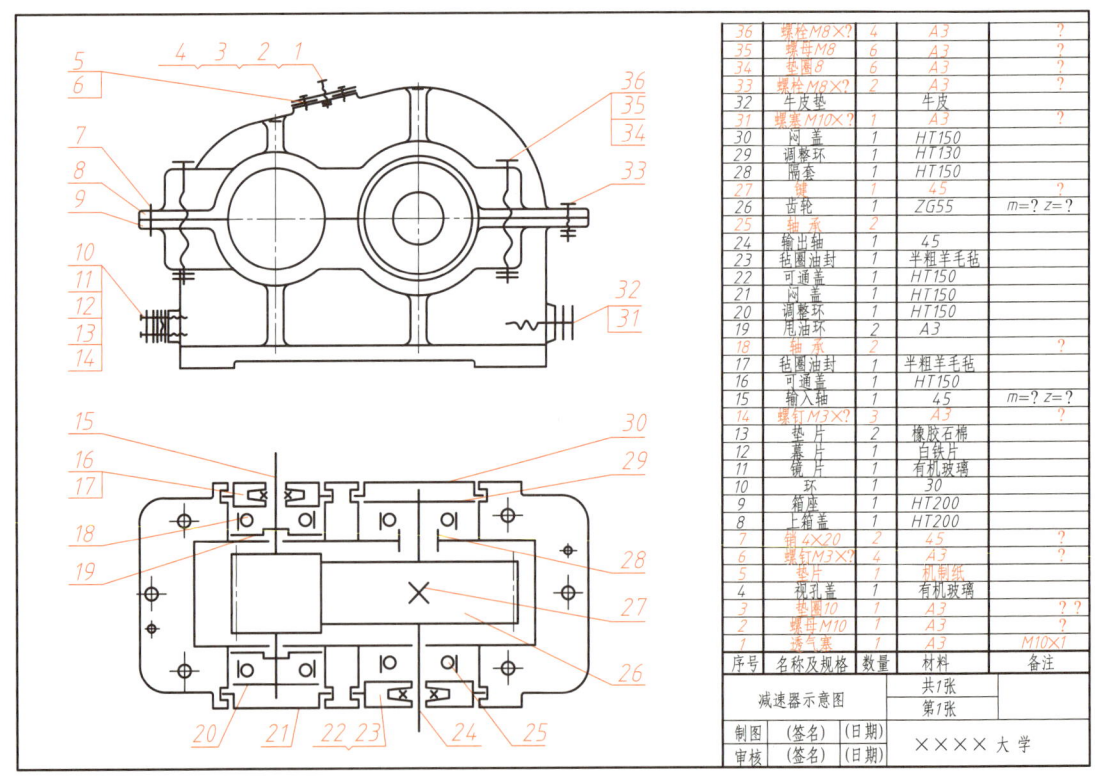

b) 装配示意图(圆柱齿轮减速器)

图 8-28 测绘体装配示意图

注：明细栏中的"？"应当在查表后填写

拆卸过程中，为了防止损坏机件，应先研究装拆顺序再动手拆卸。零件拆卸后，应按拆卸顺序将零件编号，妥善保管，以防丢失。

3. 零件分类

在对零件初步了解后，需要对机器中的标准件与普通件进行分类。统计出同类型标准件的数量，并通过标准件的结构形状及有关尺寸确定出其规格标记。

4. 绘制零件草图

对普通零件进行草图绘制。零件测绘一般在车间或现场进行，不便于使用尺规绘图，因此应根据目测比例徒手绘制。零件草图是绘制装配图和零件工作图的重要依据，因此，零件草图内容应按零件工作图要求绘制。视图要正确、清晰地表达零件的结构形状；尺寸要正确、完整地确定零件的形状大小；技术要求标注要达到零件的工作需要。

草图的绘制步骤及方法如下：

1）确定零件的表达方案。根据零件的结构形状、工作位置和加工位置选择，按照本教材第 7 章零件图的视图选择方法，确定合适的视图。

2）布图并绘制零件草图的轮廓线。零件的形状大小通过目测大致比例确定。目测长度不必精确，但线段之间的大致比例要适当，一般用铅笔画在方格纸上，如图 8-29a、b 所示。

3）标注尺寸。在绘制好必要的图形后，再分析哪些部位需要标注尺寸，并在需要标注尺寸的地方画出其尺寸界线、尺寸线和箭头，如图 8-29c 所示。

4）在确定尺寸线绘制正确、完整后，再根据草图上标注的尺寸部位，集中进行测量和标注，如图 8-29d 所示。切记不可边画图边测量标注。

零件上的工艺结构如倒角、退刀槽、越程槽等，其尺寸应查阅有关标准（见附表 D-3、附表 D-4 等）进行确定；与标准件相连接或有配合关系的相关尺寸，其尺寸大小应通过查阅相关标准件（见附表 B-9、附表 D-1 等）的尺寸进行确定。如内孔 5、12、$\phi21$ 等尺寸。由与其相配的"毡圈油封（毡圈 20JB/ZQ 4606—1997）"查阅有关标准（见本教材附表 B-14）确定。除此之外，有些尺寸需通过计算获得，如齿轮的分度圆、啮合齿轮的中心距等。

5）标注零件图中的各项技术要求。根据分析零件表面结构及工作特点，初步确定并标注零件图中的表面粗糙度；根据对配合表面精确测量的尺寸数据及配合程度结合零件的作用初步确定该尺寸的公差范围及公差带代号，如图 8-29e 所示。

5. 绘制装配图

依据绘制的零件草图及装配示意图绘制装配图。装配图的视图选择及绘制方法可参考本章 8.6.3。装配图中的有关配合尺寸可根据草图中初始确定的公差尺寸，结合零、部件的工作特性及拆卸时记录的配合程度确定。

6. 绘制零件工作图

画零件工作图不是对零件草图的简单抄画。在画零件工作图之前，要对草图进行全面审查、核对。对零件草图中的视图表达、尺寸标注等不合理或不够完善之处应予以必要的修正。如通过图 8-30 所示的尺寸链校核，修正相关零件的有关尺寸，以满足尺寸链要求。最后再依据草图结合本章 8.7.2 由装配图拆画零件图的方法画出零件工作图，如图 8-31 所示。

a) 零件模型

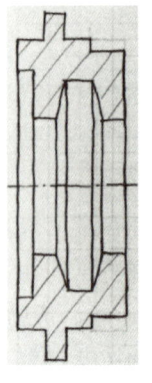
b) 绘制草图轮廓线

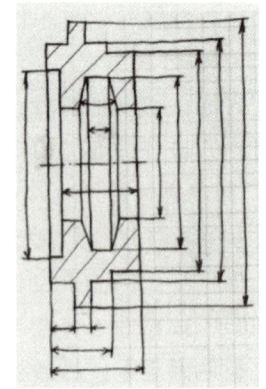
c) 绘制尺寸线

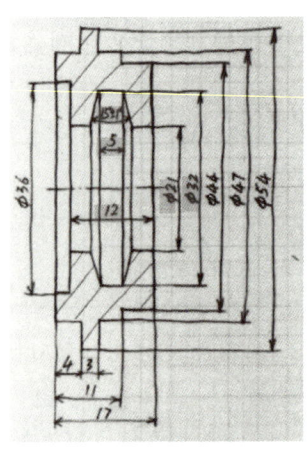
d) 测量并标注尺寸数字

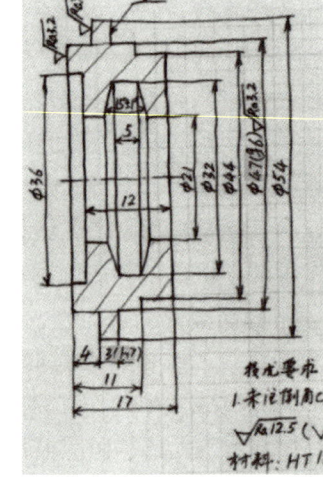
e) 标注零件的技术要求

图 8-29 零件草图绘制步骤

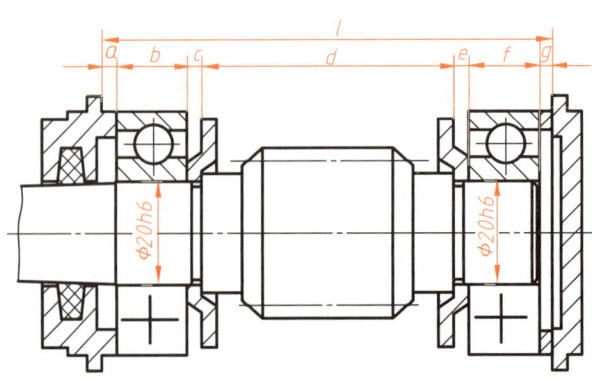

图 8-30 尺寸链校核

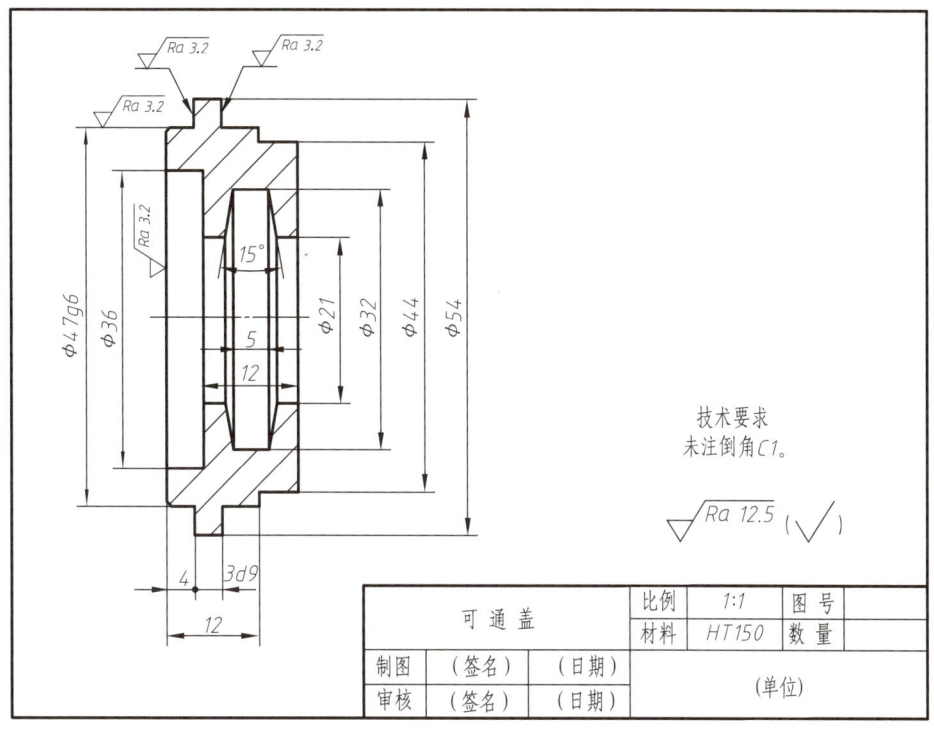

图 8-31　零件工作图

8.8.3　常用的测量工具及测量方法

尺寸测量是零件测绘过程中的一项基本内容，零件尺寸测量准确与否直接影响测绘质量。应根据零件结构及尺寸精确程度选用量具。常用的测量工具及测量方法如表 8-1 所示。

表 8-1　常用的测量工具及测量方法

内容	图例	说明
直线尺寸	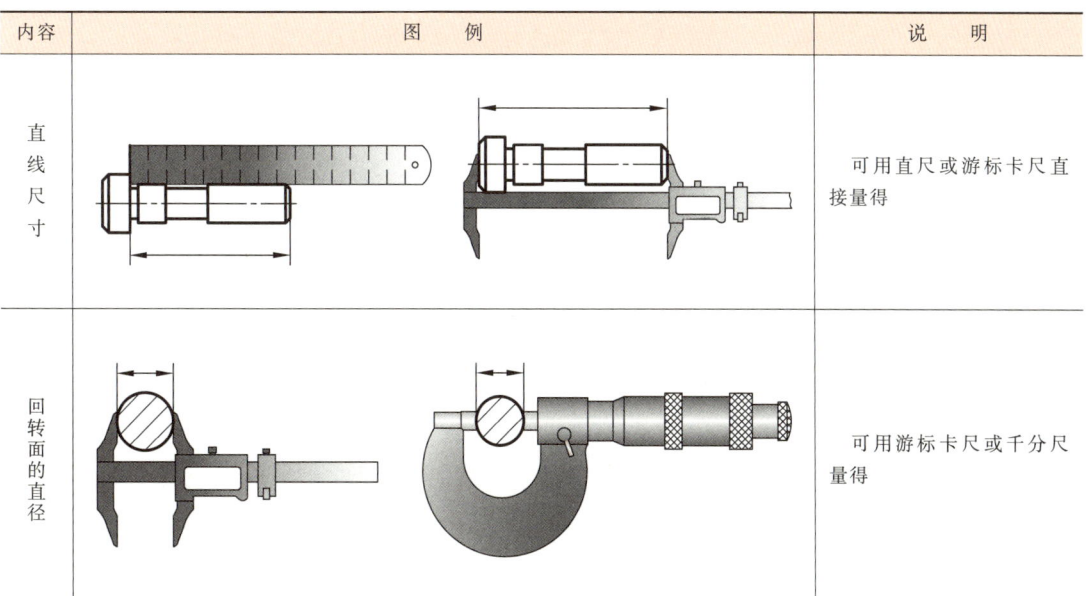	可用直尺或游标卡尺直接量得
回转面的直径		可用游标卡尺或千分尺量得

（续）

内容	图 例	说 明
阶梯孔的直径	a) b)	用游标卡尺无法直接测量出内部的大孔直径，可用内卡钳和直尺分步量得（图a），或用内外卡钳量得（图b）
孔间距	$D=D_0=K+d$ $L=A+D_1/2+D_2/2$	可用内、外卡钳或游标卡尺或直尺分步量得
壁厚	$Y=C-D$ $X=A-B$	可用直尺或游标卡尺的尾部直接量得；有时也可借助内、外卡钳或外卡钳与直尺分步量得

第 9 章

SOLIDWORKS 三维机械制图

随着 CAD 技术的发展，产品设计已由二维平面图形设计逐步过渡到三维实体设计。在现代化工业生产中，大多数产品的设计过程是首先通过计算机建立产品的三维实体模型，通过实体模型，对产品进行运动分析、受力分析及干涉检验等，在分析无误后，再将三维模型（零件或装配体模型）转变为二维工程图，进行加工制造。这样不仅可以缩短产品的开发周期，降低成本，而且还能在产品制造前，从理论上消除可能出现的各种问题，提高产品质量。因此产品的三维设计已逐步成为主流的设计手段。

目前，市场上有许多优秀的三维 CAD 软件，如 Creo、CATIA、UG、SOLIDWORKS 等，其中 SOLIDWORKS 以其良好的用户界面、简便的操作方法、专业的机械设计结构、技术参数、机械零件库及卓越的机械工程图设计功能，使其成为目前机械行业设计中广泛应用的软件。本章以 SOLIDWORKS 2016 版为蓝本，介绍计算机三维机械制图的基本方法。

9.1 SOLIDWORKS 操作基础

9.1.1 程序启动及文件管理

1. 系统的启动（扫描二维码观看慕课）
2. SOLIDWORKS 文件管理

系统的启动及文件管理

系统启动时，会自动生成一默认名如"零件1"或"装配体1"等的文件名，待存盘时，用户再自定义文件主名即可。系统默认的文件类型为：

零件：.sldprt

装配体：.sldasm

工程图：.slddrw

除此之外，系统提供了多种其他 CAD 软件的文件格式。用户若想在其他文件中打开 SOLIDWORKS 中设计的图形，可将文件保存为如 .dwg、.part、.dxf 等文件格式。

9.1.2 SOLIDWORKS 的工作界面

SOLIDWORKS 的工作界面如图 9-1 所示。

1. 下拉菜单及其应用（扫描二维码观看慕课）

2. 工具栏及应用

（1）工具栏种类

1）标准工具栏；

2）常用工具栏；

3）关联工具栏。

（2）使用工具栏注意问题

（3）工具栏设置

工作界面简介，下拉菜单及工具栏应用方法

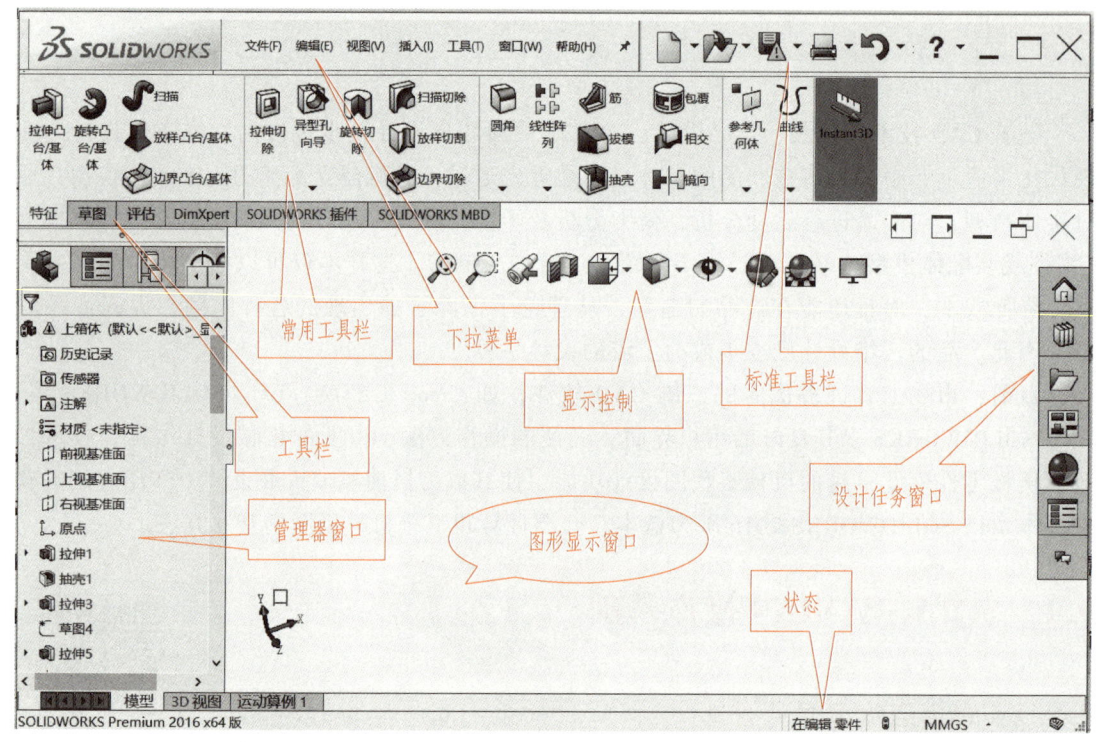

图 9-1　SOLIDWORKS 2016 零件模型界面

1）设置途径：

- 在下拉菜单 工具(T) 中单击 自定义(Z)... 。
- 在工具栏区域单击鼠标右键，在弹出的下拉菜单中单击 自定义(C)... 。
- 在标准工具栏中，通过 ⚙ （系统选项）单击 自定义... 。

2）设置内容：

- 设置桌面显示的 工具栏 。
- 设置图标及文本显示大小。
- 设置键盘快捷键及应用。
- 设置鼠标笔势及其应用。

3. 管理器窗口

用于显示 设计树 、属性 等内容的窗口。详细讲解请扫描二维码

管理器窗口及设计任务窗口的功能及应用

观看。

4. 设计任务窗口

窗口功能包括标准件库和 SOLIDWORKS 资源调用等。详细讲解请扫描右侧二维码观看。

9.1.3 SOLIDWORKS 中鼠标的应用

使用 SOLIDWORKS 一定要配用三键鼠标。各键作用及使用方法如下，详细讲解请扫描二维码观看。

SOLIDWORKS
中鼠标的应用

1. 左键

1）单击：用于选择命令及目标。结合〈Ctrl〉键，可实现多重选择。

2）双击：绘制草图时，快速双击，相当于命令结束，按〈Enter〉键。

3）拖拽：绘制草图时，可拖拽目标改变其位置及形状；拉伸或旋转目标时可改变拉伸长度或旋转角度；选择目标时可实现窗选目标。同时具有 Windows 界面中的其他拖拽功能。

4）按住〈Ctrl〉键的同时按住左键拖拽：复制草图。

2. 右键

1）与 Windows 环境中的功能和用法完全一致。

2）按住右键"慢速轻移"即可执行事先设置的命令。

3. 中键

1）前后滚动：将目标实体以光标当前点为中心实时动态放大或缩小。

2）按住拖拽：使目标以光标当前点为中心全方位任意旋转。

3）按住〈Ctrl〉键的同时按住中键拖拽：实体模型实时移动。

9.1.4 SOLIDWORKS 中的显示命令及其应用

不管是实体零件、装配体还是工程图，都离不开显示控制。显示工具除鼠标"中键"外，经常使用图形设计窗口上部的"显示控制工具"栏，本节主要介绍显示控制工具栏的基本应用。请扫描二维码观看视频讲解。

显示控制
工具栏的应用

9.2 SOLIDWORKS 二维草图的绘制

SOLIDWORKS 的三维实体模型都是从二维草图开始的。只要绘制好二维草图，就可以非常方便地使用拉伸、旋转等方法生成三维实体模型，如图 9-2 所示。因此，要设计三维实体，首先要掌握二维平面草图的绘制。

9.2.1 草图模式的进入

在新建零件实体模型时，通过单击"Part"按钮 进入模型创建界面。选择草图绘制的 基准面 ，并打开图 9-3 所示 草图 工具栏，即可开始创建并绘制草图。详细讲解请通过扫描二维码观看。

草图模式的
进入

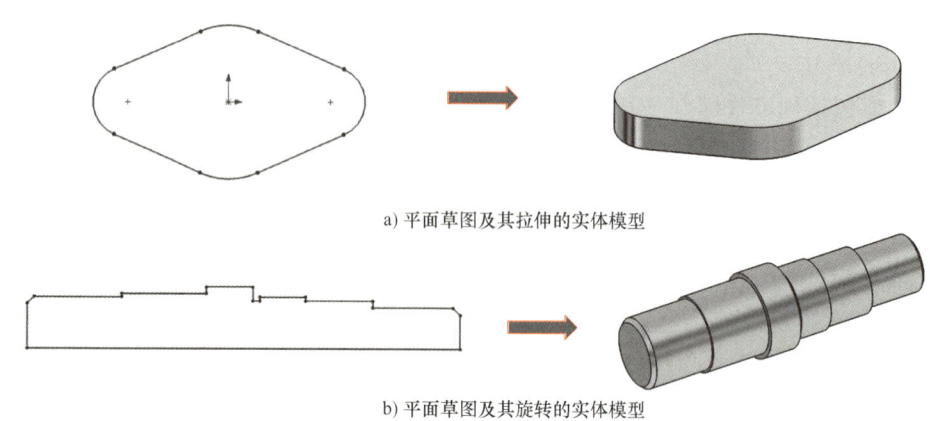

a) 平面草图及其拉伸的实体模型

b) 平面草图及其旋转的实体模型

图 9-2 平面草图的作用

9.2.2 绘制草图的基本方法

三维设计的一大亮点就是参数化尺寸驱动。即由尺寸控制形体的大小，只要改变尺寸，就可改变形体的大小或形状。

草图通常由"草图"工具栏中的绘图及编辑命令，并结合 目标选择 及 快速捕捉 功能绘制。一般应先绘制出所需平面草图的类似形，再通过 智能尺寸、添加几何关系 等功能确定草图的最终形状及大小。

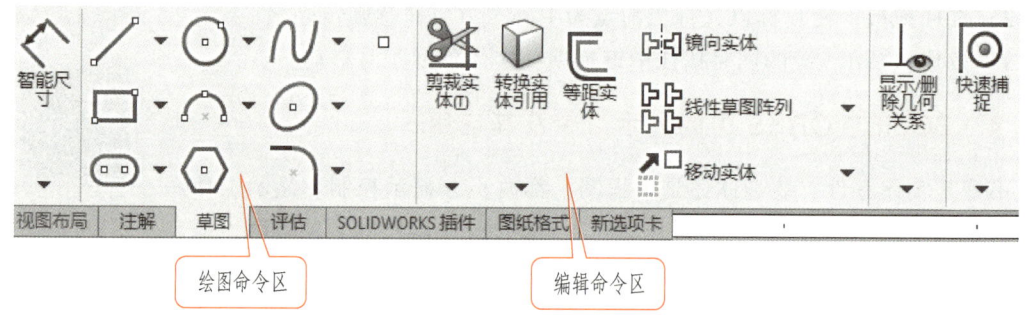

图 9-3 草图工具栏

1. 绘图命令及其应用

如图 9-3 所示，绘图命令位于草图工具栏的绘图命令区域。常用草图绘图命令的作用及使用方法详细讲解请通过扫描二维码观看。

2. 目标选择工具在绘图过程中的应用

草图编辑是对已经绘制的草图作进一步修改。通过直接选择目标修改草图形状是草图编辑的基本手段。SOLIDWORKS 的所有命令在执行完成后或按〈Esc〉键终止命令后，鼠标光标一般显示 目标选择 状态，此时即可直接选择草图目标并进行复制或编辑，如图 9-4 所示为通过选择一条直线并改变其位置改变草图形状。具体操作方法讲解请通过扫描二维码观看。

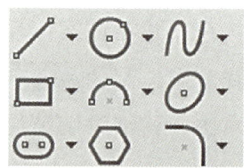

第9章 SOLIDWORKS三维机械制图

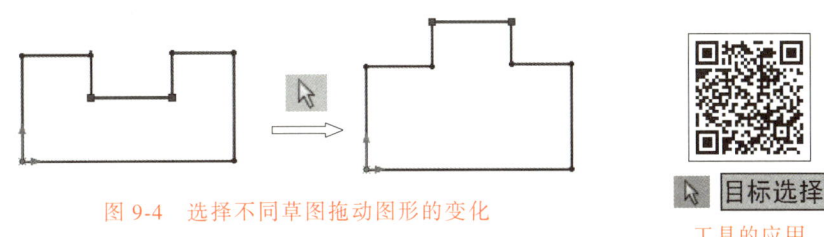

图 9-4　选择不同草图拖动图形的变化

工具的应用

（1）草图目标的选择　草图目标通常使用"点选法"和"窗选法"进行选择。

1）点选法。将光标移至草图目标处单击，该目标即被选中。按住〈Ctrl〉键单击，可选择多个。

2）窗选法。在图形设计窗口任意位置处单击一点，然后拖拽窗口进行选择。若从左向右拖拽窗口，则完全处在窗口内的草图目标被选中；若从右向左拖拽窗口，则处在窗口内的目标以及与窗口相交的目标都被选中。被选中的草图目标会以不同的颜色显示。

（2）草图选择后的操作　草图目标被选中后可以进行删除、复制、移动、拉伸和旋转等操作。

3. 智能尺寸及其应用

在使用 智能尺寸 命令标注尺寸过程中，草图形状可随尺寸驱动变化，如图9-5所示（扫描二维码观看视频）。

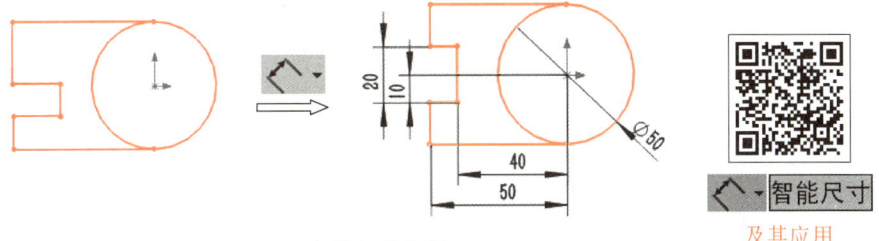

图 9-5　智能尺寸应用

及其应用

（1）尺寸标注的基本方法

（2）选择不同的图形要素所对应的尺寸标注　如果只选择一个图形要素，系统默认标注该图形要素的定形尺寸，如果连续选择两个图形要素，则标注该两图形要素的定位尺寸。选择不同图形要素对应的尺寸标注如下：

1）选择单独一条直线，标注直线各方向长度尺寸。

2）选择单独一个圆或圆弧，标注圆或圆弧的直径或半径尺寸。

3）选择两个点（端点、中点、圆心、象限点等），标注两点各方向的距离。

4）选择两条平行直线，标注平行线之间的距离。

5）选择两条相交直线，标注相交直线各方位的夹角。

6）选择两个圆或圆弧，标注圆或圆弧圆心之间的距离。

7）选择直线和直线外一点，标注点到直线的距离。

8）选择圆或圆弧及一点，标注点到圆或圆弧圆心之间的距离。

9）选择圆或圆弧及一直线，标注直线到圆或圆弧圆心之间的距离。

按以上方式选择图形要素，即可得到所需的尺寸标注。

（3）尺寸标注中应注意的问题　在标注两个图形要素之间的距离时，其中必有一个位置发生变化，而实际应用中经常希望某些图形在尺寸标注时位置不变。对于这样的图形，用户需事先使用 快速捕捉、添加几何关系 或 智能R=1 功能将其定位。已经处于完全约束状态的图形要素，不能再标注尺寸。否则，系统会提示过定义无效。

4. 快速捕捉及添加几何约束在绘制草图过程中的应用

1）快速捕捉功能的应用。在应用绘图命令绘制草图过程中，通常利用 快速捕捉 功能快速、准确地获得图形上的特殊点，如 最近点、交点、中点、圆心、切点 等，为作图带来方便。图 9-6 所示为通过捕捉 和 直接绘制的两圆的公切线。

2）添加几何关系 的应用。对无法用 快速捕捉 功能满足图形要求的几何关系，通常通过 添加几何关系 来实现，如图 9-7a 所示为通过添加 相切(A) 的几何关系实现草图之间的圆弧连接；图 9-7b 所示为通过添加 共线(L) 及 相等(Q) 的几何关系得到的对称图形。

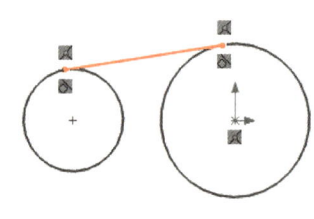

图 9-6　快速捕捉功能的应用

快速捕捉、添加几何关系 功能及应用

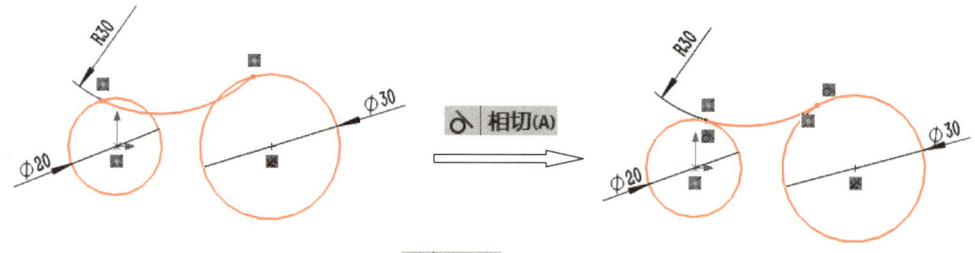

a) 添加 相切(A) 的几何关系

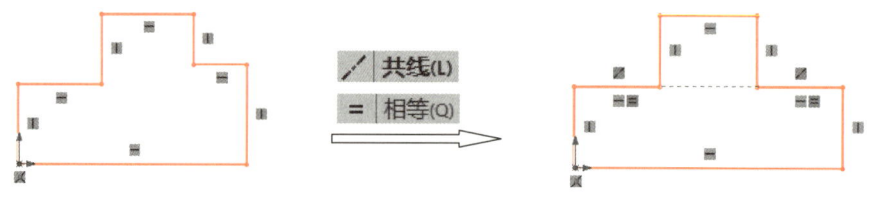

b) 添加 共线(L) 及 相等(Q) 的几何关系

图 9-7　添加几何关系的应用

通过 快速捕捉 及 添加几何关系 功能得到的草图，其目标之间的几何关系符号自动附着在草图上，如图 9-6、图 9-7 所示。如有必要，也可将其隐藏。对已经建立的几何关系，用户也可以根据需要解除。具体操作及注意问题请扫描二维码观看讲解。

5. 应用草图编辑命令编辑草图

如图 9-3 所示，草图编辑命令位于草图工具栏编辑命令区域。草图编辑命令是编辑草图的基本工具。常用草图编辑命令的作用如图 9-8 所示，其使用方法及注意问题请扫描二维码观看讲解。

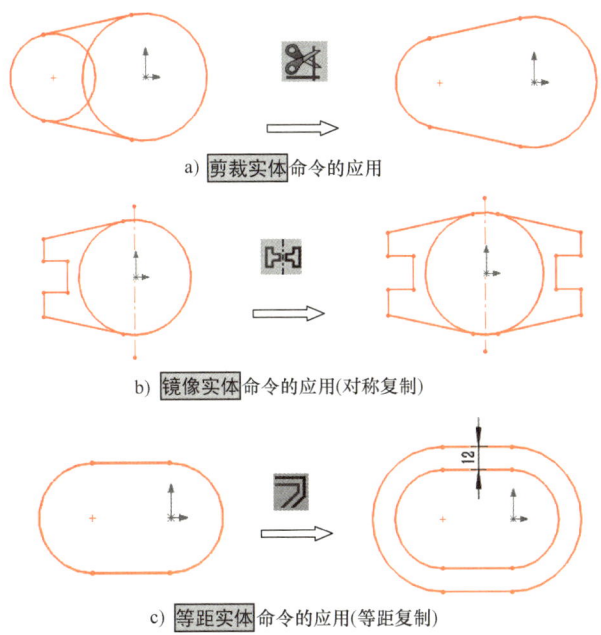

图 9-8 常用草图编辑命令的应用

6. 草图绘制过程中应注意的问题

1) 在三维设计中，用于独立生成实体的草图轮廓必须是封闭的实线线框（直线、曲线或组合线均可），并尽量首末相接，如图 9-9a 所示。除此之外，还应避免出现与草图轮廓无关的图形要素，以免后续无法形成实体造型。如图 9-9b 所示。

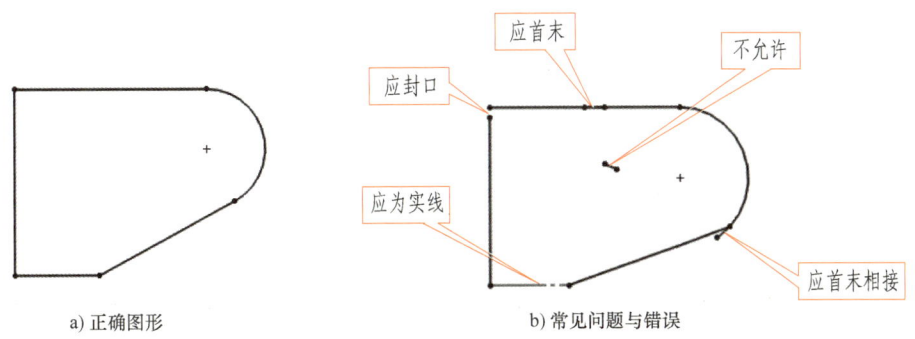

图 9-9 草图中应注意的问题与错误

2）一个线框内可以有多个线框，如图 9-10a 所示，但应避免多次嵌套，给实体造型带来不便，如图 9-10b 所示。

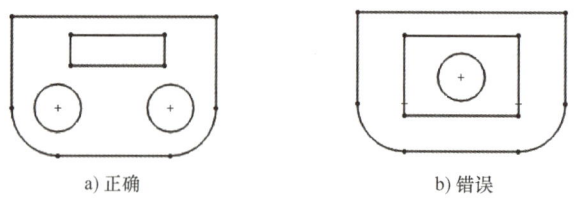

a) 正确　　　　　　　　b) 错误

图 9-10　草图中线框嵌套时应注意的问题

3）为了方便后续模型创建，应尽量将坐标原点作为图形的基准点，如图 9-11a 所示。

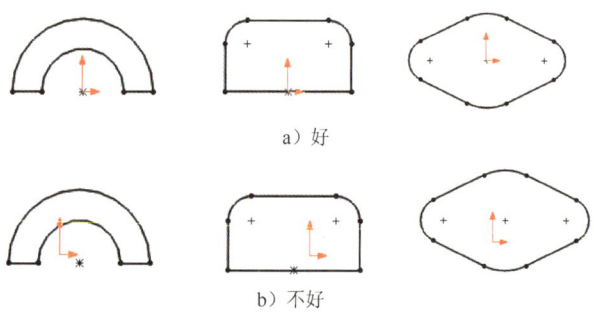

a) 好

b) 不好

图 9-11　草图放置位置应注意的问题

7. 草图的绘制步骤及实例

在绘制草图过程中，既要应用草图绘图及编辑命令，又要适时使用 目标捕捉 、 智能尺寸 及 添加几何关系 等工具。在此过程中，由于 智能尺寸 和 添加几何关系 会驱动图形变化，若方法或顺序不当，会给作图带来不便。草图的绘图步骤可参考平面图形几何作图的顺序（见本教材 1.2.4），一般分为以下几种情况：

1）若所需草图中的线段均为已知线段，如图 9-12a、图 9-13a 所示，一般可先用 草图 绘图工具结合 目标捕捉 画出草图形状的类似形（见图 9-12b、图 9-13b），然后再用 智能尺寸 或 添加几何关系 工具完全确定草图形状（见图 9-12c、图 9-13c）。操作过程可扫描二维码观看。

图 9-12、图 9-13 实例演示

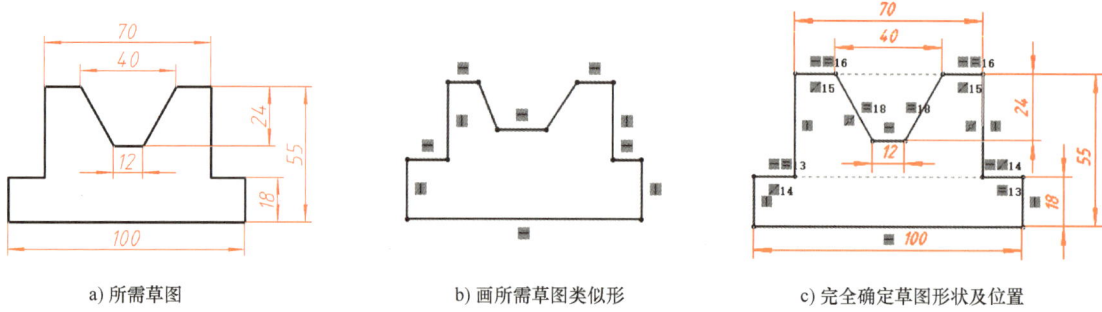

a) 所需草图　　　　　b) 画所需草图类似形　　　　　c) 完全确定草图形状及位置

图 9-12　草图线段均为已知的画图步骤（一）

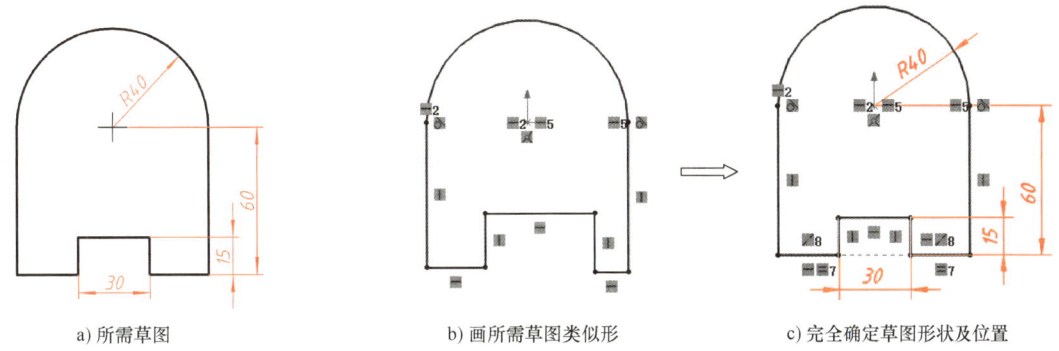

图 9-13 草图线段均为已知的画图步骤（二）

2) 若所需草图中除已知线段外, 还有连接线段或切线, 如图 9-14a、图 9-15a 所示。一般可先画出并确定已知线段, 如图 9-14b、图 9-15b 所示; 然后再画出并确定连接线段或切线, 如图 9-14c、图 9-15c、图 9-15d 所示; 最后再对图形进行修剪、整理等, 即可得到所需图形。操作过程可扫描二维码观看。

图 9-14、图 9-15 实例演示

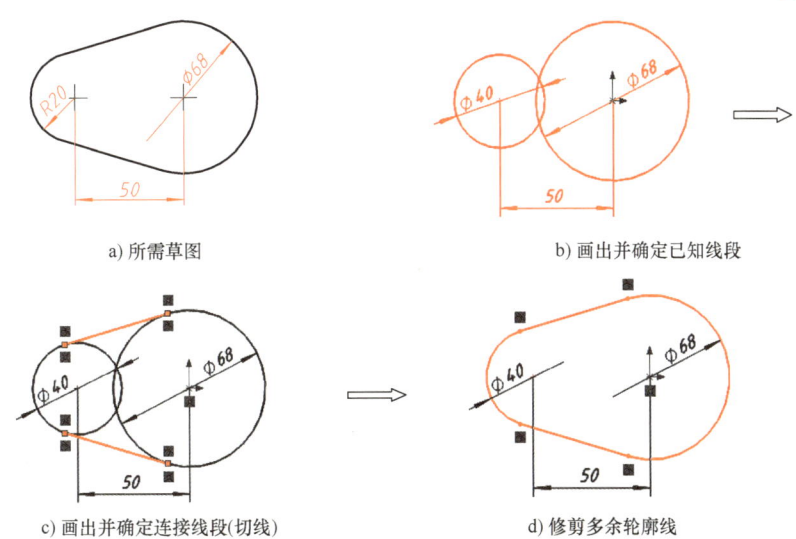

图 9-14 含有切线的草图绘制过程

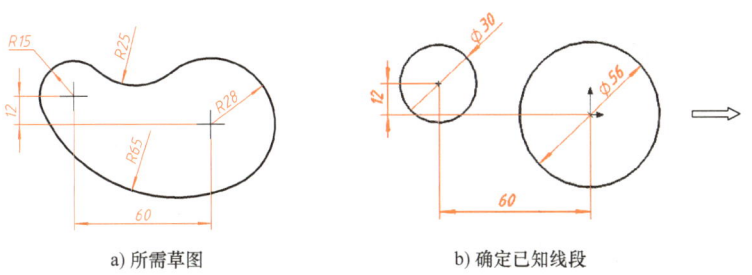

图 9-15 含有连接线段的草图绘制过程

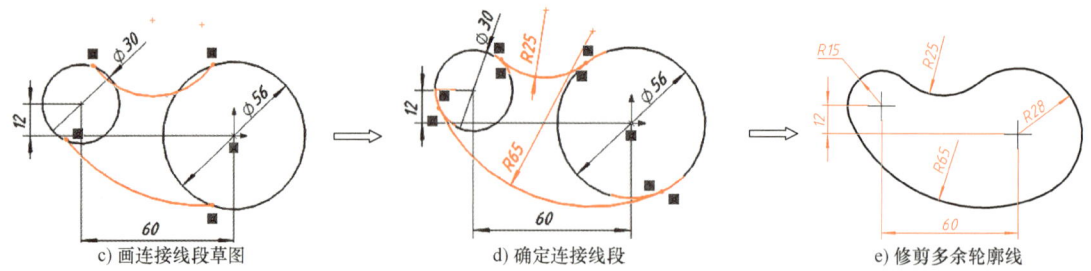

图 9-15　含有连接线段的草图绘制过程（续）

3) 对图 9-16a 所示既有已知线段，还有中间线段及连接线段或切线的复杂图形，一般应按图 9-16 所示，按照已知线段→中间线段→连接线段→修剪或整理轮廓的过程逐步绘制出草图。具体操作过程可扫描二维码观看。

图 9-16 实例演示

图 9-17 为供读者练习使用草图。

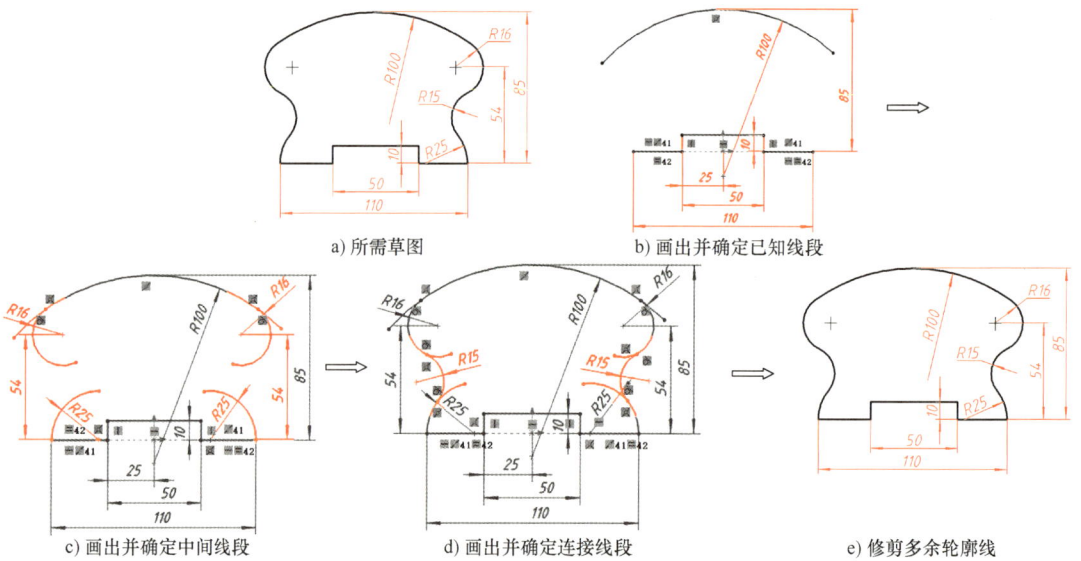

图 9-16　含有中间线段及连接线段的草图绘制

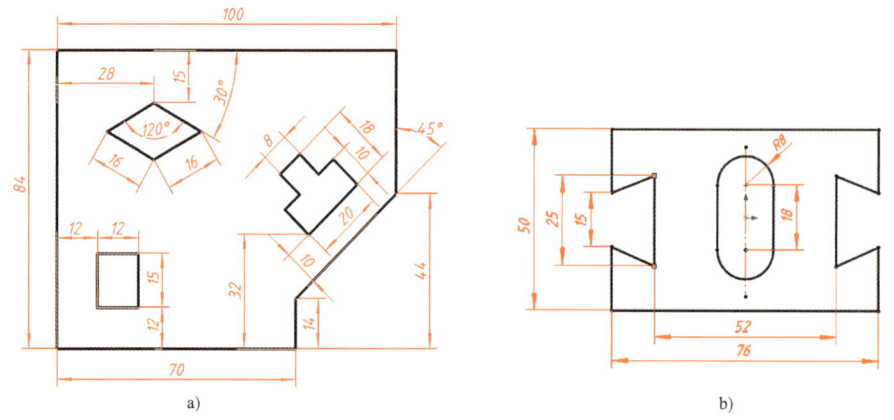

图 9-17　练习应用草图

第9章 SOLIDWORKS三维机械制图

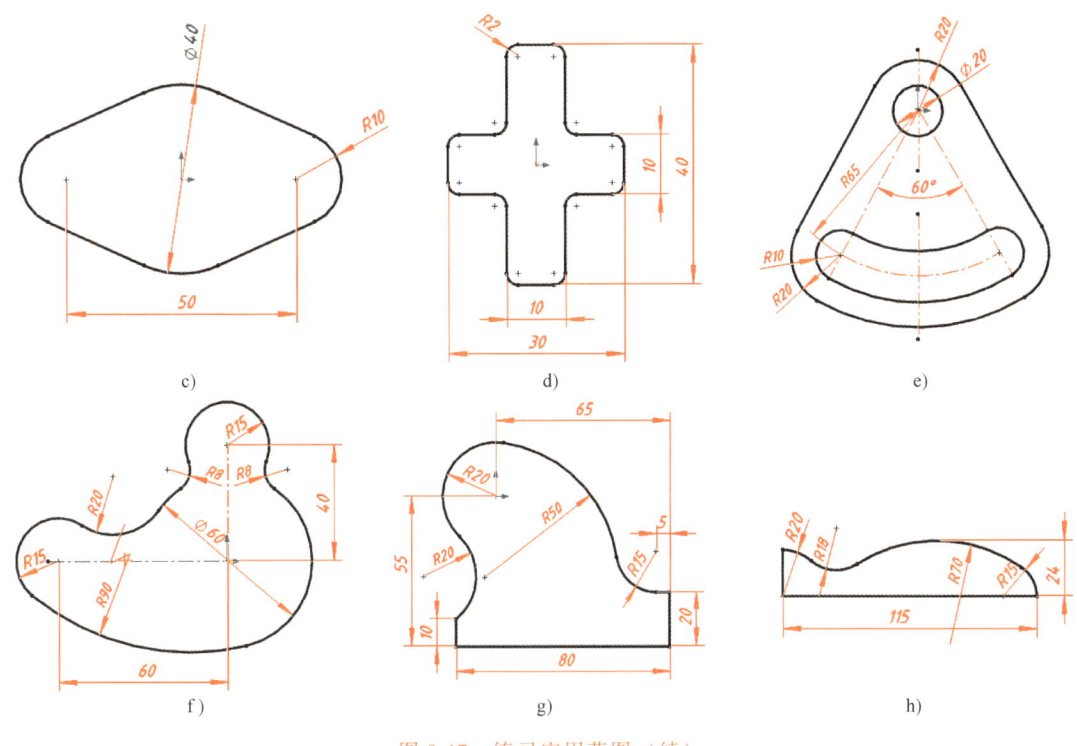

图 9-17 练习应用草图（续）

9.3 机件实体模型的创建

9.3.1 三维模型的成形原理

当平面草图沿其法线方向拉伸时，其轨迹形成拉伸体，如图 9-2a、图 9-18a 所示；当平面草图绕一轴线旋转时，其轨迹形成回转体，如图 9-2b、图 9-18b 所示。平面草图通过拉伸或旋转直接形成的实体称为基本特征。SOLIDWORKS 的成形方法类似于组合体的成形方法，即复杂机件的实体模型是由简单的基本特征以叠加或切除的形式组合而成，如图 9-19 所示。因此，只要按照相对位置逐一构建各基本特征，即可得到所需机件的实体模型。

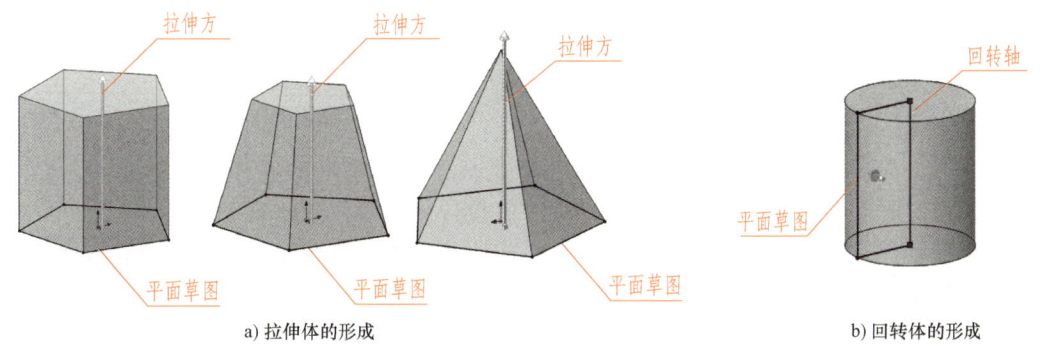

图 9-18 基本特征的形成

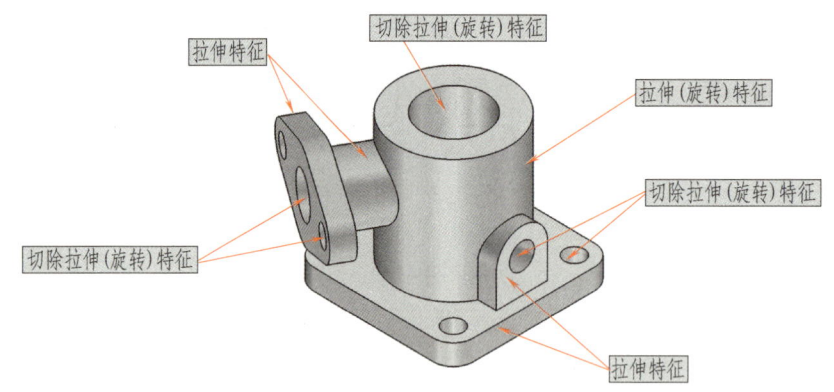

图 9-19　实体模型的成形原理

9.3.2　三维基本特征的创建

三维模型的创建一般通过图 9-20 所示 特征 工具栏中的有关命令完成。该工具栏按功能可分为基体特征工具，如拉伸凸台/基体、旋转凸台/基体等；切除特征工具，如拉伸切除、旋转切除等；工程特征工具，如倒角、圆角、肋板等；以及基准创建工具，如基准轴、基准面等。

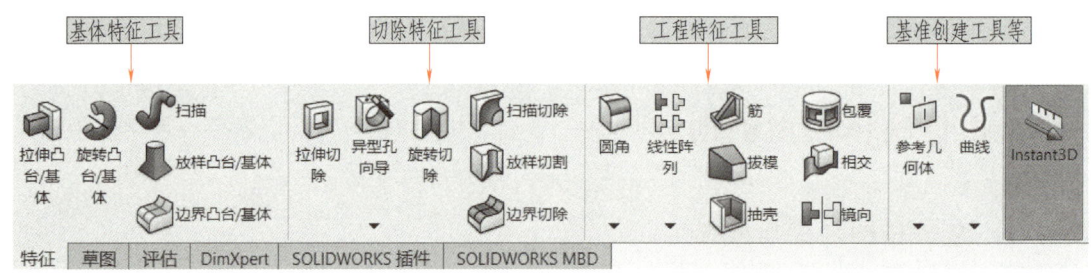

图 9-20　特征工具栏

1. 基体特征工具及应用

进入零件模型设计环境后，首先要建立基体特征，简称"基体"。"基体"是零件的第一个特征，是后续操作的基础。如果将 SOLID WORKS 的建模过程比喻成雕塑过程，"基体"特征相当于最初的原材料，然后根据设计需要进行叠加或切除操作。建立基体特征的主要工具有 拉伸凸台/基体 、 旋转凸台/基体 、 扫描 及 放样凸台/基体 等，它们也是三维建模中创建实体特征的基本工具。

（1） 拉伸凸台/基体　如图 9-18 所示，拉伸凸台是假想将平面草图沿其法线方向拉伸所形成的实体。它既可以是任意指定高度的柱体，也可以是指定锥度的锥体。既可以从草图基准面拉伸，也可以从平行于草图基准面的任意指定距离的平面拉伸。拉伸基体是实体建模中最为重要的基体特征工具，具体应用方法可扫描二维码观看。

（2） 旋转凸台/基体　如图 9-2b、图 9-18b 所示，旋转凸台是假想将平面草图绕一轴线旋转所形成的实体。它可以是完整的回转体，也

拉伸凸台/基体 的使用方法、属性定义及选用、草图及特征的再编辑

可以是任意指定角度的回转体。其回转轴线可以是草图的直线轮廓线，也可以是草图外的中心线，但该轴线延长后不允许与草图的其他轮廓线交叉。具体应用方法可扫描二维码观看。

旋转凸台/基体 的使用方法，属性定义及注意的问题

（3）扫描　如图9-21所示，扫描是假想将平面草图沿不在草图平面内的指定路径拉伸所形成的实体。扫描路径既可以是光滑的平面曲线或图9-21a所示的组合线，也可以是图9-21b所示光滑的空间曲线。在形成扫描体的过程中，模型轮廓还可以按要求适当扭转，如图9-21c所示。除此之外，还可以通过定义引导线，使模型表面沿引导线变化，如图9-21d所示。具体应用方法及注意问题可扫描二维码观看。

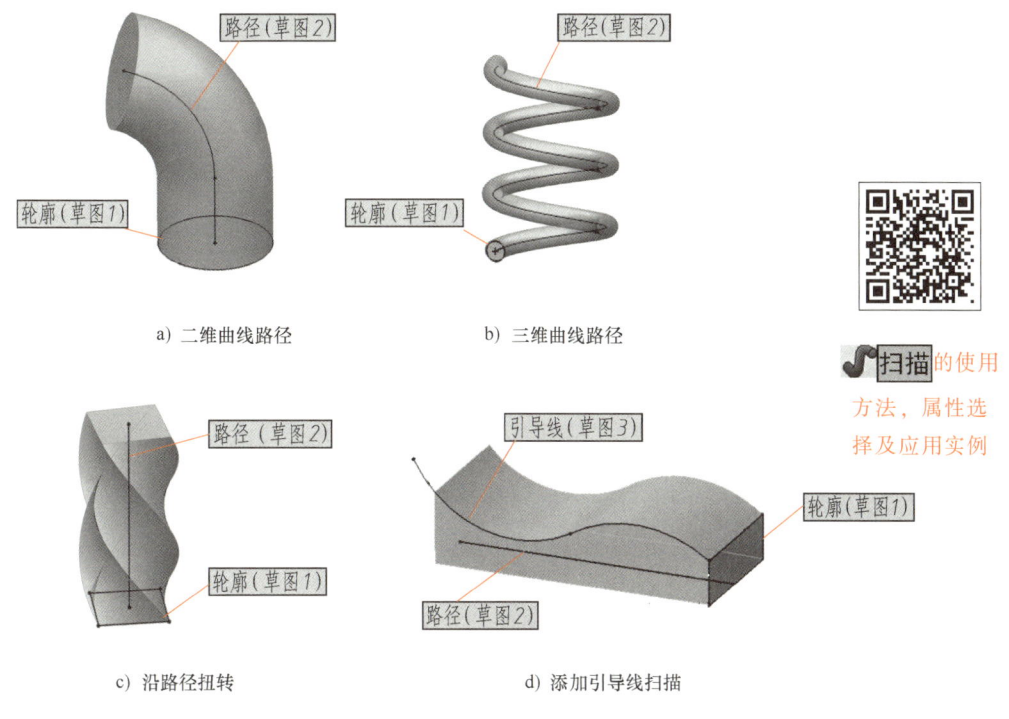

图 9-21　扫描特征应用实例

扫描的使用方法，属性选择及应用实例

*（4）放样凸台/基体　如图9-22所示，放样凸台是通过在几个草图轮廓之间生成过渡表面而形成的实体特征。过渡曲面是通过将每一草图轮廓进行若干等分，然后将不同轮廓的等分点依次拟合成曲线而得到的表面特征。具体应用方法及应用实例可扫描二维码观看。

2. 切除特征命令及应用

如图9-20所示，与基体特征对应，切除特征的主要工具有拉伸切除、旋转切除、扫描切除与放样切除。除此之外，还有异型孔向导工具。切除特征通常是将新形成的特征从基体特征中切除，如图9-23、图9-24b所示。也可以通过新特征将基体特征进行反切除，如图9-24c所示。

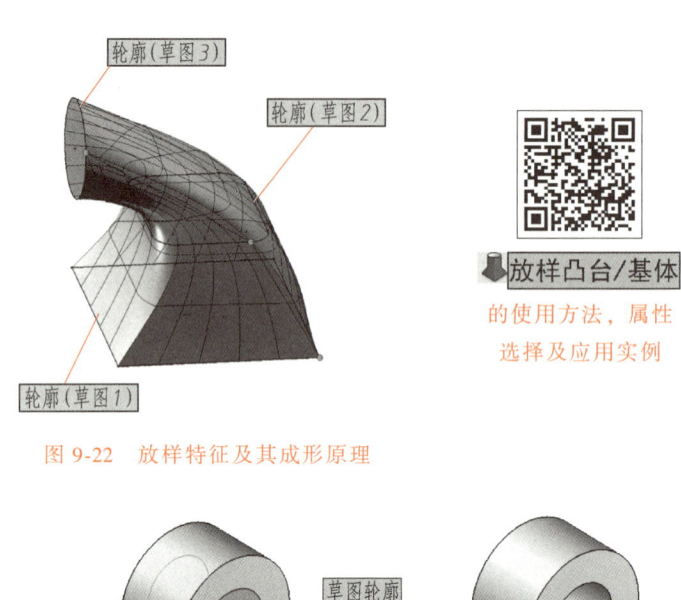

图 9-22　放样特征及其成形原理

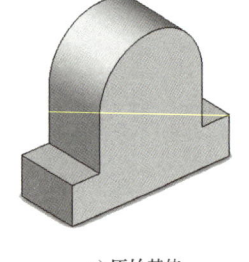
a) 原始基体

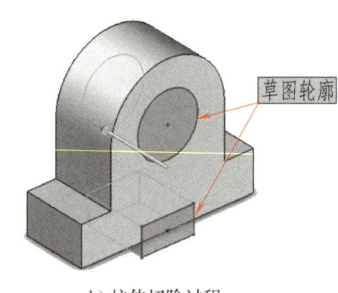
b) 拉伸切除过程

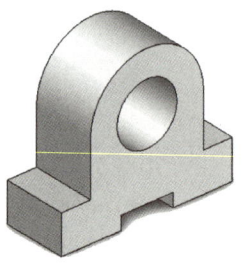
c) 拉伸切除后实体

图 9-23　切除特征的应用

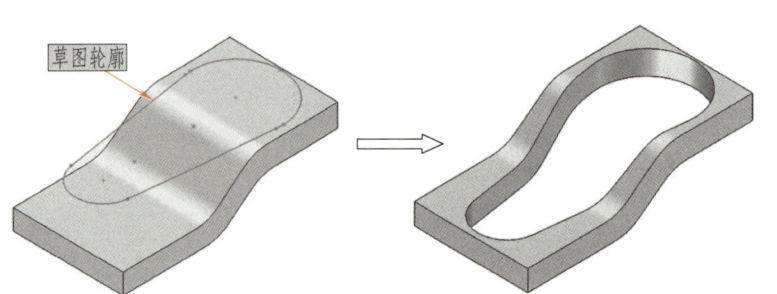

a) 未切实体　　　　　　b) 拉伸切除后实体　　　　　　c) 反侧拉伸切除后实体

图 9-24　切除与反侧切除的区别

1) 拉伸切除 、旋转切除 、扫描切除 与 放样切除 的属性设置及使用方法和与之对应的 拉伸凸台/基体 、旋转凸台/基体 、扫描 及 放样凸台/基体 类似，在此不再一一介绍。应当注意的是在建立实体模型时，一般应先建立基体特征，然后再建立需切除特征。已经建立的实体模型，其每一特征及其草图可以重新修改，进行再编辑。具体操作演示实例可通过扫描二维码观看。

2) 异型孔向导：该命令用于在实体模型上生成图 9-25 所示的各种异

型孔。异型孔是机械零件中最为常用的孔特征，异型孔向导的基本使用方法可通过扫描二维码观看。

应当注意的是，在设置孔类型各属性时，孔的形状规格取决于其中所安装标准件的形状规格。如图 9-26 所示为内六角圆柱头螺钉连接，其所用的沉孔及螺孔的属性设置如下：

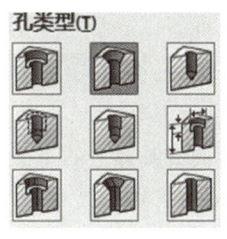

图 9-25　常用异型孔　　异型孔向导的使用方法

① 沉孔。类型选柱形沉头孔，标准：选 GB；类型：选内六角圆柱头螺钉 GB/T 70.1—2008；孔规格选 M8；配合：一般选正常。

② 螺纹孔。类型选直螺纹孔；标准：选 GB；类型：选底部螺纹孔；孔规格选 M8；终止条件(C)选择给定深度，一般直接选择系统给定的默认参数，如钻孔深 19.75mm、螺纹孔深 16.00mm。

说明：螺纹孔及钻孔深度应根据本教材表 6-4 中的螺杆旋入长度选择。软件的默认值为按铝合金材料设定，若为其他材料，用户应修改该参数设置。当需要"螺纹通孔"时，选择终止条件(C)为完全贯穿即可。

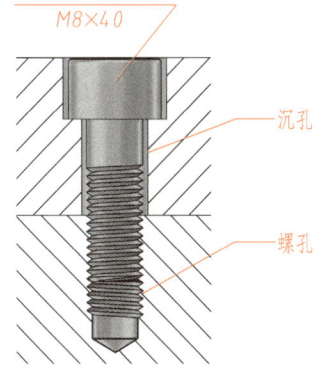

图 9-26　放样特征及其成形原理

9.3.3　基准面的创建及应用

三维建模中，特征是以平面草图为基础来建立的，而所有草图必须绘制在一个事先指定的基准面上。除系统提供的三个基本基准面外，当前模型上的任一平面也可以作基准面。但在创建较复杂的实体模型（见图 9-19）时，经常还需要创建新的基准面，有时还需要创建必要基准轴或基准点。

1. 基本基准面的选用

SOLIDWORKS 进入建模界面后，在特征树上有主视基准面 Front、俯视基准面 Top 和右视基准面 Right 供用户选用。在不同基准面上绘制草图所得到的拉伸体特征如图 9-27 所示。因此，用户应根据实体特征选用所需的基准面。

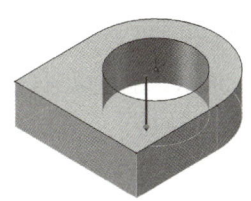
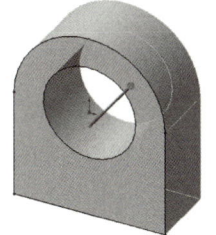

a) 选用主视基准面　　　　b) 选用俯视基准面　　　　c) 选用右视基准面

图 9-27　选用不同基准面得到的拉伸特征

2. 基准面的创建

1) 直接单击当前模型的某一平面，该平面即为当前基准面。

2）自定义基准面。以三个基本基准面或模型中已有的几何要素为基础，应用图 9-20 所示特征工具栏 参考几何体▼ 中的 基准面 命令自定义基准面。

通常自定义的方式有：

1）以基本基准面或基体上的平面为基准，建立与其平行或相交的基准面。
2）以曲面为参考建立与其相切的基准面。
3）以空间曲线上一点为参考建立过该点与曲线垂直的基准面。

除此之外，在已经建立的基准面上还可以继续建立基准面，称为二次基准面。用户可以根据实际需要自定义基准面，具体方法请扫描二维码观看。

自定义基准面的原理及应用 基准面、基准轴的确定

9.3.4 其他常用特征命令的应用

为了满足零件建模的要求，在特征工具栏中还提供了与零件工程结构对应的特征工具命令，主要有 圆角、 倒角、 筋、 抽壳 等。

1. 圆角 **及** 倒角 **命令的应用**

1） 圆角 命令的应用。该命令用于将模型上相邻两个面用指定半径的圆弧面连接。执行命令时，在设置好圆角半径后，直接单击要形成圆角的棱线即可，如图 9-28a 所示。当需要形成半径相同的圆角较多时，也可以选择相关面及交线，系统将最大限度地将所选轮廓变为圆角，如图 9-28b 所示。在执行圆角命令过程中应注意设置有效的圆角半径，否则命令无法执行。具体使用方法请扫描二维码观看。

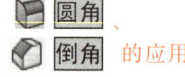
的应用

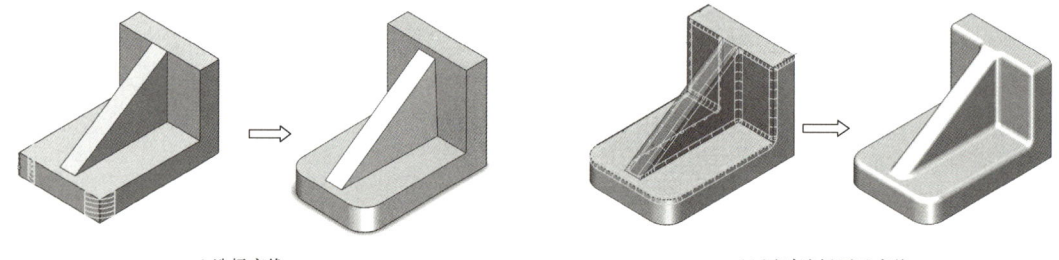

a) 选择交线　　　　　　　　　　b) 同时选择面及交线

图 9-28　圆角命令的应用

2） 倒角 命令的应用。如图 9-29 所示，将模型上相邻两个面用指定 角度距离（A） 或 距离-距离（D） 的斜面连接。执行命令时，在设置好所需倒角的距离或角度后，直接单击需要建立倒角的轮廓线即可，如图 9-29a、b 所示。也可以通过选择 顶点(V)，然后单击需要切除的顶点，即可得到所需的连接斜面，如图 9-29c 所示，具体使用方法请扫描二维码观看。

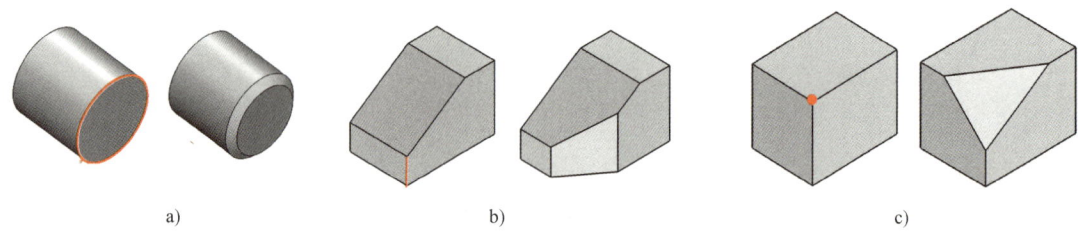

a)　　　　　　　　b)　　　　　　　　c)

图 9-29　倒角命令的应用

2. 筋命令的应用

如图 9-30 所示，筋命令用于为实体添加薄壁支承，是创建模型工程特征最为重要的命令之一。"筋"特征实质是由草图轮廓和基体之间形成的拉伸体，因此建立"筋"特征的草图一般为不封闭轮廓线，但其（或延长线）应与基体轮廓相交。它可以是单一轮廓线，如图 9-30a 所示，也可以是一组轮廓线，如图 9-30b 所示。具体使用方法请扫描二维码观看。

筋特征的应用及注意问题

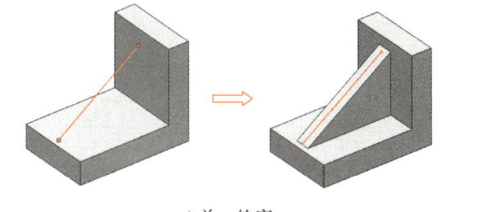

a) 单一轮廓 b) 一组草图

图 9-30 筋命令的应用

3. 镜像命令的应用

如图 9-31 所示，镜像命令是指将一个或多个特征相对于一指定的平面（对称中心面）进行复制，在平面的另一侧生成所选特征的对称特征。具体使用方法请扫描二维码观看。

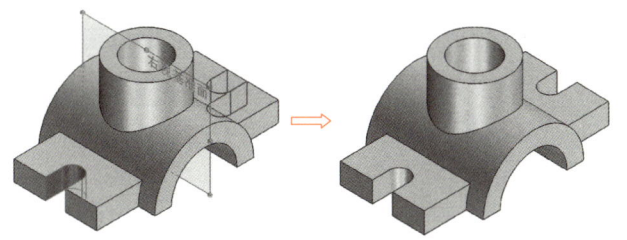

图 9-31 镜像命令的应用

镜像特征的应用

4. 阵列命令的应用

阵列命令用来将模型中某一特征进行多重有规律的复制，包括线性阵列和圆周阵列。

（1）线性阵列命令的应用 如图 9-32 所示，线性阵列是指沿一条或两条直线以等距离复制所选特征。阵列的方向一般选择模型中的直线轮廓线定义，如图 9-32a 所示。必要时也可以绘制构造线定义阵列的方向。对于阵列中不需要的特征，可通过单击 可跳过的实例(I) 选项，在预览显示中直接单击即可，如图 9-32b 所示。具体使用方法请扫描二维码观看。

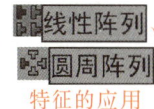

线性阵列、圆周阵列特征的应用

（2）圆周阵列命令的应用 如图 9-33 所示圆周阵列是指绕轴线沿圆周方向对特征进行等距离或等角度复制。阵列的轴线一般通过单击回转曲面，定义其回转中心线，如图 9-33a 所示，必要时也可以单击模型中的某一轮廓直线定义回转中心。具体使用方法可扫描右侧二维码观看。

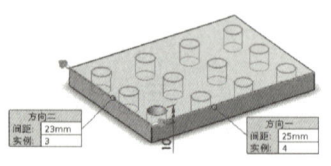 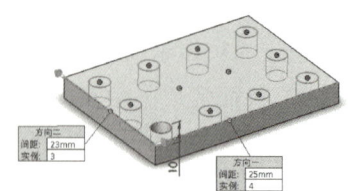 

a) 线性阵列方向的确定　　　　　b) 选择要跳过的实例应用

图 9-32　线性阵列的应用

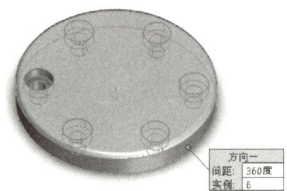  

a) 等距离圆周阵列　　　　　　　b) 等角度圆周阵列

图 9-33　圆周阵列的应用

5. 抽壳命令的应用

如图 9-34a 所示，抽壳是根据指定的厚度，通过移除内部材料，保留外部材料而形成的空心壳体特征。在执行命令过程中，用户还可以根据属性提示中的表面选择，通过单击某一表面而将该面切除，形成如图 9-34b 所示的壳体模型。除此之外，还可以通过选择 多厚度设定(M) 选项，生成如图 9-34c 所示不同厚度的壳体模型。具体使用方法可扫描二维码观看。

抽壳
特征的应用

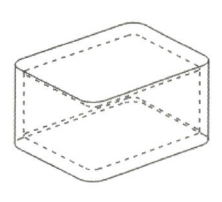  

a) 壳特征　　　　　b) 切除表面的壳特征　　　　　c) 多厚度的壳特征

图 9-34　抽壳特征的应用

*6. 包覆命令特征的应用

如图 9-35 所示，包覆是将平面草图以指定的曲面为基准拉伸形成的特征。常用于工业产品的 logo 设计。具体使用方法可扫描二维码观看。

9.3.5　实体建模应用实例

图 9-36 所示模型创建过程可分别扫描对应的二

图 9-35　包覆特征的应用

包覆
特征的应用

第9章 SOLIDWORKS三维机械制图

维码观看。

图 9-37 所示各模型供读者练习使用。除此之外，本教材图 7-1、图 7-50、图 7-52、图 7-55、图 7-57 均可作为建模练习使用。

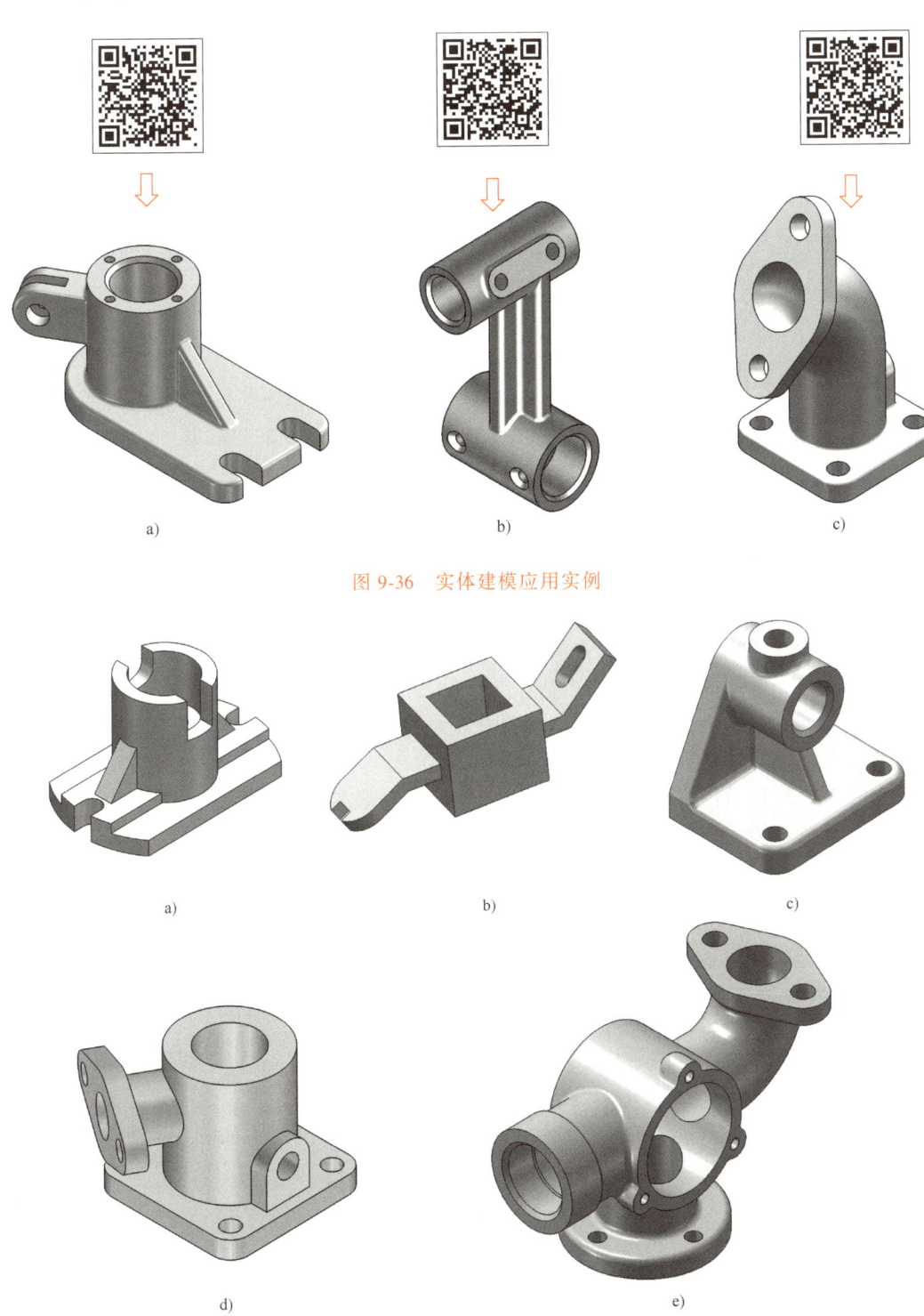

图 9-36 实体建模应用实例

图 9-37 练习用模型

9.3.6 SOLIDWORKS 设计库的应用

如图 9-38 所示，机械设计中常用的标准件及传动零件，通常由 SOLIDWORKS 设计库中的 Toolbox 获取，具体使用方法可扫描二维码观看。

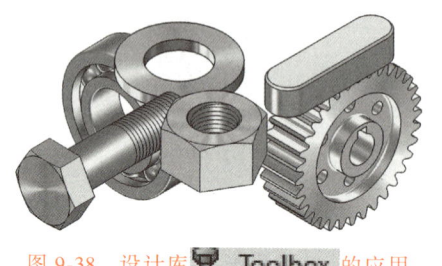

图 9-38 设计库 Toolbox 的应用　　　　Toolbox 的应用

9.4 装配体的创建及其应用

9.4.1 装配体的创建

1. 装配体的构建方式

装配体是两个或多个零件（也称为零、部件）的组合。在 SOLIDWORKS 中通过建立零部件之间的配合关系来确定它们之间的相对位置。通常有以下两种方式：

（1）自下而上式　该方式类似于传统设计中测绘时装配图的绘制，是将现有的零件按一定几何约束关系装配成一个部件。

（2）自上而下式　该方式类似于传统设计中新产品的装配图绘制，是在部件环境中创建新零件，从而使设计过程更加简单有效。

本节主要介绍比较传统的自下而上式建立装配体的基本方法。即将已建立的零件模型逐一插入装配体中，并使用配合关系定位零件。

2. 装配模式的进入及零件的插入

进入系统时，通过选择 assem 进入创建装配体界面，此时在工具栏默认显示图 9-39 所示的 装配体 工具栏。

装配模式的进入、零件的插入与固定基本应用实例

（1）插入零部件　用于新零件的插入。

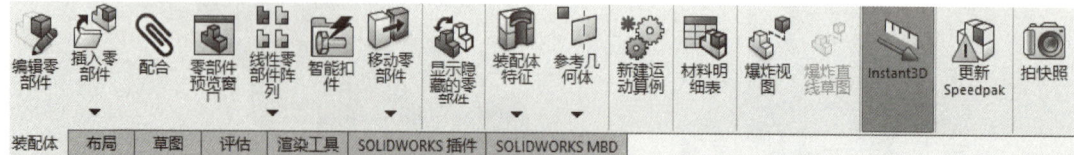

图 9-39 装配体 工具栏

（2）配合　通过配合关系固定零部件。

1）选择配合要素。在两个零件上分别单击一个需要配合的要素（点、线、面）。

2) 选择配合类型。两个零部件之间需要三个方向的约束定位，所以一般需要两项或三项配合。

3) 配合的删除与修改。在装配特征树的末端显示当前装配体使用的所有配合关系（单击"+"或"−"可将其展开或收缩），在某一配合，单击鼠标右键在弹出快捷功能菜单中的相应选项即可将其删除。以上操作可扫描二维码观看。

3. 装配体的编辑

若要删除装配体模型或特征树中的某一零件，使用鼠标右键快捷功能菜单实现。若需改变某一零件的结构特征，只要在其零件模型中进行修改并存储，其在装配体中的特征便会随之自动改变。

9.4.2 其他常用装配工具的应用

1. 智能扣件的应用

如图 9-40 所示，装配体中利用 智能扣件 工具，通过指定零件上事先创建的异型孔，即可自动添加与之相配的螺纹紧固件。具体使用方法可扫描二维码观看。

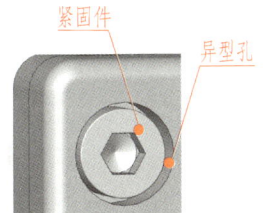

图 9-40 智能扣件的应用

智能扣件的应用

2. 移动与旋转工具的应用

在装配过程中，应用 移动零部件 或 旋转零部件 命令，对选中的零部件可通过鼠标左键拖动，实现零部件的移动或旋转。

3. 线性阵列、圆周阵列与镜像的应用

装配体中零部件的 线性阵列 、 圆周阵列 及 镜像 与实体模型创建中特征的线性阵列、圆周阵列及镜像执行过程完全一致，可扫描二维码观看。

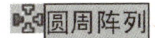

零部件命令的应用

4. 装配体特征的应用

装配体中，对于零件之间有装配关系的特征，通常在装配体中共同创建。常用的特征命令有 异型孔向导 、 拉伸-切除 和 旋转-切除 等。在装配体中使用特征命令是自上而下建立装配体的基本方法，具体用途及使用方法可扫描二维码观看。

装配体特征的应用

9.4.3 装配体建模实例

图 9-41 所示齿轮泵的创建过程可扫描二维码观看。

9.4.4 装配体模型的应用

通过装配体模型不仅可以生成部件的装配图，还可以创建其爆炸视图，并且能检测零件之间是否有干涉以及部件的模拟运动。

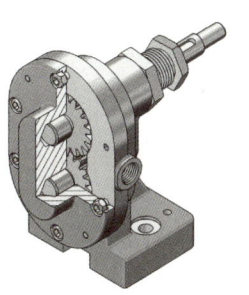

图 9-41 装配体模型的应用

齿轮泵装配示例

1. 爆炸视图的应用

为了查看装配体的装配过程或安装顺序，需要将装配体中的零部件进行分离。按零件的拆卸顺序及方向将零件分离的视图称为装配体的爆炸视图，如图 9-42 所示。SOLIDWORKS 中通过 爆炸视图 命令创建爆炸视图。

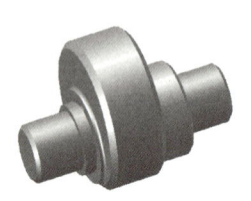

a) 装配体　　　　　　　　b) 爆炸视图

图 9-42　装配体的爆炸视图

爆炸视图 及动画爆炸的应用

1）爆炸视图的生成。
2）动画爆炸的应用。对已创建爆炸视图的装配体，用户可通过特征树顶部的模型显示选择 爆炸 （或 解除爆炸 ）观看部件的爆炸视图或装配体模型；通过选择 动画爆炸 观看零部件的装配和拆卸过程。

爆炸视图只是装配体的显示方式，并不影响装配体零部件之间的配合关系。

以上具体应用方法可扫描二维码观看。

2. 新建运动算例的应用

对具有运动或动力机构的装配体，SOLIDWORKS 中通过 新建运动算例 实现部件的模拟运动。单击该命令后，在 SOLIDWORKS 界面下方显示动画编辑窗口。用户可通过选择运动方式（如 驱动马达 、 弹簧压缩 、 齿轮传动 等）、指定驱动零件及设定创建动画的有关参数，实现部件的模拟运动，具体应用方法请扫描二维码观看。

新建运动算例

3. 装配体模型的其他应用

将工具栏窗口切换到 评估 工具栏，除通过选择 质量属性 、 测量 等命令得到部件的重量、尺寸等属性外，还可通过 干涉检查 命令检查出装配体模型中是否有干涉以及具体干涉位置。用户可通过修改配合关系及零件尺寸等方法解除干涉，以获得正确的装配体模型。具体应用方法可扫描二维码观看慕课。

干涉检查 的应用及部件重量、重心等属性的测量

9.5　零部件工程图的创建与绘制

工程图是工程技术领域中表达设计方案的重要手段。不管是零件图还是装配图，其工程图都包含视图、尺寸、技术要求（文字或符号）、标题栏等内容（详见本教材第 7 章、第 8 章）。本节根据工程图的内容要求，讲授 SOLIDWORKS 创建和绘制零部件工程图的基本方法。

9.5.1 工程图模式的进入

创建新文件时，通过选择 draw 即可进入工程图模式。此时在界面左侧默认显示如图 9-43a 所示（竖排）的 视图布局 工具栏，工具栏区显示如图 9-43b 所示的 注解 工具栏，它们是创建和绘制工程图的基本工具。

a) 视图布局 工具栏

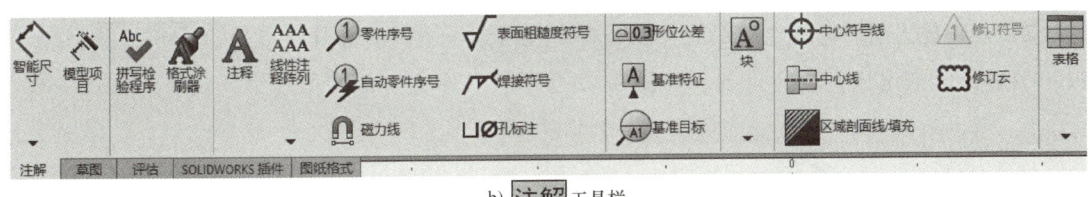

b) 注解 工具栏

图 9-43 工程图中的基本工具栏

9.5.2 视图、剖视图及断面图的创建

1. 视图的创建

工程图形中常用的视图有基本视图、向视图、斜视图及局部视图等，SOLIDWORKS 中，通常用图 9-43a 所示 视图布局 工具栏中的 投影视图 、 辅助视图 、 剪裁视图 和 局部视图 命令进行创建。

（1）基本视图的创建　进入工程图界面后，通过执行 投影视图 命令可创建零件的各基本视图，如图 9-44 所示。具体方法及属性选项请扫描二维码观看。

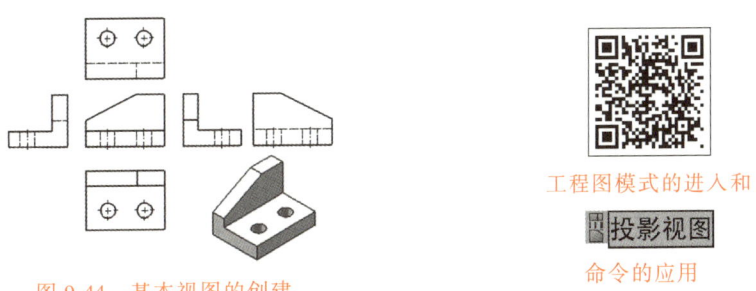

图 9-44 基本视图的创建

工程图模式的进入和 投影视图 命令的应用

（2）向视图与斜视图的创建　向视图与斜视图一般用 辅助视图 命令创建，如图 9-45 所示。具体方法请扫描二维码观看。

（3）局部视图与局部放大图的创建

1）局部视图的创建。局部视图是将事先得到的各种视图用 剪裁视图 命令裁剪得到。

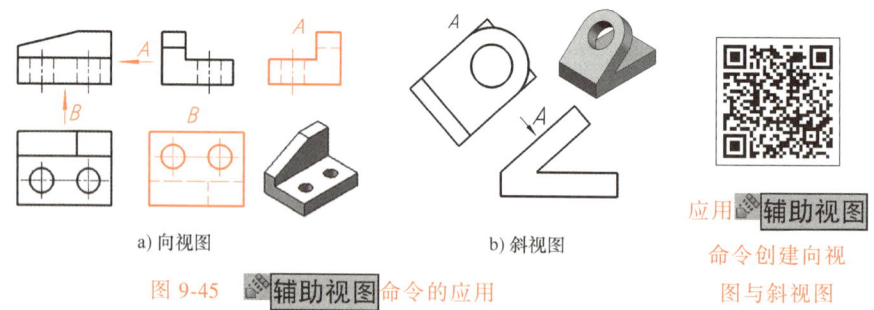

a) 向视图　　　　　　　b) 斜视图

图 9-45　辅助视图 命令的应用　　应用 辅助视图 命令创建向视图与斜视图

剪裁边界应为封闭线框，一般用样条曲线画出，如图 9-46 所示，具体方法请扫描二维码观看。

2) 局部放大图的创建。局部放大图是将事先得到视图中的部分要素用 局部视图 命令剪裁，然后再以指定比例放大得到，如图 9-47 所示，具体方法请扫描二维码观看。

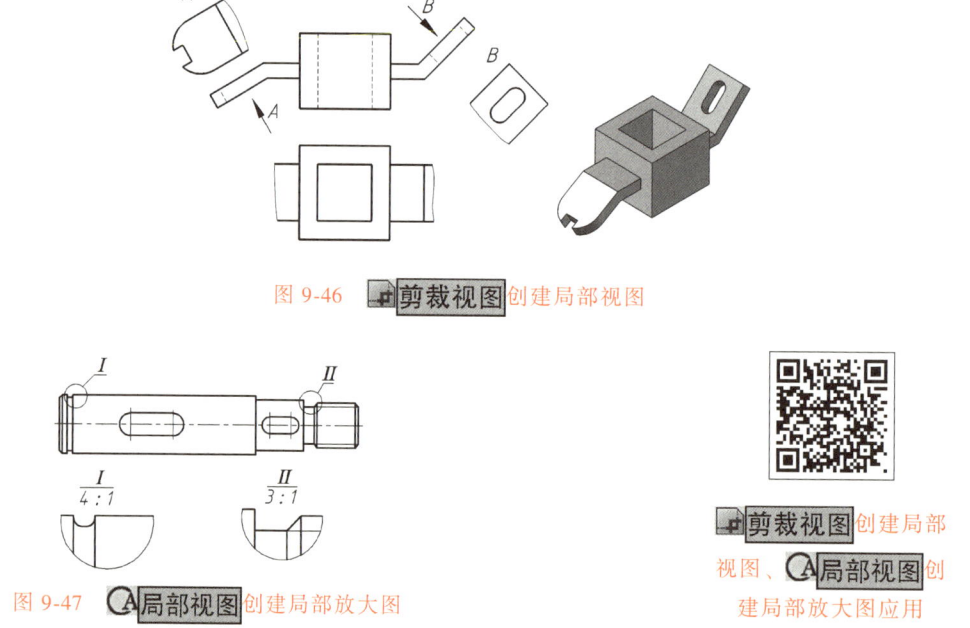

图 9-46　剪裁视图 创建局部视图

图 9-47　局部视图 创建局部放大图　　剪裁视图 创建局部视图、局部视图 创建局部放大图应用

2. 剖视图的创建

工程图中的剖视图按剖切范围通常分为全剖视图和局部剖视图。SOLIDWORKS 中，通常用图 9-43a 所示 视图布局 工具栏中的 剖面视图 命令创建全剖视图，用 断开的剖视图 命令创建局部剖视图。

（1）全剖视图的创建　根据剖切平面特性，全剖视图通常分为单一剖切平面形成的全剖视图、相交的剖切平面形成的"旋转剖"视图、由互相平行的剖切平面形成的"阶梯剖"视图及互相组合的剖切平面形成的"复合剖"视图。

1) 全剖视图及"旋转剖"视图的创建。执行 剖面视图 命令后，其属性栏中显示

图 9-48 所示剖切平面（切割线）特征选项。勾选 ☑自动启动剖面实体 后，若选择 及 ，可分别得到图 9-49a 所示 A—A 及 B—B 全剖视图；若选择 ，可得到图 9-49b 所示斜剖视图；若选择 ，可得到图 9-49c 所示"旋转剖"视图。应当注意的是，当被剖切的零部件中含有肋板、实心杆件等不必剖切的特征（或零件）时，用户可按照系统选择提示，通过已有视图或特征树选择相关特征即可。以上具体应用请扫描二维码观看。

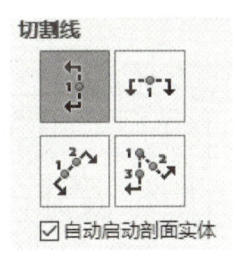

图 9-48 剖切平面特征选项

剖面视图 命令创建单一剖视图及旋转剖视图的基本应用

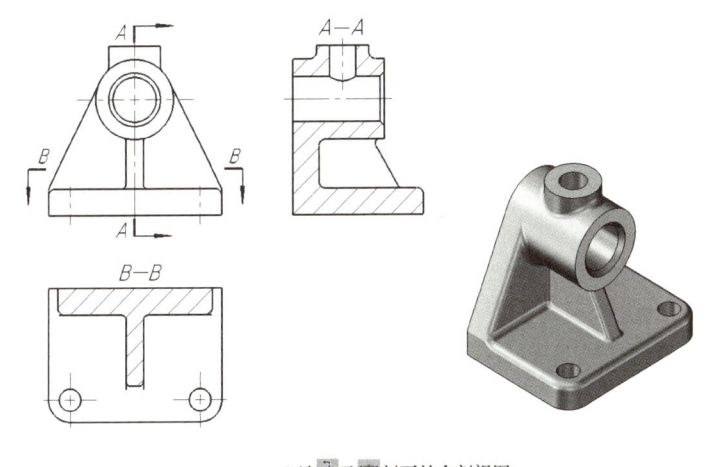

a) 选 及 剖面的全剖视图

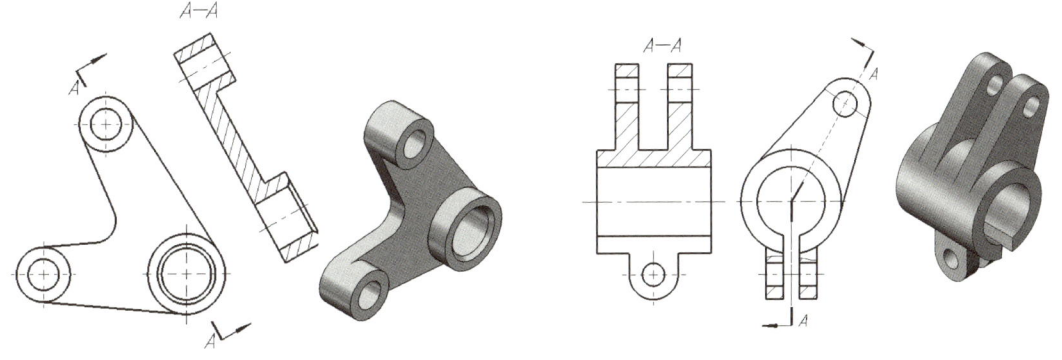

b) 选 剖面的斜剖视图　　　　　c) 选 剖面的旋转剖视图

图 9-49 剖面视图 命令创建全剖视图及旋转剖视图

2)"阶梯剖"视图的创建。"阶梯剖"是用几个平行的剖切平面进行剖切，因此，一般应按图形特点指定几个平行的剖切平面。执行 剖面视图 命令后，在如图 9-48 所示属性提示中，取消勾选 自动启动剖面实体 ，然后按图形特点选择 或 。在指定一个剖面位置后，系统快捷工具栏显示 供用户选用，此时再按图形特点通过选择 或 依次指定后续剖面位置，即可得所需"阶梯剖"视图，如图 9-50 所示。具体应用请扫描二维码观看。

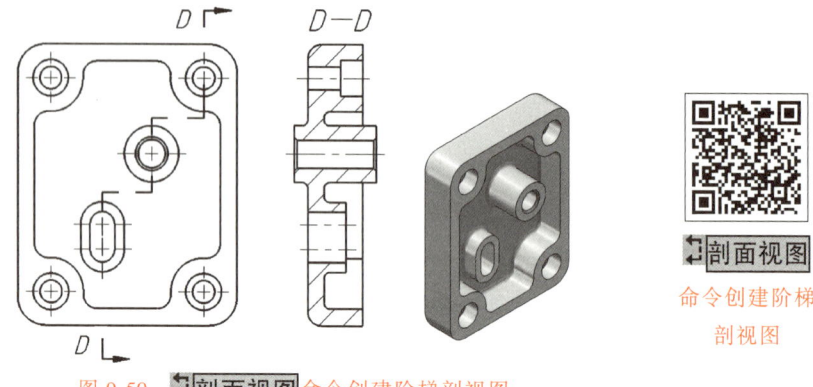

图 9-50 ↔剖面视图命令创建阶梯剖视图

3)"复合剖"视图的创建。复合剖一般是由"阶梯剖""旋转剖"等剖切方式组合而成。根据机件特点,若有必要"旋转剖",应在执行↔剖面视图命令后,先按照图 9-48 所示属性提示中的 选项设置"旋转剖"所需剖切平面的位置,再按上述"阶梯剖"的方法选择其他剖切平面位置,即可得到所需"复合剖"视图,如图 9-51 所示。具体应用请扫描二维码观看。

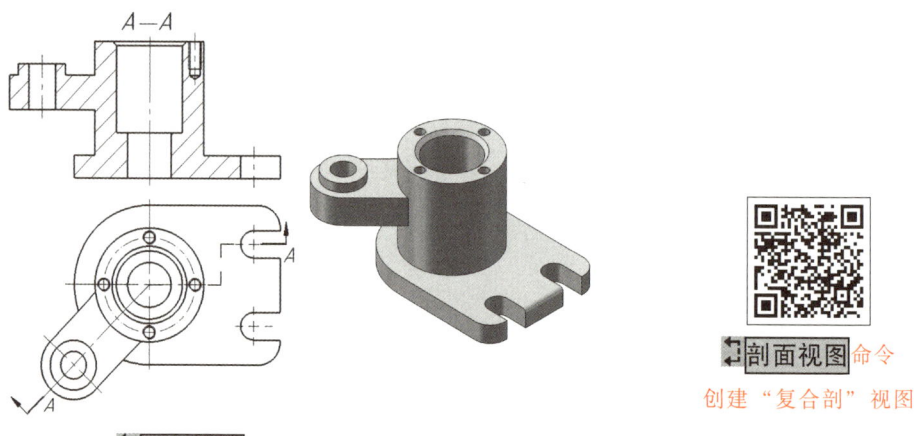

图 9-51 ↔剖面视图命令创建"复合剖"视图

通过以上各种全剖视图的创建过程可以看出,全剖视图是由其他已有的视图或剖视图,通过指定剖切平面而生成的图形,因此在创建全剖视图时应事先创建好生成当前剖视图的视图或剖视图。

(2)局部剖视图的创建 在 SOLIDWORKS 视图布局工具栏中,断开的剖视图命令用来创建局部剖视图。局部剖视图是将已有视图的局部改画为剖视图,因此,一般应按以下方法及步骤创建:

1)创建建立局部剖视图所需的基本视图。

2)执行断开的剖视图命令,根据提示将需要剖切的区域用封闭的轮廓线(如样条曲线等)圈起来,如图 9-52a 所示。

3) 在属性栏设置 ☑预览(P) 选项，然后确定剖切平面的位置。剖切平面若通过某回转体的回转中心线，直接单击该回转体的积聚性投影（圆或圆弧）即可。如单击图 9-52a 所示俯视图中某一圆，则可确定过该回转体的回转中心线，平行于正面的平面为剖切平面，从而创建出图 9-52b 所示主视图中的局部剖。否则只能根据预览图形通过设定距离指定剖切平面位置。

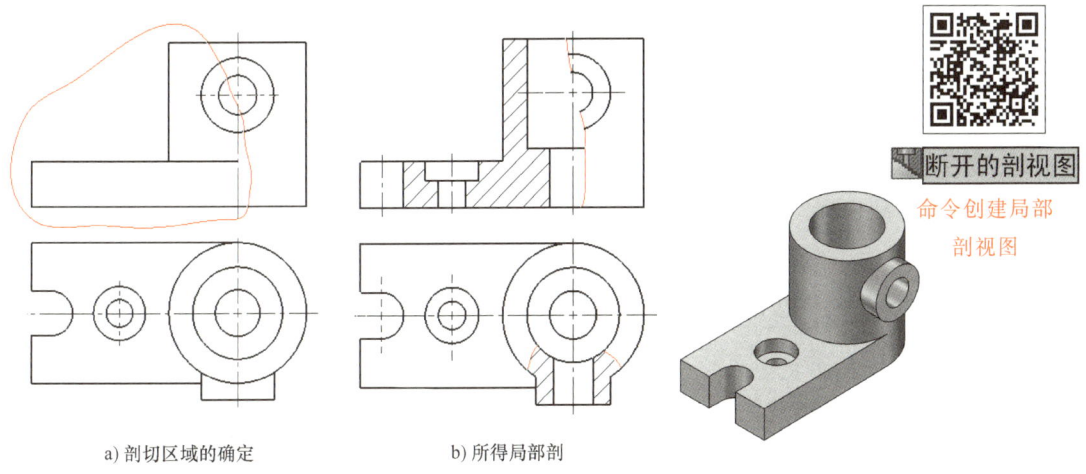

a) 剖切区域的确定　　　　b) 所得局部剖

图 9-52　 断开的剖视图 命令创建局部剖视图

按照上述同样方法也可以创建图 9-52b 所示俯视图中的局部剖。具体方法请扫描二维码观看。

（3）半剖视图的创建　创建半剖视图有以下两种方法：

1）应用 断开的剖视图 命令创建。根据局部剖视图的创建方法，对于对称机件，若将剖切区域设置为图形的一半，即可得到半剖视图。如图 9-53a 所示选择主视图中的剖切区域，通过应用 断开的剖视图 命令可创建图 9-53b 所示半剖的主视图。同样，按图 9-53b 所示选择剖切区域，可得到图 9-53c 所示半剖的俯视图。半剖视图中未剖切的一半还可以继续进行局部剖，如图 9-53c 所示。具体创建过程可扫描二维码观看慕课。

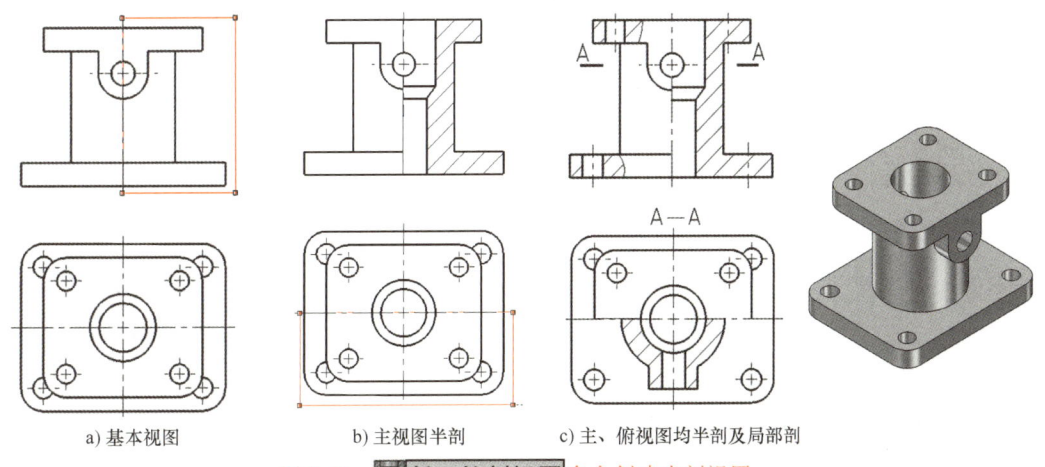

a) 基本视图　　　　b) 主视图半剖　　　　c) 主、俯视图均半剖及局部剖

图 9-53　 断开的剖视图 命令创建半剖视图

应当注意的是，由于局部剖视图一般不作标注，因此用 断开的剖视图 命令创建的半剖视图没有标注，如图 9-53b 所示。当半剖视图有必要标注时，用户应按国标规定自行标注，如图 9-53c 俯视图的标注，具体方法详见慕课 51。除此之外，还应将对称中心线处形成的轮廓线隐藏。

2）应用 剖面视图 命令创建。在执行 剖面视图 命令时，在 剖面视图 半剖面 两个选项中选择 半剖面 创建半剖视图。该命令的使用方法可参考全剖视图的创建方法。由于该剖切方法与"国家标准"规定的半剖视图的含义不完全一致，因此其只对部分半剖视图有效，且剖切平面位置的标注和实际要求标注不一致，因此不宜采用。

(4) 装配体剖视图的创建　装配体的各种视图创建方法与单一零件的视图创建完全一致。装配体的剖视图同样用 剖面视图 命令创建各种全剖视图，用 断开的剖视图 命令创建局部剖视图和半剖视图。如图 9-54a 所示为用 剖面视图 命令创建的"阶梯剖"视图，图 9-54b 为用 断开的剖视图 命令创建的局部剖视图。只是在执行命令设置剖面范围时，除勾选 自动打剖面线(A) 及 不包括扣件(F) 选项外，还应注意选择设置不必剖切的零件或特征（如实心轴、肋板等）。具体应用请扫描二维码观看。

剖面视图 命令
断开的剖视图
命令创建装配
体剖视图

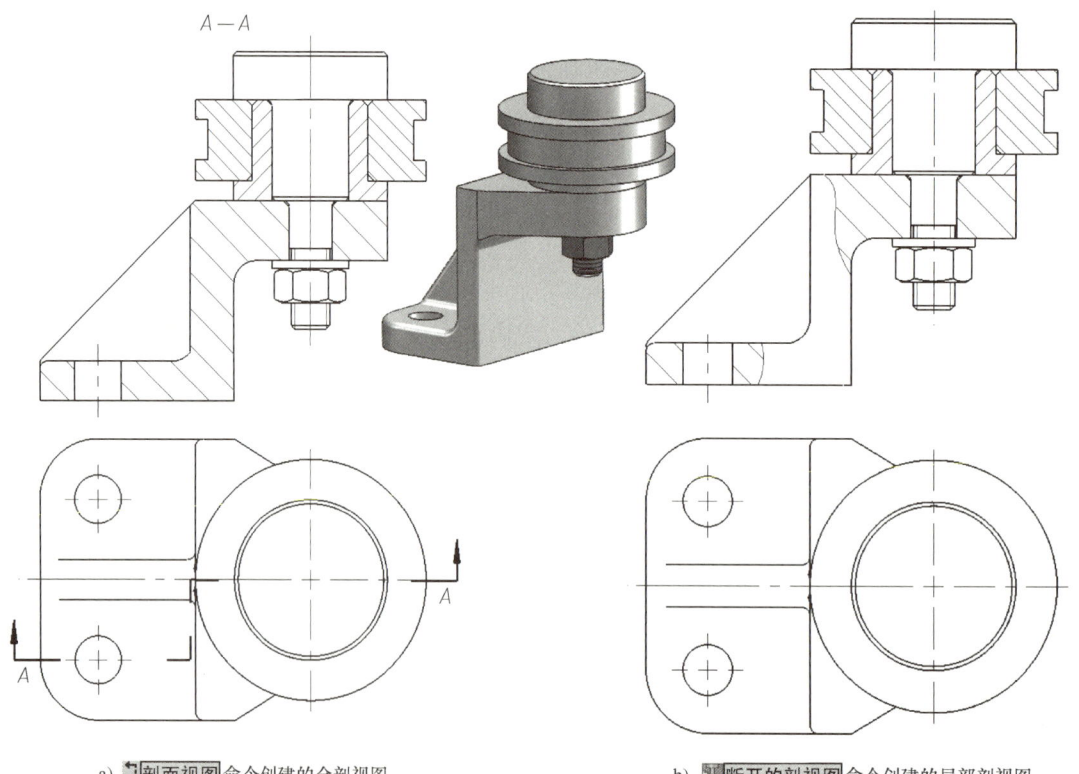

a) 剖面视图 命令创建的全剖视图　　　　b) 断开的剖视图 命令创建的局部剖视图

图 9-54　装配体剖视图的创建

第9章 SOLIDWORKS三维机械制图

3. 断面图的创建

用 剖面视图 命令创建剖视图时，只要将剖面视图选项按图 9-55 所示设置，即可得所需断面图。用户可根据实际需要设置断面图放置位置，如图 9-56a、b 所示。对于图 9-57 所示的部分断面图，只要将完整的断面图剪裁即可。具体应用请扫描二维码观看。

图 9-55 剖面视图选项

命令创建断面图

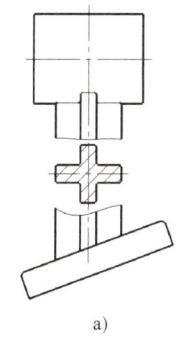
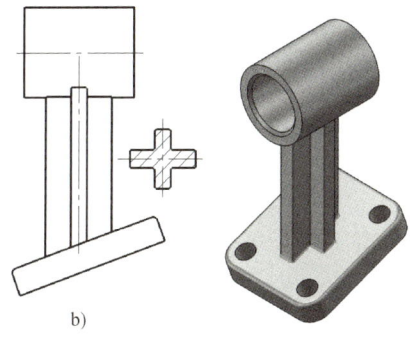

图 9-56 断面图创建（一）　　　　　图 9-57 断面图创建（二）

4. 视图创建时的常见问题

（1）初始视图的选取　在视图创建时，最初只能直接得到基本视图，其他视图都是通过基本视图进行剪切（如局部视图）、剖切（局部剖视图）等生成，或由基本视图通过剖切创建（如各种全剖视图等），而表达方案中往往又不需要最初的基本视图，如图 9-58 所示机件，初始应生成俯视图，创建出剖切的主视图后，再重新由主视图创建剖切的俯视图。因此，用户对初始生成的基本视图应心中有数，以便于其他必要视图的创建。具体应用请扫描二维码观看。

初始视图选取应注意的问题

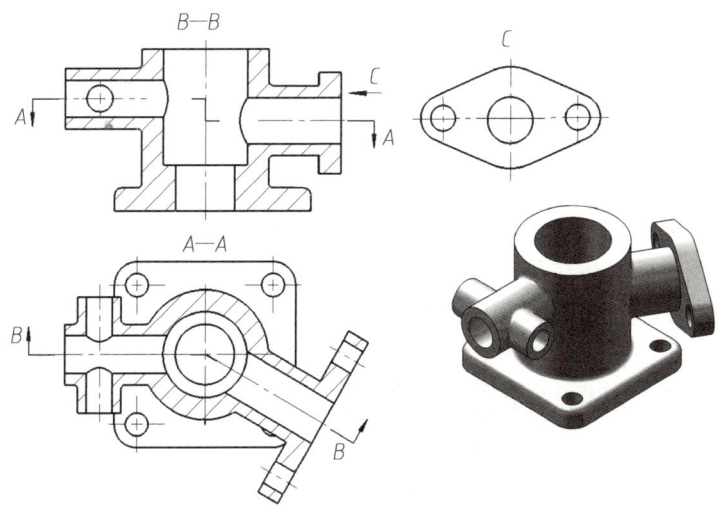

图 9-58 初始视图创建应注意的问题

249

（2）图形的再编辑　工程图样中的特殊规定画法，如图 9-59b 所示剖视图中肋板的画法、图 9-60b 所示齿轮等标准件的规定画法，与在 SOLIDWORKS 中通过模型直接创建的图形（见图 9-59a、图 9-60a）不一致，在不影响图形表达的情况下，不必修改。如有必要，用户需通过隐藏或添加图线等方式修改图形。

图形再编辑问题及方法

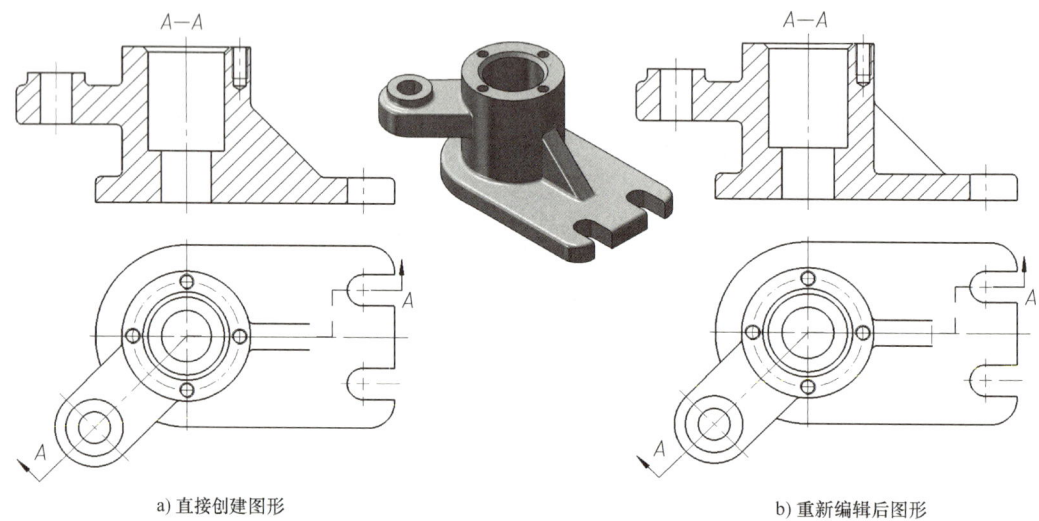

a) 直接创建图形　　　　　　　　　　　　　b) 重新编辑后图形

图 9-59　图形的再编辑（一）

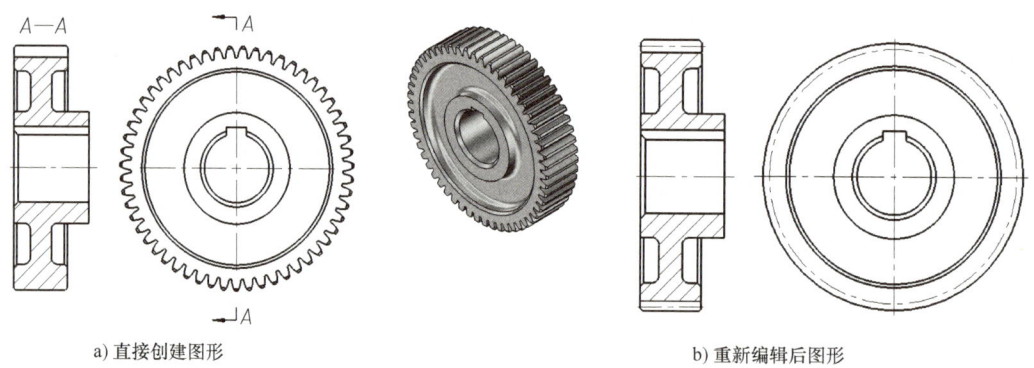

a) 直接创建图形　　　　　　　　　　　　　b) 重新编辑后图形

图 9-60　图形的再编辑（二）

图形再编辑时，除应用草图绘制的有关命令外，一般还需要应用图 9-61 所示的图层工具栏设置图线的属性。具体应用详见慕课。

图 9-61　图层工具栏

（3）视图名称的标注　SOLIDWORKS 中，在制图标准设置为"GB"时，基本视图、局部视图及局部剖视图不作标注，而用 辅助视图 命令创建的视图及用 剖面视图 命令创建的各种全剖视图及断面图均按用户设置自动标注。因此在创建向视图及有必要标注的局部视图时，应尽量选用 辅助视图 命令创建视图，以获得自动标注。对于不符合国家标准规定的剖切面标注（如半剖视图标注），用户应通过隐藏原始标注，然后通过 注释 工具栏的 注释 命令重新标注。具体应用详见图 9-62、

图 9-63 视图创建实例相关慕课。

（4）中心线及圆心符号 视图创建时一般会自动添加中心线及圆心线。若无自动添加或有遗漏，可通过 注释 工具栏 ⊕中心符号线 或 中心线 命令选择全视图自动添加或逐一添加。具体应用详见图 9-62、图 9-63 相关慕课。

5. 工程图视图创建综合应用

下面以图 9-62、图 9-63 介绍工程图形的创建过程，请扫描二维码观看。

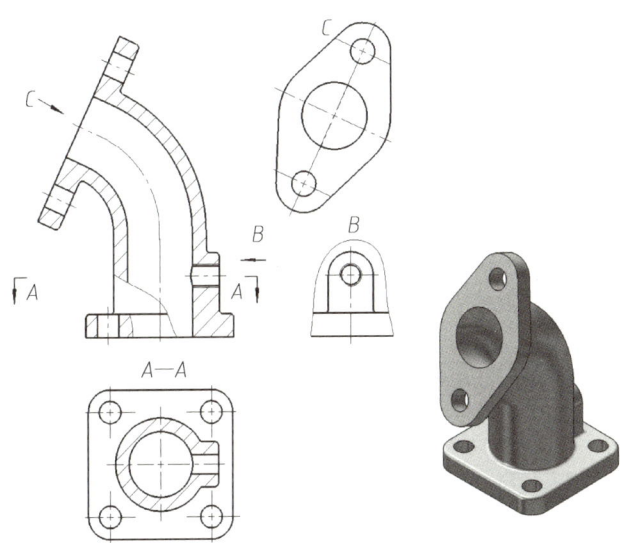

视图及剖视图创建综合应用（一）

图 9-62 视图创建综合应用（一）

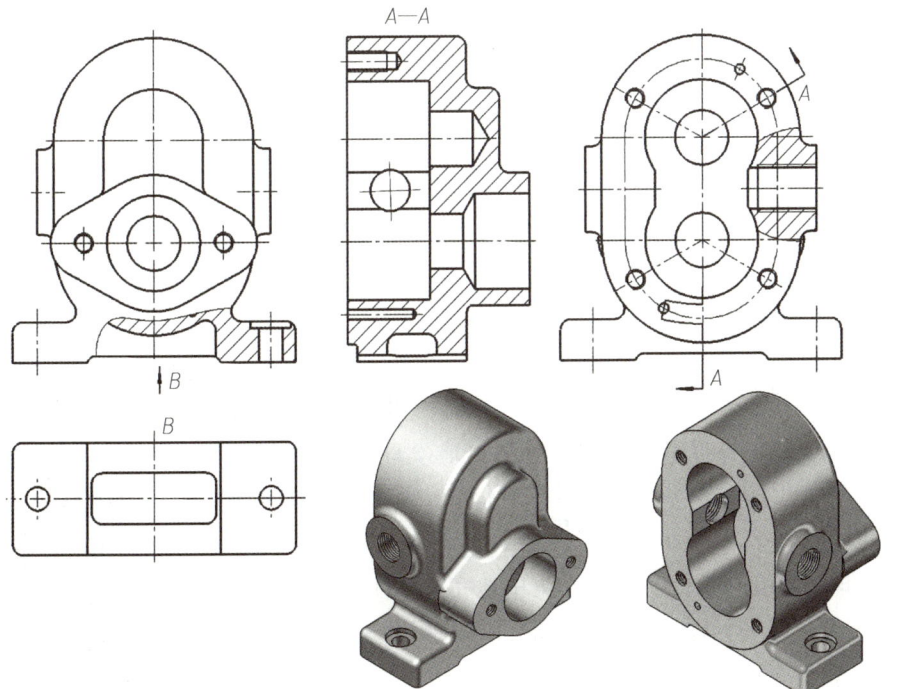

视图及剖视图创建综合应用（二）

图 9-63 视图创建综合应用（二）

读者可根据图 9-37 所创建的模型按需要创建其工程图中的视图及剖视图。

9.5.3 工程图中的尺寸及技术要求等的标注

工程图形中的各种标注主要应用图 9-43b 所示注解工具栏的有关命令。本节以图 9-64、图 9-65 所示图形为例介绍零部件工程图中有关内容的标注方法。（例图中主要为慕课讲解中的基本典型标注，并非工程图中的全部标注）

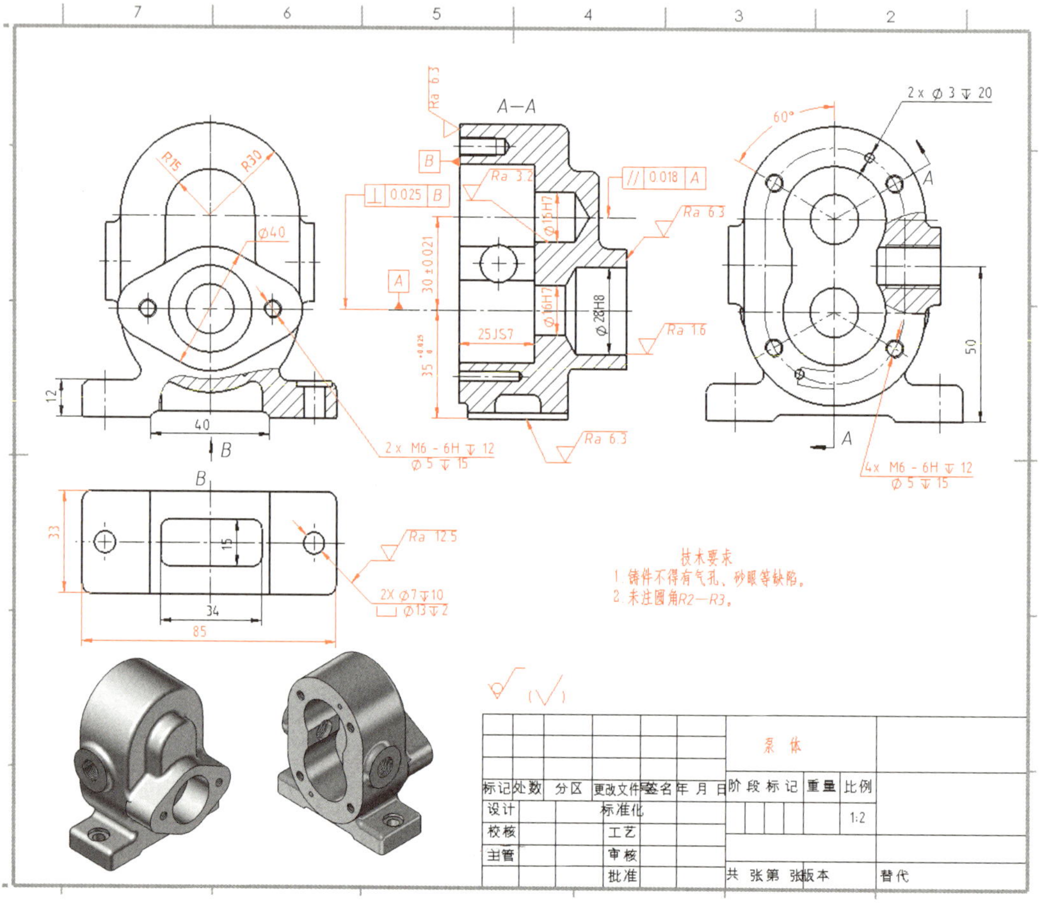

图 9-64 零件工程图中的尺寸及技术要求标注方法

1. 尺寸的标注

（1）线性基本尺寸的标注　线性尺寸标注一般用 智能尺寸 命令标注，标注方法和草图尺寸标注方法基本一致。也可以应用 模型项目 命令自动标注。自动标注的尺寸一般不会遗漏，但会有重复标注，且尺寸位置一般需要重新调整。

（2）异型孔的尺寸标注　对于通过 异型孔向导 命令创建的异型孔，应用 孔标注 命令即可将孔特征的所有尺寸集中地完整标注。

（3）公差与配合尺寸的标注　工程图中的公差及配合尺寸的标注是通过尺寸属性栏中 公差/精度 的有关选项设置和选用。

以上各种尺寸标注方法应用请扫描二维码观看。

智能尺寸、
模型项目、
孔标注
命令的应用

2. 零件图中技术要求的标注

（1）表面粗糙度的标注　零件图中的各种表面粗糙度应用 ✓表面粗糙度符号 命令标注。标注时应注意符号及引线的正确选用。由于不同的粗糙度属性设置中共性较多，所以一般将图形中相同格式及参数较多的设置为默认属性，然后一次性完全标注。最后对不同的参数或格式进行修改。具体应用请扫描右侧二维码观看。

✓表面粗糙度符号 命令的应用

（2）几何公差及其基准符号的标注

1）基准符号的标注。零件图中的基准符号用 A 基准特征 命令标注。标注时应注意符号的放置位置。

2）形位公差的标注。零件图中的形位公差用 ⌀03形位公差 命令标注。标注时除几何公差符号及数值外，应注意引线的选择及应用。具体应用请扫描右侧二维码观看。

A 基准特征、⌀03形位公差 命令的应用

3. 装配图中零件序号编写及明细栏的创建

（1）零件序号的编写　零件序号一般按尺规绘图时的要求及顺序，应用 ①零件序号 命令逐一标注。应当注意的是零件的序号是按零件的安装顺序自动生成，用户应通过调整明细表中的零件顺序实现图形中零件序号按顺序排列。

（2）零件明细表的创建　在 注释 工具栏通过 表格 选择 材料明细表 命令可直接创建出零件明细栏。如图9-65所示，通过 材料明细表 命令创建的明细表内容基本满足一般装配图中明细表内容要求。其中包括零件序号、名称、材料、数量及备注。明细表的格式一般应进行适当编辑，如表格抬头应设置到最下部等。除此之外，要使图形中标注的零件序号按顺序排列，还需要调整明细表中零件的顺序。具体标注方法详见慕课。

创建 ①零件序号 及 材料明细表

4. 工程图形中的其他文字信息标注

零部件工程图中文字书写的技术要求及标题栏中的文字信息，一般应用 A 注释 命令填写。该命令不仅可以单独填写文本信息，还可以通过添加引线，用于图形中的视图标注等。

9.5.4　系统选项与文档属性的设置及应用

1. 系统选项(S)/ 文档属性(D) 设置

在 SOLIDWORKS 中，默认的模型显示、工程图中的制图标准、单位、图线、尺寸及视图标注格式等参数均由 系统选项(S)/ 文档属性(D) 窗口设定。单击标准工具栏的 ⚙ 按钮，通过切换选择 系统选项(S)/ 文档属性(D) 可见图9-66a、b所示 系统选项(S)/ 及 文档属性(D) 设置窗口。用户可按具体需要进行有关设置。常用设置内容及设置方法请扫

系统选项(S)/ 文档属性(D) 的设置及应用

○ 软件界面使用的"形位公差"为旧术语，现行标准为"几何公差"。

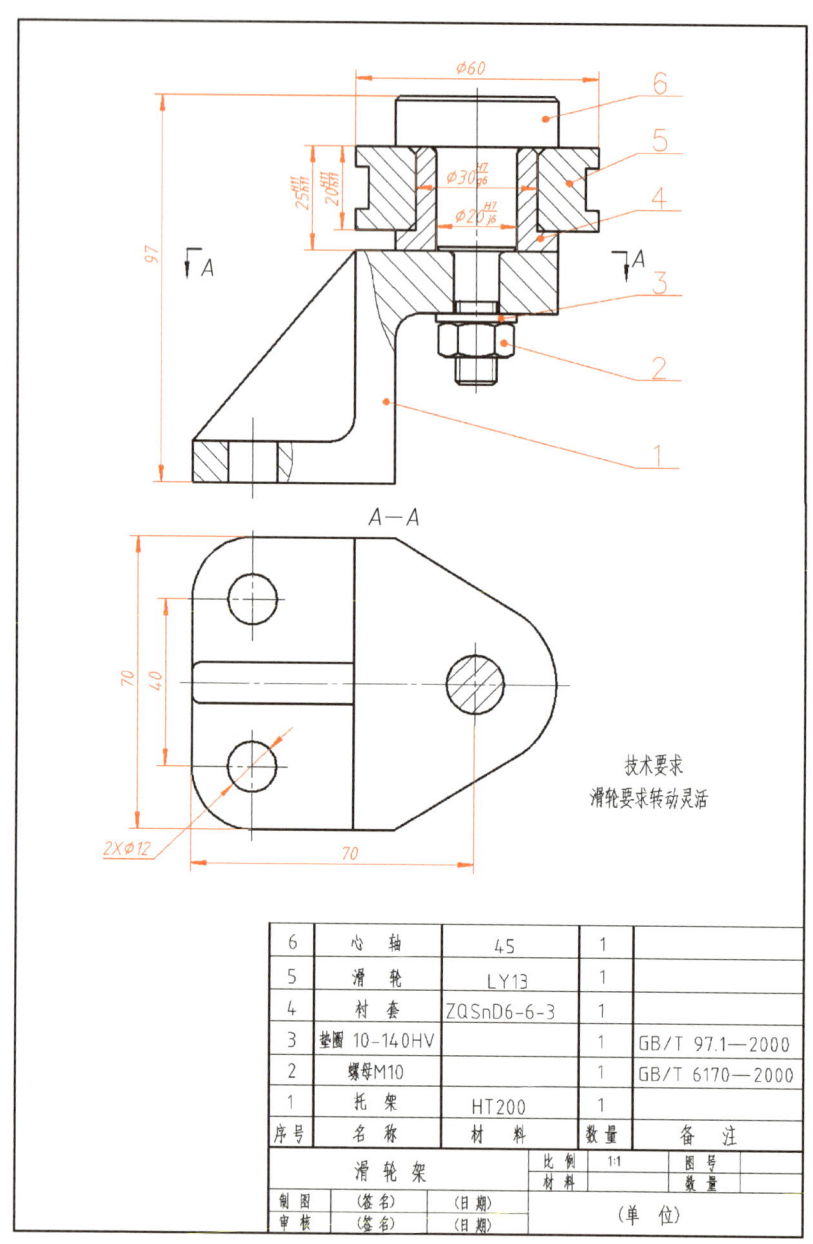

图 9-65 装配图中尺寸标注及零件序号与明细表创建

右侧二维码观看。

2. 用户自定义图纸及其应用

对于通过选择 draw 模式创建的工程图新文件，用户可根据相关国家标准及实际应用设置 系统选项(S)/ 及 文档属性(D) 中的参数，然后将该文件以工程图模板（*.drwdot）格式存盘，形成如"用户 A3.drwdot"的新文件。在后续再创建工程图时，只要选择进入已经设置好的"用户 A3.drwdot"模板文件，即可开始绘制图样，可提升工作效率。

第9章 SOLIDWORKS三维机械制图

a) 系统选项设置窗口

b) 文档属性设置窗口

图 9-66 系统选项及文档属性设置

附　录

附录 A　螺纹

附表 A-1　普通螺纹直径、螺距和基本尺寸（摘自 GB/T 193—2003、GB/T 196—2003）

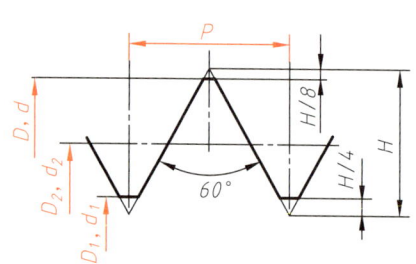

$H = 0.866P$
$d_2 = d - 0.6495P$
$d_1 = d - 1.0825P$

D、d——内、外螺纹大径；
D_2、d_2——内、外螺纹中径；
D_1、d_1——内、外螺纹小径；
P——螺距

标记示例

公称直径为 24mm，螺距为 3mm 的粗牙普通螺纹：M24
公称直径为 2mm，螺距为 1.5mm 的细牙普通螺纹：M24×1.5

（单位：mm）

公称直径 D、d 第一系列	第二系列	螺距 P 粗牙	细牙	中径 D_2、d_2	小径 D_1、d_1	公称直径 D、d 第一系列	第二系列	螺距 P 粗牙	细牙	中径 D_2、d_2	小径 D_1、d_1	公称直径 D、d 第一系列	第二系列	螺距 P 粗牙	细牙	中径 D_2、d_2	小径 D_1、d_1
3		0.5		2.675	2.459	12		1.75		10.863	10.106	24		3		22.051	20.752
			0.35	2.773	2.621				1.25	11.026	10.376				2	22.701	21.835
	3.5	0.6		3.110	2.850				1	11.188	10.647				1.5	23.026	22.376
			0.35	3.273	3.121					11.350	10.917				1	23.350	22.917
4		0.7		3.545	3.242	14		2		12.701	11.835	27		3		25.051	23.752
			0.5	3.675	3.459				1.5	13.026	12.376				2	25.701	24.835
									(1.25)	13.188	12.647				1.5	26.026	25.376
									1	13.350	12.917				1	26.350	25.917
	4.5	0.75		4.013	3.688	16		2		14.701	13.835	30		3.5		27.727	26.211
			0.5	4.175	3.959				1.5	15.026	14.376				(3)	28.051	26.752
									1	15.350	14.917				2	28.701	27.835
5		0.8		4.480	4.134		18	2.5		16.376	15.294				1.5	29.026	28.376
			0.5	4.675	4.459				2	16.701	15.835				1	29.350	28.917
6		1		5.350	4.917				1.5	17.026	16.376	33		3.5		30.727	29.211
			0.75	5.513	5.188				1	17.350	16.917				(3)	31.051	29.752
8		1.25		7.188	6.647	20		2.5		18.376	17.294				2	31.701	30.835
			1	7.350	6.917				2	18.701	17.835				1.5	32.026	31.376
			0.75	7.513	7.188				1.5	19.026	18.376						
									1	19.350	18.917						
10		1.5		9.026	8.376		22	2.5		20.376	19.294	36		4		33.402	31.670
			1.25	9.188	8.647				2	20.701	19.835				3	34.51	32.752
			1	9.350	8.917				1.5	21.026	20.376				2	34.701	33.835
			0.75	9.513	9.188				1	21.350	20.917				1.5	35.026	34.376

（续）

公称直径 D、d		螺距 P		中径 D_2、d_2	小径 D_1、d_1	公称直径 D、d		螺距 P		中径 D_2、d_2	小径 D_1、d_1	公称直径 D、d		螺距 P		中径 D_2、d_2	小径 D_1、d_1
第一系列	第二系列	粗牙	细牙			第一系列	第二系列	粗牙	细牙			第一系列	第二系列	粗牙	细牙		
	39	4	3 2 1.5	36.402 37.051 37.701 38.026	34.670 35.752 36.835 37.376	48		5	4 3 2 1.5	44.752 45.402 46.051 46.701 47.026	42.587 43.670 44.752 45.835 46.376	56		5.5	4 3 2 1.5	52.428 53.402 54.051 54.701 55.026	50.046 51.670 52.752 53.835 54.376
42		4.5	4 3 2 1.5	39.077 39.402 40.051 40.701 41.026	37.129 37.670 38.752 39.835 40.376		52	5	4 3 2 1.5	48.752 49.402 50.051 50.701 51.026	46.587 47.670 48.752 49.835 50.376	60		5.5	4 3 2 1.5	56.428 57.402 58.051 58.701 59.026	54.046 55.670 56.752 57.835 58.376
	45	4.5	4 3 2 1.5	42.077 42.402 43.051 43.701 44.026	40.129 40.670 41.752 42.835 43.376												

注：1. 优先选用第一系列，其次是第二系列，第三系列（表中未列出）尽可能不用。
2. M14×1.25 仅用于火花塞。
3. 括号内尺寸尽可能不用。

附表 A-2　梯形螺纹（摘自 GB/T 5796.3—2005）　　　　　　　　（单位：mm）

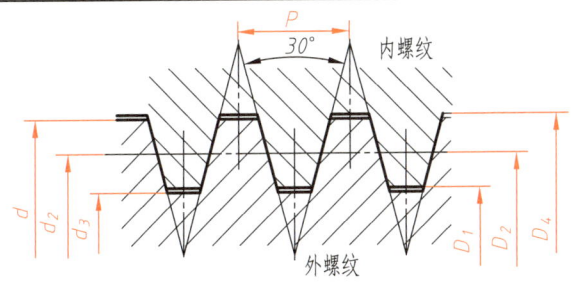

标记示例
公称直径40,导程14,螺距为7的双线左旋梯形螺纹；
Tr40×14(P7)LH

直径与螺距系列、基本尺寸

公称直径 d		螺距 P	中径 $d_2 = D_2$	大径 D_4	小径		公称直径 d		螺距 P	中径 $d_2 = D_2$	大径 D_4	小径	
第一系列	第二系列				d_3	D_1	第一系列	第二系列				d_3	D_1
8		1.5	7.250	8.300	6.200	6.500	16		2 4	15.000 14.000	16.500 16.500	13.500 11.500	14.000 12.000
	9	1.5 2	8.250 8.000	9.300 9.500	7.200 6.500	7.500 7.000		18	2 4	17.000 16.000	18.500 18.500	15.500 13.500	16.000 14.000
10		1.5 2	9.250 9.000	10.300 10.500	8.200 7.500	8.500 8.000	20		2 4	19.000 18.000	20.500 20.500	17.500 15.500	18.000 16.000
	11	2 3	10.000 9.500	11.500 11.500	8.500 7.500	9.000 8.000		22	3 5 8	20.500 19.500 18.000	22.500 22.500 23.000	18.500 16.500 13.000	19.000 17.000 14.000
12		2 3	11.000 10.500	12.500 12.500	9.500 8.500	10.000 9.000	24		3 5 8	22.500 21.500 20.000	24.500 24.500 25.000	20.500 18.500 15.000	21.000 19.000 16.000
	14	2 3	13.000 12.500	14.500 14.500	11.500 10.500	12.000 11.000							

（续）

| 公称直径 d | | 螺距 P | 中径 $d_2=D_2$ | 大径 D_4 | 小径 | | 公称直径 d | | 螺距 P | 中径 $d_2=D_2$ | 大径 D_4 | 小径 | |
第一系列	第二系列				d_3	D_1	第一系列	第二系列				d_3	D_1
	26	3	24.500	26.500	22.500	23.000		34	3	32.500	34.500	30.500	31.000
		5	23.500	26.500	20.500	21.000			6	31.000	35.000	27.000	28.000
		8	22.000	27.000	17.000	18.000			10	29.000	35.000	23.000	24.000
28		3	26.500	28.500	24.500	25.000	36		3	34.500	36.500	32.500	33.000
		5	25.500	28.500	22.500	23.000			6	33.000	37.000	29.000	30.000
		8	24.000	29.000	19.000	20.000			10	31.000	37.000	25.000	26.000
	30	3	28.500	30.500	26.500	27.000		38	3	36.500	38.500	34.500	35.000
		6	27.000	31.000	23.000	24.000			7	34.500	39.000	39.000	31.000
		10	25.000	31.000	19.000	20.000			10	33.000	39.000	27.000	28.000
32		3	30.500	32.500	28.500	29.000	40		3	38.500	40.500	36.500	37.000
		6	29.000	33.000	25.000	26.000			7	36.500	41.000	32.000	33.000
		10	27.000	33.000	21.000	22.000			10	35.000	41.000	29.000	30.000

附表 A-3　非螺纹密封的管螺纹（摘自 GB/T 7307—2001）　　　（单位：mm）

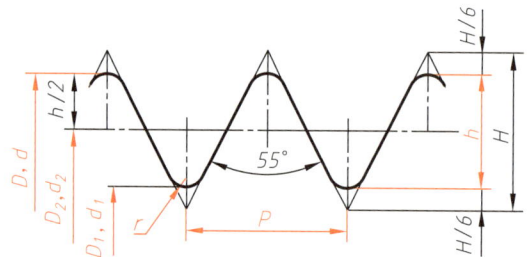

$P = 25.4/n \quad H = 0.960491P$

标记示例

内螺纹：G1；A 级外螺纹：G1A；B 级外螺纹：G1B；左旋时：G1-LH。

| 尺寸代号 | 每25.4mm内的牙数 n | 螺距 P | 牙高 h | 圆弧半径 r | 基本直径 | | |
					大径 $d=D$	中径 $d_2=D_2$	小径 $d_1=D_1$
1/4	19	1.337	0.856	0.184	13.157	12.301	11.445
3/8	19	1.337	0.856	0.184	16.662	15.806	14.950
1/5	14	1.814	1.162	0.249	20.955	19.793	18.631
5/8	14	1.814	1.162	0.249	22.911	21.749	20.587
3/4	14	1.814	1.162	0.249	26.441	25.279	24.117
7/8	14	1.814	1.162	0.249	30.201	29.039	27.877
1	11	2.309	1.479	0.317	33.249	31.770	30.291
1 1/8	11	2.309	1.479	0.317	37.897	36.418	34.939
1 1/4	11	2.309	1.479	0.317	41.910	40.431	38.952
1 1/2	11	2.309	1.479	0.317	47.803	46.324	44.845
1 3/4	11	2.309	1.479	0.317	53.746	52.267	50.788
2	11	2.309	1.479	0.317	59.614	58.135	56.656

附录 B 螺纹紧固件

附表 B-1 六角头螺栓 C 级（摘自 GB/T 5780—2016）、六角头螺栓 全螺纹 C 级（摘自 GB/T 5781—2016） （单位：mm）

六角头螺栓 C 级（摘自 GB/T 5780—2016）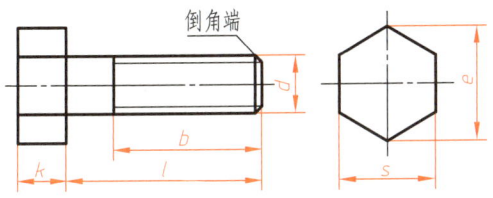

六角头螺栓 全螺纹 C 级（摘自 GB/T 5781—2016）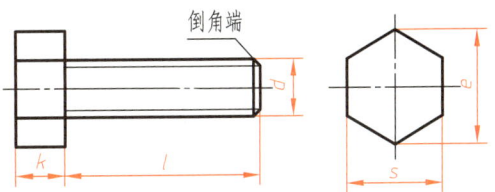

标 记 示 例

1. 螺纹规格 d=M12，公称长度 l=80mm，C 级的六角头螺栓：螺栓 GB/T 5780 M12×80
2. 螺纹规格 d=M12，公称长度 l=80mm，全螺纹，C 级的六角头螺栓：螺栓 GB/T 5781 M12×80

螺纹规格 d		M5	M6	M8	M10	M12	M16	M20	M24	M30	M36
b 参考	l≤125	16	18	22	26	30	38	46	54	66	—
	125<l≤200	22	24	28	32	36	44	52	60	72	84
	l>200	35	37	41	45	49	57	65	73	85	97
e	min	8.63	10.89	14.20	17.59	19.85	26.17	32.95	39.55	50.85	60.79
s	公称=max	8	10	13	16	18	24	30	36	46	55
	min	7.64	9.64	12.57	15.57	17.57	23.16	29.16	35.00	45.00	53.80
k	公称	3.5	4.0	5.3	6.4	7.5	10.0	12.5	15.0	18.7	22.5
	max	3.875	4.375	5.675	6.85	7.95	10.75	13.40	15.90	19.75	23.55
	min	3.125	3.625	4.925	5.95	7.05	9.25	11.60	14.10	17.65	21.45
l（商品规格范围及通用规格）	GB/T 5780	25~50	30~60	40~80	45~100	55~120	65~160	80~200	100~240	120~300	140~360
	GB/T 5781	10~50	12~60	16~80	20~100	25~120	30~160	40~200	50~240	60~300	70~360
l 系列		20,25,30,35,40,45,50,(55),60,(65),70,80,90,100,110,120,130,140,150,160,180,200,220,240,260,280,300,320,340,360,380,400									

注：1. 此表产品等级为 C 级，另有 A 级和 B 级，A 级用于 d≤24 和 l≤10d 或 ≤150mm（按较小值）的螺栓，B 级用于 d>24 和 l>10d 或 >150mm（按较小值）的螺栓。
2. 尽可能不采用括号内的规格。
3. 本表中螺栓的一些小的结构尺寸省略未列出。

附表 B-2　双头螺栓 $b_m=1d$（摘自 GB/T 897—1988）、双头螺栓 $b_m=1.5d$（摘自 GB/T 898—1988）、双头螺栓 $b_m=1.5d$（摘自 GB/T 899—1988）、双头螺栓 $b_m=2d$（摘自 GB/T 900—1988）

（单位：mm）

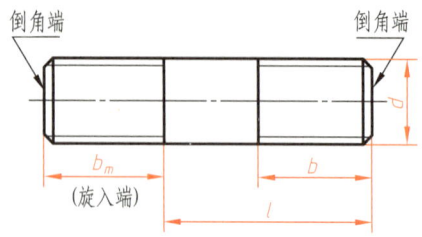 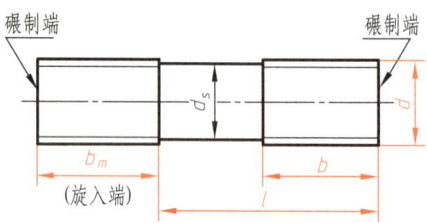

标记示例

1. 两端为粗牙普通螺纹，$d=12mm$，$l=50mm$，性能等级 4.8 级，不经表面处理，B 型，$b_m=1d$ 的双头螺栓；螺柱　GB/T 897　M12×50

2. 旋入机体一端为粗牙普通螺纹，旋螺母一端为螺距为 $P=1mm$ 的细牙普通螺纹，$d=12mm$，$l=50mm$，性能等级为 4.8 级，不经表面处理，A 型，$b_m=1.25d$ 的双头螺栓；螺栓　GB/T 898　AM12—M12×1×50

3. 旋入机体一端为过滤配合螺纹的第一种配合，旋螺母一端为粗牙普通螺纹，$d=12mm$，$l=50mm$，性能等级为 8.8 级，镀锌钝化，B 型，$b_m=1.5d$ 的双头螺栓；螺柱　GB/T 899　GM12—M12×50-8.8-Zn.D

螺纹规格 d	b_m				l/b
	GB/T 897 —1988	GB/T 898 —1988	GB/T 899 —1988	GB/T 900 —1988	
M6	6	8	10	12	(20~22)/10,(25~30)/14,(32~75)/18
M8	8	10	12	16	(20~22)/12,(25~30)/16,(32~90)/22
M10	10	12	15	20	(25~28)/14,(30~38)/16,(40~120)/26,130/32
M12	12	15	18	24	(25~30)/16,(32~40)/20,(45~120)/30,(130~180)/36
M16	16	20	24	32	(30~38)/20,(40~55)/30,(60~120)/38,(130~200)/44
M20	20	25	30	40	(35~40)/25,(45~65)/35,(70~120)/46,(130/200)/52
M24	24	30	36	48	(45~50)/30,(55~75)/45,(80~120)/54,(130~200)/60
M30	30	38	45	60	(60~65)/40,(70~90)/50,(95~120)/66,(130~200)/72
					(210~250)/85
M36	36	45	54	72	(65~75)/45,(80~110)/60,120/78,(130~200)/84
					(210~300)/97
l 系列	12,(14),16,(18),20,(22),25,(28),30,(32),35,(38),40,45,50,55,60,65,70,75,80,85,90,95, 100,110,120,130,140,150,160,170,180,190,200,210,220,230,240,250,260,280,300				

注：1. $b_m=d$ 一般用于旋入机体为钢的场合；$b_m=(1.25~1.5)d$ 一般用于旋入机体为铸铁的场合；$b_m=2d$ 一般用于旋入机体为铝合金的场合。

2. 不带括号的为优先系列，仅 GB/T 898—1988 有优先系列。

3. b 不包括螺尾。本表中螺栓的一些小的结构尺寸省略未列出。

附表 B-3　开槽圆柱头螺钉（摘自 GB/T 65—2016）、开槽盘头螺钉（摘自 GB/T 67—2016）、开槽沉头螺钉（摘自 GB/T 68—2016）　（单位：mm）

开槽圆柱头螺钉（摘自 GB/T 65—2016）

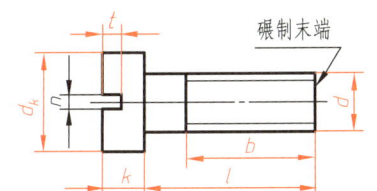

开槽盘头螺钉（摘自 GB/T 67—2016）

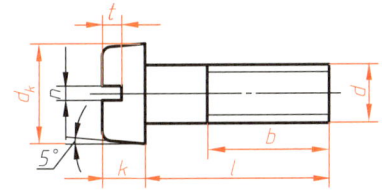

开槽沉头螺钉（摘自 GB/T 68—2016）

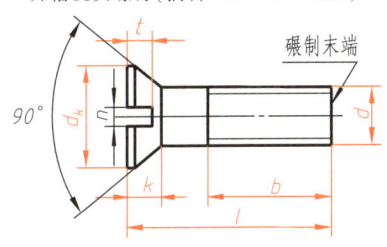

标记示例

1. 螺纹规格 d = M5，公称长度 l = 20mm，性能等级为 4.8 级，不经表面处理的开槽圆柱头螺钉：螺钉 GB/T 65　M5×20
2. 螺纹规格 d，公称长度 l，性能等级及表面处理要求与上述完全相同的开槽盘头螺钉：螺钉 GB/T 67　M5×20
3. 螺纹规格 d，公称长度 l，性能等级及表面处理要求与上述完全相同的开槽沉头螺钉：螺钉 GB/T 68　M5×20

螺纹规格 d		M3	M4	M5	M6	M8	M10
d_k(max)	GB/T 65—2000	5.5	7	8.5	10	13	16
	GB/T 67—2000	5.6	8	9.5	12	16	20
	GB/T 68—2000	5.5	8.4	9.3	11.3	15.8	18.3
k(max)	GB/T 65—2000	2	2.6	3.3	3.9	5	6
	GB/T 67—2000	1.8	2.4	3.0	3.6	4.8	6.0
	GB/T 68—2000	1.65	2.70	2.70	3.30	4.65	5.00
n(公称)		0.8	1.2	1.2	1.6	2.0	2.5
t(min)	GB/T 65—2000	0.85	1.1	1.3	1.6	2.0	2.4
	GB/T 67—2000	0.7	1.0	1.2	1.4	1.9	2.4
	GB/T 68—2000	0.6	1.0	1.1	1.2	1.8	2.0
x(max)		1.25	1.75	2.0	2.5	3.2	3.8
l(公称)	GB/T 65—2000	—	5~40	6~50	8~60	10~80	12~80
	GB/T 67—2000	4~30	5~40	6~50	8~60	10~80	12~80
	GB/T 68—2000	5~30	6~40	8~50	8~60	10~80	12~80
b(min)	GB/T 65—2000 GB/T 67—2000	l≤40	全螺纹				
		l>40	38				
	GB/T 68—2000	l≤45	全螺纹				
		l>45	38				
长度 l 系列		4,5,6,8,10,12,(14),16,20~50(5 进位);55~80(5 进位,个位为 5 时尽可能不采用)					

附表 B-4　内六角圆柱头螺钉（摘自 GB/T 70.1—2008）　（单位：mm）

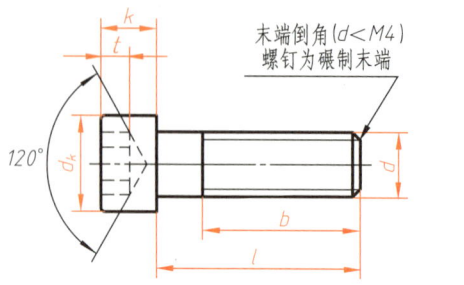

标记示例

螺纹规格 d = M5，公称长度 l = 20mm，性能等级为 12.9 级，表面氧化的内六角圆柱头螺钉：

螺钉　GB/T 70.1　M5×20-12.9

螺纹规格 d		M4	M5	M6	M8	M10	M12	M16	M20
P		0.7	0.8	1	1.25	1.5	1.75	2	2.5
b（参考）		20	22	24	28	32	36	44	52
d_k	max	7.22	8.72	10.22	13.27	16.27	18.27	24.33	30.33
	min	6.78	8.28	9.78	12.73	15.73	17.73	23.67	29.67
k	max	4	5	6	8	10	12	16	20
	min	3.82	4.82	5.70	7.64	9.64	11.57	15.57	19.48
e	min	3.44	4.58	5.72	6.86	9.15	11.43	16.00	19.44
s	公称	3	4	5	6	8	10	14	17
	min	3.020	4.020	5.020	6.020	8.025	10.025	14.032	17.050
	max	3.071	4.084	5.084	6.095	8.115	10.115	14.142	17.230
t	min	2	2.5	3	4	5	6	8	10
l（商品规格范围公称长度）		6~40	8~50	10~60	12~80	16~100	20~120	25~160	30~200
l 长度小于下面对应数值时，制作全螺纹		30	30	35	40	45	55	65	80
l（系列）		5,6,8,10,12,(14),16,20,25,30,35,40,45,50,(55),60,(65),70,80,90,100,110,120,130,140,150,160,180,200							

注：1. 尽可能不采用括号内的规格长度。
　　2. GB/T 70.1—2008 包括 d = M1.6~M36 的螺钉，本表仅摘录部分常用规格。
　　3. 螺钉部分细小结构尺寸表中已省略。

附表 B-5 开槽锥端紧定螺钉（摘自 GB/T 71—2018）、开槽平端紧定螺钉（摘自 GB/T 73—2017）、开槽长圆柱端紧定螺钉（摘自 GB/T 75—2018） （单位：mm）

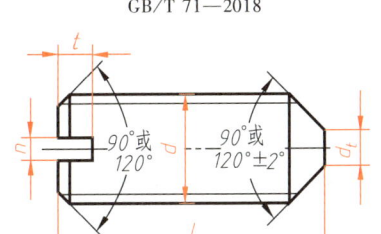
开槽锥端紧定螺钉
GB/T 71—2018

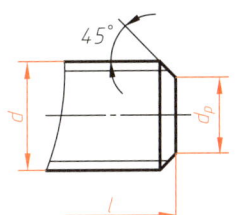
开槽平端紧定螺钉
GB/T 73—2017

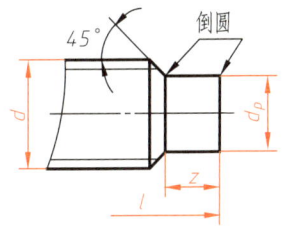
开槽长圆柱端紧定螺钉
GB/T 75—2018

标记示例

螺纹规格 d=M5，公称长度 l=12mm，性能等级为 14H，表面氧化的开槽平端紧定螺钉：

螺钉　GB/T 73　M5×12-14H

螺纹规格 d		M3	M4	M5	M6	M8	M10	M12
P		0.5	0.7	0.8	1	1.25	1.5	1.75
d_t	min	—	—	—	—	—	—	—
	max	0.3	0.4	0.5	1.5	2	2.5	3
d_p	min	1.75	2.25	3.2	3.7	5.2	6.64	8.14
	max	2.0	2.5	3.5	4.0	5.5	7.0	8.5
n	公称	0.4	0.6	0.8	1	1.2	1.6	2
	min	0.46	0.66	0.86	1.06	1.26	1.66	2.06
	max	0.6	0.8	1.00	1.20	1.51	1.91	2.31
t	min	0.8	1.12	1.28	1.60	2.00	2.40	2.80
	max	1.05	1.42	1.63	2.00	2.50	3.00	3.60
z	min	1.5	2.0	2.5	3	4	5	6
	max	1.75	2.25	2.75	3.25	4.30	5.30	6.30
GB/T 71—2018	l（公称长度）	4~16	6~20	8~25	8~30	10~40	12~50	14~60
	l（短螺钉）	2~3	2~4	2~5	2~6	2~8	2~10	2~12
GB/T 73—2017	l（公称长度）	3~16	4~20	5~25	6~30	8~40	10~50	12~60
	l（短螺钉）	2~3	2~4	2~5	2~6	2~6	2~8	2~10
GB/T 75—2018	l（公称长度）	5~16	6~20	8~25	8~30	10~40	12~50	14~60
	l（短螺钉）	2~5	2~6	2~8	2~10	2~14	2~16	2~20
l（系列）		2,2.5,3,4,5,6,8,10,12,(14),16,20,25,30,35,40,45,50,(55),60						

注：1. 公称长度为商品规格尺寸，尽可能不采用括号内的规格长度。

2. 公称长度 l 为短螺钉时，两端应制成 120° 锥度。

3. 螺钉部分细小结构尺寸表中已省略。

附表 B-6　六角螺母　C 级（摘自 GB/T 41—2016）、1 型六角螺母（摘自 GB/T 6170—2015）、六角薄螺母（摘自 GB/T 6172.1—2016）　　　　　　　　　　　　（单位：mm）

六角螺母-C 级（摘自 GB/T 41—2016）

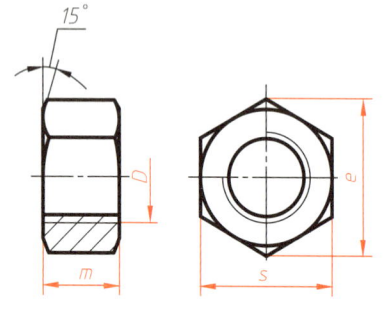

1 型六角螺母（摘自 GB/T 6170—2015）
六角薄螺母（摘自 GB/T 6172.1—2016）

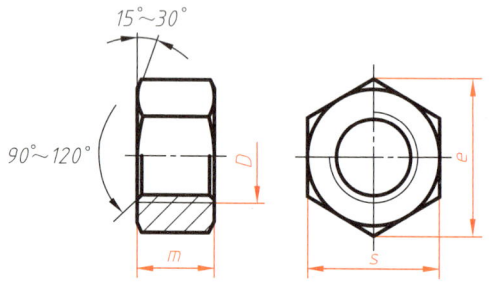

标记示例

1. 螺纹规格 D = M12，性能等级为 5 级，不经表面处理，C 级的六角螺母：螺母 GB/T 41 M12
2. 螺纹规格 D = M12，性能等级为 10 级，不经表面处理，A 级的 1 型六角螺母：螺母 GB/T 6170 M12
3. 螺纹规格 D = M12，性能等级为 04 级，不经表面处理，A 级的六角薄螺母：螺母 GB/T 6172.1 M12

螺纹规格 D		M3	M4	M5	M6	M8	M10	M12	M16	M20	M24	M30	M36	M42
e_{min}	GB/T 41—2016	6.01	7.66	8.63	10.89	14.2	17.59	19.85	26.17	32.95	39.55	50.85	60.79	71.3
	GB/T 6170—2015													
	GB/T 6172.1—2016	6.01	7.66	8.79	11.05	14.38	17.77	20.03	26.75					
s（公称=max）		5.5	7	8	10	13	16	18	24	30	36	46	55	65
m_{max}	GB/T 41—2016			5.6	6.1	7.9	9.5	12.2	15.9	18.7	22.3	26.4	31.5	34.9
	GB/T 6170—2015	2.4	3.2	4.7	5.2	6.8	8.4	10.8	14.8	18	21.5	25.6	31	34
	GB/T 6172.1—2016	1.8	2.2	2.7	3.2	4.0	5.0	6.0	8	10	12	15	18	21

注：1. 本表仅节录出部分常用的优先系列的螺母。
　　2. A 级用于 $D \leqslant 16$mm 的螺母；B 级用于 $D > 16$mm 的螺母。

附表 B-7 垫圈 平垫圈-C 级（摘自 GB/T 95—2002）、大垫圈-A 级和 C 级（摘自 GB/T 96.1—2002 和 GB/T 96.2—2002）、平垫圈-A 级（摘自 GB/T 97.1—2002）、平垫圈 倒角型-A 级（摘自 GB/T 97.2—2002）、小垫圈-A 级（摘自 GB/T 848—2002） （单位：mm）

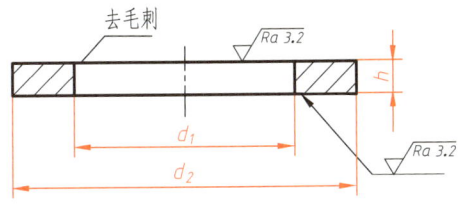
GB/T 95—2002、GB/T 96.1、96.2—2002
GB/T 97.1—2002、GB/T 848—2002

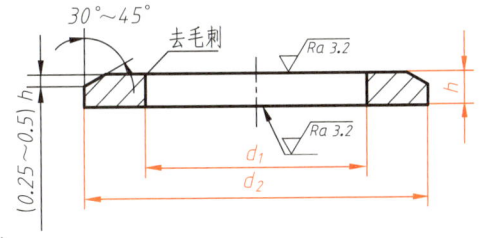
GB/T 97.2—2002

标记示例

1. 标准系列，公称尺寸 $d=8$mm，性能等级为 100HV 级，不经表面处理的平垫圈：垫圈 GB/T 95 8-100HV
2. 标准系列，公称尺寸 $d=8$mm，性能等级为 140HV 级，倒角型，不经表面处理的平垫圈：垫圈 GB/T 97.2 8-140HV

公称尺寸(螺纹规格 d)			3	4	5	6	8	10	12	14	16	20	24	30	36
内径 d_1	产品等级	A	3.2	4.3	5.3	6.4	8.4	10.5	13	15	17	21	25	31	37
		C			5.5	6.6	9	11	13.5	15.5	17.5	22	26	33	39
GB/T 848—2002	外径 d_2		6	8	9	11	15	18	20	24	28	34	39	50	60
	厚度 h		0.5	0.5	1	1.6	1.6	1.6	2	2.5	2.5	3	4	4	5
GB/T 97.1—2002 GB/T 97.2—2002* GB/T 95—2016	外径 d_2		7	9	10	12	16	20	24	28	30	37	44	56	66
	厚度 h		0.5	0.8	1	1.6	1.6	2	2.5	2.5	3	3	4	4	5

注：1. 各标准中 d 的范围为：GB/T 95、GB/T 97.2 为 5~26mm；GB/T 96.1、GB/T 96.2 为 3~36mm；GB/T 97.1、GB/T 848 为 1.6~36mm。
2. 表中的所列的 d_1、d_2、h 均为公称值。
3. GB/T 848—2002 主要用于带圆柱头的螺钉，其他用于标准的六角螺栓、螺柱和螺钉等。
4. 精装配系列适用于 A 级垫圈，中等装配系列适用于 C 级垫圈。

附表 B-8 标准型弹簧垫圈（摘自 GB/T 93—1987）、轻型弹簧垫圈（摘自 GB/T 859—1987）

（单位：mm）

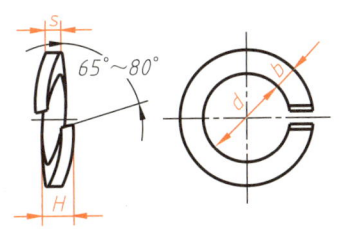
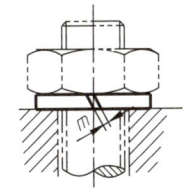

标记示例

规格 16mm，材料为 65Mn，表面氧化处理的标准型弹簧垫圈：垫圈 GB/T 93 16

规格（螺纹大径）	4	5	6	8	10	12	16	20	24	30	36	42	48
d(min)	4.1	5.1	6.1	8.1	10.2	12.2	16.2	20.2	24.5	30.5	36.5	42.5	48.5
H(max)	2.75	3.25	4	5.25	6.5	7.75	10.25	12.5	15	18.75	22.5	26.26	30
$s(b)$公称	1.1	1.3	1.6	2.1	2.6	3.1	4.1	5	6	7.5	9	10.5	12
$m \leq$	0.55	0.65	0.8	1.05	1.3	1.55	2.05	2.5	3	3.75	4.5	5.25	6

注：m 应大于 0。

附表 B-9　平键：键和键槽的剖面尺寸（摘自 GB/T 1095—2003）　　（单位：mm）

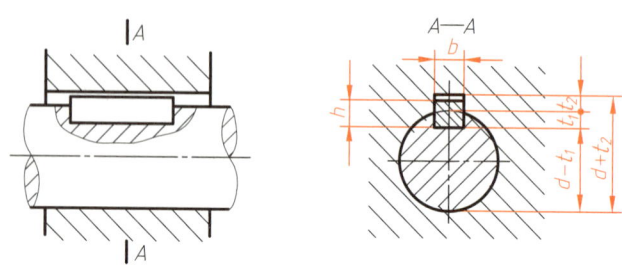

轴	键	键槽										
		宽度 b					深度				半径 r	
公称直径 d	公称尺寸 b×h	公称尺寸 b	偏差				轴 t_1		毂 t_2			
			较松键联结		一般键联结		较紧键联结					
			轴 H9	毂 D10	轴 N9	毂 JS9	轴和毂 P9	公称	偏差	公称	偏差	最小	最大
>10~12	4×4	4	+0.030 0	+0.078 +0.030	0 −0.030	±0.015	−0.012 −0.042	2.5	+0.1 0	1.8	+0.1 0	0.08	0.16
>12~17	5×5	5						3		2.3			
>17~22	6×6	6						3.5		2.8		0.16	0.25
>22~30	8×7	8	+0.036 0	+0.098 +0.040	0 −0.036	±0.018	−0.015 −0.051	4		3.3			
>30~38	10×8	10						5		3.3			
>38~44	12×8	12						5	+0.2 0	3.3	+0.2 0		
>44~50	14×9	14	+0.043 0	+0.012 +0.050	0 −0.043	±0.0215	−0.018 −0.061	5.5		3.8		0.25	0.4
>50~58	16×10	16						6		4.3			
>58~65	18×11	18						7		4.4			

注：1. 在零件工作图中，轴槽深用 $(d-t_1)$、轮毂槽深用 $(d+t_2)$ 标注。
　　2. $(d-t_1)$ 和 $(d+t_2)$ 两组组合尺寸的极限偏差按相应的 t_1 和 t_2 的极限偏差选取，但 $(d-t_1)$ 极限偏差应取负号。
　　3. 平键轴槽的长度公差用 H14。

附表 B-10　普通平键型式尺寸（摘自 GB/T 1096—2003）　（单位：mm）

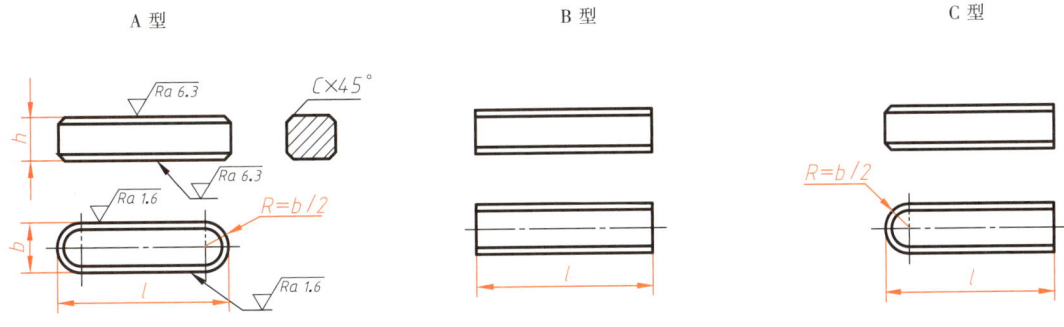

标注示例

圆头普通平键（A型）b=16mm, h=10mm, l=100mm：GB/T 1096　键 16×10×100
平头普通平键（B型）b=16mm, h=10mm, l=100mm：GB/T 1096　键 B 16×10×100
单圆头普通平键（C型）b=16mm, h=10mm, l=100mm：GB/T 1096　键 C 16×10×100

轴	键							
公称直径 d	b		h			键长度 L（公称尺寸）	键长度 l 的极限偏差	
	公称尺寸	极限偏差 h9	公称尺寸	极限偏差 h11	(极限偏差 h9)		公称尺寸	极限偏差 h14
>10~12	4	0 -0.03	4	0 -0.075	0 (-0.030)	8~45	12~18	0 -0.043
>12~17	5		5			10~56		
>17~22	6		6			14~70	20~28	0 -0.52
>22~30	8	0 -0.036	7	0 -0.09		18~90		
>30~38	10		8			22~110	32~50	0 -0.62
>38~44	12		8			28~140		
>44~50	14	0 -0.043	9			36~160	56~80	0 -0.74
>50~58	16		10			45~180		
l 系列	6, 8, 10, 12, 14, 16, 18, 20, 22, 25, 28, 32, 36, 40, 50, 56, 63, 70, 80, 90, 100, 110, 125, 140, 160, 180, 200, 220, 250, 280, 320, 360, 400, 450							

注：括号内的数值为 h9，适用于 B 型键。

附表 B-11　圆柱销（摘自 GB/T 119.1—2000）、圆锥销（摘自 GB/T 117—2000）

（单位：mm）

圆柱销（摘自 GB/T 119.1—2000）

A 型（d 公差为 m6） 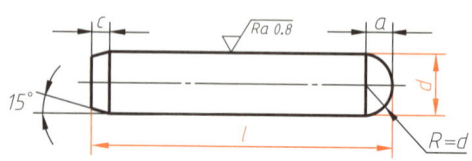　　　B 型（d 公差为 h6）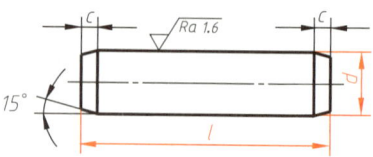

C 型（d 公差为 h11） 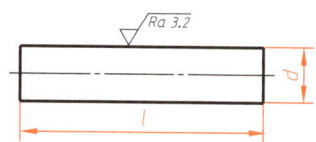　　　D 型（d 公差为 u8）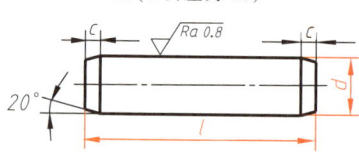

标注示例

公称直径 d=8mm，长度 l=30mm，材料为 35 钢，热处理硬度 28~38HRC，表面氧化处理的 A 型圆柱销：
销 GB/T 119.1 8×30

圆锥销（摘自 GB/T 117—2000）

A 型 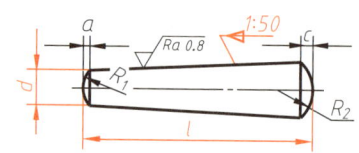　　　B 型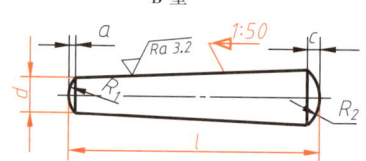

标注示例

公称直径 d=10mm，长度 l=60mm，材料为 35 钢，热处理硬度 28~38HRC，表面氧化处理的 A 型圆锥销：
销 GB/T 117 10×60

圆锥销说明：1. 圆锥销的小端直径为其公称直径 d；2. $R1≈d, R2≈d+(1-2a)/50$

	d（公称）	3	4	5	6	8	10	12	16	20	25	30
a≈	圆柱销 GB/T 119.1—2000	—	—	—	0.8	1	1.2	1.6	2	2.5	3	4
	圆锥销 GB/T 117—2000	0.4	0.5	0.63	0.8	1	1.2	1.6	2	2.5	3	4
c=	圆柱销 GB/T 119.1—2000	0.5	0.63	0.8	1.2	1.6	2	2.5	3	3.5	4	5
l （商品规格范围公称长度）	圆柱销 GB/T 119.1—2000	8~30	8~40	10~50	12~60	14~80	18~95	22~140	26~180	35~200	50~200	60~200
	圆锥销 GB/T 117—2000	12~45	14~55	18~60	22~90	22~120	26~160	32~180	40~200	45~200	50~200	55~200
l（系列）		\multicolumn{11}{l|}{2, 3, 4, 5, 6, 8, 10, 12, 14, 16, 18, 20, 22, 24, 26, 28, 30, 32, 35, 40, 45, 50, 55, 60, 65, 70, 75, 80, 85, 90, 95, 100, 120, 140, 160, 180, 200}

附表 B-12 滚动轴承

深沟球轴承
(摘自 GB/T 276—2013)

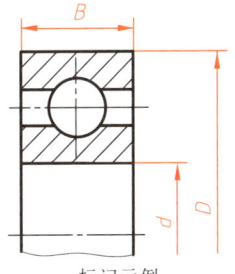

标记示例
滚动轴承 6308 GB/T 276

圆锥滚子轴承
(摘自 GB/T 297—2015)

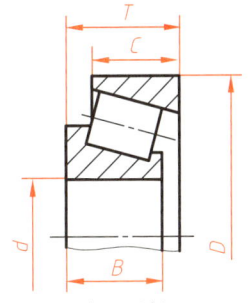

标记示例
圆锥滚子轴承 30203 GB/T 297

推力球轴承
(摘自 GB/T 301—2015)

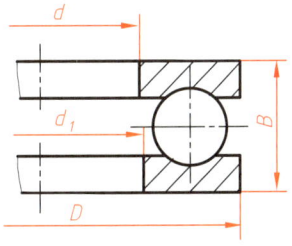

标记示例
推力球轴承 51205 GB/T 301

轴承代号	尺寸/mm			轴承代号	尺寸/mm					轴承代号	尺寸/mm			
	d	D	B		d	D	T	B	C		d	d_1(min)	D	B
尺寸系列(02)				尺寸系列(02)						尺寸系列(12)				
6202	15	35	11	30203	17	40	13.25	12	11	51202	15	17	32	12
6203	17	40	12	30204	20	47	15.26	14	12	51203	17	19	35	12
6204	20	47	14	30205	25	52	16.25	15	13	51204	20	22	40	14
6205	25	52	15	30206	30	62	17.25	16	14	51205	25	27	47	15
6206	30	62	16	30207	35	72	18.25	17	15	51206	30	32	52	16
6207	35	72	17	30208	40	80	19.75	18	16	51207	35	37	62	18
6208	40	80	18	30209	45	85	20.75	19	16	51208	40	42	68	19
6209	45	85	19	30210	50	90	21.75	20	17	51209	45	47	73	20
6210	50	90	20	30211	55	100	22.75	21	18	51210	50	52	78	22
尺寸系列(03)				尺寸系列(03)						尺寸系列(13)				
6303	17	47	14	30303	17	47	15.25	14	12	51305	25	27	52	18
6304	20	52	15	30304	20	52	16.25	15	13	51306	30	32	60	21
6305	25	62	17	30305	25	62	18.25	17	15	51307	35	37	68	24
6306	30	72	19	30306	30	72	20.75	19	16	51308	40	42	78	26
6307	35	80	21	30307	35	80	22.75	21	18	51309	45	47	85	28
6308	40	90	23	30308	40	90	25.75	23	20	51310	50	52	95	31
6310	50	110	27	30310	50	110	29.25	27	23	51312	60	59	110	35
6311	55	120	29	30311	55	120	31.50	29	25	51313	65	57	115	36

附表 B-13 外六角螺塞（摘自 JB/ZQ 4450—2006；JB/ZQ 4451—2006）（单位：mm）

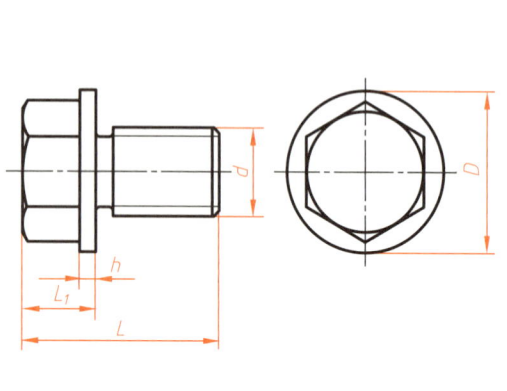

标记示例
螺塞 M10×1 JB/ZQ 4450

d	尺寸			
	D	L	L_1	h
M8×1	14	18	10	3
M10×1	18	20	10	3
M12×1.25	22	24	12	3
M14×1.5	23	25	12	3
M18×1.5	28	27	15	3
M20×1.5	30	30	15	4
M22×1.5	32	31	16	4
M24×2	34	32	16	4
M27×2	38	35	17	4
M30×2	42	38	18	4

附表 B-14 毡封圈及槽（摘自 JB/ZQ 4606—1997）（单位：mm）

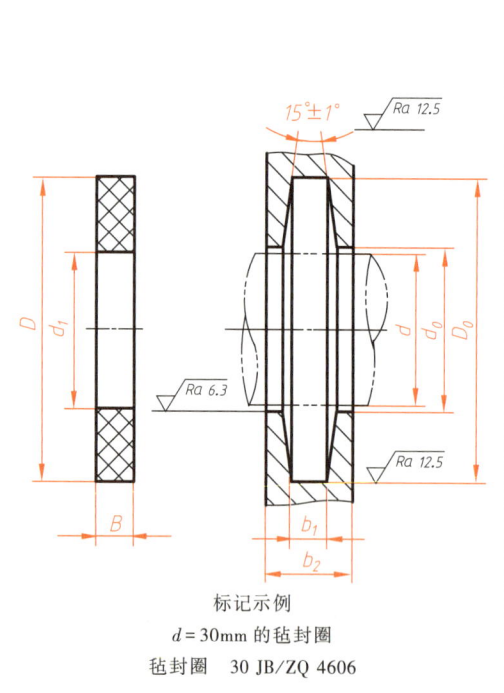

标记示例
$d=30$ mm 的毡封圈
毡封圈 30 JB/ZQ 4606

轴 d	毡封圈			槽			b_2(min)	
	D	d_1	B	D_0	d_0	b_1	钢	铁
15	29	14	6	28	16	5	10	12
20	33	19	6	32	21	5	10	12
25	39	245	7	38	26	6	10	12
30	45	29	7	44	31	6	10	12
35	49	34	7	48	36	6	10	12
40	53	89	7	52	41	6	10	12
45	61	44	8	60	46	7	12	15
50	69	49	8	68	51	7	12	15
55	74	53	8	72	56	7	12	15
60	80	58	8	78	61	7	12	15
65	84	63	8	82	66	7	12	15
70	90	68	8	88	71	7	12	15
75	94	73	8	92	77	7	12	15
80	102	78	9	100	82	8	15	18
85	107	83	9	105	87	8	15	18
90	112	88	9	110	92	8	15	18

附录 C 极限与配合

附表 C-1 标准公差数值（摘自 GB/T 1800.1—2020）

公称尺寸/mm 大于	至	公差等级																		
		IT01	IT0	IT1	IT2	IT3	IT4	IT5	IT6	IT7	IT8	IT9	IT10	IT11	IT12	IT13	IT14	IT15	IT16	IT17	IT18
		μm													mm						
—	3	0.3	0.5	0.8	1.2	2	3	4	6	10	14	25	40	60	0.10	0.14	0.25	0.40	0.60	1.00	1.40
3	6	0.4	0.6	1	1.5	2.5	4	5	8	12	18	30	48	75	0.12	1.18	0.30	0.48	0.75	1.20	1.80
6	10	0.4	0.6	1	1.5	2.5	4	6	9	15	22	36	58	90	0.15	0.22	0.36	0.58	0.90	1.50	2.20
10	18	0.5	0.8	1.2	2	3	5	8	11	18	27	43	70	110	0.18	0.27	0.43	0.70	1.10	1.80	2.70
18	30	0.6	1	1.5	2.5	4	6	9	13	21	33	52	84	130	0.21	0.33	0.52	0.84	1.30	2.10	3.30
30	50	0.6	1	1.5	2.5	4	7	11	16	25	39	62	1.00	160	0.25	0.39	0.62	1.00	1.60	2.50	3.90
50	80	0.8	1.2	2	3	5	8	13	19	30	46	74	120	190	0.30	0.46	0.74	1.20	1.90	3.00	4.60
80	120	1	1.5	2.5	4	6	10	15	22	35	54	87	140	220	0.35	0.54	0.87	1.40	2.20	3.50	5.40
120	180	1.2	2	3.5	5	8	12	18	25	40	63	100	160	250	0.40	0.63	1.00	1.60	2.50	4.00	6.30
180	250	2	3	4.5	7	10	14	20	29	46	72	115	185	290	0.46	0.72	1.15	1.85	2.90	4.60	7.20
250	315	2.5	4	6	8	12	16	23	32	52	81	130	210	320	0.52	0.81	1.30	2.10	3.20	5.20	8.10
315	400	3	5	7	9	13	18	25	36	57	89	140	230	360	0.57	0.89	1.40	2.30	3.60	5.70	8.90
400	500			8	10	15	20	27	40	63	97	155	250	400	0.63	0.97	1.55	2.50	4.00	6.30	9.70

注：公称尺寸小于 1mm 时，无 IT14 至 IT18 各等级。

附表 C-2 优先配合中轴的尺寸极限

基本尺寸/mm		a	b	c	d		e			f			g		h				
大于	至	9	9	9	8	9	7	8	9	6	7	8	5	6	5	6	7	8	9
—	3	-270 -295	-140 -165	-60 -85	-20 -34	-20 -45	-14 -24	-14 -28	-14 -39	-6 -12	-6 -16	-6 -20	-2 -6	-2 -8	0 -4	0 -6	0 -10	0 -14	0 -25
3	6	-270 -300	-140 -170	-70 -100	-30 -48	-30 -60	-20 -32	-20 -38	-20 -50	-10 -18	-10 -22	-10 -28	-4 -9	-4 -12	0 -5	0 -8	0 -12	0 -18	0 -30
6	10	-280 -316	-150 -186	-80 -116	-40 -62	-40 -76	-25 -40	-25 -47	-25 -61	-13 -22	-13 -28	-13 -35	-5 -11	-5 -14	0 -6	0 -9	0 -15	0 -22	0 -36
10	14	-290 -333	-150 -193	-95 -138	-50 -77	-50 -93	-32 -50	-32 -59	-32 -75	-16 -27	-16 -34	-169 -43	-6 -14	-6 -17	0 -8	0 -11	0 -18	0 -27	0 -43
14	18																		
18	24	-300 -352	-160 -212	-110 -162	-65 -98	-65 -117	-40 -61	-40 -73	-40 -92	-20 -33	-20 -41	-20 -53	-7 -16	-7 -20	0 -9	0 -13	0 -21	0 -33	0 -52
24	30																		
30	40	-310 -372	-170 -232	-120 -182	-80 -119	-80 -142	-50 -75	-50 -89	-50 -112	-25 -41	-25 -50	-25 -64	-9 -20	-9 -25	0 -11	0 -16	0 -25	0 -39	0 -62
40	50	-320 -382	-180 -242	-130 -192															
50	65	-340 -414	-190 -264	-140 -214	-100 -146	-100 -174	-60 -90	-60 -106	-60 -134	-30 -49	-30 -60	-30 -76	-10 -23	-10 -29	0 -13	0 -19	0 -30	0 -46	0 -74
65	80	-360 -434	-20 -274	-150 -224															
80	100	-380 -467	-220 -307	-170 -257	-120 -174	-120 -207	-72 -107	-72 -126	-72 -159	-36 -58	-36 -71	-36 -90	-12 -27	-12 -34	0 -15	0 -22	0 -35	0 -54	0 -87
100	120	-410 -497	-240 -327	-180 -267															
120	140	-460 -560	-260 -360	-200 -300	-145 -208	-145 -245	-85 -125	-85 -148	-85 -185	-43 -68	-43 -83	-43 -106	-14 -32	-14 -39	0 -18	0 -25	0 -40	0 -63	0 -100
140	160	-520 -620	-280 -380	-210 -310															
160	180	-580 -680	-310 -410	-230 -330															
180	200	-660 -775	-340 -455	-240 -355	-170 -242	-170 -285	-100 -146	-100 -172	-100 -215	-50 -79	-50 -96	-50 -122	-15 -35	-15 -44	0 -20	0 -29	0 -46	0 -72	0 -115
200	225	-740 -855	-380 -495	-260 -375															
225	250	-820 -935	-420 -535	-280 -395															
250	280	-920 -1050	-480 -610	-300 -430	-190 -271	-190 -320	-110 -162	-110 -191	-110 -240	-56 -88	-56 -108	-56 -137	-17 -40	-17 -49	0 -23	0 -32	0 -52	0 -81	0 -130
280	315	-1050 -1180	-540 -670	-330 -460															
315	355	-1200 -1340	-600 -740	-360 -500	-210 -299	-210 -350	-125<) -182	-125 -214	-125 -265	-62 -98	-62 -119	-62 -151	-18 -43	-18 -54	0 -25	0 -36	0 -57	0 -89	0 -140
355	400	-1350 -1490	-680 -820	-400 -540															
400	450	-1500 -1655	-760 -915	-440 -595	-230 -327	-230 -385	-135 -198	-135 -232	-135 -290	-68 -108	-68 -131	-68 -165	-20 -47	-20 -60	0 -27	0 -40	0<) -63	0 -97	0 -155
450	500	-1650 -1805	-840 -995	-480 -635															

偏差（摘自 GB/T 1800.2—2020）　　　　　　　　　　　　　　　　　　　　　（单位：μm）

js 5	js 6	js 7	k 5	k 6	m 5	m 6	n 6	p 6	r 6	s 6	t 6	u 6	x 6
±2	±3	±5	+4 0	+6 0	+6 +2	+8 +2	+10 +4	+12 +6	+16 +10	+20 +14	—	+24 +18	+26 +20
±2.5	±4	±6	+6 +1	+9 +1	+9 +4	+12 +4	+16 +8	+20 +12	+23 +15	+27 +19	—	+31 +23	+36 +28
±3	±4.5	±7	+7 +1	+10 +1	+12 +6	+15 +6	+19 +10	+24 +15	+28 +19	+32 +23	—	+37 +28	+43 +34
±4	±5.5	±9	+9 +1	+12 +1	+15 +7	+18 +7	+23 +12	+29 +18	+34 +23	+39 +28	—	+44 +33	+51 +40 +56 +45
±4.5	±6.5	±10	+11 +2	+15 +2	+17 +8	+21 +8	+28 +15	+35 +22	+41 +28	+48 +35	— +54 +41	+54 +41 +61 +48	+67 +54 +77 +64
±5.5	±8	±12	+13 +2	+18 +2	+20 +9	+25 +9	+33 +17	+42 +26	+50 +34	+59 +43	+64 +48 +70 +54	+76 +60 +96 +70	—
±6.5	±10	±15	+15 +2	+21 +2	+24 +11	+30 +11	+39 +20	+51 +32	+60 +41 +62 +43	+72 +53 +78 +59	+85 +66 +94 +75	+106 +87 +121 +102	—
±7.5	±11	±17	+18 +3	+25 +3	+28 +13	+35 +13	+45 +23	+59 +37	+73 +51 +76 +54	+93 +71 +101 +79	+113 +91 +126 +104	+146 +124 +166 +144	—
±9	±13	±20	+21 +3	+28 +3	+33 +15	+40 +15	+52 +27	+68 +43	+88 +63 +90 +65 +93 +68	+117 +92 +125 +100 +133 +108	+147 +122 +159 +134 +171 +146	—	—
±10	±15	±23	+24 +4	+33 +4	+37 +17	+46 +17	+60 +31	+79 +50	+106 +77 +109 +80 +113 +84	+151 +122 +159 +130 +169 +140	—	—	—
±11.5	±16	±26	+27 +4	+36 +4	+43 +20	+52 +20	+66 +34	+88 +56	+126 +94 +130 +98	—	—	—	—
±12.5	±18	±28	+29 +4	+40 +4	+46 +21	+57 +21	+73 +37	+98 +62	+144 +108 +150 +114	—	—	—	—
±13.5	±20	±31	+32 +5	+45 +5	+50 +23	+63 +23	+80 +40	+108 +68	+166 +126 +172 +132	—	—	—	—

附表 C-3　优先配合中孔的尺寸极限

基本尺寸/mm		A	B	C		D			E			F			G		H		
大于	至	10	10	9	10	8	9	10	7	8	9	6	7	8	6	7	6	7	8
—	3	+310 +270	+180 +140	+85 +60	+100 +60	+34 +20	+45 +20	+60 +20	+24 +14	+28 +4	+39 +14	+12 +6	+16 +6	+20 +6	+8 +2	+12 +2	+6 0	+10 0	+14 0
3	6	+318 +270	+188 +140	+100 +70	+118 +70	+48 +30	+60 +30	+78 +30	+32 +20	+38 +20	+50 +20	+18 +10	+22 +10	+28 +10	+12 +4	+16 +4	+8 0	+12 0	+18 0
6	10	+338 +280	+208 +150	+116 +80	+138 +80	+62 +40	+76 +40	+98 +40	+40 +25	+47 +25	+61 +25	+22 +13	+28 +13	+35 +13	+14 +5	+20 +5	+9 0	+15 0	+22 0
10	14	+360 +290	+220 +150	+138 +95	+165 +95	+77 +50	+93 +50	+120 +50	+50 +32	+59 +32	+75 +32	+27 +16	+34 +16	+43 +16	+17 +6	+24 +6	+11 0	+18 0	+27 0
14	18																		
18	24	+384 +300	+244 +160	+160 +110	+194 +110	+98 +65	+117 +65	+149 +65	+61 +40	+73 +40	+92 +40	+33 +20	+41 +20	+53 +20	+20 +7	+28 +7	+13 0	+21 0	+33 0
24	30																		
30	40	+410 +310	+270 +170	+182 +120	+220 +120	+119 +80	+142 +80	+180 +80	+75 +50	+89 +50	+112 +50	+41 +25	+50 +25	+64 +25	+25 +9	+34 +9	+16 0	+25 0	+39 0
40	50	+420 +320	+280 +180	+192 +130	+230 +130														
50	65	+460 +340	+310 +190	+214 +140	+260 +140	+146 +100	+174 +100	+220 +100	+90 +60	+106 +60	+134 +60	+49 +30	+60 +30	+76 +30	+29 +10	+40 +10	+19 0	+30 0	+46 0
65	80	+480 +360	+320 +200	+224 +150	+270 +150														
80	100	+520 +380	+360 +220	+257 +170	+310 +170	+174 +120	+207 +120	+260 +120	+107 +72	+126 +72	+159 +72	+58 +36	+71 +36	+90 +36	+34 +12	+47 +12	+22 0	+35 0	+54 0
100	120	+550 +410	+380 +240	+267 +180	+320 +180														
120	140	+620 +460	+420 +260	+300 +200	+360 +200	+208 +145	+245 +145	+305 +145	+125 +85	+148 +85	+185 +85	+68 +43	+83 +43	+106 +43	+39 +14	+54 +14	+25 0	+40 0	+63 0
140	160	+680 +520	+440 +280	+310 +210	+370 +210														
160	180	+740 +580	+470 +310	+330 +230	+390 +230														
180	200	+845 +660	+525 +340	+355 +240	+425 +240	+242 +170	+285 +170	+355 +170	+146 +100	+172 +100	+215 +100	+79 +50	+96 +50	+122 +50	+44 +15	+65 +15	+29 0	+46 0	+72 0
200	225	+925 +740	+555 +380	+375 +260	+445 +260														
225	250	+1005 +820	+605 +420	+395 +280	+465 +280														
250	280	+1130 +920	+690 +480	+430 +300	+510 +300	+271 +190	+320 +190	+400 +190	+162 +110	+191 +110	+240 +110	+88 +56	+108 +56	+137 +56	+49 +17	+69 +17	+32 0	+52 0	+81 0
280	315	+1260 +1050	+750 +540	+460 +330	+540 +330														
315	355	+1430 +1200	+830 +600	+500 +360	+590 +360	+299 +210	+350 +210	+440 +210	+182 +125	+214 +125	+265 +125	+98 +62	+119 +62	+151 +62	+54 +18	+75 +18	+36 0	+57 0	+89 0
355	400	+1580 +1350	+910 +680	+540 +400	+630 +400														
400	450	+1750 +1500	+1010 +760	+595 +440	+690 +440	+327 +230	+385 +230	+480 +230	+198 +135	+232 +135	+290 +135	+108 +68	+131 +68	+165 +68	+60 +20	+83 +20	+40 0	+63 0	+97 0
450	500	+1900 +1650	+1090 +840	+635 +480	+730 +480														

偏差（摘自 GB/T 1800.2—2020）　　　　　　　　　　　　　　　　　　　　　　（单位：μm）

H		JS		K		M		N		P		R	S	T	U	X
9	10	6	7	6	7	6	7	6	7	6	7	7	7	7	7	7
+25 0	+40 0	±3	±5	0 −6	0 −10	−2 −8	−2 −12	−4 −10	−4 −14	−6 −12	−6 −16	−10 −20	−14 −24	—	−18 −28	−20 −30
+30 0	+48 0	±4	±6	+2 −6	+3 −9	−1 −9	0 −12	−5 −13	−4 −16	−9 −17	−8 −20	−11 −23	−15 −27	—	−19 −31	−24 −36
+36 0	+58 0	±5	±7	+2 −7	+5 −10	−3 −12	0 −15	−7 −16	−4 −19	−12 −21	−9 −24	−13 −28	−17 −32	—	−22 −37	−28 −43
+43 0	+70 0	±6	±9	+2 −9	+6 −12	−4 −15	0 −18	−9 −20	−5 −23	−15 −26	−11 −29	−16 −34	−21 −39	—	−26 −44	−33 −51 / −38 −56
+52 0	+84 0	±7	±10	+2 −11	+6 −15	−4 −17	0 −21	−11 −24	−7 −28	−18 −31	−14 −35	−20 −41	−27 −48	−33 −54	−33 −54 / −40 −61	−46 −67 / −56 −77
+62 0	+100 0	±8	±12	+3 −13	+7 −18	−4 −20	0 −25	−12 −28	−8 −33	−21 −37	−17 −42	−25 −50	−34 −59	−39 −64 / −45 −70	−51 −76 / −691 −86	—
+74 0	+120 0	±10	±15	+4 −15	+9 −21	−5 −24	0 −30	−14 −33	−9 −39	−26 −45	−21 −51	−30 −60 / −32 −62	−42 −72 / −48 −78	−55 −85 / −64 −94	−76 −106 / −91 −121	—
+87 0	+140 0	±11	±17	+4 −18	+10 −25	−6 −28	0 −35	−16 −38	−10 −45	−30 −52	−24 −59	−38 −73 / −41 −76	−58 −93 / −66 −101	−78 −113 / −91 −126	−111 −146 / −131 −166	—
+100 0	+160 0	±13	±20	+4 −21	+12 −28	−8 −33	0 −40	−20 −45	−12 −52	−36 −61	−28 −68	−48 −88 / −50 −90 / −53 −93	−77 −117 / −85 −125 / −93 −133	−107 −147 / −119 −159 / −131 −171	—	—
+115 0	+185 0	±15	±23	+5 −24	+13 −33	−8 −37	0 −46	−22 −51	−14 −60	−41 −70	−33 −79	−60 −106 / −63 −109 / −67 −113	−105 −151 / −113 −159 / −123 −169	—	—	—
+130 0	+210 0	±16	±26	+5 −27	+16 −36	−9 −41	0 −52	−25 −57	−14 −66	−47 −79	−36 −88	−74 −126 / −78 −130	—	—	—	—
+140 0	+230 0	±18	±28	+7 −29	+17 −40	−10 −46	0 −57	−26 −62	−16 −73	−51 −87	−41 −98	−87 −144 / −93 −150	—	—	—	—
+155 0	+250 0	±20	±31	+8 −32	+18 −45	−10 −50	0 −63	−27 −67	−17 −80	−55 −95	−45 −108	−103 −166 / −109 −172	—	—	—	—

附表 C-4 基孔制优先配合（摘自 GB/T 1801—2009）

基准孔	轴																			
	a	b	c	d	e	f	g	h	js	k	m	n	p	r	s	t	u	v	x	y	z
	间隙配合								过渡配合				过盈配合								
H6						$\frac{H6}{f5}$	$\frac{H6}{g5}$	$\frac{H6}{h5}$	$\frac{H6}{js5}$	$\frac{H6}{k5}$	$\frac{H6}{m5}$	$\frac{H6}{n5}$	$\frac{H6}{p5}$	$\frac{H6}{r5}$	$\frac{H6}{s5}$	$\frac{H6}{t5}$					
H7						$\frac{H7}{f6}$	※$\frac{H7}{g6}$	※$\frac{H7}{h6}$	$\frac{H7}{js6}$	※$\frac{H7}{k6}$	$\frac{H7}{m6}$	※$\frac{H7}{n6}$	※$\frac{H7}{p6}$	$\frac{H7}{r6}$	※$\frac{H7}{s6}$	$\frac{H7}{t6}$	※$\frac{H7}{u6}$	$\frac{H7}{v6}$	$\frac{H7}{x6}$	$\frac{H7}{y6}$	$\frac{H7}{z6}$
H8					$\frac{H8}{e7}$	※$\frac{H8}{f7}$	$\frac{H8}{g7}$	※$\frac{H8}{h7}$	$\frac{H8}{js7}$	$\frac{H8}{k7}$	$\frac{H8}{m7}$	$\frac{H8}{n7}$	$\frac{H8}{p7}$	$\frac{H8}{r7}$	$\frac{H8}{s7}$	$\frac{H8}{t7}$	$\frac{H8}{u7}$				
				$\frac{H8}{d8}$	$\frac{H8}{e8}$	$\frac{H8}{f8}$		$\frac{H8}{h8}$													
H9			$\frac{H9}{c9}$	※$\frac{H9}{d9}$	$\frac{H9}{e9}$	$\frac{H9}{f9}$		※$\frac{H9}{h9}$													
H10			$\frac{H10}{c10}$	$\frac{H10}{d10}$				$\frac{H10}{h10}$													
H11	$\frac{H11}{a11}$	$\frac{H11}{b11}$	※$\frac{H11}{c11}$	$\frac{H11}{d11}$				※$\frac{H11}{h11}$													
H12		$\frac{H12}{b12}$						$\frac{H12}{h12}$													

注：优先配合为 13 种，标※的配合为优先配合。

附表 C-5 基轴制优先配合（摘自 GB/T 1801—2009）

基准轴	孔																			
	A	B	C	D	E	F	G	H	JS	K	M	N	P	R	S	T	U	V	X	Y	Z
	间隙配合								过渡配合				过盈配合								
h5						$\frac{F6}{h5}$	$\frac{G6}{h5}$	$\frac{H6}{h5}$	$\frac{JS6}{h5}$	$\frac{K6}{h5}$	$\frac{M6}{h5}$	$\frac{N6}{h5}$	$\frac{P6}{h5}$	$\frac{R6}{h5}$	$\frac{S6}{h5}$	$\frac{T6}{h5}$					
h6						$\frac{F7}{h6}$	※$\frac{G7}{h6}$	※$\frac{H7}{h6}$	$\frac{JS7}{h6}$	※$\frac{K7}{h6}$	$\frac{M7}{h6}$	※$\frac{N7}{h6}$	※$\frac{P7}{h6}$	$\frac{R7}{h6}$	※$\frac{S7}{h6}$	$\frac{T7}{h6}$	※$\frac{U7}{h6}$				
h7					$\frac{E8}{h7}$	※$\frac{F8}{h7}$		※$\frac{H8}{h7}$	$\frac{JS8}{h7}$	$\frac{K8}{h7}$	$\frac{M8}{h7}$	$\frac{N8}{h7}$									
h8				$\frac{D8}{h8}$	$\frac{E8}{h8}$	$\frac{F8}{h8}$		$\frac{H8}{h8}$													
h9				※$\frac{D9}{h9}$	$\frac{E9}{h9}$	$\frac{F9}{h9}$		※$\frac{H9}{h9}$													
h10				$\frac{D10}{h10}$				$\frac{H10}{h10}$													
h11	$\frac{A11}{h11}$	$\frac{B11}{h11}$	※$\frac{C11}{h11}$	$\frac{D11}{h11}$				※$\frac{H11}{h11}$													
h12		$\frac{B12}{h12}$						$\frac{H12}{h12}$													

注：优先配合为 13 种，标※的配合为优先配合。

附表 C-6　几何公差、形状方向、位置和跳动公差带定义及标注示例（摘自 GB/T 1182—2018）

项目	公差带定义	公差带示意图	公差标注示例
直线度	①在给定平面内公差带是距离为公差值 t 的两个平行线之间的区域		指定平面内直线度允差值 $t=0.08$
直线度	②在任意方向上，公差带是直径为公差值 t 的圆柱面内的圆柱体区域		任意方向上直线度允差值 $\phi t=0.06$
平面度	公差带是距离为公差带 t 的两平行平面之间的区域		平面度允差值 $t=0.1$
圆度	公差带是在同一正截面上半径差为公差值 t 的两同心圆间的区域		圆度允差值 $t=0.08$
圆柱度	公差带是半径差为公差值 t 的两同轴圆柱面之间的区域		圆柱度允差值 $t=0.05$
位置度	点的位置度公差带是直径为公差值 t，以点的理想位置为中心的圆或球内的区域		位置度允差值 $t=0.05$

(续)

项目	公差带定义	公差带示意图	公差标注示例
线轮廓度	公差带是包络一系列直径为公差值 t 的圆的两包络线之间的区域,该圆心应位于理想轮廓线,即公差带是相距为公差值 t 的两等距曲线		线轮廓度允差值 $t=0.08$
平行度	在给定方向上,当给定一个方向时,公差带是距离为公差值 t 且平行于基准平面(或直线)的两平行平面之间的区域		平行度允差值 $t=0.08$
垂直度	在任一方向上,公差带是直径为公差值 t 且垂直基准平面的圆柱面内的区域		垂直度允差值 $t=0.08$
同轴度	公差带是直径为公差值 t 且与基准线同轴的圆柱内的区域		同轴度允差值 $t=0.1$
圆跳动	①径向圆跳动:公差带是垂直于基准轴线的任意测量平面内半径差为公差值 t 且圆心在基准线上的两个同心圆之间的区域		径向圆跳动允差值 $t=0.08$
	②端面圆跳动:公差带是与基准轴线同轴的任意一直径位置的测量圆柱面上,沿母线方向宽度为 t 的圆柱面区域		端面圆跳动允差值 $t=0.09$

附录 D 机械零件的结构要素

附表 D-1 紧固件通孔及沉孔尺寸（摘自 GB/T 152.2—2014、GB/T 152.3—1988、GB/T 152.4—1988）

（单位：mm）

螺栓或螺钉公称直径 d			3	4	5	6	8	10	12	14	16	20	24	30	36
通孔直径 d_h (GB/T 5277—1985)		精装配	3	4.3	5.3	6.4	8.4	11	13	15	17	21	25	31	37
		中等装配	3	4.5	5.5	6.6	9	11	14	16	18	22	26	33	39
		粗装配	4	4.8	5.8	7	10	12	15	17	19	24	28	35	42
六角头螺栓和六角螺母用沉孔 (GB/T 152.4—1988)		d_2	9	10	11	13	18	22	26	30	33	40	48	61	71
		t	只要能制出与通孔轴线垂直的圆平面即可												
沉头用沉孔 (GB/T 152.2—2014)		d_2	6	9.6	11	13	18	20	24	28	32	40	—	—	—
开槽圆柱头用的圆柱头沉孔 (GB/T 152.3—1988)		d_2	—	8	10	11	15	18	20	24	26	33	—	—	—
		t	—	3.2	4	4.7	6	7	8	9	10	13	—	—	—
内六角圆柱头用的圆柱头沉孔 (GB/T 152.3—1988)		d_2	6	8	10	11	15	18	20	24	26	33	40	48	57
		t	3	4.6	5.7	6.8	9	11	13	15	17	22	26	32	38

附表 D-2　砂轮越程槽（摘自 GB/T 6403.5—2008）　　（单位：mm）

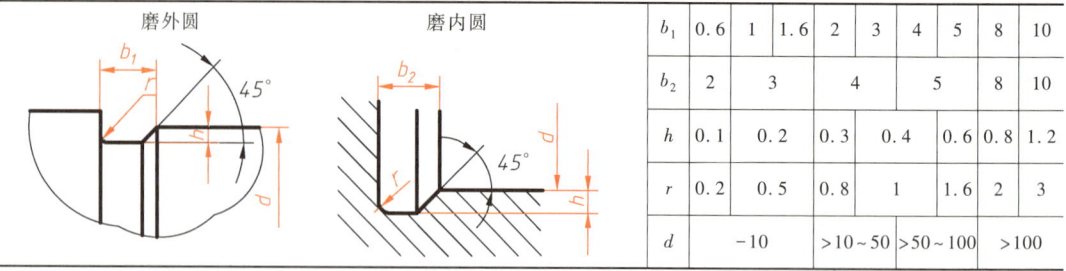

b_1	0.6	1	1.6	2	3	4	5	8	10
b_2		2		3		4	5	8	10
h	0.1		0.2		0.3	0.4	0.6	0.8	1.2
r	0.2		0.5		0.8	1	1.6	2	3
d	~10			>10~50			>50~100		>100

注：1. 越程槽内两直线相交处，不允许生产尖角。越程槽深度 h 与圆弧半径 r 要满足 $t \leq 3h$。
　　2. 磨削具有数个直径的工件时可用同一规格越程槽，直径 d 大的零件，允许选择小规格的越程槽。
　　3. 砂轮越程槽的尺寸公差和表面粗糙度根据该零件的结构、性能确定。

附表 D-3　零件倒圆与倒角（摘自 GB/T 6403.4—2008）　　（单位：mm）

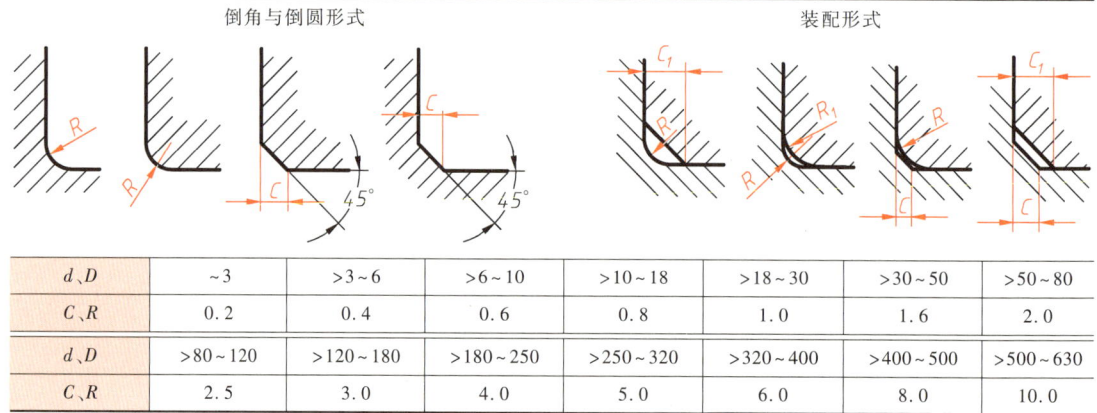

d、D	~3	>3~6	>6~10	>10~18	>18~30	>30~50	>50~80
C、R	0.2	0.4	0.6	0.8	1.0	1.6	2.0
d、D	>80~120	>120~180	>180~250	>250~320	>320~400	>400~500	>500~630
C、R	2.5	3.0	4.0	5.0	6.0	8.0	10.0

附表 D-4　普通螺纹倒角和退刀槽（摘自 GB/T 3—1997）　　（单位：mm）

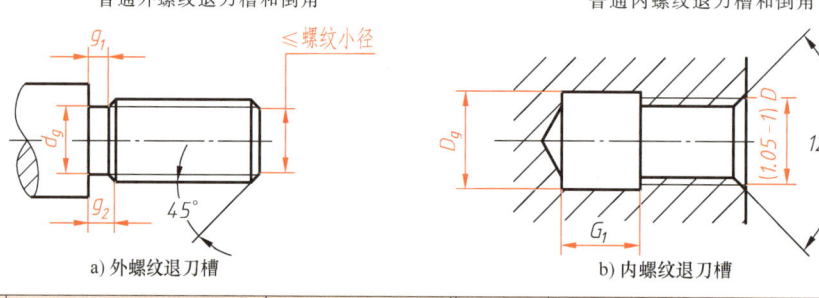

a) 外螺纹退刀槽　　　　b) 内螺纹退刀槽

螺距	外螺纹		内螺纹		螺距	外螺纹		内螺纹	
	g_{2max}、g_{1min}	d_g	G_1	D_g		g_{2max}、g_{1min}	d_g	G_1	D_g
0.5	1.5,0.8	$d-0.8$	2		1.75	5.25,3	$d-2.6$	7	
0.7	2.1,1.1	$d-1.1$	2.8	$D+0.3$	2	6,3.4	$d-3$	8	
0.8	2.4,1.3	$d-1.3$	3.2		2.5	7.5,4.4	$d-3.6$	10	
1	3,1.6	$d-1.6$	4		3	9,5.2	$d-4.4$	12	$D+0.54$
1.25	3.75,2	$d-2$	5	$D+0.5$	3.5	10.5,6.2	$d-5$	14	
1.5	4.5,2.5	$d-2.3$	6		4	12,7	$d-5.7$	16	

附录 E　材料与热处理

附表 E-1　常用的黑色金属材料

国家标准	名称	牌号	牌号说明	材料性能及其应用举例
GB/T 700—2006	普通碳素钢	Q215（A2,A2F）	Q 表示普通碳素钢。215,235 表示材料的抗拉强度。括号内为对应的旧牌号	金属结构件、拉杆、套圈、铆钉、螺栓、短轴、心轴、凸轮（载荷不大的）、吊环、垫圈；渗碳零件及焊接件
		Q235（A3）		金属结构件、心部强度要求不高的渗碳或氰化零件、吊环、拉杆、套圈、车钩、汽缸、齿轮、螺栓、螺母、连杆、轮轴、楔、盖及焊接件
GB/T 699—2015	优质碳素钢	15	牌号的两位数字表示材料平均含碳量，如 45 号钢即碳的质量分数为 0.45%。含锰量较高的钢，须另注化学元素符号"Mn"。碳的质量分数 ≤0.25% 为低碳钢（渗碳钢），>0.6% 为高碳钢，介于中间的是中碳钢（调质钢）	塑性、韧性、焊接性和冷冲性均极好，但强度较低。用于制造受力不大但韧性要求较高的零件、紧固件、冲模锻件及不要热处理的低负荷零件，如螺栓、螺钉、拉条、法兰盘及化工储器、蒸汽锅炉等
		35		具有良好的强度和韧性，用于制造曲轴、转轴、轴销、杠杆、连杆、横梁、星轮、圆盘、套筒、钩环、垫圈、螺钉、螺母等。一般不作焊接用
		45		用于强度要求较高的零件，如汽轮机的叶轮、压缩机、泵的零件等
		65Mn		强度高，淬透性较大，脱碳倾向小，但有过热敏感性，易产生淬火裂纹，并有回火脆性。宜作大尺寸的各种扁、圆弹簧，如座板簧、弹簧发条等
GB/T 1591—2018	低合金钢	16Mn	普通碳钢中加总量<3%的合金元素以提高其综合性能	桥梁、造船、厂房结构、储油罐、压力容器、机车车辆、起重设备、矿山机械及其他代替 A3 的焊接结构
GB/T 3077—2015	合金结构钢	15Cr	钢中加一定量合金元素以提高机械性能和耐磨性、淬透性等，保证金属在较大截面上获得较高的机械性能	船舶主机用螺栓、活塞销、凸轮、凸轮轴、汽轮机套环以及机车用小零件等，用于心部韧性较高的渗碳零件
		35SiMn		此钢耐磨、耐疲劳性均佳，适用于作轴、齿轮及工作在 430℃ 以下的重要紧固件和减速机齿轮等，供渗碳处理
GB/T 1221—2007	耐热钢	1Cr18Ni9Ti	耐酸在 600℃ 以下耐热，在 1000℃ 以下不起皮	用于化工设备的各种锻件、航空发动机排气系统的喷管及集合器等零件
GB 5675—1985	铸钢	ZG45	"ZG"是铸钢代号，45 为碳的质量分数为 0.45%	各种形状的机件，如连轴器、轮、汽缸、齿轮、齿轮圈及重负荷机器的机架
GB/T 9439—2010	灰铸铁	HT150	"HT"是灰铸铁的代号，后面的数字代表抗拉强度。如 HT200 表示抗拉强度为 200N/mm² 的灰铸铁	用于制造端盖、汽轮泵体、轴承座、阀壳、管子及管路附件、手轮、一般机器底座、床身、滑座、工作台等
		HT200		用于制造汽缸、齿轮、底架、机体、飞轮、齿条、衬筒；一般机床铸有导轨的床身及中等压力的液压筒、液压泵和阀体等
GB/T 1348—2019	球墨铸铁	QT500-15 QT450-5 QT400-17	"QT"是球墨铸铁的代号，后面的数字代表强度和延伸率的大小	具有较高的强度、耐磨性和韧性，广泛应用于机械制造业中受磨损和受冲击的零件中，如曲轴、齿轮、汽缸套、活塞环、摩擦片、中低压阀门、千斤顶座、轴承座等
GB/T 9440—2010	可锻铸铁	KTH300-06	KTH, KTB, KTZ 分别是黑心、白心、珠光体可锻铸铁的代号，数字是抗拉强度和延伸率	用于受冲击、振动等零件，如汽车零件、农机零件、机床零件以及管道配件等
		KTB350-04 KTZ500-04		韧性较低，强度大，耐磨性好，加工性能良好，用于要求较高强度和耐磨性的重要零件，如曲轴、连杆、齿轮、凸轮轴等

附表 E-2　常用的有色金属材料

国家标准	名称	牌号	牌号说明	材料性能及其应用举例
GB/T 5231—2001	普通黄铜	H62	H 表示黄铜，数字表示铜的质量分数为 62% 左右	适用于各种引伸和折弯制造的受力零件，如销钉、垫圈、螺帽、导管、弹簧、铆钉等
GB/T 1176—2013	黄铜	ZCuZn38	Z 表示铸铜	用于散热器、垫圈、弹簧、各种网、螺钉及其他零件
	锡青铜	ZCuSn3Zn8Pb6Ni1	含锡（2%～4%）、锌（6%～9%）、铅（4%～7%）、硅（0.5%～1%）等元素的铜	用于受中等冲击负荷和在液体或半液体润滑及耐腐蚀条件下工作的零件，如轴承、轴瓦、蜗轮、螺母，以及 1MPa 以下的蒸汽和水配件
	铝青铜	ZCuAl10Fe3	含有铝（8%～11%）、铁（2%～4%）等元素的铜	强度高，减磨性、耐蚀性、受压、铸造性能均良好。用于在蒸汽和海水条件下工作的零件及受磨损和腐蚀的零件，如蜗轮衬套等
GB/T 1173—2013	铸造铝合金	ZL102 ZL202	ZL 表示铸铝，数字代表含不同元素及含量	耐磨性中上等，用于制造负荷不大的薄壁零件
GB/T 3190—2020	硬铝	2A11,2A12（LY11,LY12）	含铜、镁、锰的硬铝，括号内为旧牌号	适用于制作中等强度的零件，焊接性能好

附表 E-3　常用的非金属材料

摘自标准	名称	牌号	牌号说明	材料性能及其应用举例
GB/T 5574—2008	普通橡胶板	1613	—	中等硬度，较好的耐磨性和弹性，适于制作具有耐磨、耐冲击及缓冲性能良好的垫圈、密封条、垫板等
	耐油橡胶板	3707 3807	—	较高硬度，较好的耐熔剂膨胀性，可在 -30～+100℃ 的机油、汽油等介质中工作，可制作垫圈用作密封
FJ 314—1992	工业用毛毡	细、半细毛粗毡	厚度为 1.5～2.5mm	防漏油、防震、缓冲衬垫等
QB/T 5257—2018	聚四氟乙烯	SPT-1,SPT-2,SPT-3,SPT-4		稳定性好，高温耐热耐寒性、自润滑性良好，用于耐腐、耐高温密封件、填料、衬垫、轴承、导轨、密封圈等

说明：FJ 是原纺织工业部部颁标准；QB 是原轻工业部部颁标准。

附表 E-4　常用的热处理方法与名词简介

名词	说　　明
退火	加热到临界温度以上，保温一定时间，然后再缓慢冷却（可在炉中冷却）
正火	加热到临界温度以上，保温一定时间，再在空气中冷却，冷却速度比退火要快
淬火	加热到临界温度以上，保温一定时间，再放在水、油或盐水中急速冷却
回火	经淬火后再加热到临界温度以下的某温度，在该温度停留一定时间，然后在油或空气中冷却
调质	在 450～650℃ 之间进行高温回火
表面淬火	用火焰或高频电流将零件表面迅速加热至临界温度以上，随后急速冷却
渗碳淬火	在渗碳剂中加热到 900～950℃，停留一定时间，将碳渗入钢表面，深度约 0.5～2mm，然后淬火后再回火
氮化	使工作表面饱和氮元素
发蓝	用加热方法使工件表面形成一层氧化铁组成的保护性薄膜，其颜色常为蓝色，属于一种氧化处理
材料的三种硬度值及代号	布氏硬度：HB 如 280HBC 表示材料表面的布氏硬度值要求为 280HBC
	洛氏硬度：HRC 如 50HRC 表示材料表面的洛氏硬度值要求为 50HRC
	维氏硬度：HV 如 400HV 表示材料表面的维氏硬度值要求为 400HV

参 考 文 献

[1] 何铭新,钱可强,徐初茂. 机械制图 [M]. 7版. 北京:高等教育出版社,2013.
[2] 王志忠,雷淑存. 现代工程制图 [M]. 北京:科学出版社,2012.
[3] 王丹虹,宋洪侠,陈霞. 现代工程制图 [M]. 2版. 北京:高等教育出版社,2017.
[4] 邹宜侯,窦墨林,潘海东. 机械制图 [M]. 6版. 北京:清华大学出版社,2012.
[5] 王迎,栾英艳. 工程图学基础 [M]. 北京:机械工业出版社,2017.
[6] 刘小年,郭克希. 工程制图 [M]. 2版. 北京:高等教育出版社,2010.